趣学数据结构

陈小玉 著

U0177361

人民邮电出版社

北京

图书在版编目（CIP）数据

趣学数据结构 / 陈小玉著. -- 北京：人民邮电出
版社，2019.9（2023.10重印）
ISBN 978-7-115-51383-0

Ⅰ．①趣… Ⅱ．①陈… Ⅲ．①C++语言－数据结构
Ⅳ．①TP311.12②TP312.8

中国版本图书馆CIP数据核字(2019)第107620号

内 容 提 要

　　本书从趣味故事引入算法复杂性计算及数据结构基础内容，涵盖线性结构、树形结构和图形结构，包括链表、栈和队列、树和图的应用等。本书内容还涉及数据结构的基本应用（包括各种查找、排序等）和高级应用（包括优先队列、并查集、B-树、B+树和红黑树等）。通过大量图解将抽象数据模型简单通俗化，语言表述浅显易懂，并结合有趣的实例帮助读者轻松掌握数据结构。

　　本书可作为程序员的学习用书，也适合没有太多编程经验但又对数据结构有强烈兴趣的初学者使用，同时也可作为高等院校计算机、数学及相关专业的师生用书，或学科竞赛的辅导用书和培训学校的教材。

◆ 著　　　　陈小玉
　　责任编辑　张　爽
　　责任印制　焦志炜
◆ 人民邮电出版社出版发行　　北京市丰台区成寿寺路 11 号
　　邮编　100164　电子邮件　315@ptpress.com.cn
　　网址　http://www.ptpress.com.cn
　　北京七彩京通数码快印有限公司印刷
◆ 开本：800×1000　1/16
　　印张：31　　　　　　　　2019 年 9 月第 1 版
　　字数：697 千字　　　　　2023 年 10 月北京第 11 次印刷

定价：119.00 元

读者服务热线：(010)81055410　印装质量热线：(010)81055316
反盗版热线：(010)81055315
广告经营许可证：京东市监广登字 20170147 号

数据结构+算法 = 程序

——**Niklaus Wirth**

前　言

2017 年 8 月，本着让更多的人轻松学习算法的初心，我写作了第一本书《趣学算法》，该书在出版后受到广大读者一致好评，在一年内重印了 10 次，并输出了繁体版的版权。一位读者对我说，读这本书读到"停不下来"，我又何尝不是呢？写书写到"停不下来"，这是作者和读者的巨大共鸣！在交流学习算法的同时，越来越多的学生反映数据结构晦涩难懂，问我能不能写一本《趣学数据结构》。说实在的，写书是一项极其繁重的工作，每一句话，每一个图，都需要精心琢磨。正在我犹豫不决之际，一件事情坚定了我写作本书的信心。

招聘趣事

如果你关注计算机专业招聘试题，会发现越是大型公司，问的问题越基础，有的甚至问你什么是栈和队列，反而一些小公司会关心你做过什么系统。从关注点的不同可以看出，大公司更注重基础扎实和发展潜力，而小公司希望你立刻能够为其干活。可以这样比喻：小公司喜欢细而长的竹子，大公司更喜欢碗口粗的竹笋。

我曾经推荐一个学生到某知名公司，没多久，学生向我说了应聘的事情："我介绍我开发了企业管理系统、在线商城系统等，没想到他问我使用了什么数据结构和算法，我懂很多技术，那么多功能我都实现了，他不问，却问我使用了什么数据结构和算法，你说搞笑不？数据结构和算法我早就忘了，我会开发软件还不行吗？"人力资源总监也反馈过来意见："很搞笑，这个学生做了不少系统，却说根本没用到数据结构和算法。"

既然双方都觉得这是一件搞笑的事情，那么我们就摊开来看，数据结构到底是什么。

拨云见日，看清数据结构

当我们遇到一个实际问题时，首先需要解决两件事：

（1）如何将数据存储在计算机中；

（2）用什么方法和策略解决问题。

前者是数据结构，后者是算法。只有数据结构没有算法，相当于只把数据存储到计算机中，而没有有效的方法去处理，就像一幢只有框架的烂尾楼；若只有算法，没有数据结构，就像沙漠里的海市蜃楼，只不过是空中楼阁罢了。

数据是一切能输入计算机中的信息的总和，结构是指数据之间的关系。数据结构就是将数据及其之间的关系有效地存储在计算机中并进行基本操作。算法是对特定问题求解步骤的一种描述，通俗讲就是解决问题的方法和策略。

在遇到一个实际问题时，要充分利用自己所学的数据结构，将数据及其之间的关系有效地存储在计算机中，然后选择合适的算法策略，并用程序高效地实现。这就是 Niklaus Wirth 教授所说的："**数据结构+算法＝程序**"。

为什么要学习数据结构

高校的计算机专业为本科生都开设了数据结构课程，它是计算机学科知识结构的核心和技术体系的基石，在研究生考试中也是必考科目。随着科学技术的飞速发展，数据结构的基础性地位不仅没有动摇，反而因近年来算法工程师的高薪形势，而得到了业内空前的重视。很多人认为基本的数据结构及操作已经在高级语言（如 C++、Java 语言）中封装，栈、队列、排序、优先队列等都可以直接调用库函数，学会怎么调用就好了，为什么要重复"造轮子"？那么到底有没有必要好好学习数据结构呢？

先看学习数据结构有什么用处。

（1）学习有效存储数据的方法。很多学生在学习数据结构时，问我要不要把单链表插入、删除背下来？要不合上书就不会写了。我非常诧异，为什么要背？理工科技术知识很少需要记忆的，是用的，用的！学习知识不能只靠死记硬背，更重要的是学习处理问题的方法。如何有效地存储数据，不同的数据结构产生什么样的算法复杂性，有没有更好的存储方法提高算法的效率？

（2）处理具有复杂关系的数据。现实中很多具有复杂关系的数据无法通过简单的库函数调用实现。如同现在很多芯片高度集成，完全不需要知道芯片内部如何，直接使用就行了。但是，如果在现实中遇到一个复杂问题，现有的芯片根本无法解决，或者一个芯片只能完成其中一个功能，而我们需要的是完成该复杂问题的一个集成芯片，这时就需要运用所学的数据结构知识来高效处理具有复杂关系的数据。

（3）提高算法效率。很多问题的基础数据结构运行效率较低，需要借助高级数据结构或通过改进数据结构来提高算法效率。

通过学习数据结构，更加准确和深刻地理解不同数据结构之间的共性和联系，学会选择和改进数据结构，高效地设计并实现各种算法，这才是数据结构的精髓。

数据结构为什么那么难

网络上太多的同学吐槽被"虐"，如"滔滔江水连绵不绝"，数据结构太难了！真的很难吗？其实数据结构只是讲了 3 部分内容：**线性结构、树和图**。到底难在哪里呢？我通过调查，了解到数据结构难学大概有以下 4 个原因。

（1）**无法接受它的描述方式。** 数据结构的描述大多是抽象的形式，我们习惯了使用自然语言表达，难以接受数据结构的抽象表达。不止一个学生问我，书上的 "ElemType" 到底是什么类型？运行时怎么经常提示错误。它的意思就是 "元素类型"，只是这样来描述，你需要什么类型就写什么类型，例如 int。这样的表达方式会让不少人感到崩溃。

（2）**不知道它有什么用处。** 尽管很多人学习数据结构，但目的各不相同。有的人是应付考试，有的人是参加算法竞赛需要，而很多人不太清楚学习数据结构有什么用处，迷迷糊糊看书、做题、考试。

（3）**体会不到其中的妙处。** 由于教材、教师等各种因素影响，很多学生没有体会到数据结构处理数据的妙处，经常为学不会而焦头烂额，学习重在体会其中的乐趣，有乐趣才有兴趣，兴趣是最好的驱动力。

（4）**语言基础不好。** 我一直强调先看图解，理清思路，再上机。可还是有很多同学已经理解了思路后，因为缺少 main 函数，输入/输出格式不对，缺少括号等各种语言问题卡壳，而这一切都被戴上了 "数据结构太难了" 的大帽子。

数据结构学习秘籍

在讲学习秘籍之前，我们首先了解一下数据结构学习的 3 种境界。

（1）**会数据结构的基本操作。** 学会各种数据结构的基本操作，即取值、查找、插入、删除等，是最基础的要求。先看图解，理解各种数据结构的定义，操作方法，然后看代码，尝试自己动手上机运行，逐渐掌握基本操作。在初学时，要想理解数据结构，一定要学会画图。通过画图形象表达，能更好地体会其中的数据结构关系。因此，初学阶段学习利器是：画图、理解、画图。

（2）**会利用数据结构解决实际问题。** 在掌握了书中的基本操作之后，就可以尝试利用数据结构解决一些实际问题了。先学经典应用问题的解决方法，体会数据结构的使用方法，再做题，独立设计数据结构解决问题。要想熟练应用就必须做大量的题，在做题的过程中体会其中的方法。最好进行专项练习，比如线性表问题、二叉树问题、图问题。这一阶段的学习利器是：做题、反思、做题。

（3）**熟练使用和改进数据结构，优化算法。** 这是最高境界了，也是学习数据结构的精髓所在，单独学习数据结构是无法达到这种境界的。数据结构与算法相辅相成，需要在学习算法的过程中慢慢修炼。在学习算法的同时，逐步熟练应用、改进数据结构，慢慢体会不同数据结构和算法策略的算法复杂性，最终学会利用数据结构改进和优化算法。这一阶段已经在数据结构之上，可以通过在 ACM 测试系统上刷各种算法题，体会数据结构在算法设计中的应用。这一阶段的学习利器是：刷题、总结、刷题。

本书特色

本书具有五大特色。

（1）完美图解，通俗易懂。学习数据结构最好的办法就是画图、画图、画图。本书中的每一个基本操作和演示都有图解，有了图解，一切就都变得简单，迎刃而解。

（2）实例丰富，简单有趣。本书结合大量实例，讲述如何利用数据结构解决实际问题，使复杂难懂的问题变得简单有趣，给读者带来巨大的阅读乐趣，使读者在阅读中不知不觉地学会数据结构知识，体会数据结构的妙处。

（3）深入浅出，透析本质。本书采用简洁易懂的代码描述，抓住本质，通俗描述及注释使代码更加易懂。本书不仅对数据结构设计和操作描述全面细致，而且有复杂性分析过程。

（4）实战演练，循序渐进。本书在每一个数据结构讲解清楚后，进行实战演练，使读者在实战中体会数据结构的设计和操作，增强自信，从而提高了读者独立思考、自己动手实践的能力。丰富的练习题和思考题及时检验对所学知识的掌握情况，为读者从小问题出发，逐步解决大型复杂性问题奠定基础。

（5）网络资源，技术支持。本书为读者提供本书所有范例程序的源代码、练习题以及答案解析，这些源代码可以自由修改编译，以符合自己的需要。本书提供源代码执行、调试说明书，提供博客、QQ 群技术支持，为读者答疑解惑。

本书内容

本书包括 10 章。

- 第 1 章是基础知识，介绍数据结构基础和算法复杂性的计算方法。
- 第 2~5 章是线性结构，讲解线性表、栈和队列、字符串、数组等的基本操作和应用。
- 第 6 章是树形结构，讲解树、二叉树、线索二叉树、树和森林以及树的经典应用。
- 第 7 章是图形结构，讲解图的存储、遍历以及图的经典应用。
- 第 8~9 章是数据结构的基本应用，讲解查找、排序的方法和算法复杂性比较。
- 第 10 章是高级数据结构及其应用，讲解优先队列、并查集、B-树、B+树、红黑树等。

本书的每一章中都有大量图解，并给出数据结构的基本操作，最后结合实例帮助读者巩固相关知识点，力求学以致用、举一反三。

建议和反馈

写一本书是一项极其琐碎、繁重的工作，尽管我已经竭力使本书和网络支持接近完美，但仍然可能存在很多漏洞和瑕疵。欢迎读者提供关于本书的反馈意见，因为对本书的意见和建议有利于我们改进和提高，以帮助更多的读者。如果对本书有什么意见和建议，或者有问题需要帮助，可以加入 QQ 群 887694770，也可以致信 rainchxy@126.com，我将不胜感激。

感恩与致谢

感谢我的家人和朋友在本书编写过程中提供的大力支持。感谢人民邮电出版社的张爽编辑认真负责促成本书的早日出版，感谢提供宝贵意见的同事们，感谢提供技术支持的同学们。感恩遇到这么多良师益友！

资源与支持

本书由异步社区出品，社区（https://www.epubit.com/）为您提供相关资源和后续服务。

扫码关注本书

扫描下方二维码，您将会在异步社区微信服务号中看到本书信息及相关的服务提示。

提交勘误

作者和编辑尽最大努力来确保书中内容的准确性，但难免会存在疏漏。欢迎您将发现的问题反馈给我们，帮助我们提升图书的质量。

当您发现错误时，请登录异步社区，按书名搜索，进入本书页面，点击"提交勘误"，输入勘误信息，点击"提交"按钮即可。本书的作者和编辑会对您提交的勘误进行审核，确认并接受后，您将获赠异步社区的 100 积分。积分可用于在异步社区兑换优惠券、样书或奖品。

详细信息	写书评	提交勘误

页码：☐　　页内位置（行数）：☐　　勘误印次：☐

B I U ABC Ξ· Ξ· " ∞ 🖼 ☰

字数统计

提交

www.epubit.com

欢迎来到异步社区

异步社区是人民邮电出版社旗下 IT 专业图书旗舰社区，于 2015 年 8 月上线运营。依托于 20 余年的 IT 专业优质出版资源和编辑策划团队，打造在线学习平台，为作者和读者提供交流互动。

本书视频课程

异步社区特别邀请本书作者录制《趣学数据结构》视频课程，全面深入讲解数据结构及其基本操作，课程每一个知识点老师都详细讲述并代码实战，力求让学员轻松掌握数据结构全部知识。结合大量实例、考研及面试试题深入讲解各种数据结构的应用场景和考核方式等，使学生灵活运用各种数据结构解决实际问题，并利用数据结构优化算法。

本书读者专享 20 元优惠券，可在异步社区上购买视频课程时使用。

优惠券兑换码：iRBTTC8a（区分大小写），每位用户限使用一次。

优惠码有效期：兑换后 100 天内下单购买有效。

使用方式：登录异步社区官网：www.epubit.com，搜索【趣学数据结构 视频课程】，点击【立即购买】后，在订单结算页面输入上方优惠券兑换码，即可减免 20 元。

更多精品课程：

- 趣学算法（36 集带你高效学算法！）
- 机器学习（人工智能领域核心技术与基础！295 集全面系统讲授！）
- 深度学习（387 集 22 小时 9 大模块彻底搞懂深度学习技术）

社区里还有什么？

购买图书和电子书

社区上线图书 2000 余种，电子书近千种，部分新书实现纸书、电子书同步上市。您可以方便地下单购买纸质图书或电子图书，纸质图书直接从人民邮电出版社书库发货，电子书提供 epub、mobi、PDF 和在线阅读四种格式。社区还独家提供购买纸质书可以同时获取这本书的 e 读版电子书的服务模式。

会员制服务

成为异步 VIP 会员后，可以畅学社区内标有 VIP 标识的会员商品，包括 e 读版电子、专栏和精选视频课程。全文搜索功能，可以帮助您在海量内容中快速定位想要学习的知识点。

入驻作译者

很多图书的作译者已经入驻社区，您可以关注他们，咨询技术问题。可以阅读不断更新的技术文章， 听作译者和编辑畅聊图书背后的有趣故事。还可以参与社区的作者访谈栏目，向您关注的作者提出采访 题目。

加入异步

社区网址：www.epubit.com
投稿&咨询：contact @epubit.com.cn

扫描任意二维码都能找到我们

异步社区

微信公众号

官方微博

目 录

Chapter

1

数据结构入门

著名的瑞士科学家 Niklaus Wirth 教授提出：**数据结构+算法＝程序**。数据结构是程序的骨架，算法是程序的灵魂。

1.1 数据结构基础知识

学习数据结构首先从认识以下几个概念开始。

1. 数据

数据是指所有能输入到计算机中的描述客观事物的符号，包括文本、声音、图像、符号等。我们经常使用的"扫一扫"的二维码，也是数据。

2. 数据元素

数据元素是数据的基本单位，也称节点或记录，如图 1-1 所示。

图 1-1 数据元素

3. 数据项

数据项表示有独立含义的数据最小单位，也称域。若干个数据项构成一个数据元素，数据项是不可分割的最小单位，如图 1-1 所示的"86"。

4. 数据对象

数据对象是指相同特性的数据元素的集合，是数据的一个子集。

5. 数据结构

数据结构是指相互之间存在一种或多种特定关系的数据元素的集合。

数据结构是带"结构"的数据元素的集合，"结构"是指数据元素之间存在的关系。数据结构研究的问题是将带有关系的数据存储在计算机中，并进行相关操作。数据结构包含逻辑结构、存储结构和运算三个要素。

6. 逻辑结构和存储结构

逻辑结构是数据元素之间的关系，存储结构是数据元素及其关系在计算机中的存储方式。例如，小明和小勇是表兄弟，这是他们之间的逻辑关系；他们在教室里面的位置是他们的存储结构。无论他们的座位怎样安排，是挨着坐，还是分开坐，都不影响他们的表兄弟关系。

逻辑结构：数据元素间抽象化的相互关系，与数据的存储无关，独立于计算机，它是从具体问题中抽象出来的数学模型。

数据结构的逻辑结构共有以下 4 种。

（1）**集合**——数据元素间除"同属于一个集合"外，无其他关系。

集合中的元素是离散、无序的，就像鸡圈中的小鸡一样，可以随意走动，它们之间没有什么关系，唯一的亲密关系就是在同一个鸡圈里，如图 1-2 所示。数据结构重点研究的是数据之间的关系，而集合中的元素是离散的，没有什么关系。因此，集合虽然是一种数据结构，但在数据结构书中不讲，在离散数学的集合论部分有重点讲述。

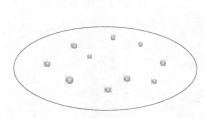 

图 1-2　集合

（2）**线性结构**——一个对一个，如线性表、栈、队列、数组、广义表。

线性结构就像穿珠子，是一条线，不会分叉，如图 1-3 所示。有唯一的开始和唯一的结束，除了第一个元素外，每个元素都有唯一的直接前驱（前面那个）；除了最后一个元素外，每个元素都有唯一的直接后继（后面那个）。

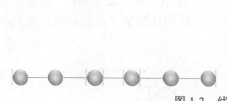 

图 1-3　线性结构

（3）**树形结构**——一个对多个，如树。

树形结构就像一棵倒立的树，树根可以发出多个分支，每个每支也可以继续发出分支，树枝和树枝之间是不相交的，如图 1-4 所示。

（4）**图形结构**——多个对多个，如图、网。

图形结构就像我们经常见到的地图，任何一个节点都可能和其他节点有关系，就像一张错综复杂的网，如图 1-5 所示。

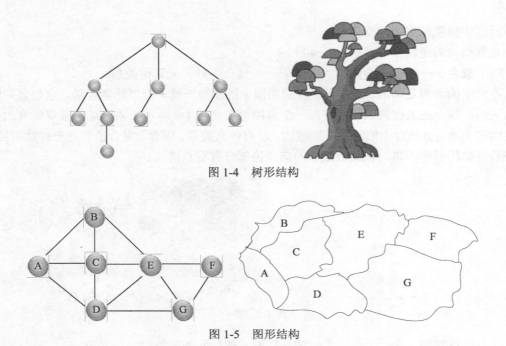

图 1-4   树形结构

图 1-5   图形结构

存储结构：数据元素及其关系在计算机中的存储方式。

存储结构可以分为 4 种：顺序存储、链式存储、散列存储和索引存储。很多数据结构类书籍只介绍了前两种基本的存储结构，这里加上后两种，以便读者了解。

（1）顺序存储

顺序存储是指逻辑上相邻的元素在计算机内的存储位置也是相邻的。例如，张小明是哥哥，张小波是弟弟，他们的逻辑关系是兄弟，如果他们住的房子是前后院，也是相邻的，就可以说他们是顺序存储，如图 1-6 所示。

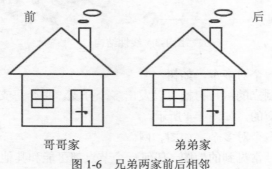

图 1-6   兄弟两家前后相邻

顺序存储采用一段连续的存储空间，将逻辑上相邻的元素存储在连续的空间内，中间不允许有空。顺序存储可以快速定位第几个元素的地址,但是插入和删除时需要移动大量元素,如图 1-7 所示。

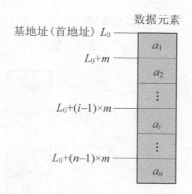

$$L_i=L_0+(i-1)\times m \quad m\text{为每个元素所占字节数}$$

图 1-7　顺序存储

（2）链式存储

链式存储是指逻辑上相邻的元素在计算机内的存储位置不一定是相邻的。例如,哥哥张小明因为工作调动去了北京,弟弟仍然在郑州,他们的位置是不相邻的,但是哥哥有弟弟家的地址,很容易可以找到弟弟,就可以说他们是链式存储,如图 1-8 所示。

弟弟家地址

哥哥家在北京　　　　　　　　　　　　弟弟家在郑州

图 1-8　哥哥有弟弟家地址

链式存储就像一个铁链子,一环扣一环才能连在一起。每个节点除了数据域,还有一个指针域,记录下一个元素的存储地址,如图 1-9 所示。

（3）散列存储

散列存储,又称哈希（Hash）存储,由节点的关键码值决定节点的存储地址。用散列函数确定数据元素的存储位置与关键码之间的对应关系,如图 1-10 所示。

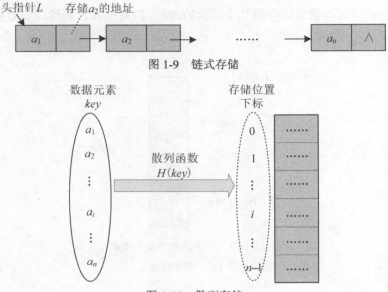

图 1-9　链式存储

图 1-10　散列存储

例如，假设散列表的地址范围为 0～9，散列函数为 $H(key)=key\%10$。输入关键码序列：（24,10,32,17,41,15,49），构造散列表，如图 1-11 所示。

24%10=4：存储在下标为 4 的位置。

10%10=0：存储在下标为 0 的位置。

32%10=2：存储在下标为 2 的位置。

17%10=7：存储在下标为 7 的位置。

41%10=1：存储在下标为 1 的位置。

15%10=5：存储在下标为 5 的位置。

49%10=9：存储在下标为 9 的位置。

	0	1	2	3	4	5	6	7	8	9
$H(key)$	10	41	32		24	15		17		49

图 1-11　散列表

散列存储可以通过把关键码值映射到表中一个位置来访问记录，以加快查找的速度。如果有冲突，则有多种处理冲突的方法。

（4）索引存储

索引存储是指除建立存储节点信息外，还建立附加的索引表来标识节点的地址。索引表由若干索引项组成。如果每个节点在索引表中都有一个索引项，则该索引表称为稠密索引。

若一组节点在索引表中只对应于一个索引项，则该索引表称为稀疏索引。索引项的一般形式是关键字、地址，如图 1-12 所示。

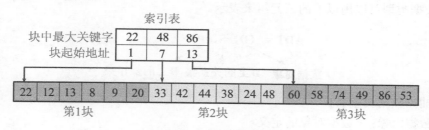

图 1-12　索引存储

在搜索引擎中，需要按某些关键字的值来查找记录，为此可以按关键字建立索引，这种索引称为倒排索引。为什么称为倒排索引呢？因为正常情况下，都是由记录来确定属性值的，而这里是根据属性值来查找记录。这种索引表中的每一项都包括一个属性值和具有该属性值的各记录的地址。带有倒排索引的文件称为倒排索引文件，又称为倒排文件。倒排文件可以实现快速检索，索引存储是目前搜索引擎最常用的存储方法，如图 1-13 所示。

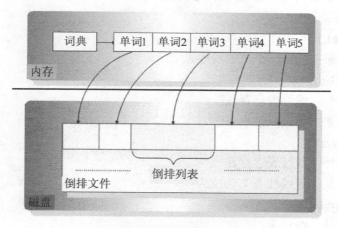

图 1-13　倒排索引

7. 抽象数据类型

抽象数据类型（Abstract Data Type，ADT）是将数据对象、数据对象之间的关系和数据对象的基本操作封装在一起的一种表达方式，它和工程中的应用是一致的。在工程项目中，开始编程之前，首先列出程序需要完成的功能任务，先不用管具体怎么实现，实现细节在项目后期完成，一开始只是抽象出有哪些基本操作。把这些操作项封装为抽象数据类型，等待后面具体实现这些操作。而其他对象如果想调用这些操作，只需要按照规定好的参数接口调用，并不需要知道具体是怎么实现的，从而实现了数据封装和信息隐藏。在 C++中可以用类的声明表示抽象数据类型，用类的实现来实现抽象数据类型的具体操作。

抽象数据类型可以用以下的三元组来表示。

$$ADT = (D, S, P)$$

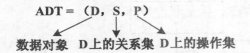

数据对象　D 上的关系集　D 上的操作集

ADT 抽象数据类型名{

　　数据对象：<数据对象的定义>

　　数据关系：<数据关系的定义>

　　基本操作：<基本操作的定义>

} ADT 抽象数据类型名

例如，线性表的抽象数据类型的定义：

ADT List{

　　数据对象：D={a_i|a_i∈Elemset, i=1,2,…,n,n≥0}

　　数据关系：R={<a_{i-1},a_i>|a_{i-1},a_i∈D, i=2,…,n}

　　基本操作：

　　InitList(&L)

　　　操作结果：构造一个空的线性表 L

　　DestroyList(&L)

　　　初始条件：线性表已存在

　　　操作结果：销毁线性表 L

　　ClearList(&L)

　　　初始条件：线性表已存在

　　　操作结果：置线性表 L 为空表

　　ListEmpty(L)

　　　初始条件：线性表已存在

　　　操作结果：若线性表 L 为空表，则返回 TRUE，否则返回 FALSE

　　ListLenght(L)

　　　初始条件：线性表已存在

　　　操作结果：返回线性表 L 数据元素个数

　　GetElem(L, i, &e)

　　　初始条件：线性表已存在（1≤i≤ListLenght(L)）

　　　操作结果：用 e 返回线性表 L 中第 i 个数据元素的值

locateElem(L, e, comare())

　　初始条件：线性表已存在，comare()是数据元素判定函数

　　操作结果：返回线性表 L 中第 1 个与 e 满足关系 comare()的数据元素的位序

PriorElem(L, cur_e, &pre_e)

　　初始条件：线性表已存在

　　操作结果：若 cur_e 是线性表 L 的数据元素，且不是第一个，则用 pre_e 返回它的前驱，否则操作失败，pre_e 无定义

NextElem(L, cur_e, &next_e)

　　初始条件：线性表已存在

　　操作结果：若 cur_e 是线性表 L 的数据元素，且不是第最后一个，则用 next_e 返回它的后继，否则操作失败，next_e 无定义

ListInsert(&L, i, e)

　　初始条件：线性表已存在（1≤i≤ListLenght(L)+1）

　　操作结果：在线性表 L 中第 i 个数据元素之前插入新元素 e，L 长度加 1

ListDelete(&L, i, &e)

　　初始条件：线性表已存在（1≤i≤ListLenght(L)）

　　操作结果：删除线性表 L 中第 i 个数据元素，用 e 返回其值，L 长度减 1

ListTraverse(L, visit())

　　初始条件：线性表已存在

　　操作结果：依次对线性表 L 的每个数据元素调用 visit()函数，一旦 visit()失败，则操作失败

}ADT List

（1）为什么要使用抽象数据类型？

　　抽象数据类型的主要作用是数据封装和信息隐藏，让实现与使用相分离。数据及其相关操作的结合称为数据封装。对象可以对其他对象隐藏某些操作细节，从而使这些操作不会受到其他对象的影响，这就是信息隐藏。抽象数据类型独立于运算的具体实现，使用户程序只能通过抽象数据类型定义的某些操作来访问其中的数据，实现了信息隐藏。

（2）为什么很多书中没有使用抽象数据类型？

　　既然抽象数据类型符合工程化需要，可以实现数据封装和信息隐藏，为什么很多数据结构书中的程序并没有使用抽象数据类型呢？因为很多人觉得数据结构难以理解，学习起来非常吃力，因此仅仅将数据结构的基本操作作为重点，把每一个基本操作讲解清楚，使读者学会和掌握数据结构的基本操作，便完成了数据结构书的基本任务。在实际工程中，需要根据实际情况融会贯通，灵活运用，这是后续话题。目前要掌握的就是各种数据结构的基本操作，

本书也将基本操作作为重点讲述，并结合实例讲解数据结构的应用。

数据结构和算法相辅相成，密不可分，在学习数据结构之前，首先要了解什么是算法、好算法的衡量标准，以及算法复杂度的计算方法。

1.2 算法复杂度

首先看一道某跨国公司的招聘试题。

写一个算法，求下面序列之和：

$$-1,\ 1,\ -1,\ 1,\ \cdots,\ (-1)^n$$

当你看到这个题目，你会怎么想？使用 for 语句或 while 循环？

先看算法 1-1。

```
//算法 1-1
sum=0;
for(i=1;i<=n;i++)
  sum=sum+pow(-1,n); //即(-1)^n
```

这段代码可以实现求和运算，但是为什么不这样算呢？

$$\underbrace{-1, 1}_{0}, \underbrace{-1, 1}_{0}, \cdots, (-1)^n$$

再看算法 1-2。

```
//算法 1-2
if(n%2==0)    //判断 n 是不是偶数，%表示求余数
  sum=0;
else
  sum=-1;
```

有的读者看到算法 1-2 后恍然大悟，原来可以这样啊！这不就是高斯那种将两个数结合成对的算法吗？

$$1, \underbrace{2, 3, 4, \cdots, 99, 100}_{101}$$

一共 50 对数，每对之和均为 101，那么总和为：

$$(1+100) \times 50 = 5050$$

1787 年，小高斯 10 岁，用了几分钟的时间算出了结果，而其他孩子却要算很长时间。

可以看出，算法 1-1 需要运行 n 次加法，如果 n=10 000，就要运行 10 000 次，而算法 1-2

只需要运行 1 次! 是不是有很大差别?

问: 高斯的方法我也知道, 但遇到类似的题还是……我用的笨办法也是算法吗?

答: 是算法。

算法是指对特定问题求解步骤的一种描述。

算法只是对问题求解方法的一种描述, 它不依赖于任何一种语言, 可以用自然语言、C、C++、Java、Python 等描述, 也可以用流程图、框图来表示。为了更清楚地说明算法的本质, 我们一般去除了计算机语言的语法规则和细节, 采用 "伪代码" 来描述算法。"伪代码" 介于自然语言和程序设计语言之间, 它更符合人们的表达方式, 容易理解, 但不是严格的程序设计语言, 如果要上机调试, 则需要转换成标准的计算机程序设计语言才能运行。

算法具有以下特性。

(1) 有穷性: 算法是由若干条指令组成的有穷序列, 总是在执行若干次后结束, 不可能永不停止。

(2) 确定性: 每条语句有确定的含义, 无歧义。

(3) 可行性: 算法在当前环境条件下可以通过有限次运算实现。

(4) 输入和输出: 有零个或多个输入, 一个或多个输出。

问: 嗯, 第二种方法的确算得挺快的, 但我写了一个算法, 怎么知道它好不好?

"好" 算法的标准如下。

(1) 正确性: 指算法能够满足具体问题的需求, 程序运行正常, 无语法错误, 并能够通过典型的软件测试, 达到预期需求规格。

(2) 易读性: 算法遵循标识符命名规则, 简洁、易懂, 注释语句恰当、适量, 方便自己和他人阅读, 并便于后期调试和修改。

(3) 健壮性: 算法对非法数据及操作有较好的反应和处理。例如, 在学生信息管理系统中, 登记学生年龄时, 21 岁误输入为 210 岁, 系统应该提示出错。

(4) 高效性: 指算法运行效率高, 即算法运行所消耗的时间短。算法时间复杂度就是算法运行需要的时间。现代计算机一秒能计算数亿次, 因此不能用秒来具体计算算法消耗的时间。由于相同配置的计算机进行一次基本运算的时间是一定的, 我们可以用算法基本运算的执行次数来衡量算法的效率。因此将算法基本运算的执行次数作为**时间复杂度**的度量标准。

(5) 低存储性: 指算法所需要的存储空间低。尤其是像手机、平板电脑这样的嵌入式设备, 算法如果占用空间过大, 则无法运行。算法占用的空间大小称为**空间复杂度**。

除了前 3 条基本标准外, 我们对好的算法的评判标准就是**高效性**、**低存储性**。

问: 前 3 条都好办, 但时间复杂度怎么算呢?

　　时间复杂度：算法运行需要的时间，一般将**算法基本运算的执行次数**作为时间复杂度的度量标准。

　　看算法 1-3，并分析这一算法的时间复杂度。

```
//算法1-3
sum=0;                          //运行 1 次
total=0;                        //运行 1 次
for(i=1;i<=n;i++)               //运行 n+1 次，最后依次判断条件不成立，结束
{
  sum=sum+i;                    //运行 n 次
  for(j=1;j<=n;j++)             //运行 n*(n+1) 次
    total=total+i*j;            //运行 n*n 次
}
```

　　把算法所有语句的运行次数加起来，即 $1+1+n+1+n+n×(n+1)+n×n$，可以用一个函数 $T(n)$ 表达：

$$T(n)=2n^2+3n+3$$

　　当 n 足够大时，如 $n=10^5$ 时，$T(n)=2×10^{10}+3×10^5+3$，我们可以看到算法运行时间主要取决于第一项，后面的基本可以忽略不计。

　　如果用极限来表示，则为：

$$\lim_{n\to\infty}\frac{T(n)}{f(n)}=c\neq0，c 为不等于 0 的常数$$

　　如果用**时间复杂度渐进上界**表示，如图 1-14 所示。

　　从图 1-15 可以看出，当 $n\geq n_0$ 时，$T(n)\leq cf(n)$，当 n 足够大时，$T(n)$ 和 $f(n)$ 近似相等，因此我们用 $O(f(n))$ 来表示时间复杂度渐近上界，通常用这种表示法衡量算法时间复杂度。算法 1-3 的时间复杂度渐进上界为 $O(f(n))=O(n^2)$，如果用极限来表示，则为：

$$\lim_{n\to\infty}\frac{T(n)}{f(n)}=\lim_{n\to\infty}\frac{2n^2+3n+3}{n^2}=2\neq0$$

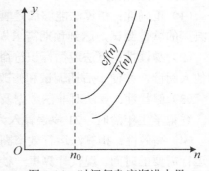

图 1-14　时间复杂度渐进上界

　　还有**渐近下界**符号 $\Omega(T(n)\geq cf(n))$，如图 1-15 所示。

　　从图 1-16 中可以看出，当 $n\geq n_0$ 时，$T(n)\geq cf(n)$，当 n 足够大时，$T(n)$ 和 $f(n)$ 近似相等，因此用 $\Omega(f(n))$ 来表示时间复杂度渐近下界。

　　渐近精确界符号 $\Theta(c_1f(n)\leq T(n)\leq c_2f(n))$，如图 1-16 所示。

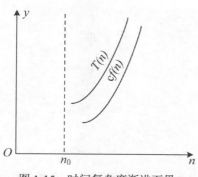

图 1-15　时间复杂度渐进下界

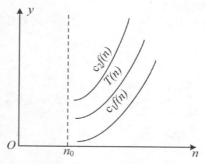

图 1-16　时间复杂度渐进精确界

从图 1-16 中可以看出，当 $n \geqslant n_0$ 时，$c_1 f(n) \leqslant T(n) \leqslant c_2 f(n)$，当 n 足够大时，$T(n)$ 和 $f(n)$ 近似相等，这种两边逼近的方式，更加精确近似，时间复杂度渐近精确界用 $\Theta(f(n))$ 来表示。

我们通常使用时间复杂度渐近上界 $O(f(n))$ 来表示时间复杂度。

看算法 1-4，并分析算法的时间复杂度。

```
//算法 1-4
i=1;                    //运行 1 次
while(i<=n)             //可假设运行 x+1 次
{
  i=i*2;               //可假设运行 x 次
}
```

算法 1-4 乍一看无法确定 while 及 i = i*2 运行了多少次，这时可假设运行了 x 次，每次运算后 i 值为 $2, 2^2, 2^3, \cdots, 2^x$，当 $i=n$ 时结束，即 $2^x=n$ 时结束，则 $x=\log_2 n$，那么算法 1-4 的运算次数为 $1+2\log_2 n$，时间复杂度渐进上界为 $O(f(n))=O(\log_2 n)$。

问题规模：即问题的大小，是指问题输入量的多少。一般来讲，算法的复杂度和问题规模有关，规模越大，复杂度越高。复杂度一般表示为关于问题规模的函数，如问题规模为 n，时间复杂度渐进上界表示为 $O(f(n))$。

语句频度：语句重复执行的次数。

在算法分析中，渐进复杂度是对算法运行次数的粗略估计，大致反映问题规模增长趋势，而不必精确计算算法的运行时间。在计算渐进时间复杂度时，可以只考虑对算法运行时间贡献大的语句，而忽略那些运算次数少的语句，循环语句中处在循环内层的语句往往是运行次数最多的，即**语句频度最多的语句**，该语句对运行时间贡献最大。比如，在算法 1-3 中，total=total+i*j 是对算法贡献最大的语句，只计算该语句的运行次数即可。

注意：不是每个算法都能直接计算运行次数。

例如算法 1-5，在 $a[n]$ 数组中顺序查找 x，返回其下标 i，如果没找到，则返回−1。

```
//算法 1-5
findx(int x)          //在 a[n]数组中顺序查找 x
{
for(i=0;i<n;i++)
  {
  if(a[i]==x)
      return i;     //返回其下标 i
  }
  return -1;
}
```

算法 1-5 很难计算该程序到底执行了多少次，因为执行次数依赖于 x 在数组中的位置。如果第一个元素就是 x，则执行 1 次（**最好情况**）；如果最后一个元素是 x，则执行 n 次（**最坏情况**）；如果分布概率均等，则平均执行次数为 $\frac{n+1}{2}$（平均情况）。

有些算法（如排序、查找、插入等）可以分为**最好情况、最坏情况和平均情况**分别求算法渐进复杂度，但我们考查一个算法通常考查其最坏情况，而不是最好情况，**最坏情况对衡量算法的好坏具有实际的意义**。在现实生活中，我们做什么事情，也会考虑最坏会怎样，最好会怎样，但最坏情况对决策有关键作用。

问：我明白了，那空间复杂度应该就是算法占多大存储空间了？

空间复杂度：算法占用的空间大小。一般将算法的**辅助空间**作为衡量空间复杂度的标准。

空间复杂度的本意是指算法在运行过程中占用了多少存储空间，算法占用的存储空间包括如下。

（1）输入/输出数据所占空间。

（2）算法本身所占空间。

（3）额外需要的辅助空间。

输入/输出数据占用的空间是必需的，算法本身占用的空间可以通过精简算法来缩减，但这个压缩的量是很小的，可以忽略不计。而在运行时使用的辅助变量所占用的空间，即辅助空间是衡量空间复杂度的关键因素。

算法 1-6 将两个数交换，并分析其空间复杂度。

```
//算法 1-6
swap(int x,int y)   //x 与 y 交换
{
  int temp;
  temp=x; // temp 为辅助空间  ①
  x=y;      ②
  y=temp; ③
}
```

两数的交换过程如图 1-17 所示。

图 1-17 中的步骤标号与算法 1-6 中的语句标号一一对应，该算法使用了一个辅助空间 *temp*，空间复杂度为 $O(1)$。

注意： 在递归算法中，每一次递推需要一个栈空间来保存调用记录，因此空间复杂度需要计算递归栈的辅助空间。

看算法 1-7，计算 n 的阶乘，并分析其空间复杂度。

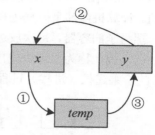

图 1-17 两数的交换过程

```
//算法 1-7
fac(int n)  //计算 n 的阶乘
{
  if(n<0)    //小于零的数无阶乘值
  {
    printf("n<0,data error!");
    return -1;
  }
  else if(n==0||n==1)
        return 1;
     else
        return n*fac(n-1);
}
```

阶乘是典型的递归调用问题，递归包括递推和回归。递推首先将原问题不断分解成子问题，直到达到结束条件，返回最近子问题的解；然后逆向逐一回归，最终到达递推开始的原问题，返回原问题的解。

思考： 例如，求 5 的阶乘，程序将怎样计算呢？

5 的阶乘递推和回归过程如图 1-18 和图 1-19 所示。

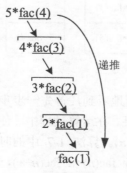

图 1-18 5 的阶乘递推过程

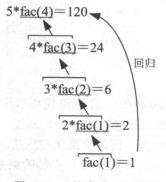

图 1-19 5 的阶乘回归过程

图 1-18 和图 1-19 的递推和回归过程是我们从逻辑思维上推理，并以图的方式形象表达出来的。计算机内部是怎样处理的呢？计算机使用一种称为"栈"的数据结构，它类似于一个放一摞盘子的容器，每次放进去一个，拿出来的时候只能从顶端拿一个，不允许从中间插入或抽取，因此称为"后进先出"（Last In First Out，LIFO）。

5 的阶乘递推（进栈）过程的形象表达如图 1-20 所示，实际递归中传递的是参数地址。

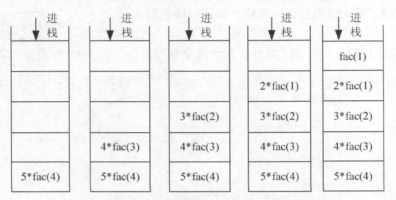

图 1-20　5 的阶乘递推（进栈）过程

5 的阶乘回归（出栈）过程的形象表达如图 1-21 所示。

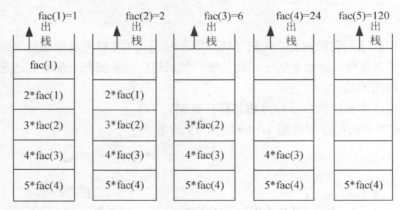

图 1-21　5 的阶乘回归（出栈）过程

从图 1-20 和图 1-21 的进栈和出栈过程中可以很清晰地看到，首先一步步把子问题压进栈，直到得到返回值，再一步步出栈，最终得到递归结果。在运算过程中，使用了 n 个栈空间作为辅助空间，因此阶乘递归算法的空间复杂度为 $O(n)$。算法 1-7 中的时间复杂度也为 $O(n)$，因为 n 的阶乘仅比 $n-1$ 的阶乘多了一次乘法运算，fac(n)=n*fac($n-1$)，如果用 $T(n)$ 表示 fac(n)的时间复杂度，那么：

$$T(n) = T(n-1)+1$$
$$= T(n-2)+1+1$$
$$\cdots\cdots$$
$$= T(1)+\cdots+1+1$$
$$= n$$

1.3　一棋盘麦子

有一个古老的传说：有一位国王的女儿不幸落水，水中有很多鳄鱼，国王情急之下下令："谁能把公主救上来，就把女儿嫁给他。"很多人纷纷退让，一个勇敢的小伙子挺身而出，冒着生命危险把公主救了上来。国王一看他是个穷小子，想要反悔，说："除了女儿，你要什么都可以。"小伙子说："好吧，我只要一棋盘的麦子。您在第一个格子里放一粒麦子，在第二个格子里放 2 粒，在第 3 个格子里放 4 粒，在第 4 个格子里放 8 粒，依次类推，每一格子里的麦子粒数都是前一格的两倍。把这 64 个格子都放好了，我就要这么多。"国王听后哈哈大笑，觉得农夫的要求很容易满足，满口答应。结果国王把全国的麦子都拿来，也填不完这 64 格……国王无奈，只好把女儿嫁给了这个小伙子。

解析

如上所述，棋盘上 64 个格子究竟要放多少粒麦子？

把每一个格子放的麦子数加起来，总和为 S，则：

$$S=1+2^1+2^2+2^3+\cdots+2^{63} \tag{1-1}$$

把式（1-1）等号两边都乘以 2，等式仍然成立：

$$2S=2^1+2^2+2^3+\cdots+2^{63}+2^{64} \tag{1-2}$$

式（1-2）减去式（1-1），则：

$$S=2^{64}-1 =18\ 446\ 744\ 073\ 709\ 551\ 615$$

据专家统计，每个麦粒的平均重量约 41.9mg，那么这些麦粒的总重量是：

$$18\ 446\ 744\ 073\ 709\ 551\ 615×41.9=772\ 918\ 576\ 688\ 430\ 212\ 668.5（mg）$$

$$≈7\ 729（亿吨）$$

全世界人口按 60 亿算，每人可以分得 128 吨！

我们称这样的函数为**爆炸增量函数**。想一想，如果你的算法时间复杂度是 $O(2^n)$ 会怎样？随着 n 的增长，这个算法会不会爆掉？你也许经常见到有些算法调试没问题，运行一段也没问题，但关键的时候"死机"。例如，在线考试系统，50 人考试没问题，100 人考试也没问题，如果 10 000 人考试怎么样？

注："死机"就是计算机不能正常工作了，包括一切原因导致出现的"死机"。计算机主机出现意外故障而"死机"，一些数据库"死锁"，服务器的某些服务意外停止运行，也可以称为"死机"。

常见的算法时间复杂度如下。

（1）常数阶：常数阶算法运行的次数是一个具体的常数，如 5、20、100 等。常数阶算法时间复杂度通常用 $O(1)$ 表示，比如算法 1-6，它的运行次数为 4，就是常数阶，用 $O(1)$ 表示。

（2）多项式阶：很多算法时间复杂度是多项式，通常用 $O(n)$、$O(n^2)$、$O(n^3)$ 等表示。比如算法 1-3 就是多项式阶。

（3）指数阶：指数阶时间复杂度运行效率极差，程序员往往像躲恶魔一样避开它，常见的有 $O(2^n)$、$O(n!)$、$O(n^n)$ 等，对待这样的算法要慎重。

（4）对数阶：对数阶时间复杂度运行效率较高，常见的有 $O(\log n)$、$O(n\log n)$ 等，如算法 1-4 所示。

常见时间复杂度函数曲线如图 1-22 所示。

从图 1-22 可以看出，指数阶增量随着 x 的增加急剧增加，而对数阶增加缓慢。它们之间的关系如下：

$$O(1) < O(\log n) < O(n) < O(n\log n)$$
$$< O(n^2) < O(n^3) < O(2^n) < O(n!) < O(n^n)$$

我们在设计算法时要注意算法复杂度增量的问题，尽量避免爆炸增量。

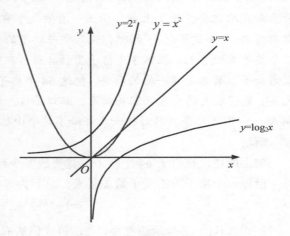

图 1-22　常见函数增量曲线

1.4 神奇魔鬼序列

假设第一个月有一对刚诞生的兔子，第二个月进入成熟期，第三个月开始生育兔子，而一对成熟的兔子每月会生一对兔子，兔子永不死去。那么，由一对初生兔子开始，12 个月后会有多少对兔子呢？ M 个月后又会有多少对兔子呢？

兔子数列即斐波那契数列。"斐波那契数列"的发明者是意大利数学家列昂纳多·斐波那契（Leonardo Fibonacci，1170—1250）。他的籍贯是比萨，因此被人称作"比萨的列昂纳多"。1202 年，他撰写了《算盘全书》一书。该书是一部较全面的初等数学著作，向欧洲系统地介绍了印度-阿拉伯数码及其演算法则，介绍了中国的"盈不足术"；引入了负数；研究了一些简单的一次同余式组。斐波那契还著有《象限仪书》与《精华》，还写了几何学专著《几何实习》。

（1）问题分析

我们不妨拿新出生的一对兔子分析：

第 1 个月，兔子①没有繁殖能力，所以还是 1 对。

第 2 个月，兔子①进入成熟期，仍然是 1 对。

第 3 个月，兔子①生了一对小兔②，于是这个月共有 2 对（1+1=2）兔子。

第 4 个月，兔子①又生了一对小兔③，因此共有 3 对（1+2=3）兔子。

第 5 个月，兔子①又生了一对小兔④，在第 3 个月出生的小兔②也生下了一对小兔⑤，因此共有 5 对（2+3=5）兔子。

第 6 个月，兔子①②③各生下了一对小兔，新生 3 对兔子加上原先的 5 对兔子，这个月共有 8 对（3+5=8）兔子。

……

为了表达得更清楚，我们用图来表示新生兔子、成熟期兔子、生育期兔子，兔子的繁殖过程，如图 1-23 所示。

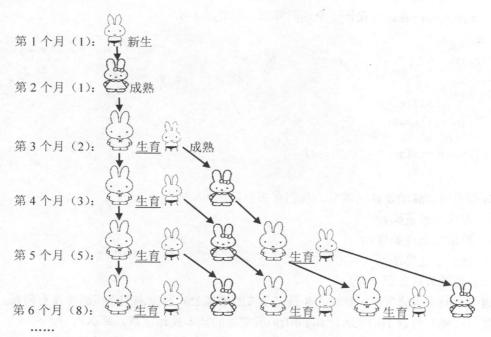

图 1-23 兔子繁殖过程

这个数列有十分明显的特点，即从第 3 个月开始，当月的兔子数=上月兔子数+当月新生兔子数，而当月新生的兔子正好是上上月的兔子数。因此，前面相邻两项之和，构成了后一项，即：

当月的兔子数=上月兔子数+上上月的兔子数

斐波那契数列如下：

1，1，2，3，5，8，13，21，34，…

递归式表达式如下：

$$F(n) = \begin{cases} 1 & , n=1 \\ 1 & , n=2 \\ F(n-1)+F(n-2) & , n>2 \end{cases}$$

那么我们该怎么设计算法呢？

答：哈哈，这太简单了，用递归很快就算出来了！

（2）算法设计

首先按照递归表达式设计一个递归算法，见算法 1-8。

```
//算法1-8
Fib1(int n)
{
  if(n<1)
     return -1;
  if(n==1||n==2)
     return 1;
  return Fib1(n-1)+Fib1(n-2);
}
```

写得不错。算法设计完成后，我们有 3 个问题。

- 算法是否正确？
- 算法复杂度如何？
- 能否改进算法？

（3）算法验证分析

第一个问题毋庸置疑，算法 1-8 是完全按照递推公式写出来的，正确性没有问题。那么算法复杂度呢？假设 $T(n)$ 表示计算 Fib1(n) 所需要的基本操作次数，那么：

$n=1$ 时，$T(n)=1$；

$n=2$ 时，$T(n)=1$；

$n=3$ 时，$T(n)=3$；//调用 Fib1(1)、Fib1(0)和执行一次加法运算 Fib1(1)+Fib1(0)

因此，$n>2$ 时要分别调用 Fib1($n-1$)、Fib1($n-2$)和执行一次加法运算。

$n>2$ 时，$T(n)=T(n-1)+T(n-2)+1$；

递归表达式和时间复杂度 $T(n)$ 之间的关系如下。

$$F(n)=\begin{cases}1 & , n=1, T(n)=1 \\ 1 & , n=2, T(n)=1 \\ F(n-1)+F(n-2) & , n>2, T(n)=T(n-1)+T(n-2)+1\end{cases}$$

由此可得：

$$T(n) \geqslant F(n)$$

那么 $F(n)$ 怎么计算呢？

斐波那契数列通项为：

$$F(n)=\frac{1}{\sqrt{5}}\left(\left(\frac{1+\sqrt{5}}{2}\right)^{n}-\left(\frac{1-\sqrt{5}}{2}\right)^{n}\right)$$

当 n 趋近于无穷时，

$$F(n)\approx\frac{1}{\sqrt{5}}\left(\frac{1+\sqrt{5}}{2}\right)^{n}$$

由于 $T(n) \geqslant F(n)$，这是一个指数阶的算法！

如果我们今年计算出了 $F(100)$，那么明年才能算出 $F(101)$，多算一个斐波那契数需要一年的时间，**爆炸增量函数**是算法设计的噩梦！算法 1-8 的时间复杂度属于**爆炸增量函数**，这在算法设计时是惟恐避之不及的，那么我们能不能改进它呢？

（4）算法改进

既然斐波那契数列每一项是前两项之和，我们为什么不记录前两项的值？这样只需要一次加法运算就可以得到当前项，时间复杂度会不会更好一点？我们用数组试试看，见算法 1-9。

```
//算法 1-9
Fib2(int n)
{
  if(n<1)
      return -1;
  int *a=new int[n+1];//定义一个长度为 n+1 的数组，0 空间未用
  a[1]=1;
  a[2]=1;
  for(int i=3;i<=n;i++)
      a[i]=a[i-1]+a[i-2];
```

```
    return a[n];
}
```

很明显，算法 1-9 时间复杂度为 $O(n)$。算法仍然是按照 $F(n)$ 定义的，所以正确性没有问题，而**时间复杂度**却从算法 1-8 的**指数阶降到了多项式阶**，这是算法效率的巨大突破之一！

算法 1-9 使用了一个辅助数组记录中间结果，因此空间复杂度也为 $O(n)$。其实我们只需要得到第 n 个斐波那契数，中间结果只是为了下一次使用，根本不需要记录。因此我们可以采用**迭代法**进行算法设计，见算法 1-10。

```
//算法 1-10
Fib3(int n)
{
  int i,s1,s2;
  if(n<1)
     return -1;
  if(n==1||n==2)
     return 1;
  s1=1;
  s2=1;
  for(i=3;i<=n;i++)
  {
    s2=s1+s2; //辗转相加法
    s1=s2-s1; //记录前一项
  }
  return s2;
}
```

迭代过程如下。

初始值：s1=1; s2=1;

	当前解	记录前一项
i=3 时	s2= s1+s2=2	s1= s2−s1=1
i=4 时	s2= s1+s2=3	s1= s2−s1=2
i=5 时	s2= s1+s2=5	s1= s2−s1=3
i=6 时	s2= s1+s2=8	s1= s2−s1=5
……	……	……

算法 1-10 使用了几个辅助变量，迭代辗转相加，每次记录前一项，时间复杂度为 $O(n)$，但空间复杂度降到了 $O(1)$。

问题的进一步讨论：我们能不能继续降阶，使算法时间复杂度更低呢？实际上，斐波那契数列时间复杂度还可以降到对数阶 $O(\log n)$，有兴趣的读者可以查阅相关资料。想想看，我们把一个算法从**指数阶**降到**多项式阶**，再降到**对数阶**，这是一件多么振奋人心的事！

1.5 本章要点

本章的内容要点如下。

（1）基本概念：数据、数据元素、数据项和数据结构。

（2）数据结构包含逻辑结构、存储结构和运算三个要素，如图 1-24 所示。

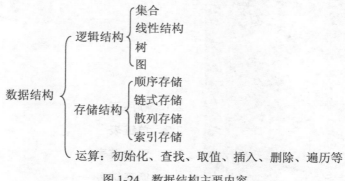

图 1-24　数据结构主要内容

（3）时间复杂度的衡量标准及渐近上界符号 $O(f(n))$ 表示。

（4）衡量算法的好坏通常会考查算法的最坏情况。

（5）空间复杂度只计算辅助空间。

（6）递归算法的空间复杂度要计算递归使用的栈空间。

Chapter 2

线性表

线性表是由 n ($n \geqslant 0$) 个相同类型的数据元素组成的有限序列，它是最基本、最常用的一种线性结构。顾名思义，线性表就像是一条线，不会分叉。线性表有唯一的开始和结束，除了第一个元素外，每个元素都有唯一的直接前驱：除了最后一个元素外，每个元素都有唯一的直接后继，如图 2-1 所示。

图 2-1 前驱和后继

注意：为了描述方便，本书中提到的前驱和后继均代指直接前驱和直接后继。

线性表有两种存储方式：顺序存储和链式存储。采用顺序存储的线性表称为顺序表，采用链式存储的线性表称为链表。链表又分为单链表、双向链表和循环链表，本章将分别予以详述。

2.1 顺序表

顺序表采用顺序存储方式，即逻辑上相邻的数据在计算机内的存储位置也是相邻的。顺序存储方式，元素存储是连续的，中间不允许有空，可以快速定位第几个元素，但是插入和删除时需要移动大量元素。根据分配空间方法不同，顺序表可以分为静态分配和动态分配两种方法。

2.1.1 静态分配

顺序表最简单的方法是使用一个定长数组 data[] 存储数据，最大空间为 Maxsize，用 length 记录实际的元素个数，即顺序表的长度。这种用定长数组存储的方法称为静态分配。静态顺序表如图 2-2 所示。

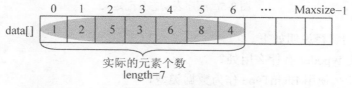

图 2-2 静态顺序表

顺序表的静态分配结构体定义，如图 2-3 所示。采用静态分配方法，定长数组需要预先分配一段固定大小的连续空间,但是在运算的过程中,如合并、插入等操作,容易超过预分配的空间长度,出现溢出。解决静态分配的溢出问题,可以采用动态分配的方法。

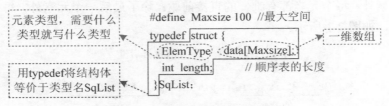

图 2-3 顺序表静态分配定义

2.1.2 动态分配

在程序运行过程中,根据需要动态分配一段连续的空间(大小为 Maxsize),用 elem 记录该空间的基地址(首地址),用 length 记录实际的元素个数,即顺序表的长度。动态顺序表如图 2-4 所示。采用动态存储方法,在运算过程中,如果发生溢出,可以另外开辟一块更大的存储空间,用以替换原来的存储空间,从而达到扩充存储空间的目的。

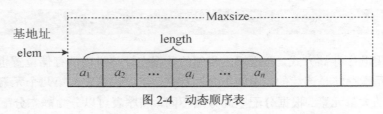

图 2-4 动态顺序表

顺序表的动态分配结构体定义,如图 2-5 所示。

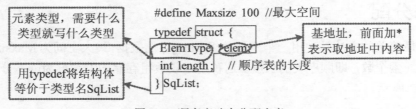

图 2-5 顺序表动态分配定义

结构体定义的解释说明如下。

问题 1:使用 typedef 有什么用处?

问题 2:为什么使用 ElemType 作为数据类型?

解答如下。

问题 1:typedef 是 C/C++语言的关键字,用于给原有数据类型起一个别名,在程序中可以等价使用，语法规则如下。

```
typedef 类型名称  类型标识符；
```

"类型名称"为已知数据类型，包括基本数据类型（如 int、float 等）和用户自定义数据类型（如用 struct 自定义的结构体）。

"类型标识符"是为原有数据类型起的别名，需要满足标识符命名规则。就像给某个人起一个小名或绰号一样，如《水浒传》中李逵的绰号"黑旋风"，大家听到"黑旋风"就知道是李逵。

使用 typedef 有什么好处呢？

1．简化比较复杂的类型声明

给复杂的结构体类型起一个别名，这样就可以使用这个别名等价该结构体类型，在声明该类型变量时就方便多了。

例如，不使用 typedef 的顺序表定义：

```
struct SqList {
  int *elem;       //顺序表的基地址
  int length;      //顺序表的长度
};
```

如果需要定义一个顺序表，需要写：

```
struct SqList L;   //定义时需要加上 struct (c 需要，C++不需要)，L 为顺序表的名字
```

使用 typedef 的顺序表定义：

```
typedef struct {
  int *elem;       //顺序表的基地址
  int length;      //顺序表的长度
}SqList;
```

如果需要定义一个顺序表，需要写：

```
SqList L;              //不需要写 struct，直接用别名定义
```

2．提高程序的可移植性

例如，在程序中使用这样的语句：

```
typedef int ElemType; //给 int 起个别名 ElemType
```

在程序中，假如有 n 个地方用到了 ElemType 类型，如果现在处理的数据变为字符型了，那么就可以将上面类型定义中的 int 直接改为 char。

```
typedef char ElemType;
```

这样只需要修改类型定义，不需要改动程序中的代码。如果不使用 typedef 类型定义，就需要把程序中 *n* 个用到 int 类型的地方全部改为 char 类型。如果某处忘记修改，就会产生错误。

问题 2：使用 ElemType 是为了让算法的通用性更好，因为使用线性表的结构体定义后，并不清楚具体问题处理的数据是什么类型，不能简单地写成某一种类型。结合 typedef 使用，可以提高算法的通用性和可移植性。

以 int 型元素为例，如果使用顺序表的动态分配结构体定义，就可以直接将 ElemType 写成 int。

```
typedef struct{
  int *elem;        //顺序表的基地址
  int length;       //顺序表的长度
}SqList;
```

也可以使用类型定义，给 int 起个别名：

```
typedef int ElemType;      //给 int 起个别名 ElemType，两者等价
typedef struct{
  ElemType *elem;          //顺序表的基地址
  int length;              //顺序表的长度
}SqList;
```

显然，后一种定义的通用性和可移植性更好，当然第一种定义也没有错。

2.1.3 顺序表的基本操作

下面以动态分配空间的方法为例，分别介绍顺序表的初始化、创建、取值、查找、插入、删除等基本操作。

1. 初始化

初始化是指为顺序表分配一段预定义大小的连续空间，用 elem 记录这段空间的基地址，当前空间内没有任何数据元素，因此元素的实际个数为 0。假设我们已经预定义了一个最大空间数 Maxsize，那么就用 new 分配大小为 Maxsize 的空间，分配成功会返回空间的首地址，分配失败会返回空指针。

初始化后的顺序表如图 2-6 所示。

代码实现

```
bool InitList(SqList &L)              //构造一个空的顺序表 L
{   //L 前面加&表示引用参数，函数内部的改变跳出函数后仍然有效
```

```
                    //如果不加&，函数内部的改变在跳出函数后便会无效
    L.elem=new int[Maxsize];        //为顺序表动态分配 Maxsize 个空间
    if(!L.elem) return false;       //分配空间失败
    L.length=0;                     //顺序表长度为 0
    return true;
}
```

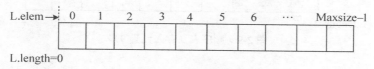

L.length=0

图 2-6 顺序表初始化

2. 创建
顺序表创建是向顺序表中输入数据，输入数据的类型必须与类型定义中的类型一致。

算法步骤

1）初始化下标变量 $i=0$，判断顺序表是否已满，如果是则结束；否则执行第 2 步。

2）输入一个数据元素 x。

3）将数据 x 存入顺序表的第 i 个位置，即 L.elem[i]=x，然后 i++。

4）顺序表长度加 1，即 L.length++。

5）直到数据输入完毕。

完美图解

1）输入元素：5。将数据元素 5 存入顺序表的第 0 个位置，即 L.elem[0]=5，然后 i++，如图 2-7 所示。

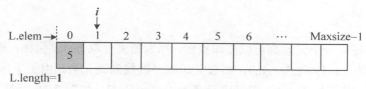

L.length=**1**

图 2-7 顺序表（存入元素 5）

2）输入元素：3。将数据元素 3 存入顺序表的第 1 个位置，即 L.elem[1]=3，然后 i++，如图 2-8 所示。

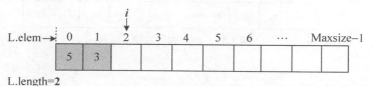

L.length=**2**

图 2-8 顺序表（存入元素 3）

3）输入元素：9。将数据元素 9 存入顺序表的第 2 个位置，即 L.elem[2]=9，然后 *i*++，如图 2-9 所示。

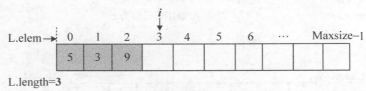

图 2-9 顺序表（存入元素 9）

代码实现

```
bool CreateList(SqList &L) //创建一个顺序表 L
{   //L 加&表示引用类型参数，函数内部的改变跳出函数仍然有效
    //不加&则在内部改变时，跳出函数后无效
    int x,i=0;
    cin>>x;
    while(x!=-1)//输入-1 时结束，也可以设置其他的结束条件
    {
        if(L.length==Maxsize)
        {
            cout<<"顺序表已满！";
            return false;
        }
        L.elem[i++]=x; //将数据存入第 i 个位置，然后 i++
        L.length++; //顺序表长度加 1
        cin>>x; //输入一个数据元素
    }
    return true;
}
```

3．取值

顺序表中的任何一个元素都可以立即找到，称为随机存取方式。例如，要取第 *i* 个元素，只要 *i* 值是合法的（1≤*i*≤L.length），那么立即就可以找到该元素。由于下标是从 0 开始的，因此第 *i* 个元素，其下标为 *i*−1，即对应元素为 L.elem[*i*−1]，如图 2-10 所示。

注意：位序是指第几个元素，位序和下标差 1。

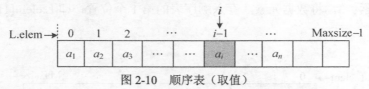

图 2-10 顺序表（取值）

代码实现

```
bool GetElem(SqList L,int i,int &e)
{
```

```
        if(i<1||i>L.length) return false;
         //判断 i 值是否合理, 若不合理, 则返回 false
        e=L.elem[i-1];    //第 i-1 个单元存储着第 i 个数据
        return true;
    }
```

4. 查找

在顺序表中查找一个元素 e, 可以从第一个元素开始顺序查找, 依次比较每一个元素值。如果相等, 则返回元素位置（位序, 即第几个元素）；如果查找整个顺序表都没找到, 则返回-1。例如, 在图 2-11 的顺序表中, 查找元素 8, 查找到其下标为 5, 返回位序为 6。

图 2-11 顺序表（查找）

代码实现

```
int LocateElem(SqList L,int e)
{
    for(i=0;i<L.length;i++)
        if(L.elem[i]==e) return i+1; //下标为 i, 实际为第 i+1 个元素
    return -1; //如果没找到, 则返回-1
}
```

算法复杂度分析

如果顺序表的表长为 n, 即 n=L.length, 那么可以分最好、最坏和平均 3 种情况分析顺序表查找算法的复杂性。

- **最好情况**：如果元素正好在第一个位置, 比较一次查找成功, 时间复杂度为 $O(1)$。
- **最坏情况**：如果元素正好在最后一个位置, 比较 n 次查找成功, 时间复杂度为 $O(n)$。
- **平均情况**：如果查找的元素在第一个位置需要比较 1 次, 第二个位置需要比较 2 次……最后一个位置需要比较 n 次。如果该元素在第 i 个位置, 则需要比较 i 次, 把每种情况比较次数乘以其查找概率 p_i 并求和, 即为平均时间复杂度。如果查找概率均等, 即每个关键字的查找概率均为 $1/n$, 则平均时间复杂度为：

$$\sum_{i=1}^{n} p_i \times i = \frac{1}{n} \sum_{i=1}^{n} i = \frac{1}{n}(1+2+\cdots+n) = \frac{n+1}{2}$$

因此, 假设每个关键字查找的概率均等, 顺序表查找算法的平均时间复杂度为 $O(n)$。

5. 插入

在顺序表中第 i 个位置之前插入一个元素 e, 需要从最后一个元素开始, 后移一位……

直到把第 i 个元素也后移一位,然后把 e 放入第 i 个位置,如图 2-12 所示。

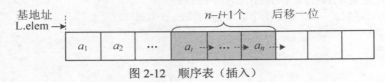

图 2-12　顺序表(插入)

算法步骤

1)判断插入位置 i 是否合法(1≤i≤L.length+1),可以在第一个元素之前插入,也可以在第 L.length+1 个元素之前插入。

2)判断顺序表的存储空间是否已满。

3)将第 L.length 至第 i 个元素依次向后移动一个位置,空出第 i 个位置。

4)将要插入的新元素 e 放入第 i 个位置。

5)表长加 1,插入成功返回 true。

完美图解

例:在图 2-13 的顺序表中的第 5 个位置之前插入一个元素 9。

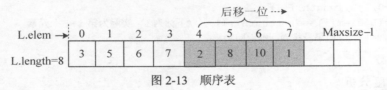

图 2-13　顺序表

插入过程如下。

1)移动元素。从最后一个元素(下标为 L.length−1)开始后移一位,移动元素过程如图 2-14~图 2-17 所示。

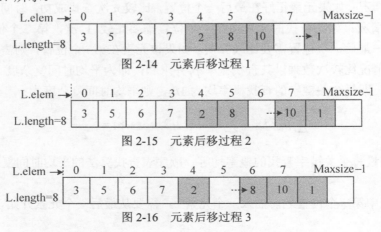

图 2-14　元素后移过程 1

图 2-15　元素后移过程 2

图 2-16　元素后移过程 3

图 2-17   元素后移过程 4

2）插入元素。此时第 5 个位置空出来，将要插入的新元素 9 放入第 5 个位置，表长加 1，如图 2-18 所示。

图 2-18   插入元素 9

代码实现

```
bool ListInsert_Sq(SqList &L,int i ,int e)
{
    if(i<1 || i>L.length+1) return false;  //i 值不合法
    if(L.length==Maxsize) return false;      //存储空间已满
    for(int j=L.length-1;j>=i-1;j--)
        L.elem[j+1]=L.elem[j];   //从最后一个元素开始后移，直到第 i 个元素后移
    L.elem[i-1]=e;               //将新元素 e 放入第 i 个位置
    L.length++;                  //表长加 1
    return true;
}
```

算法复杂度分析

可以在第 1 个位置之前插入，也可以在第 2 个位置之前……第 n 个位置之前，第 $n+1$ 个位置之前插入，一共有 $n+1$ 种情况，每种情况移动元素的个数是 $n-i+1$。把每种情况移动次数乘以其插入概率 p_i 并求和，即为平均时间复杂度。如果插入概率均等，即每个位置的插入概率均为 $1/(n+1)$，则平均时间复杂度为：

$$\sum_{i=1}^{n+1}p_i\times(n-i+1)=\frac{1}{n+1}\sum_{i=1}^{n+1}(n-i+1)=\frac{1}{n+1}(n+(n-1)+\cdots+1+0)=\frac{n}{2}$$

因此，假设每个位置插入的概率均等，顺序表插入算法平均时间复杂度为 $O(n)$。

6. 删除

在顺序表中删除第 i 个元素，需要把该元素暂存到变量 e 中，然后从 $i+1$ 个元素开始前移……直到把第 n 个元素也前移一位，即可完成删除操作，如图 2-19 所示。

算法步骤

1）判断删除位置 i 是否合法（$1 \leqslant i \leqslant$ L.length）。

2）将欲删除的元素保存在 e 中。

3）将第 $i+1$ 至第 n 个元素依次向前移动一个位置。

4）表长减 1，删除成功，返回 true。

图 2-19　删除元素

完美图解

例：从图 2-20 的顺序表中删除第 5 个元素。

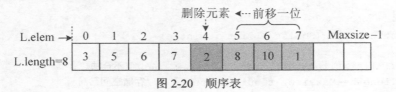

图 2-20　顺序表

删除过程如下。

1）移动元素。首先将待删除元素 2 暂存到变量 e 中，以后可能有用，如果不暂存，将会被覆盖。然后从第 6 个元素开始前移一位，移动元素过程如图 2-21～图 2-23 所示。

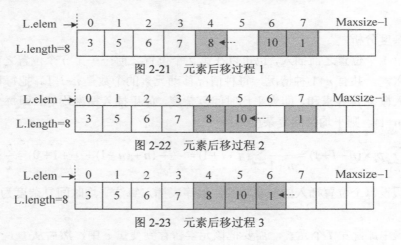

图 2-21　元素后移过程 1

图 2-22　元素后移过程 2

图 2-23　元素后移过程 3

2）表长减 1，删除元素后的顺序表如图 2-24 所示。

图 2-24　顺序表（删除元素后）

代码实现

```
bool ListDelete_Sq(SqList &L,int i, int &e)
{
    if(i<1||i>L.length) return false;     //i 值不合法
    e=L.elem[i-1];      //将欲删除的元素保存在 e 中
    for (int j=i;j<=L.length-1;j++)
        L.elem[j-1]=L.elem[j];            //被删除元素之后的元素前移
    L.length--;                          //表长减 1
    return true;
}
```

算法复杂度分析

顺序表元素删除一共有 n 种情况，每种情况移动元素的个数是 $n-i$。把每种情况移动次数乘以其删除概率 p_i 并求和，即为平均时间复杂度。假设删除每个元素的概率均等，即每个元素的删除概率均为 $1/n$，则平均时间复杂度为：

$$\sum_{i=1}^{n} p_i \times (n-i) = \frac{1}{n}\sum_{i=1}^{n}(n-i) = \frac{1}{n}((n-1)+\cdots+1+0) = \frac{n-1}{2}$$

因此，假设每个元素删除的概率均等，顺序表删除算法平均时间复杂度为 $O(n)$。

顺序表的优点：操作简单，存储密度高，可以随机存取，只需要 $O(1)$ 的时间就可以取出第 i 个元素。

顺序表的缺点：需要预先分配最大空间，最大空间数估计过大或过小会造成空间浪费或溢出。插入和删除操作需要移动大量元素。

在实际问题中，如果经常需要插入和删除操作，则顺序表的效率很低。为了克服该缺点，可以采用链式存储。

2.2 单链表

链表是线性表的链式存储方式。逻辑上相邻的数据在计算机内的存储位置不一定相邻。那么怎么表示逻辑上的相邻关系呢？

2.2.1 单链表的存储方式

可以给每个元素附加一个指针域，指向下一个元素的存储位置，如图 2-25 所示。

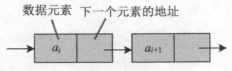

图 2-25　单链表的存储方式

从图 2-25 中可以看出，每个节点包含两个域：数据域和指针域。数据域存储数据元素，指针域存储下一个节点的地址，因此指针指向的类型也是节点类型。每个指针都指向下一个节点，都是朝一个方向的，这样的链表称为单向链表或**单链表**。

单链表的节点结构体定义，如图 2-26 所示。

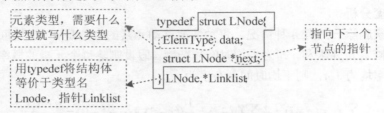

图 2-26　单链表的节点结构体定义

定义了节点结构体之后，就可以把若干个节点连接在一起，形成一个单链表，如图 2-27 所示。

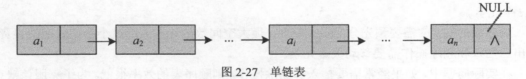

图 2-27　单链表

是不是像一个铁链，一环扣一环地连在一起？如图 2-28 所示。

图 2-28　铁链

不管这个铁链有多长，只要找到它的头，就可以拉起整个铁链。因此，只要给这个单链表设置一个头指针，这个链表中的每个节点就都可以找到了，如图 2-29 所示。

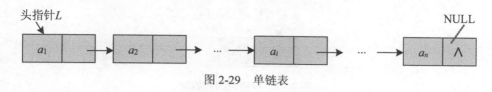

图 2-29 单链表

有时为了操作方便，还会给链表增加一个不存放数据的头节点（也可以存放表长等信息），如图 2-30 所示。

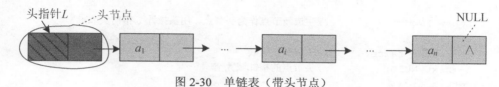

图 2-30 单链表（带头节点）

带有头节点的链表就像是给铁链加了钥匙扣，如图 2-31 所示。

图 2-31 铁链（加了钥匙扣）

有的书中还提到了首元节点，即第一个数据元素节点。其实完全没必要混淆视听，只需要知道头指针、头节点就可以了。

在顺序表中，想找第 i 个元素，可以立即通过 L.elem[i-1]找到，想找哪个就找哪个，称为**随机存取**。但是在单链表中，想找第 i 个元素就没那么容易，必须从头开始，按顺序一个一个找，一直数到第 i 个元素，称为**顺序存取**。

2.2.2 单链表的基本操作

下面以带头节点的单链表为例，讲解单链表的初始化、创建、取值、查找、插入、删除等基本操作。

1. 初始化

单链表的初始化是指构建一个空表。先创建一个头节点，不存储数据，然后令其指针域为空, 如图 2-32 所示。

图 2-32　单链表的初始化

代码实现

```
bool InitList_L(LinkList &L)//构造一个空的单链表 L
{
    L=new LNode;           //生成新节点作为头节点, 用头指针 L 指向头节点
    if(!L)
        return false;      //生成节点失败
    L->next=NULL;          //头节点的指针域置空
    return true;
}
```

2. 创建

创建单链表分为**头插法**和**尾插法**两种, 头插法是指每次把新节点插到头节点之后, 其创建的单链表和数据输入顺序正好相反, 因此也称为逆序建表。尾插法是指每次把新节点链接到链表的尾部, 其创建的单链表和数据输入顺序一致, 因此也称为正序建表。

我们先讲头插法建表。头插法每次把新节点插入到头节点之后, 创建的单链表和数据输入顺序相反。

完美图解

1) 初始状态。初始状态是指初始化后的空表, 只有一个头节点, 如图 2-33 所示。

2) 输入数据元素 1, 创建新节点, 把元素 1 放入新节点数据域, 如图 2-34 所示。

图 2-33　单链表 (空表)

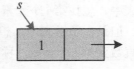

图 2-34　新节点 (元素 1)

```
s=new LNode;       //生成新节点 s
cin>>s->data;      //输入元素值赋给新节点的数据域
```

3) 头插操作, 插入头节点的后面, 插入过程如图 2-35 所示。

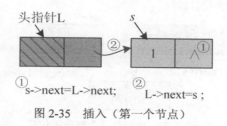

①s->next=L->next; ②L->next=s；

图 2-35 插入（第一个节点）

4）输入数据元素 2，创建新节点，把元素 2 放入新节点数据域，如图 2-36 所示。

5）头插操作，插入头节点的后面，如图 2-37 所示。

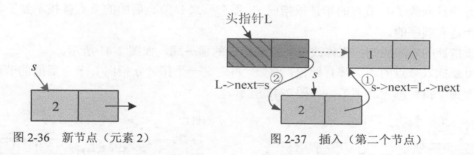

图 2-36 新节点（元素 2）　　　　　图 2-37 插入（第二个节点）

赋值解释

假设赋值之前节点的地址及指针，如图 2-38 所示。

赋值语句两端，**等号的右侧是节点的地址**，**等号的左侧是节点的指针域**。

① s->next=L->next：L->next 存储的是下一个节点地址"9630"，将该地址赋值给 s->next 指针域，即 s 节点的 *next* 指针指向 1 节点，如图 2-39 所示。

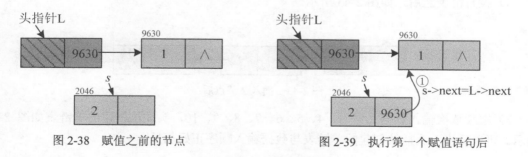

图 2-38 赋值之前的节点　　　　　图 2-39 执行第一个赋值语句后

② L->next=s：将 s 节点的地址"2046"赋值给 L->next 指针域，即 L 节点的 *next* 指针指向 s 节点，如图 2-40 所示。

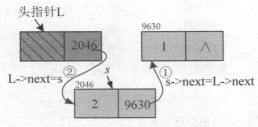

图 2-40　执行第二个赋值语句后

修改指针顺序

为什么要先修改后面那个指针呢？

因为一旦修改了 L 节点的指针域指向 s，那么原来 L 节点后面的节点就找不到了，因此修改指针是有顺序的。

修改指针的顺序原则：**先修改没有指针标记的那一端**，如图 2-41 所示。

如果要插入节点的两端都有标记，例如，再定义一个指针 q 指向 L 节点后面的节点，那么先修改哪个指针都无所谓了，如图 2-42 所示。

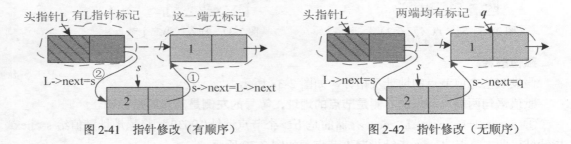

图 2-41　指针修改（有顺序）　　　　　图 2-42　指针修改（无顺序）

6）拉直链表之后，如图 2-43 所示。

图 2-43　插入 2 节点后

7）继续依次输入数据元素 3、4、5、6、7、8、9、10，头插法创建的单链表如图 2-44 所示。可以看出，头插法创建的单链表与数据输入顺序正好相反。

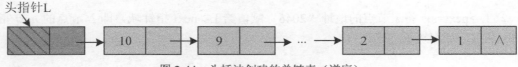

图 2-44　头插法创建的单链表（逆序）

代码实现

```
void CreateList_H(LinkList &L)//头插法创建单链表
{
    int n; //输入 n 个元素的值，建立到头节点的单链表 L
    LinkList s; //定义一个指针变量
    L=new LNode;
    L->next=NULL; //先建立一个带头节点的空链表
    cout<<"请输入元素个数 n: " <<endl;
    cin>>n;
    cout<<"请依次输入 n 个元素: " <<endl;
    cout<<"头插法创建单链表..." <<endl;
    while(n--)
    {
        s=new LNode; //生成新节点 s
        cin>>s->data; //输入元素值赋值给新节点的数据域
        s->next=L->next;
        L->next=s; //将新节点 s 插入头节点之后
    }
}
```

接下来，我们讲尾插法建表。尾插法每次把新节点链接到链表的尾部，其创建的单链表和数据输入顺序一致。

完美图解

尾插法每次把新节点链接到链表的尾部，因此需要一个尾指针永远指向链表的尾节点。

1）初始状态。初始状态是指初始化后的空表，只有一个头节点，设置一个尾指针 r 指向该节点，如图 2-45 所示。

2）输入数据元素 1，创建新节点，把元素 1 放入新节点数据域，如图 2-46 所示。

```
s=new LNode; //生成新节点 s
cin>>s->data; //输入数据元素赋值给新节点的数据域
```

3）完成尾插操作，插入尾节点的后面，如图 2-47 所示。

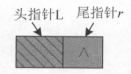

图 2-45 单链表（空表）

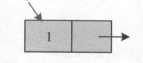

图 2-46 新节点（元素 1）

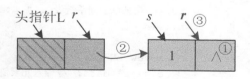

图 2-47 插入（第一个节点）

赋值解释

① s->next=NULL：s 节点的指针域置空。

② r->next=s：将 s 节点的地址赋值给 r 节点的指针域，即将新节点 s 插入尾节点 r 之后。

③ r=s：将 s 节点的地址赋值给 r，即 r 指向新的尾节点 s。

4）输入数据元素 2，创建新节点，把元素 2 放入新节点数据域，如图 2-48 所示。

5）完成尾插操作，插入尾节点的后面，如图 2-49 所示。

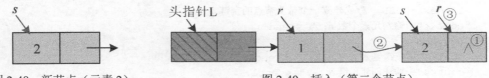

图 2-48　新节点（元素 2）　　　　　　图 2-49　插入（第二个节点）

6）继续依次输入数据元素 3、4、5、6、7、8、9、10，尾插法创建的单链表如图 2-50 所示。可以看出，尾插法创建的单链表与数据输入顺序一致。

图 2-50　尾插法创建的单链表（正序）

代码实现

```
void CreateList_R(LinkList &L)//尾插法创建单链表
{
    //输入 n 个元素的值，建立带表头节点的单链表 L
    int n;
    LinkList s, r;
    L=new LNode;
    L->next=NULL; //先建立一个带头节点的空链表
    r=L; //尾指针 r 指向头节点
    cout<<"请输入元素个数 n: " <<endl;
    cin>>n;
    cout<<"请依次输入 n 个元素: " <<endl;
    cout<<"尾插法创建单链表..." <<endl;
    while(n--)
    {
        s=new LNode;//生成新节点
        cin>>s->data; //输入元素值赋给新节点的数据域
        s->next=NULL;
        r->next=s;//将新节点 s 插入尾节点 r 之后
        r=s;//r 指向新的尾节点 s
    }
}
```

3. 取值

单链表的取值不像顺序表那样可以随机访问任何一个元素，单链表只有头指针，各个节点的物理地址是不连续的。要想找到第 i 个节点，就必须从第一个节点开始按顺序向后找，一直找到第 i 个节点。那么具体怎么做呢？

注意：链表的头指针不可以随意改动！

一个链表是由头指针来标识的，一旦头指针改动或丢失，这个链表就不完整或找不到了。想想看，你拉着铁链子的一头，另一头绑着水桶，到井里打水，如果你手一松，链子掉到井里，就找不到了。所以链表的头指针是不能随意改动的，如果需要用指针移动，可定义一个指针变量进行移动。

算法步骤

1）先定义一个 p 指针，指向第一个元素节点，用 j 作为计数器，$j=1$。

2）如果 p 不为空且 $j<i$，则 p 指向 p 的下一个节点，然后 j 加 1，即：p=p->next; j++。

3）直到 p 为空或者 $j=i$ 停止。p 为空，说明没有数到 i，链表就结束了，即不存在第 i 个节点；$j=i$，说明找到了第 i 个节点。

完美图解

1）p 指针指向第一个元素节点，$j=1$，如图 2-51 所示。

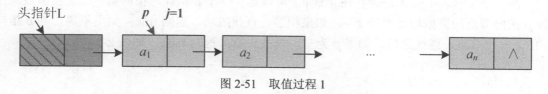

图 2-51 取值过程 1

2）p 指针指向第二个元素节点，$j=2$，如图 2-52 所示。

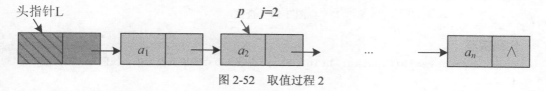

图 2-52 取值过程 2

3）p 指针指向第 i 个元素节点，$j=i$，如图 2-53 所示。

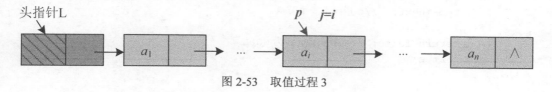

图 2-53 取值过程 3

代码实现

```
bool GetElem_L(LinkList L,int i,int &e)//单链表的取值
{
    //在带头节点的单链表 L 中查找第 i 个元素
    //用 e 记录 L 中第 i 个数据元素的值
    int j;
    LinkList p;
    p=L->next;   //p 指向第一个数据节点
    j=1;         //j 为计数器
    while(j<i&&p)  //顺着链表向后扫描，直到 p 指向第 i 个元素或 p 为空
    {
        p=p->next; //p 指向下一个节点
        j++; //计数器 j 加 1
    }
    if(!p||j>i)   //i 值不合法，i>n 或 i<=0
        return false;
    e=p->data; //取第 i 个节点的数据域
    return true;
}
```

4. 查找

在一个单链表中查找是否存在元素 e，可以定义一个 p 指针，指向第一个元素节点，比较 p 指向节点的数据域是否等于 e。如果相等，查找成功，返回 true；如果不等，则 p 指向 p 的下一个节点，继续比较，如果 p 为空，查找失败，返回 false，如图 2-54 所示。

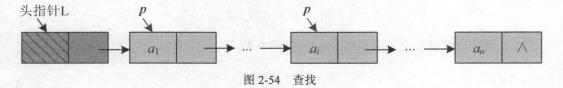

图 2-54 查找

代码实现

```
bool LocateElem_L(LinkList L,int e) //在带头节点的单链表 L 中查找值为 e 的元素
{
    LinkList p;
    p=L->next;
    while(p&&p->data!=e)//沿着链表向后扫描，直到 p 为空或 p 所指节点数据域等于 e
        p=p->next;   //p 指向下一个节点
    if(!p)
        return false; //查找失败，p 为 NULL
    return true;
}
```

5. 插入

如果要在第 i 个节点之前插入一个元素，则必须先找到第 $i-1$ 个节点，**想一想：为什么？**

单链表只有一个指针域，是向后操作的，不可以向前操作。如果直接找到第 i 个节点，就无法向前操作，把新节点插入第 i 个节点之前。实际上，在第 i 个节点之前插入一个元素相当于在第 $i-1$ 个节点之后插入一个元素，因此先找到第 $i-1$ 个节点，然后将新节点插在其后面即可。

算法步骤

1）定义一个 p 指针，指向头节点，用 j 作为计数器，$j=0$。

2）如果 p 不为空且 $j<i-1$，则 p 指向 p 的下一个节点，然后 j 加 1，即：p=p->next; j++。

3）直到 p 为空或 $j>=i-1$ 停止。

4）p 为空，说明没有数到 $i-1$，链表就结束了，即 $i>n+1$，i 值不合法；$j>i-1$ 说明 $i<1$，此时 i 值不合法，返回 false。如果 $j=i-1$，说明找到了第 $i-1$ 个节点。

5）将新节点插到第 $i-1$ 个节点之后。

完美图解

假设已经找到了第 $i-1$ 个节点，并用 p 指针指向该节点，s 指向待插入的新节点，则插入操作如图 2-55 所示。

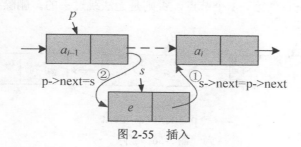

图 2-55 插入

赋值解释

① s->next=p->next：将 p 节点后面的节点地址赋值给 s 节点的指针域，即 s 节点的 *next* 指针指向 p 后面的节点。

② p->next=s：将 s 节点的地址赋值给 p 节点的指针域，即 p 节点的 *next* 指针指向 s 节点。

是不是有似曾相识的感觉？

前面讲的前插法建链表，就是每次将新节点插到头节点之后，现在是将新节点插到第 $i-1$ 个节点之后。

```
bool ListInsert_L(LinkList &L,int i,int e)//单链表的插入
{
```

```
//在带头节点的单链表 L 中第 i 个位置之前插入值为 e 的新节点
int j;
LinkList p,s;
p=L;
j=0;
while(p&&j<i-1) //查找第 i-1 个节点, p 指向该节点
{
    p=p->next;
    j++;
}
if(!p||j>i-1)   //i>n+1 或者 i<1
    return false;
s=new LNode;        //生成新节点
s->data=e;          //将数据元素 e 放入新节点的数据域
s->next=p->next;    //将新节点的指针域指向第 i 个节点
p->next=s;          //将节点 p 的指针域指向节点 s
return true;
}
```

6. 删除

删除一个节点，实际上是把这个节点跳过去。根据单向链表向后操作的特性，要想跳过第 i 个节点，就必须先找到第 $i-1$ 个节点，否则是无法跳过去的。删除操作如图 2-56 所示。

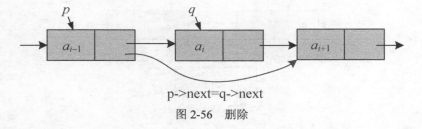

图 2-56　删除

赋值解释

p->next=q->next 的含义是将 q 节点的下一个节点地址赋值给 p 节点的指针域。

对这些有关指针的赋值语句，很多读者不理解，容易混淆。在此说明一下，等号的右侧是节点的地址，等号的左侧是节点的指针域，如图 2-57 所示。

在图 2-57 中，假设 q 节点的下一个节点地址为 1013，该地址存储在 q->next 里面，因此等号右侧的 q->next 的值为 1013。把该地址赋值给 p 节点的 *next* 指针域，把原来的值 2046 覆盖掉，这样 p->next 也为 1013，相当于把 q 节点跳过去了。赋值之后，如图 2-58 所示，然后用 delete q 释放被删除节点的空间。

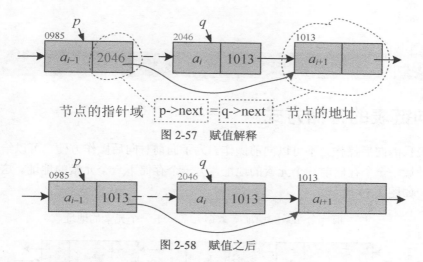

图 2-57 赋值解释

图 2-58 赋值之后

代码实现

```
bool ListDelete_L(LinkList &L, int i) //单链表的删除
{
    //在带头节点的单链表 L 中，删除第 i 个位置
    LinkList p, q;
    int j;
    p=L;
    j=0;
    while((p->next)&&(j<i-1)) //查找第 i-1 个节点，p 指向该节点
    {
        p=p->next;
        j++;
    }
    if(!(p->next)||(j>i-1))//当 i>n 或 i<1 时，删除位置不合理
        return false;
    q=p->next;         //临时保存被删节点的地址以备释放空间
    p->next=q->next;   //将 q 节点的下一个节点地址赋值给 p 节点的指针域
    delete q;          //释放被删除节点的空间
    return true;
}
```

在单链表中，每个节点除存储自身数据之外，还存储了下一个节点的地址，因此可以轻松访问下一个节点，以及后面的所有后继节点。但是，如果想访问前面的节点就不行了，再也回不去了。例如，删除节点 q 时，要先找到它的前一个节点 p，然后才能删掉 q 节点，单向链表只能向后操作，不可以向前操作。如果需要向前操作，该怎么办呢？

还有另外一种链表——双向链表。

2.3 双向链表

2.3.1 双向链表的存储方式

单链表只能向后操作，不可以向前操作。为了向前、向后操作方便，可以给每个元素附加两个指针域，一个存储前一个元素的地址，另一个存储下一个元素的地址。这种链表称为双向链表，如图 2-59 所示。

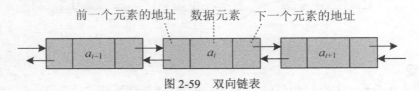

图 2-59　双向链表

从图 2-59 中可以看出，双向链表每个节点包含 3 个域：数据域和两个指针域。两个指针域分别存储前后两个元素节点的地址，即前驱和后继，因此指针指向的类型也是节点类型。

双向链表的节点结构体定义，如图 2-60 所示。

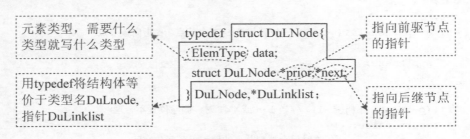

图 2-60　双向链表的节点结构体定义

2.3.2 双向链表的基本操作

下面以带头节点的双向链表为例，讲解双向链表的初始化、创建、取值、查找、插入、删除操作。

1．初始化

双向链表初始化是指构建一个空表。先创建一个头节点，不存储数据，然后令其前后两个指针域均为空，如图 2-61 所示。

图 2-61　双向链表初始化

代码实现

```
bool InitList_L(DuLinkList &L)//构造一个空的双向链表 L
{
    L=new DuLNode;              //生成新节点作为头节点，用头指针 L 指向头节点
    if(!L)
       return false;           //生成节点失败
    L->prior=L->next=NULL;     //头节点的两个指针域置空
    return true;
}
```

2. 创建

创建双向链表也可以用**头插法**和**尾插法**。头插法创建的链表和输入顺序正好相反，称为逆序建表；尾插法创建的链表和输入顺序一致，称为正序建表。

完美图解

头插法建双向链表的过程如下。

1）初始状态是指初始化后的空表，只有一个头节点，前后两个指针域均为空，如图 2-62 所示。

2）输入数据元素 1，创建新节点，把元素 1 放入新节点数据域，如图 2-63 所示。

图 2-62 双向链表（空表）

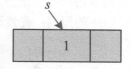

图 2-63 创建新节点（元素 1）

```
s=new DuLNode;   //生成新节点 s
cin>>s->data;    //输入元素值赋值给新节点的数据域
```

3）头插操作，插入头节点的后面，如图 2-64 所示。

4）输入数据元素 2，创建新节点，把元素 2 放入新节点数据域，如图 2-65 所示。

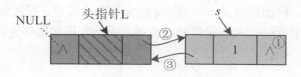

① s->next=L->next; ② L->next=s; ③ s->prior=L

图 2-64 插入（元素 1）

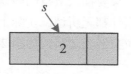

图 2-65 新节点（元素 2）

5）头插操作，插入头节点的后面，如图 2-66 所示。

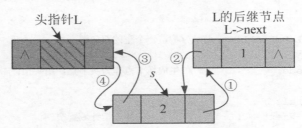

① s->next=L->next; ② L->next->prior=s; ③ s->prior=L; ④ L->next=s;

图 2-66 插入（元素 2）

赋值解释

① s->next=L->next：将 L 节点后面的节点（后继）地址赋值给 s 节点的指针域，即 s 节点的 *next* 指针指向 L 的后继节点。

② L->next->prior=s：将 s 节点的地址赋值给 L 的后继节点的 *prior* 指针域，即 L 的后继节点的 *prior* 指针指向 s 节点。

③ s->prior=L：将 L 节点的地址赋值给 s 节点的 *prior* 指针域，即 s 节点的 *prior* 指针指向 L 节点。

④ L->next=s：将 s 节点的地址赋值给 L 节点的指针域，即 L 节点的 *next* 指针指向 s 节点。

注意：赋值语句的右侧是一个地址，左侧是一个节点的指针域。

修改指针顺序的原则：**先修改没有指针标记的那一端**，如图 2-67 所示。

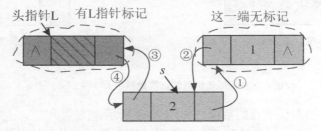

图 2-67 修改指针顺序

如果要插入节点的两端都有标记，例如再定义一个指针 q 指向第 1 个节点，那么先修改哪个指针都无所谓。实际上，只需要将④语句放在最后修改即可，①②③语句顺序无要求。

拉直链表之后，如图 2-68 所示。

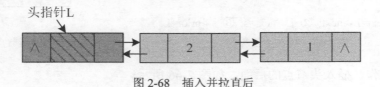

图 2-68 插入并拉直后

6）继续依次输入数据元素 3、4、5，头插法创建的双向链表如图 2-69 所示。

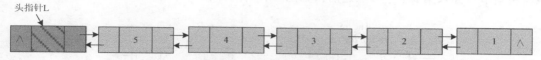

图 2-69　头插法创建的双向链表

代码实现

```
void CreateDuList_H(DuLinkList &L)//头插法创建双向链表
{
    //输入 n 个元素的值，建立带头节点的双向链表 L
    int n;
    DuLinkList s; //定义一个指针变量
    L=new DuLNode;
    L->prior=L->next=NULL; //先建立一个带头节点的空链表
    cout<<"请输入元素个数 n: " <<endl;
    cin>>n;
    cout<<"请依次输入 n 个元素: " <<endl;
    cout<<"头插法创建双向链表..." <<endl;
    while(n--)
    {
        s=new DuLNode; //生成新节点 s
        cin>>s->data; //输入元素值赋值给新节点的数据域
        if(L->next) //如果 L 后面有节点，则修改其后面节点的 prior 指针，
            //否则只修改后面 3 个指针即可
            L->next->prior=s;
        s->next=L->next;
        s->prior=L;
        L->next=s; //将新节点 s 插入头节点之后
    }
}
```

尾插法建双向链表和尾插法建单链表类似，需要有一个尾指针，不再赘述。

3．取值和查找

双向链表的取值、查找和单链表的一样，此处不再赘述。

4．插入

单链表只有一个指针域，是向后操作的，不可以向前处理，因此单链表如果在第 i 个节点之前插入一个元素，就必须先找到第 $i-1$ 个节点。在第 i 个节点之前插入一个元素相当于把新节点放在第 $i-1$ 个节点之后。而双向链表不需要，因为有两个指针，可以向前后两个方向操作，直接找到第 i 个节点，就可以把新节点插入第 i 个节点之前。**注意**：这里假设第 i

个节点是存在的，如果第 i 个节点不存在，而第 $i-1$ 个节点存在，还是需要找到第 $i-1$ 个节点，将新节点插入第 $i-1$ 个节点之后，如图 2-70 所示。

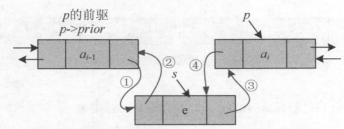

① p->prior->next=s; ② s->prior=p->prior; ③ s->next=p; ④ p->prior=s;

图 2-70　插入

赋值解释

① p->prior->next=s：s 节点的地址赋值给 p 的前驱节点的 *next* 指针域，即 p 的前驱的 *next* 指针指向 s。

② s->prior=p->prior：p 的前驱的地址赋值给 s 节点的 *prior* 指针域，即 s 节点的 prior 指针指向 p 的前驱。

③ s->next=p：p 节点的地址赋值给 s 节点的 *next* 指针域，即 s 节点的 *next* 指针指向 p 节点。

④ p->prior=s：s 节点的地址赋值给 p 节点的 *prior* 指针域，即 p 节点的 *prior* 指针指向 s 节点。

因为 p 的前驱无标记，一旦修改了 p 节点的 *prior* 指针，p 的前驱就找不到了，因此，最后修改这个指针。实际上，只需要将④语句放在最后修改即可，①②③语句顺序无要求。

修改指针顺序的原则：**先修改没有指针标记的那一端。**

代码实现

```
bool ListInsert_L(DuLinkList &L, int i, int e)//双向链表的插入
{
    //在带头节点的单链表 L 中第 i 个位置之前插入值为 e 的新节点
    int j;
    DuLinkList p, s;
    p=L;
    j=0;
    while(p&&j<i)  //查找第 i 个节点，p 指向该节点
    {
        p=p->next;
        j++;
    }
```

```
        if(!p||j>i)//i>n+1 或者 i<1
            return false;
        s=new DuLNode;          //生成新节点
        s->data=e;              //将新节点的数据域置为 e
        p->prior->next=s;
        s->prior=p->prior;
        s->next=p;
        p->prior=s;
        return true;
    }
```

5. 删除

删除一个节点，实际上是把这个节点跳过去。在单向链表中，必须先找到第 $i-1$ 个节点，才能把第 i 个节点跳过去。双向链表不必如此，只要直接找到第 i 个节点，然后修改指针即可，如图 2-71 所示。

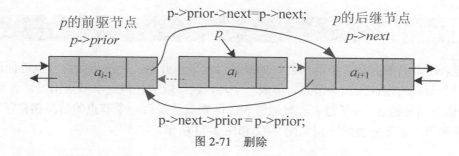

图 2-71 删除

p->prior->next=p->next：将 p 的后继节点的地址赋值给 p 的前驱节点的 next 指针域。即 p 的前驱节点的 next 指针指向 p 的后继节点。

注意：等号的右侧是节点的地址，等号的左侧是节点的指针域。

p->next->prior =p->prior：将 p 的前驱节点的地址赋值给 p 的后继节点的 prior 指针域，即 p 的后继节点的 prior 指针指向 p 的前驱节点。此项修改的前提是 p 的后继节点存在，如果不存在，则不需要此项修改。

这样就把 p 节点跳过去了，然后用 delete p 释放被删除节点的空间。删除节点修改指针没有顺序，先修改哪个都可以。

代码实现

```
bool ListDelete_L(DuLinkList &L, int i) //双向链表的删除
{
    //在带头节点的双向链表 L 中，删除第 i 个节点
    DuLinkList p;
    int j;
```

```
    p=L;
    j=0;
    while(p&&(j<i))  //查找第 i 个节点，p 指向该节点
    {
        p=p->next;
        j++;
    }
    if(!p||(j>i))//当 i>n 或 i<1 时，删除位置不合理
        return false;
    if(p->next) //如果 p 的后继节点存在
        p->next->prior=p->prior;
    p->prior->next=p->next;
    delete p;        //释放被删除节点的空间
    return true;
}
```

2.4 循环链表

　　单链表中，只能向后，不能向前。如果从当前节点开始，无法访问该节点前面的节点，而最后一个节点的指针指向头节点，形成一个环，就可以从任何一个节点出发，访问所有的节点，这就是循环链表。循环链表和普通链表的区别就是最后一个节点的后继指向了头节点。单向链表和单向循环链表的区别如图 2-72 和图 2-73 所示。

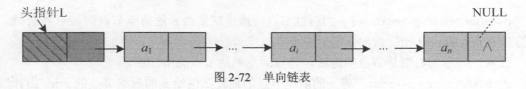

图 2-72　单向链表

　　单向循环链表最后一个节点的 *next* 域不为空，而是指向了头节点。

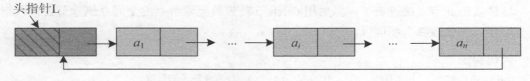

图 2-73　单向循环链表

　　而单向链表和单向循环链表为空的条件也发生了变化，如图 2-74 和图 2-75 所示。

图 2-74 单向链表空表(L->next=NULL)

图 2-75 单向循环链表空表(L->next=L)

双向循环链表除了让最后一个节点的后继指向第一个节点外,还要让头节点的前驱指向最后一个节点,如图 2-76 所示。

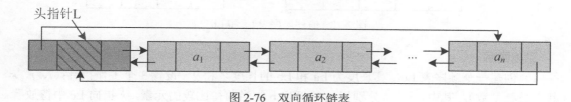

图 2-76 双向循环链表

双向循环链表为空表时,L->next=L->prior=L,如图 2-77 所示。

链表的优点:链表是动态存储,不需要预先分配最大空间;插入删除不需要移动元素。

链表的缺点:每次动态分配一个节点,每个节点的地址是不连续的,需要有指针域记录下一个节点的地址,指针域需要

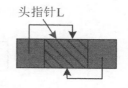

图 2-77 双向循环链表空表

占用一个 int 的空间,因此存储密度低(数据所占空间/节点所占总空间)。存取元素必须从头到尾按顺序查找,属于顺序存取。

2.5 线性表的应用

线性表的用途非常广泛,在此介绍几个实例,体会线性表的操作过程。其中包括合并有序顺序表、合并有序链表、就地逆置单链表、查找链表的中间节点、删除链表中的重复元素。

2.5.1 合并有序顺序表

题目:将两个有序(非递减)顺序表 La 和 Lb 合并为一个新的有序(非递减)顺序表。

解题思路

1）首先创建一个顺序表 Lc，其长度为 La 和 Lb 的长度之和。

2）然后从 La 和 Lb 中分别取数，比较其大小，将较小者放入 Lc 中，一直进行下去，直到其中一个顺序表 La 或 Lb 中的数取完为止。

3）把未取完的数再依次取出放入 Lc 中即可。

以下面两个顺序表为例，如图 2-78 所示，演示合并过程。

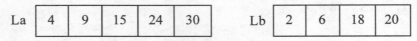

图 2-78　有序顺序表 La 和 Lb

完美图解

1）创建一个顺序表 Lc，其长度为 La 和 Lb 的长度之和 9。设置 3 个工作指针：i、j、k（其实是整型数）。其中，i 和 j 分别指向 La 和 Lb 中当前待比较的元素，k 指向 Lc 中待放置元素的位置，如图 2-79 所示。

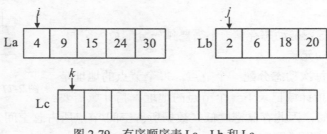

图 2-79　有序顺序表 La、Lb 和 Lc

2）比较 La.elem[i] 和 Lb.elem[j]，将较小的赋值给 Lc.elem[k]，同时相应指针向后移动。如此反复，直到顺序表 La 或 Lb 中的数取完为止。

- 第 1 次比较，La.elem[i]=4，Lb.elem[j]=2，将较小的元素 2 放入数组 Lc.elem[k] 中，相应的指针向后移动，j++，k++，如图 2-80 所示。

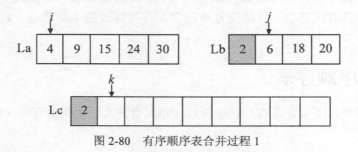

图 2-80　有序顺序表合并过程 1

- 第 2 次比较，La.elem[i]=4，Lb.elem[j]=6，将较小的元素 4 放入数组 Lc.elem[k]中，相应的指针向后移动，i++，k++，如图 2-81 所示。

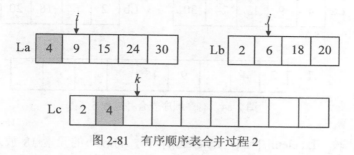

图 2-81 有序顺序表合并过程 2

- 第 3 次比较，La.elem[i]=9，Lb.elem[j]=6，将较小的元素 6 放入数组 Lc.elem[k]中，相应的指针向后移动，j++，k++，如图 2-82 所示。

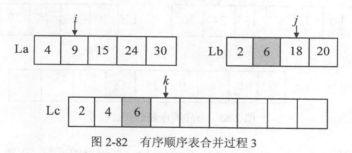

图 2-82 有序顺序表合并过程 3

- 第 4 次比较，La.elem[i]=9，Lb.elem[j]=18，将较小的元素 9 放入数组 Lc.elem[k]中，相应的指针向后移动，i++，k++，如图 2-83 所示。

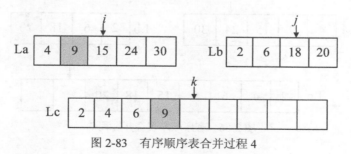

图 2-83 有序顺序表合并过程 4

- 第 5 次比较，La.elem[i]=15，Lb.elem[j]=18，将较小的元素 15 放入数组 Lc.elem[k]中，相应的指针向后移动，i++，k++，如图 2-84 所示。

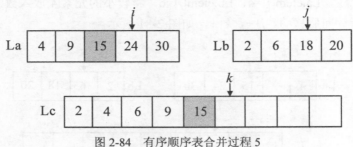

图 2-84 有序顺序表合并过程 5

- 第 6 次比较，La.elem[*i*]=24，Lb.elem[*j*]=18，将较小的元素 18 放入数组 Lc.elem[*k*] 中，相应的指针向后移动，*j*++，*k*++，如图 2-85 所示。

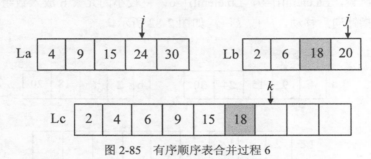

图 2-85 有序顺序表合并过程 6

- 第 7 次比较，La.elem[*i*]=24，Lb.elem[*j*]=20，将较小的元素 20 放入数组 Lc.elem[*k*] 中，相应的指针向后移动，*j*++，*k*++，如图 2-86 所示。

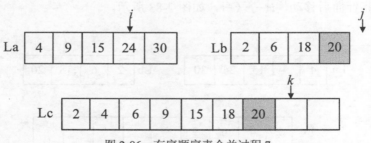

图 2-86 有序顺序表合并过程 7

- 此时，顺序表 Lb 中的数取完了，循环结束。
3）把 La 中未取完的数依次取出，放入 Lc 中即可，如图 2-87 和图 2-88 所示。

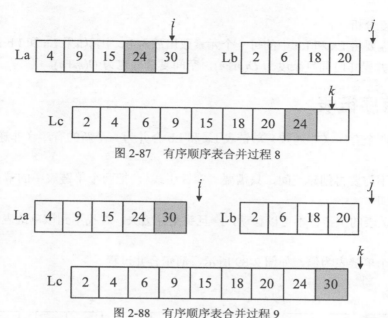

图 2-87 有序顺序表合并过程 8

图 2-88 有序顺序表合并过程 9

现在已经完成了两个有序顺序表的合并过程，Lc 即为 La 和 Lb 合并后的结果。

代码实现

```
void MergeSqlist(SqList La, SqList Lb, SqList &Lc) // 有序顺序表的合并
{
    //已知有序顺序表 La 和 Lb 的元素按值非递减排列
    //La 和 Lb 合并得到新的有序顺序表 Lc，Lc 的元素也按值非递减排列
    int i,j,k;
    i=j=k=0;
    Lc.length=La.length+Lb.length; //新表长度为待合并两表的长度之和
    Lc.elem=new int[Lc.length]; //为合并后的新表分配一段空间
    while (i<La.length&&j<Lb.length) //两个表都非空
    {
        if(La.elem[i]<=Lb.elem[j] ) //依次取出两表中较小值放入 Lc 表中
            Lc.elem[k++]=La.elem[i++];
        else
            Lc.elem[k++]=Lb.elem[j++];
    }
    while(i<La.length) //La 有剩余，依次将 La 的剩余元素放入 Lc 表的尾部
        Lc.elem[k++]=La.elem[i++];
    while(j<Lb.length) //Lb 有剩余，依次将 Lb 的剩余元素放入 Lc 表的尾部
        Lc.elem[k++]=Lb.elem[j++];
}
```

算法复杂度分析

合并操作需要将 La 和 Lb 中的每一个元素取出放入 Lc 中,如果 La 和 Lb 的长度分别为
m、n,那么合并操作时间复杂度为 $O(m+n)$,空间复杂度也为 $O(m+n)$。

2.5.2 合并有序链表

题目:将两个有序(非递减)单链表 La 和 Lb 合并为一个新的有序(非递减)单链表。

解题思路

链表合并不需要再创建空间,只需要"穿针引线",把两个单链表中的节点按非递减的
顺序串联起来即可。

注意:单链表的头指针不可以移动,一旦头指针丢失,就找不到该单链表了,因此需要
辅助指针。

以下面两个单链表为例,如图 2-89 所示,演示合并过程。

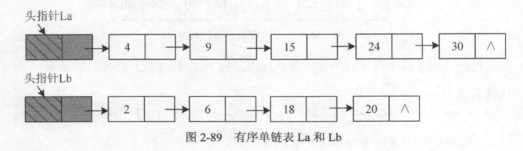

图 2-89 有序单链表 La 和 Lb

完美图解

1)初始化。设置 3 个辅助指针 p、q、r,p 和 q 分别指向 La 和 Lb 链表的当前比较位置,
新链表头指针 Lc 指向 La,当作合并后的头节点。r 指向 Lc 的当前最后一个节点,利用 r 指
针"穿针引线",如图 2-90 所示。

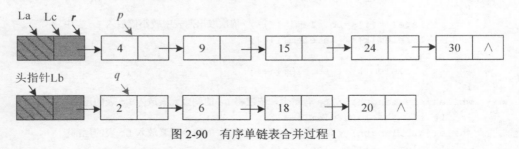

图 2-90 有序单链表合并过程 1

2)穿针引线。比较元素大小,将较小元素用 r 指针串起来。

- 第 1 次比较，p->data=4 > q->data=2，用 r 指针将 q 节点串起来，如图 2-91 所示。

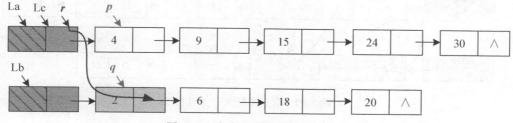

图 2-91　有序单链表合并过程 2

串联操作分为 3 步。

```
r->next=q;     //把 q 节点的地址赋值给 r 的 next 指针域，即 r 的 next 指针指向 q
r=q;           //r 指针指向 Lc 的当前尾节点
q=q->next;     //q 指针向后移动，等待处理下一个节点
```

串联之后如图 2-92 所示。

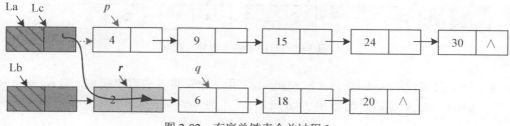

图 2-92　有序单链表合并过程 3

- 第 2 次比较，p->data=4 < q->data=6，用 r 指针将 p 节点串起来，即 r->next=p; r=p; p=p->next;。串联之后如图 2-93 所示。

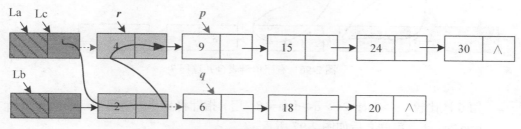

图 2-93　有序单链表合并过程 4

- 第 3 次比较，p->data=9 > q->data=6，用 r 指针将 q 节点串起来，即 r->next=q; r=q; q=q->next;。串联之后如图 2-94 所示。

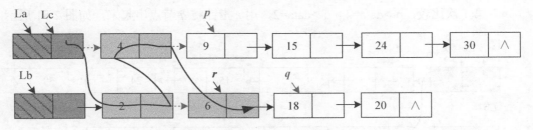

图 2-94 有序单链表合并过程 5

- 第 4 次比较，p->data=9 < q->data=18，用 r 指针将 p 节点串起来，即 r->next=p; r=p; p=p->next;。串联之后如图 2-95 所示。

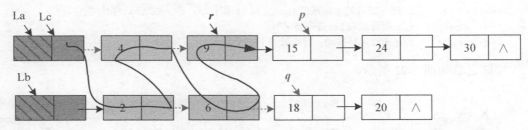

图 2-95 有序单链表合并过程 6

- 第 5 次比较，p->data=15 < q->data=18，用 r 指针将 p 节点串起来，即 r->next=p; r=p; p=p->next;。串联之后如图 2-96 所示。

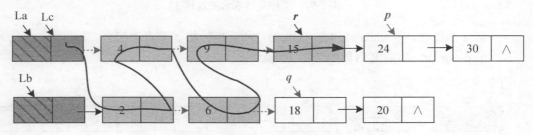

图 2-96 有序单链表合并过程 7

- 第 6 次比较，p->data=24 > q->data=18，用 r 指针将 q 节点串起来，即 r->next=q; r=q; q=q->next;。串联之后如图 2-97 所示。

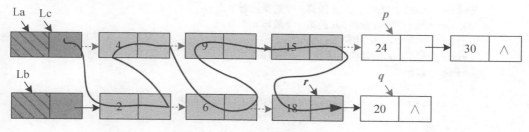

图 2-97 有序单链表合并过程 8

- 第 7 次比较，p->data=24 > q->data=20，用 r 指针将 q 节点串起来，即 r->next=q; r=q; q=q->next;。串联之后如图 2-98 所示。

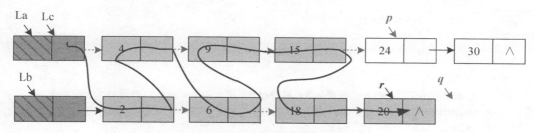

图 2-98 有序单链表合并过程 9

- 此时 q 指针为空，循环结束。

3）串联剩余部分。p 指针不为空，用 r 指针将 p 串连起来，即 r->next=p;。注意这里只是把这个指针连上即可，剩余的节点不需要再处理。释放 Lb 节点空间，即 delete Lb。两个有序链表的合并结果如图 2-99 所示。

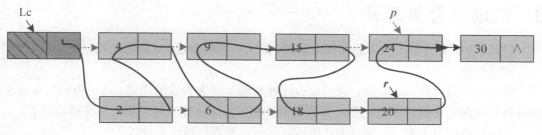

图 2-99 有序单链表合并过程 10

代码实现

```
void mergelinklist(LinkList La, LinkList Lb, LinkList &Lc)
{
    LinkList p,q,r;
```

```
    p=La->next; //p 指向 La 的第一个数据元素节点
    q=Lb->next; //q 指向 Lb 的第一个数据元素节点
    Lc=La;       //Lc 指向 La 的头节点
    r=Lc;        //r 指向新链表 Lc 的尾部
    while(p&&q)
    {
        if(p->data<=q->data) //把 p 指向的节点串起来
        {
            r->next=p;
            r=p;
            p=p->next;
        }
        else    //把 q 指向的节点串起来
        {
            r->next=q;
            r=q;
            q=q->next;
        }
    }
    //如果 p 不空，则把 p 后面剩余节点链接起来，即 r->next=p;，否则 r->next=q;
    r->next=p?p:q; //相当于 if(p) r->next=p; else r->next=q;
    delete Lb;
}
```

算法复杂度分析

链表合并不需要再创建空间，只需要穿针引线，把两个单链表中的节点按非递减的顺序串联起来即可。因此在最坏的情况下，需要串联每一个节点，如果 La 和 Lb 的长度分别为 m、n 时间复杂度为 $O(m+n)$，空间复杂度为 $O(1)$。

2.5.3 就地逆置单链表

题目：将带有头节点的单链表就地逆置。即元素的顺序逆转，而辅助空间复杂度为 $O(1)$。

解题思路

充分利用原有的存储空间，通过修改指针实现单链表的就地逆置。还记得吗？头插法创建单链表得到的序列正好是逆序，那么我们就利用头插法建表的思路，实现就地逆置。

下面以单链表为例，如图 2-100 所示，演示单链表就地逆置的过程。

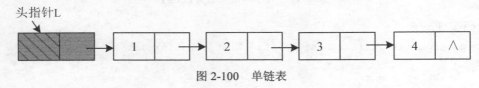

图 2-100 单链表

注意： 在修改指针之前，一定要用一个辅助指针记录断点，否则后面这一部分就会遗失，再也找不到了。

完美图解

1）首先用 p 指针指向第一个元素节点，然后将头节点的 next 域置空。

记录第一个节点：p=L->next;。

头节点的 next 域置空：L->next=NULL，如图 2-101 所示。

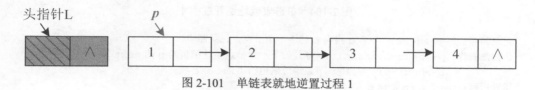

图 2-101　单链表就地逆置过程 1

2）将 p 节点用头插法插入链表 L 中，插入之前用 q 指针记录断点，如图 2-102 所示。

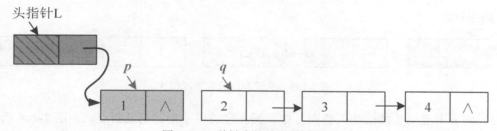

图 2-102　单链表就地逆置过程 2

记录断点：q=p->next;　// q 指向 p 的下一个节点，记录断点
头插法操作：p->next=L->next; //将 L 的下一个节点地址赋值给 p 的 next 域
　　　　　　L->next=p; //将 p 节点地址赋值给 L 的 next 域
指针后移：p=q; //p 指向 q

指针后移后，如图 2-103 所示。

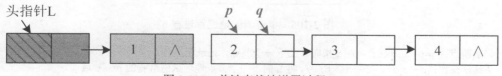

图 2-103　单链表就地逆置过程 3

3）将 p 节点用头插法插入链表 L 中，插入之前用 q 指针记录断点，如图 2-104 所示。

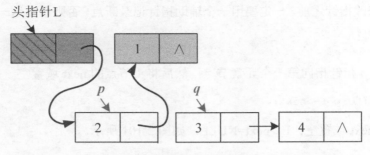

图 2-104 单链表就地逆置过程 4

记录断点：q=p->next;   // q 指向 p 的下一个节点，记录断点
头插法操作：p->next=L->next; //将 L 的下一个节点地址赋值给 p 的 next 域
         L->next=p;   //将 p 节点地址赋值给 L 的 next 域
指针后移：p=q; //p 指向 q

指针后移后，如图 2-105 所示。

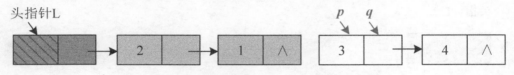

图 2-105 单链表就地逆置过程 5

4）将 *p* 节点用头插法插入链表 L 中，插入之前用 *q* 指针记录断点，如图 2-106 所示。

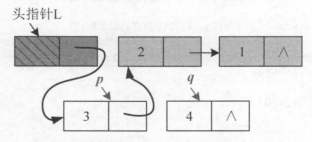

图 2-106 单链表就地逆置过程 6

记录断点：q=p->next;   //q 指向 p 的下一个节点，记录断点
头插法操作：p->next=L->next; //将 L 的下一个节点地址赋值给 p 的 next 域
         L->next=p;   //将 p 节点地址赋值给 L 的 next 域
指针后移：p=q; //p 指向 q

指针后移后，如图 2-107 所示。

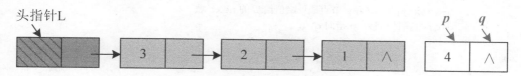

图 2-107 单链表就地逆置过程 7

5）将 p 节点用头插法插入链表 L 中，如图 2-108 所示。

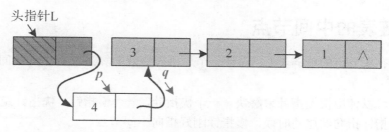

图 2-108 单链表就地逆置过程 8

记录断点：q=p->next; // q 指向 p 的下一个节点，记录断点
头插法操作：p->next=L->next; //将 L 的下一个节点地址赋值给 p 的 next 域
        L->next=p; //将 p 节点地址赋值给 L 的 next 域
指针后移：p=q; //p 指向 q

指针后移后，如图 2-109 所示。

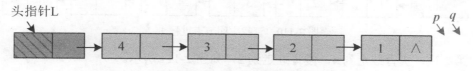

图 2-109 单链表就地逆置过程 9

6）p 指针为空，算法停止，单链表就地逆置完毕。

代码实现

```
void reverselinklist(LinkList &L)
{
    LinkList p,q;
    p=L->next; //p 指向 L 的第一个元素
    L->next=NULL; //头节点的 next 域置空
    while(p)
    {
        q=p->next;//q 指向 p 的下一个节点，记录断点
        p->next=L->next; //头插法，将 L 的下一个节点地址赋值给 p 的 next 域
```

```
            L->next=p; //将 p 节点地址赋值给 L 的 next 域
            p=q;//指针后移, p 指向 q
        }
    }
```

算法复杂度分析

算法对单链表进行了一趟扫描，如果 L 的长度为 n，则时间复杂度为 $O(n)$，没有使用其他辅助空间，只是几个辅助指针变量，因此空间复杂度为 $O(1)$。

2.5.4 查找链表的中间节点

题目：带有头节点的单链表 L，设计一个尽可能高效的算法求 L 中的中间节点。

解题思路

此类题型可以使用快慢指针来解决。一个快指针，一个慢指针，快指针走两步，慢指针走一步。当快指针指向结尾的时候，慢指针刚好指向中间节点。

完美图解

放置两个小青蛙，一个跳得远，一次走两块石头；一个跳得近，一次走一块石头。当快青蛙走到终点时，慢青蛙正好走到中间。

1）第 1 次，快青蛙走到 2，慢青蛙走到 1，如图 2-110 所示。

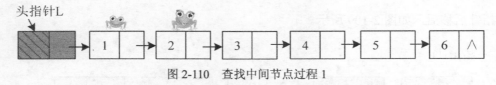

图 2-110　查找中间节点过程 1

2）第 2 次，快青蛙走到 4，慢青蛙走到 2，如图 2-111 所示。

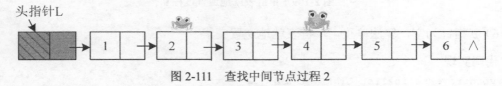

图 2-111　查找中间节点过程 2

3）第 3 次，快青蛙走到 6，慢青蛙走到 3，如图 2-112 所示。

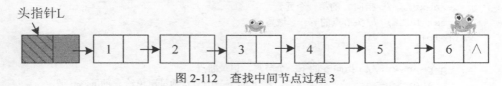

图 2-112　查找中间节点过程 3

链表访问完毕，慢青蛙正好在中间位置。

如果是奇数个节点会怎么样？读者可以试试看。

代码实现

```
LinkList findmiddle(LinkList L)
{
    LinkList p,q;
    p=L; //p 为快指针，初始时指向 L
    q=L; //q 为慢指针，初始时指向 L
    while(p!=NULL&&p->next!=NULL)
    {
        p=p->next->next;//p 为快指针一次走两步
        q=q->next; //q 为慢指针一次走一步
    }
    return q;//返回中间节点指针
}
```

算法复杂度分析

算法对单链表进行了一趟扫描，如果 L 的长度为 n，则时间复杂度为 $O(n)$，没有使用其他辅助空间，只是几个辅助指针变量，因此空间复杂度为 $O(1)$。

思考：如何在单链表中查找倒数第 k 个节点？

仍然可以使用快慢指针，慢指针不要动，快指针先走 $k-1$ 步，然后两个指针一起以同样的速度走。当快指针走到终点时，慢指针正好停留在倒数第 k 个节点，为什么呢？

因为它们之间的距离始终保持 $k-1$。

完美图解

例如，找倒数第 4 个节点。

1）初始时快慢指针都指向第 1 个数据元素节点，如图 2-113 所示。

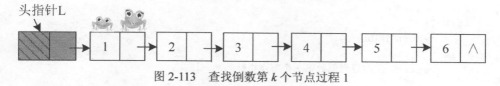

图 2-113 查找倒数第 k 个节点过程 1

2）第 1 步：慢指针不要动，快指针先走 3 步，如图 2-114 所示。

图 2-114 查找倒数第 k 个节点过程 2

3）第 2 步：快慢指针一起走，快指针走到 5，慢指针走到 2，如图 2-115 所示。

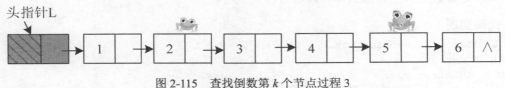

图 2-115　查找倒数第 *k* 个节点过程 3

4）第 3 步：快慢指针一起走，快指针走到 6，慢指针走到 3，如图 2-116 所示。

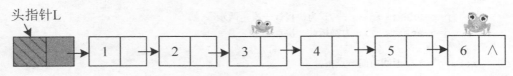

图 2-116　查找倒数第 *k* 个节点过程 4

链表访问完毕，慢青蛙正好在倒数第 4 个位置。

代码实现

```
LinkList findk(LinkList L,int k)
{
    LinkList p,q;
    p=L->next; //p 为快指针，初始时指向第一个数据元素节点
    q=L->next; //q 为慢指针，初始时指向第一个数据元素节点
    while(p->next!=NULL)
    {
        if(--k<=0) //k 减到 0 时，慢指针开始走
            q=q->next; //q 为慢指针
        p=p->next; //p 为快指针，先走 k-1 步
    }
    if(k>0)
        return NULL;
    else
        return q;//返回倒数第 k 个节点指针
}
```

算法复杂度分析

算法对单链表进行了一趟扫描，如果 L 的长度为 *n*，则时间复杂度为 $O(n)$，没有使用其他辅助空间，只是几个辅助指针变量，因此空间复杂度为 $O(1)$。

用快慢指针还可以解决很多问题，例如判断链表是否有环，判断两个链表是否相交等。

2.5.5　删除链表中的重复元素

题目：用单链表保存 m 个整数，节点的结构为(data,next)，且|data|≤n(n 为正整数)。现要求设计一个时间复杂度尽可能高效的算法，对于链表中 data 的绝对值相等的节点，仅保留第一次出现的节点而删除其余绝对值相等的节点。

解题思路

本题数据大小有范围限制，因此可以设置一个辅助数组记录该数据是否已出现，如果已出现，则删除；如果未出现，则标记。一趟扫描即可完成。

完美图解

假设 m=6，n=10，链表如图 2-117 所示。

图 2-117　单链表

1）设置一个辅助数组 flag[]，因为 n 为正整数，不包括 0，所以 0 空间不用。需要分配 n+1 个辅助空间，初始化时都为 0，表示这些数还未出现过，如图 2-118 所示。

	0	1	2	3	4	5	6	7	8	9	10
flag[ ]	0	0	0	0	0	0	0	0	0	0	0

图 2-118　辅助数组（一）

设置 p 指针指向头节点，检查第一个数据元素是否已出现过。令 x=abs(p->next->data)，如果已出现过（flag[x]=1），则删除该节点；如果该节点数据元素未出现过，则标记 flag[x]=1，p 指针向后移动，直到处理完毕，如图 2-119 所示。

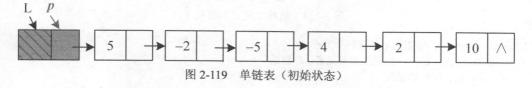

图 2-119　单链表（初始状态）

2）abs(p->next->data)=5，读取 flag[5]=0，说明该节点数据元素未出现过，标记 flag[5]=1，p 指针向后移动。辅助数组和链表状态如图 2-120 和图 2-121 所示。

图 2-120 辅助数组（二）

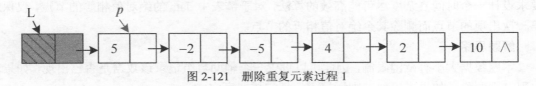

图 2-121 删除重复元素过程 1

3）abs(p->next->data)=2，读取 flag[2]=0，说明该节点数据元素未出现过，标记 flag[2]=1，
p 指针向后移动。辅助数组和链表状态如图 2-122 和图 2-123 所示。

图 2-122 辅助数组（三）

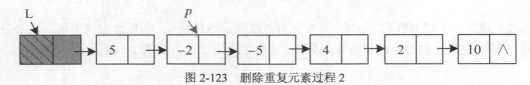

图 2-123 删除重复元素过程 2

4）abs(p->next->data)=5，读取 flag[5]=1，说明该节点数据元素已出现过，删除该节点。
链表状态如图 2-124 所示。

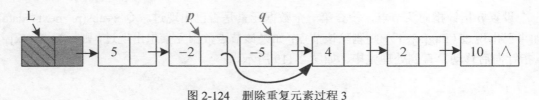

图 2-124 删除重复元素过程 3

```
q=p->next; //q 指向 p 的下一个节点
p->next=q->next; //跳过重复元素，即删除
delete q; //释放空间
```

删除节点后链表状态如图 2-125 所示。

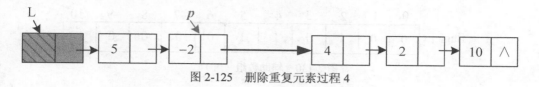

图 2-125　删除重复元素过程 4

5）abs(p->next->data)=4，读取 flag[4]=0，说明该节点数据元素未出现过，标记 flag[4]=1，
p 指针向后移动。辅助数组和链表状态如图 2-126 和图 2-127 所示。

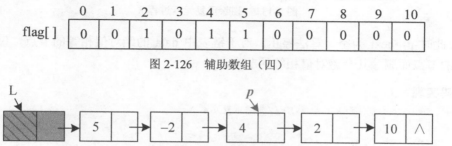

图 2-126　辅助数组（四）

图 2-127　删除重复元素过程 5

6）abs(p->next->data)=2，读取 flag[2]=1，说明该节点数据元素已出现过，删除该节点。
链表状态如图 2-128 所示。

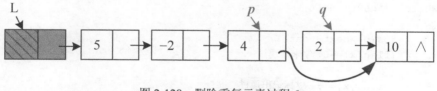

图 2-128　删除重复元素过程 6

```
q=p->next;p->next=q->next; delete q; //删除重复元素，删除后释放空间
```

删除节点后链表状态如图 2-129 所示。

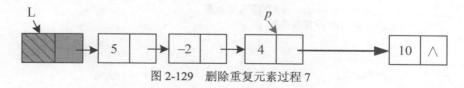

图 2-129　删除重复元素过程 7

7）abs(p->next->data)=10，读取 flag[10]=0，说明该节点数据元素未出现过，标记令
flag[10]=1，p 指针向后移动。辅助数组和链表状态如图 2-130 和图 2-131 所示。

图 2-130   辅助数组（五）

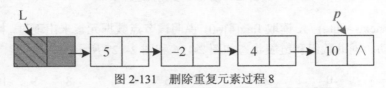

图 2-131   删除重复元素过程 8

8）此时 p->next 为空，算法停止。对于链表中 data 的绝对值相等的节点，仅保留第一次出现的节点而删除其余绝对值相等的节点。

代码实现

```
void Deleterep(LinkList &L)//删除重复元素
{
    LinkList p,q;
    int x;
    int *flag=new int[n+1]; //定义 flag 数组，分配 n+1 个空间，0 空间未用
    for(int i=0;i<n+1;i++)   //初始化
        flag[i]=0;
    p=L; //指向头节点
    while(p->next!=NULL)
    {
        x=abs(p->next->data);
        if(flag[x]==0)//未出现过
        {
            flag[x]=1; //标记出现过
            p=p->next; //指针后移
        }
        else
        {
            q=p->next; //q指向p的下一个节点
            p->next=q->next;//删除重复元素
            delete q; //释放空间
        }
    }
    delete []flag;
}
```

算法复杂度分析

根据题意，单链表中保存 m 个绝对值小于等于 n 的整数，因此链表元素个数为 m，算

法从头到尾扫描了一遍链表，时间复杂度为 $O(m)$；采用了辅助数组 flag[]，因为 n 为正整数，不包括 0，所以 0 空间不用，需要分配 $n+1$ 个辅助空间，因此空间时间复杂度为 $O(n)$。

2.6 线性表学习秘籍

1. 本章内容小结

本章从数据结构三要素（逻辑结构、存储结构、运算）出发，讲解线性表，具体内容如图 2-132 所示。

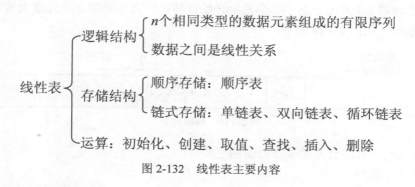

图 2-132　线性表主要内容

2. 顺序表和链表的比较

顺序表和链表各有所长，其优缺点和适用情况如表 2-1 所示。

表 2-1　顺序表和链表的比较

		顺序表	链表
空间	存储空间	预先分配，会导致空间闲置或溢出现象	动态分配，不会出现空间闲置或溢出现象
	存储密度	不需要额外的存储开销表达逻辑关系，存储密度等于 1	需要借助指针存储表达逻辑关系，存储密度小于 1
时间	存取元素	随机存取，时间复杂度为 $O(1)$	顺序存取，时间复杂度为 $O(n)$
	插入删除	平均移动约表中一半元素，时间复杂度为 $O(n)$	不需移动元素，确定插入删除位置后，时间复杂度为 $O(1)$
适用情况		① 表长变化不大，且能事先确定变化的范围 ② 很少进行插入或删除操作，经常按元素序号访问数据元素	① 长度变化较大 ② 频繁进行插入或删除操作

3. 顺序表解题秘籍

顺序表解题时需要注意几个问题。

1）位序和下标差 1，第 i 个元素的下标为 $i-1$。

2）移动元素时，特别注意先后顺序，以免覆盖。

例如，在第 i 个位置插入一个元素 e，需要从最后一个元素开始，后移一位……直到把第 i 个元素也后移一位，然后把 e 放入第 i 个位置，如图 2-133 所示。

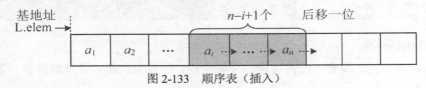

图 2-133　顺序表（插入）

例如，删除第 i 个元素，从 $i+1$ 个元素开始前移……直到把第 n 个元素也前移一位，即可完成删除操作，如图 2-134 所示。

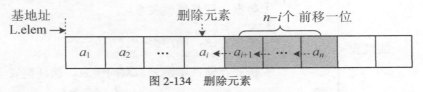

图 2-134　删除元素

3）交换元素、有序合并需要借助辅助空间。

4．链表解题秘籍

链表的题目变化多端，但只要熟练掌握其精髓，无论其如何变化，都可以驾轻就熟。链表需要注意的几个问题如下。

（1）赋值语句两端的含义

对于有关指针的赋值语句，很多读者表示不理解，容易混淆。等号的右侧是节点的地址，等号的左侧是节点的指针域，如图 2-135 所示。

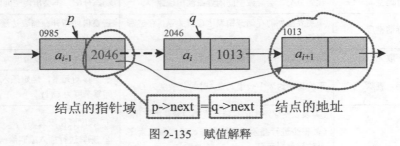

图 2-135　赋值解释

在图 2-135 中，假设 q 节点的下一个节点地址为 "1013"，该地址存储在 q->next 里面，因此等号右侧的 q->next 的值为 "1013"。把该地址赋值给 p 节点的 next 指针域，把原来的值 "2046" 覆盖掉，这样 p->next 也为 "1013"，相当于把 q 节点跳过去了。赋值之后，如

图 2-136 所示。

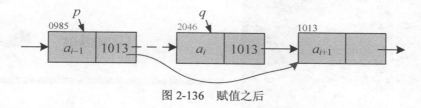

图 2-136 赋值之后

（2）修改指针的顺序

修改指针的顺序原则：**先修改没有指针标记的那一端**，如图 2-137 所示。

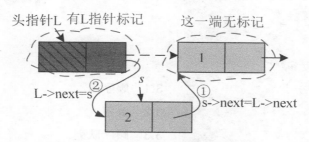

图 2-137 指针修改（有顺序）

如果要插入节点的两端都有标记，例如，再定义一个指针 q 指向 L 节点后面的节点，那么先修改哪个指针都无所谓了，如图 2-138 所示。

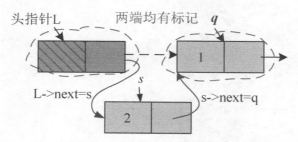

图 2-138 指针修改（无顺序）

（3）建立链表的两种方法：头插法、尾插法。头插法是逆序建表，尾插法是正序建表。

（4）链表逆置、归并不需要额外空间，属于就地操作。

（5）快慢指针法：快慢指针可以解决很多问题，如链表中间节点、倒数第 k 个节点、判断链表是否有环、环的起点、公共部分的起点等。

栈和队列

　　小张攒钱买了车，可是他家住在胡同的尽头。胡同很窄，只能通过一辆车，而且是死胡同，如图 3-1 所示。小张每天都为停车发愁，如果回家早了停在里面，早上上班就要让所有的人挪车，先让胡同口那辆出去，然后挨着一辆一辆出去，这样小张才能去上班。没办法，小张下班也不敢早回家了，等天黑了别的车都停进去了，再回去把车停在胡同口，这样早上就可以第一个去上班了。就这样，小张过起了"起早贪黑"的有车生活。

图 3-1　胡同

　　胡同很窄，只能通过一辆车，而且是死胡同，所以只能从胡同口进出。小汽车呈线性排列，只能从一端进出，后进的汽车先出去，如图 3-2 所示。

图 3-2　后进先出

　　这种**后进先出**（Last In First Out，LIFO）的线性序列，称为"栈"。栈也是一种线性表，只不过它是操作受限的线性表，只能在一端进出操作。进出的一端称为栈顶（top），另一端称为栈底（base）。栈可以用顺序存储，也可以用链式存储，分别称为顺序栈和链栈。

3.1　顺序栈

　　先看顺序栈的存储方式，如图 3-3 所示。

　　从图 3-3 可以看出，顺序栈需要两个指针，*base* 指向栈底，*top* 指向栈顶。

　　顺序栈的结构体定义如图 3-4 所示。

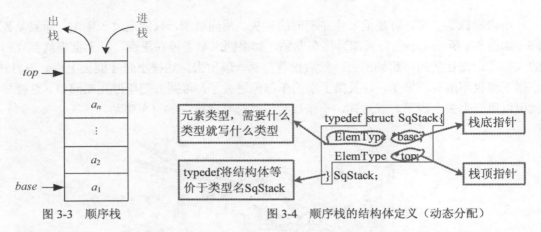

图 3-3 顺序栈

图 3-4 顺序栈的结构体定义（动态分配）

栈定义好了之后，还要先定义一个最大的分配空间，顺序结构都是如此，需要预先分配空间，因此可以采用宏定义。

```
#define Maxsize 100   //预先分配空间，这个数值根据实际需要预估确定
```

上面的结构体定义采用了动态分配的形式，也可以采用静态分配的形式，使用一个定长数组存储数据元素，一个整型下标记录栈顶元素的位置。静态分配的顺序栈结构体定义如图 3-5 所示。

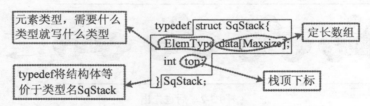

图 3-5 顺序栈的结构体定义（静态分配）

注意：栈只能在一端操作，后进先出，是人为规定的，也就是说不允许在中间查找、取值、插入、删除等操作。顺序栈本身是顺序存储的，有人就想：我偏要从中间取一个元素，不行吗？那肯定可以，但是这样做，就不是栈了。

下面讲解顺序栈的初始化、入栈，出栈，取栈顶元素等基本操作。顺序栈采用动态存储形式，元素以 int 类型为例。

1．顺序栈的初始化

初始化一个空栈，动态分配 Maxsize 大小的空间，用 S.top 和 S.base 指向该空间的基地址，如图 3-6 所示。

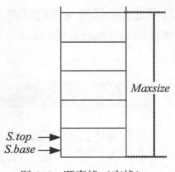

图 3-6 顺序栈（空栈）

代码实现

```
bool InitStack(SqStack &S) //构造一个空栈 S
{
    S.base=new int[Maxsize];//为顺序栈分配一个最大容量为 Maxsize 的空间
    if(!S.base)      //空间分配失败
       return false;
    S.top=S.base;   //top 初始为基地址 base，当前为空栈
    return true;
}
```

2. 入栈

入栈前要判断是否栈满，如果栈已满，则入栈失败；否则将元素放入栈顶，栈顶指针向上移动一个位置（*top*++）。

完美图解

- 输入 1，入栈，如图 3-7 所示。
- 接着输入 2，入栈，如图 3-8 所示。

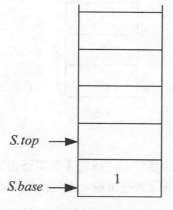

图 3-7 顺序栈（1 入栈）

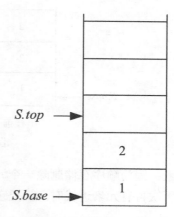

图 3-8 顺序栈（2 入栈）

代码实现

```
bool Push(SqStack &S,int e) //将新元素 e 压入栈顶
{
    if (S.top-S.base==Maxsize) //栈满
        return false;
    *S.top++=e; //将新元素 e 压入栈顶，然后栈顶指针加1，等价于*S.top=e; S.top++;
    return true;
}
```

3. 出栈

出栈前要判断是否栈空，如果栈是空的，则出栈失败；否则将栈顶元素暂存给一个变量，栈顶指针向下移动一个位置（top--）。

完美图解

例如，顺序栈如图 3-9 所示。

栈顶元素所在的位置实际上是 $S.top-1$，因此把该元素取出来，暂存在变量 e 中，然后 $S.top$ 指针向下移动一个位置。因此可以先移动一个位置，即--$S.top$，然后再取元素。

例如，栈顶元素 4 出栈前后的状态，如图 3-10 所示。

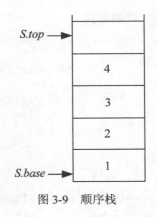

图 3-9 顺序栈

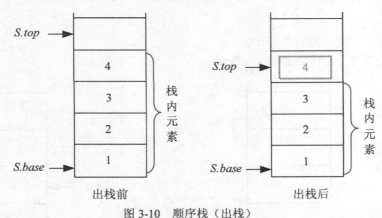

图 3-10 顺序栈（出栈）

注意：因为顺序存储删除一个元素时，并没有销毁该空间，所以 4 其实还在那个位置，只不过下次再有元素进栈时，就把它覆盖了。相当于该元素已出栈，因为栈的内容是 $S.base$ 到 $S.top-1$。

代码实现

```
bool Pop(SqStack &S, int &e) //删除 S 的栈顶元素，暂存在变量 e 中
{
    if(S.base==S.top) //栈空
        return false;
    e=*--S.top; //栈顶指针减 1 后，将栈顶元素赋值给 e
    return true;
}
```

4. 取栈顶元素

取栈顶元素和出栈不同。取栈顶元素只是把栈顶元素复制一份，栈顶指针未移动，栈内

元素个数未变。而出栈是指栈顶指针向下移动一个位置，栈内不再包含这个元素。

完美图解

例如，如图 3-11 所示，取栈顶元素*(*S.top*−1)，即元素 4，取值后 *S.top* 指针没有改变，栈内元素的个数也没有改变。

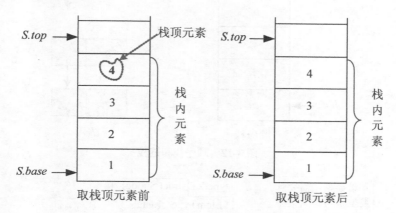

图 3-11 顺序栈（取栈顶元素）

代码实现

```
int GetTop(SqStack S) //返回 S 的栈顶元素，栈顶指针不变
{
    if (S.top != S.base)  //栈非空
        return *(S.top - 1); //返回栈顶元素的值，栈顶指针不变
    else
        return -1;
}
```

3.2 链栈

栈可以用顺序存储，也可以用链式存储。顺序栈和链栈如图 3-12 所示。

顺序栈是分配一段连续的空间，需要两个指针：*base* 指向栈底，*top* 指向栈顶。而链栈每个节点的地址是不连续的，只需要一个栈顶指针即可。

从图 3-12 可以看出，链栈的每个节点都包含两个域：数据域和指针域。是不是和单链表一模一样？可以把链栈看作一个不带头节点的单链表，但只能在头部进行插入、删除、取值等操作，不可以在中间和尾部操作。

因此，可以按单链表的方法定义链栈的结构体，链栈的结构体定义如图 3-13 所示。

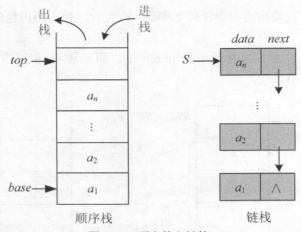

图 3-12　顺序栈和链栈

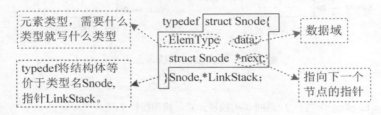

图 3-13　链栈的结构体定义

链栈的节点定义和单链表一样，只不过它只能在栈顶那一端操作而已。

下面讲解链栈的初始化、入栈、出栈、取栈顶元素等基本操作（元素以 int 类型为例）。

1．链栈的初始化

初始化一个空的链栈是不需要头节点的，因此只需要让栈顶指针为空即可。

代码实现

```
bool InitStack(LinkStack &S) //构造一个空栈 S
{
    S=NULL;
    return true;
}
```

2．入栈

入栈是将新元素节点压入栈顶。因为链栈中第一个节点为栈顶，因此将新元素节点插到第一个节点的前面，然后修改栈顶指针指向新节点即可。有点像摞盘子，将新节点摞到栈顶之上，新节点成为新的栈顶。

完美图解

1）生成新节点。入栈前要创建一个新节点，将元素 e 存入
该节点的数据域，如图 3-14 所示。

具体操作代码如下。

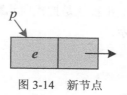

图 3-14 新节点

```
p = new Snode; //生成新节点，用 p 指针指向该节点
p->data = e;    //将元素 e 放在新节点数据域
```

2）将新元素节点插到第一个节点的前面，然后修改栈顶指针指向新节点，如图 3-15
所示。

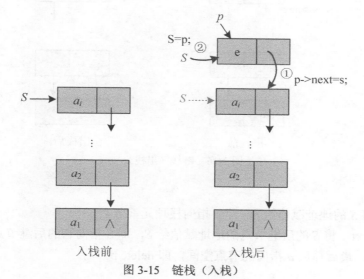

入栈前   入栈后

图 3-15 链栈（入栈）

赋值解释

① p->next=S：将 S 的地址赋值给 p 的指针域，即新节点 p 的 *next* 指针指向 S。

② S=p：修改新的栈顶指针为 p。

代码实现

```
bool Push(LinkStack &S, int e) //在栈顶插入元素 e
{
    LinkStack p;
    p = new Snode; //生成新节点
    p->data = e;    //将 e 存入新节点数据域
    p->next = S;    //将新节点 p 的 next 指针指向 S，即将 S 的地址赋值给新节点的指针域
    S = p;          //修改新栈顶指针为 p
    return true;
}
```

3. 出栈

出栈就是把栈顶元素删除，让栈顶指针指向下一个节点，然后释放该节点空间，如图 3-16 所示。

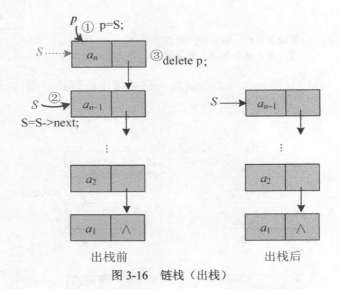

图 3-16 链栈（出栈）

赋值解释

① p=S：将 S 的地址赋值给 p，即 p 指向栈顶元素节点。

② S=S->next：将 S 的后继节点的地址赋值给 S，即 S 指向它的后继节点。

③ delete p：最后释放 p 指向的节点空间，即 delete p。

代码实现

```
bool Pop(LinkStack &S, int &e) //删除 S 的栈顶元素，用 e 保存其值
{
    LinkStack p;
    if(S==NULL) //栈空
       return false;
    e=S->data;    //用 e 暂存栈顶元素数据
    p=S;          //用 p 保存栈顶元素地址，以备释放
    S=S->next;    //修改栈顶指针，指向下一个节点
    delete p;     //释放原栈顶元素的空间
    return true;
}
```

4. 取栈顶元素

取栈顶元素和出栈不同，取栈顶元素只是把栈顶元素复制一份，栈顶指针并没有改变，

如图 3-17 所示。而出栈是指删除栈顶元素，栈顶指针指向了下一个元素。

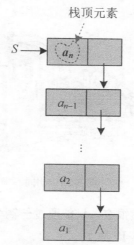

图 3-17　链栈（取栈顶元素）

代码实现

```
int GetTop(LinkStack S) //返回 S 的栈顶元素，不修改栈顶指针
{
    if (S != NULL) //栈非空
        return S->data; //返回栈顶元素的值，栈顶指针不变
    else
        return -1;
}
```

　　顺序栈和链栈的所有基本操作都只需要常数时间，所以在时间效率上难分伯仲。在空间效率方面，顺序栈需要预先分配固定长度的空间，有可能造成空间浪费或溢出；链栈每次只分配一个节点，除非没有内存，否则不会出现溢出，但是每个节点需要一个指针域，结构性开销增加。因此，如果元素个数变化较大，可以采用链栈；反之，可以采用顺序栈。在实际应用中，顺序栈比链栈应用更广泛。

3.3 顺序队列

　　过了一段时间，小张受不了这种"起早贪黑"的有车生活了。为了解决胡同停车问题，小张跑了无数次居委会，终于将挡在胡同口的建筑清除，如图 3-18 所示。这样住在胡同尽头的小张，就可以早早回家停在家门口，每天第一个开车上班去了。

图 3-18　胡同

现在胡同虽然打通了，但仍然很窄，只能通过一辆车。小汽车呈线性排列，只能从一端进，另一端出，先进先出，如图 3-19 所示。

图 3-19　先进先出

这种**先进先出**（First In First Out，FIFO）的线性序列，称为"队列"。队列也是一种线性表，只不过它是操作受限的线性表，只能在两端操作：一端进，一端出。进的一端称为队尾（rear），出的一端称为队头（front）。队列可以用顺序存储，也可以用链式存储。

3.3.1　顺序队列的定义

队列的顺序存储采用一段连续的空间存储数据元素，并用两个整型变量记录队头和队尾元素的下标。顺序存储方式的队列如图 3-20 所示。

图 3-20　顺序队列

顺序队列的结构体定义，如图 3-21 所示。

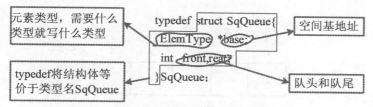

图 3-21　顺序队列的结构体定义（动态分配）

顺序队列定义好了之后，还要先定义一个最大的分配空间，顺序结构都是如此，需要预先分配空间，因此可以采用宏定义。

```
#define Maxsize 100   //预先分配空间，这个数值根据实际需要预估确定
```

上面的结构体定义采用了动态分配的形式，也可以采用静态分配的形式，使用一个定长数组存储数据元素，用两个整型变量记录队头和队尾元素的下标。静态分配的顺序队列结构体定义如图 3-22 所示。

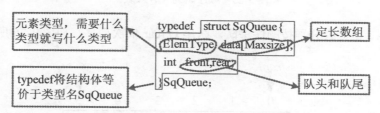

图 3-22　顺序队列的结构体定义（静态分配）

注意：队列只能在一端进、一端出，不允许在中间查找、取值、插入、删除等操作，先进先出是**人为规定**的，如果破坏此规则，就不是队列了。

完美图解

假设现在顺序队列 Q 分配了 6 个空间，然后进行入队和出队操作。

注意：Q.front 和 Q.rear 都是整型下标。

1）开始时为空队，Q.front=Q.rear，如图 3-23 所示。

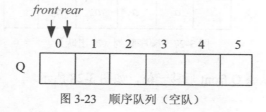

图 3-23　顺序队列（空队）

2）元素 a_1 进队，放入队尾 Q.rear 的位置，然后 Q.rear 后移一位，如图 3-24 所示。

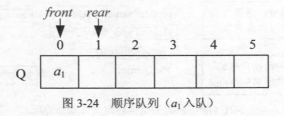

图 3-24 顺序队列（a_1 入队）

3）元素 a_2 进队，放入队尾 Q.rear 的位置，然后 Q.rear 后移一位，如图 3-25 所示。

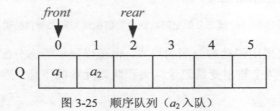

图 3-25 顺序队列（a_2 入队）

4）元素 a_3、a_4、a_5 分别按顺序进队，队尾 Q.rear 依次后移，如图 3-26 所示。

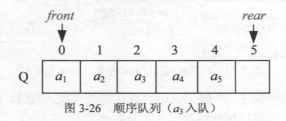

图 3-26 顺序队列（a_3 入队）

5）元素 a_1 出队，队头 Q.front 后移一位，如图 3-27 所示。

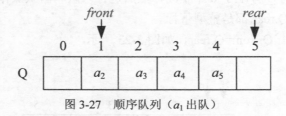

图 3-27 顺序队列（a_1 出队）

6）元素 a_2 出队，队头 Q.front 后移一位，如图 3-28 所示。

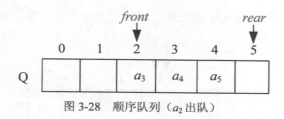

图 3-28　顺序队列（a_2 出队）

7）元素 a_6 进队，放入队尾 Q.rear 的位置，然后 Q.rear 后移一位，如图 3-29 所示。

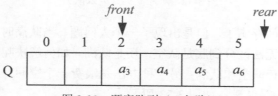

图 3-29　顺序队列（a_6 入队）

8）元素 a_7 进队，此时队尾 Q.rear 已经超过了数组的最大下标，无法再进队，但是前面有 2 个空间却出现了队满的情况，这种情况称为"**假溢出**"。

那么如何解决该问题呢？能否利用前面的空间继续入队呢？

上面第 7 步元素 a_6 进队之后，队尾 Q.rear 要后移一个位置，此时已经超过了数组的最大下标，即 Q.rear+1=Maxsize（最大空间数 6），那么如果前面有空闲，Q.rear 可以转向前面下标为 0 的位置，如图 3-30 所示。

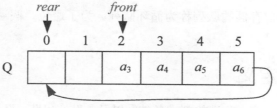

图 3-30　顺序队列（转向前面）

元素 a_7 进队，放入队尾 Q.rear 的位置，然后 Q.rear 后移一位，如图 3-31 所示。

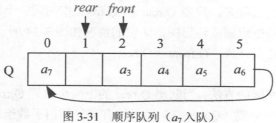

图 3-31　顺序队列（a_7 入队）

元素 a_8 进队，放入队尾 Q.rear 的位置，然后 Q.rear 后移一位，如图 3-32 所示。

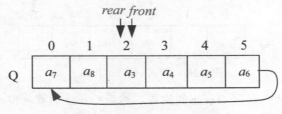

图 3-32　顺序队列（a_8 入队）

这时，虽然队列空间存满了，但是出现了一个大问题！当队满时，Q.front=Q.rear，这和队空的条件一模一样，无法区分到底是队空，还是队满。如何解决呢？有两种办法：一种办法是设置一个标志，标记队空和队满；另一种办法是浪费一个空间，当队尾 Q.rear 的下一个位置 Q.front 时，就认为是队满，如图 3-33 所示。

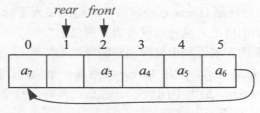

图 3-33　顺序队列（队满）

上述到达尾部又向前存储的队列称为循环队列，为了避免"假溢出"，顺序队列通常采用**循环队列**。

3.3.2　循环队列的定义

首先简述循环队列队空、队满的判定条件，以及入队、出队、队列元素个数计算等基本操作方法。

1. 队空
无论队头和队尾在什么位置，只要 Q.rear 和 Q.front 指向同一个位置，就认为是队空。如果将循环队列中的一维数组画成环形图，队空的情况如图 3-34 所示。

循环队列队空的判定条件为：Q.front==Q.rear。

2. 队满
在此采用浪费一个空间的方法，当队尾 Q.rear 的下一个位置 Q.front 时，就认为是队满。但是 Q.rear 向后移动一个位置（Q.rear+1）后，很有可能超出了数组的最大下标，这时它的下一个位置应该为 0，如图 3-35 所示。

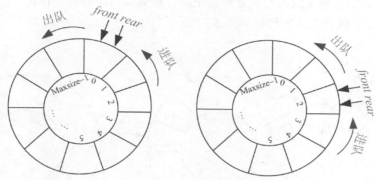

图 3-34　队空

在图 3-35 中，队列的最大空间为 Maxsize，当 Q.rear=Maxsize−1 时，Q.rear+1=Maxsize。而根据循环队列的规则，Q.rear 的下一个位置为 0 才对，怎么才能变成 0 呢？可以考虑取余运算，即(Q.rear+1)%Maxsize=0。而此时 Q.front=0，即(Q.rear+1)%Maxsize=Q.front，此时为队满的临界状态。

队满的一般状态是否也适用此方法呢？例如，循环队列队满的一般状态如图 3-36 所示。

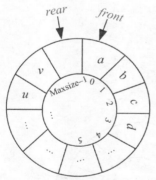

图 3-35　队满（临界状态）

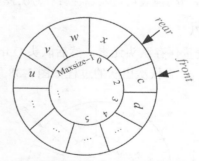

图 3-36　队满（一般状态）

在图 3-36 中，假如最大空间数 Maxsize=100，当 Q.rear=1 时，Q.rear+1=2。取余后，(Q.rear+1)%Maxsize=2，而此时 Q.front=2，即(Q.rear+1)%Maxsize=Q.front。队满的一般状态也可以采用此公式判断队满。因为一个不大于 Maxsize 的数与 Maxsize 取余运算，结果仍然是该数本身，所以一般状态下，取余运算没有任何影响。只有在临界状态（Q.rear+1=Maxsize）下，取余运算(Q.rear+1)%Maxsize 才会变为 0。

因此，循环队列队满的判定条件为：(Q.rear+1)%Maxsize==Q.front。

3．入队

入队时，首先将元素 x 放入 Q.rear 所指空间，然后 Q.rear 后移一位。

例如，a、b、c 依次入队的过程如图 3-37 所示。

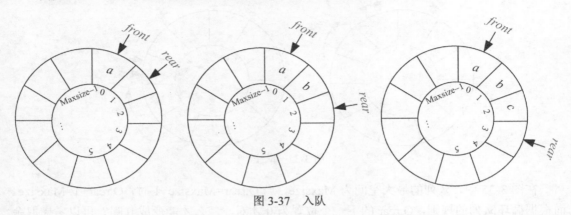

图 3-37　入队

入队操作，当 Q.rear 后移一位时，为了处理临界状态（Q.rear+1=Maxsize），需要加 1 后取余运算。

代码实现

```
Q.base[Q.rear]=x;            //将元素 x 放入 Q.rear 所指空间
Q.rear=(Q.rear+1)%Maxsize;   //Q.rear 后移一位
```

4．出队

先用变量保存队头元素，然后队头 Q.front 后移一位。

例如，a、b 依次出队的过程如图 3-38 所示。

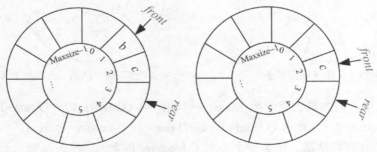

图 3-38　出队

出队操作，当 Q.front 后移一位时，为了处理临界状态（Q.front+1=Maxsize），需要加 1 后取余运算。

代码实现

```
e=Q.base[Q.front];              //用变量记录 Q.front 所指元素,
Q.front=(Q.front+1)%Maxsize;   // Q. front 向后移一位
```

注意：循环队列无论是入队还是出队，队尾、队头加 1 后都要取余运算，主要是为了处理临界状态。

5．队列元素个数计算

循环队列中到底存了多少个元素呢？循环队列中的内容实际上为 Q.front～Q.rear−1 这一区间的数据元素，但是不可以直接用两个下标相减得到。因为队列是循环的，所以存在两种情况。

1）Q.rear≥Q.front，如图 3-39 所示。该队列中元素个数为：Q.rear−Q.front=4−1=3。

2）Q.rear<Q.front，如图 3-40 所示。

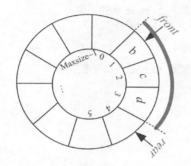
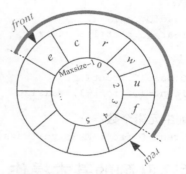

图 3-39　循环队列（Q.rear>=Q.front）　　　　图 3-40　循环队列（Q.rear<Q.front）

此时，Q.rear=4，Q.front=Maxsize−2，Q.rear−Q.front=6−Maxsize。但是我们可以看到循环队列中的元素实际上为 6 个，那怎么办呢？当两者之差为负数时，可以将差值加上 Maxsize 计算元素个数，即 Q.rear−Q.front+Maxsize=6−Maxsize+Maxsize=6，元素个数为 6。

因此，在计算元素个数时，可以分两种情况判断。

1）Q.rear≥Q.front：元素个数为 Q.rear−Q.front。

2）Q.rear<Q.front：元素个数为 Q.rear−Q.front+Maxsize。

也可以采用取余的方法把两种情况巧妙地统一为一个语句。

队列中元素个数为：(Q.rear−Q.front+Maxsize)%Maxsize。

队列中元素个数计算公式是否正确呢？

假如 Maxsize=100，在图 3-39 中，Q.rear=4，Q.front=1，Q.rear−Q.front=3，(3+100)%100=3，元素个数为 3。在图 3-40 中，Q.rear=4，Q.front=98，Q.rear−Q.front=−94，(−94+100)%100=6，元素个数为 6。计算公式正确。

当 Q.rear−Q.front 为正数时，加上 Maxsize 超过了最大空间数，取余后正好是元素个数。

当 Q.rear−Q.front 为负数时，加上 Maxsize 正好是元素个数，因为元素个数小于 Maxsize，所以取余运算对其无影响。

因此，%Maxsize 是为了防止 Q.rear-Q.front 为正数的情况，+Maxsize 是为了防止 Q.rear-Q.front 为负数的情况，如图 3-41 所示。

防止为负数　　防止为正数

$$(Q.rear−Q.front＋Maxsize)\% \ Maxsize$$

图 3-41　循环队列长度

6. 小结

队空：

```
Q.front==Q.rear;                    // Q.rear 和 Q.front 指向同一个位置
```

队满：

```
(Q.rear+1)%Maxsize==Q.front;        // Q.rear 向后移一位正好是 Q.front
```

入队：

```
Q.base[Q.rear]=x;                   //将元素 x 放入 Q.rear 所指空间
Q.rear=(Q.rear+1)%Maxsize;          // Q.rear 向后移一位
```

出队：

```
e=Q.base[Q.front];                  //用变量记录 Q.front 所指元素
Q.front=(Q.front+1)%Maxsize         // Q. front 向后移一位
```

队列中元素个数：

```
(Q.rear-Q.front+Maxsize)%Maxsize
```

3.3.3　循环队列的基本操作

循环队列的基本操作包括初始化、入队、出队、取队头元素、求队列长度。

1. 初始化

初始化循环队列时，首先分配一个大小为 Maxsize 的空间，然后令 Q.front=Q.rear=0，即队头和队尾为 0，队列为空。

代码实现

```
bool InitQueue(SqQueue &Q)//注意使用引用参数，否则出了函数，其改变无效
{
    Q.base=new int[Maxsize];//分配 Maxsize 大小的空间
    if(!Q.base) return false;//分配空间失败
    Q.front=Q.rear=0; //队头和队尾置 0，队列为空
    return true;
}
```

2. 入队

入队时，首先判断队列是否已满，如果已满，则入队失败；如果未满，则将新元素插入

队尾，队尾后移一位。

代码实现

```
bool EnQueue(SqQueue &Q,int e)//将元素 e 放入 Q 的队尾
{
    if((Q.rear+1)%Maxsize==Q.front) //队尾后移一位等于队头，表明队满
        return false;
    Q.base[Q.rear]=e; //新元素插入队尾
    Q.rear=(Q.rear+1)%Maxsize; //队尾后移一位
    return true;
}
```

3. 出队

出队时，首先判断队列是否为空，如果队列为空，则出队失败；如果队列不空，则用变量保存队头元素，然后队头后移一位。

代码实现

```
bool DeQueue(SqQueue &Q, int &e) //删除 Q 的队头元素，用 e 返回其值
{
    if(Q.front==Q.rear)
        return false; //队空
    e=Q.base[Q.front]; //保存队头元素
    Q.front=(Q.front+1)%Maxsize; //队头后移一位
    return true;
}
```

4. 取队头元素

取队头元素时，只是把队头元素数据复制一份即可，并未改变队头位置，因此队列中的内容没有改变，如图 3-42 所示。

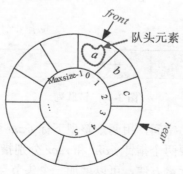

图 3-42 取队头

代码实现

```
int GetHead(SqQueue Q)//返回 Q 的队头元素,不修改队头
{
    if(Q.front!=Q.rear) //队列非空
        return Q.base[Q.front];
    return -1;
}
```

5. 求队列的长度

通过前面的分析,我们已经知道循环队列中元素个数为:(Q.rear−Q.front+Maxsize)%Maxsize,循环队列中元素个数即为循环队列的长度。

代码实现

```
int QueueLength(SqQueue Q)
{
    return (Q.rear-Q.front+Maxsize)%Maxsize;
}
```

3.4 链队列

队列除了用顺序存储,也可以用链式存储。顺序队列和链队列如图 3-43 和图 3-44 所示。

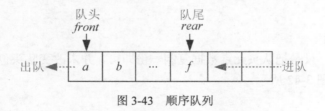

图 3-43 顺序队列

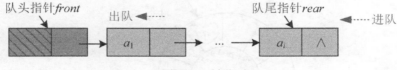

图 3-44 链队列

顺序队列是分配一段连续的空间,用两个整型下标 *front* 和 *rear* 分别指向队头和队尾。而链队列类似一个单链表,需要两个指针 *front* 和 *rear* 分别指向队头和队尾。从队头出队,从队尾入队,为了出队时删除元素方便,可以增加一个头节点。

注意:链队列需要头节点。

因为链队列就是一个单链表的形式，因此可以借助单链表的定义。

链队列中节点的结构体定义如图 3-45 所示。

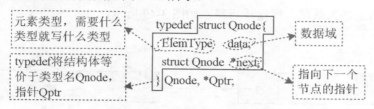

图 3-45　节点的结构体定义

链队列的结构体定义如图 3-46 所示。

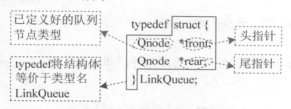

图 3-46　链队列的结构体定义

链队列的操作和单链表一样，只不过它只能队头删除，在队尾插入，是操作受限的单链表。

下面讲解链队列的初始化、入队，出队，取队头元素等操作（元素以 int 类型为例）。

1. 初始化

链队列的初始化，即创建一个头节点，头指针和尾指针指向头节点，如图 3-47 所示。

代码实现

```
void InitQueue(LinkQueue &Q)//注意使用引用参数，否则出了函数，其改变无效
{
    Q.front=Q.rear=new Qnode; //创建头节点，头指针和尾指针指向头节点
    Q.front->next=NULL;
}
```

2. 入队

先创建一个新节点，将元素 e 存入该节点的数值域，如图 3-48 所示。

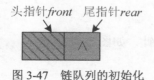

图 3-47　链队列的初始化

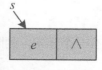

图 3-48　新节点

```
p = new Qnode; //生成新节点
p->data = e; //将 e 放在新节点数据域
```

然后将新节点插入队尾，尾指针后移，如图 3-49 所示。

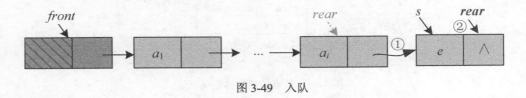

图 3-49　入队

赋值解释

① Q.rear->next=s：把 s 节点的地址赋值给队列尾节点的 *next* 域，即尾节点的 *next* 指针指向 s。

② Q.rear=s：把 s 节点的地址赋值给尾指针，即尾指针指向 s，尾指针永远指向队尾。

代码实现

```
void EnQueue(LinkQueue &Q,int e)//将元素 e 放入队尾
{
    Qptr s;
    s=new Qnode;
    s->data=e;
    s->next=NULL;
    Q.rear->next=s; //新节点插入队尾
    Q.rear=s;           //尾指针后移
}
```

3. 出队

出队相当于删除第一个数据元素，即将第一个数据元素节点跳过去。首先用 p 指针指向第一个数据节点，然后跳过该节点，即 Q.front->next=p->next，如图 3-50 所示。

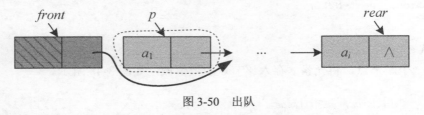

图 3-50　出队

若队列中只有一个元素，删除后需要修改队尾指针，如图 3-51 所示。

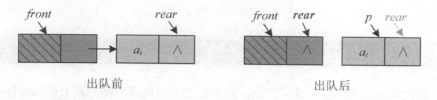

图 3-51 出队前后（只有一个元素）

代码实现

```
bool DeQueue(LinkQueue &Q, int &e) //删除 Q 的队头元素，用 e 返回其值
{
    Qptr p;
    if(Q.front==Q.rear)//队空
        return false;
    p=Q.front->next;
    e=p->data;     //保存队头元素
    Q.front->next=p->next;
    if(Q.rear==p) //若队列中只有一个元素，删除后需要修改队尾指针
        Q.rear=Q.front;
    delete p;
    return true;
}
```

4. 取队头元素

队头实际上是 **Q.front->next** 指向的节点，即第一个数据节点，队头元素就是将该节点的数据域存储的元素，如图 3-52 所示。

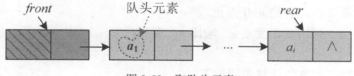

图 3-52 取队头元素

代码实现

```
int GetHead(LinkQueue Q)//返回 Q 的队头元素，不修改队头指针
{
    if(Q.front!=Q.rear) //队列非空
        return Q.front->next->data;
    return -1;
}
```

3.5 栈和队列的应用

栈和队列在实际编程中应用非常广泛，从下面几个实例及后面的章节中都能体会其用法。

3.5.1 数制的转换

题目：将一个十进制数 n 转换为二进制数。

解题思路

十进制数转换为二进制，可以采用辗转相除、取余数的方法得到。例如十进制数 11 转二进制。先求余数 11%2=1，求商 11/2=5，然后用商 5 再求余数，求商，直到商为 0，结束。

11%2=1   11/2=5

5%2=1   5/2=2

2%2=0   2/2=1

1%2=1   1/2=0

先求出的余数是二进制数的低位，后求出的余数是二进制数的高位，将得到的余数逆序输出就是所要的二进制数，即 11 的二进制数为 1011。如何将余数逆序输出呢？逆序输出正好符合栈的先入后出性质，因此可以借助栈来实现。

算法步骤

1）初始化一个栈 S。

2）如果 $n!=0$，将 $n\%2$ 入栈 S，更新 $n=n/2$。

3）重复运行第 2 步，直到 $n=0$ 为止。

4）如果栈不空，弹出栈顶元素 e，输出 e，直到栈空。

完美图解

十进制数 11 转二进制的计算步骤如下：

1）初始时，$n=11$；

2）$n\%2=$**1**，1 入栈，更新 $n=11/2=5$；

3）$n\%2=$**1**，1 入栈，更新 $n=5/2=2$；

4）$n\%2=$**0**，0 入栈，更新 $n=2/2=1$；

5）$n\%2=$**1**，1 入栈，更新 $n=1/2=0$；

6）$n=0$ 时，算法停止。

入栈过程如图 3-53 所示。

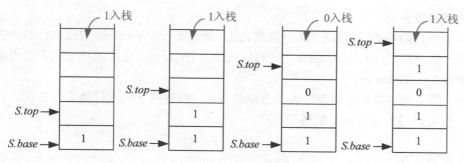

图 3-53 入栈过程

如果栈不空，则一直出栈，出栈过程如图 3-54 所示。

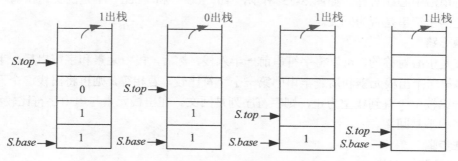

图 3-54 出栈过程

出栈结果正好是十进制数 11 转换的二进制数 1011。

代码实现

```
void binaryconversion(int n)
{
    SqStack S;//定义一个栈 S
    int e;
    InitStack(S); //初始化一个空栈
    while(n) //n 不为 0 时，一直循环
    {
        Push(S,n%2); //入栈
        n=n/2; //更新
    }
    while(!Empty(S))//如果栈不空
    {
        Pop(S,e);//出栈
        cout<<e<<"\t";//输出栈顶元素
    }
}
```

算法复杂度分析

每次取余后除以 2，n 除以 2 多少次变为 1，那么第一个 while 语句就执行多少次。假设执行 x 次，则 $n/2^x=1$，$x=\log_2 n$。因此，时间复杂度为 $O(\log_2 n)$，使用的栈空间大小也是 $\log_2 n$，空间复杂度也为 $O(\log_2 n)$。

思考：读者可以参照十进制转换二进制的方法，写出将十进制转换为八进制、十六进制的程序，也可以写出进制转换的通用程序。

3.5.2 回文判定

题目：回文是指正读反读均相同的字符序列，如"abba"和"abcscba"均是回文，也就是说字符串沿中心线对称，如图 3-55 所示，但"foot"和"bed"不是回文。试写一个算法判定给定的字符串是否为回文。

解题思路

回文是中心对称的，可以将字符串前一半入栈，然后，栈中元素和字符串后一半进行比较。即将第一个出栈元素和后一半串中第一个字符比较，若相等，则再将出栈一个元素与后一个字符比较……直到栈空为止，则字符序列是回文。在出栈元素与串中字符比较不等时，则字符序列不是回文。

算法步骤

1）初始化一个栈 S。

2）求字符串长度，将前面一半的字符依次入栈 S。

3）如果栈不空，弹出栈顶元素 e，与字符串后一半元素比较。若 n 为奇数，则跳过中心点，比较中心点后面的元素。如果元素相等，则继续比较直到栈空，返回 true；如果元素不等，返回 false。

完美图解

假设字符串 str="abcscba"，字符串存储数组如图 3-56 所示。

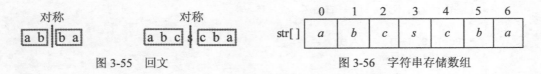

图 3-55　回文　　　　　　　　　　　　　　图 3-56　字符串存储数组

字符串长度为 7，将字符串前一半（7/2=3 个元素）依次入栈，如图 3-57 所示。

当 $i=3$ 时取数结束，因为字符串长度为奇数，需要跳过中心点，从 $i=4$ 开始，字符串中的字符与出栈元素比较，如图 3-58 所示。

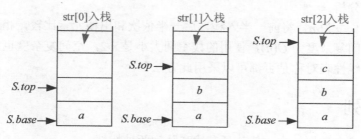

图 3-57 入栈过程

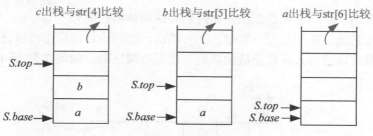

图 3-58 出栈过程

代码实现

```
bool palindrome(char *str)//判断字符串是否为回文
{
    SqStack S;//定义一个栈S
    int len,i;
    char e;
    len=strlen(str);//返回字符串长度
    InitStack(S);//初始化栈
    for(i=0;i<len/2;i++)//将字符串前一半依次入栈
        Push(S,str[i]);
    if(len%2==1)//字符串长度为奇数，跳过中心点
        i++;
    while(!Empty(S))//如果栈不空
    {
        Pop(S,e);//出栈
        if(e!=str[i])//比较元素是否相等
            return false;
        else
            i++;
    }
    return true;
}
```

算法复杂度分析

如果字符串长度为 n，将前一半入栈，后一半依次和出栈元素比较，相当于扫描了整个字符串，因此时间复杂度为 $O(n)$，使用的栈空间大小是 $n/2$，空间复杂度也为 $O(n)$。

思考：判断线性表对称是否都可以采用此方法？

3.5.3 双端队列

题目：设计一个数据结构，使其具有栈和队列两种特性。

解题思路

栈是后进先出，队列是先进先出，如何具有这两种特性呢？

栈是在一端进出，队列是在一端进、另一端出，能否设计两端都可以进出呢？

允许两端都可以进行入队和出队的队列，就是双端队列，如图 3-59 所示。

图 3-59 双端队列

双端队列是比较特殊的线性表，具有栈和队列两种性质。

循环队列表示的双端队列，可以用环形形象地表达出来。双端队列和普通循环队列的区别如图 3-60 所示。双端队列包括前端和后端，可以从前端进入、前端出队、后端进队、后端出队。

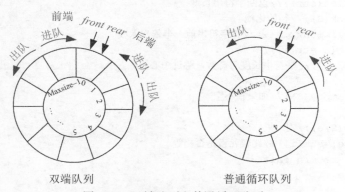

图 3-60 双端队列和普通循环队列

1. 双端队列结构体定义

双端队列可以用两个整型变量 *front* 和 *rear* 分别指向队头和队尾，采用顺序存储。静态分配空间形式的双端队列，其结构体定义如图 3-61 所示。

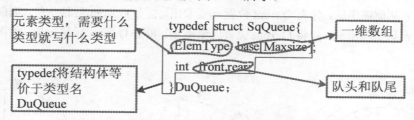

图 3-61 双端队列结构体定义

注意：在顺序存储中，静态分配空间采用的是一维定长数组存储数据，动态分配空间是在程序运行中使用 new 动态分配空间。

完美图解

1）前端进队时，先令 Q.front 前移一位，再将元素放入 Q.front 的位置，a、b、c 依次从前端进队，如图 3-62 所示。

图 3-62 a、b、c 依次从前端进队

2）后端进队时，先将元素放入 Q.rear 的位置，再令 Q.rear 后移一位，d 从后端进队，如图 3-63 所示。

3）此时 d 从后端出队，先令 Q.rear 前移一位，再将 Q.rear 位置元素取出，如图 3-64 所示。

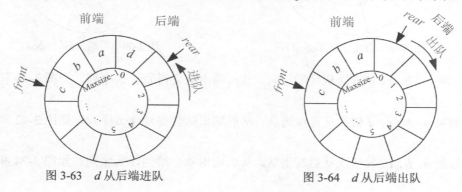

图 3-63 d 从后端进队   图 3-64 d 从后端出队

4）此时 a 从后端出队，先令 Q.rear 前移一位，再将 Q.rear 位置元素取出，如图 3-65 所示。

5）此时 c 从前端出队，先将 Q.front 位置元素取出，再令 Q.front 后移一位，如图 3-66 所示。

6）此时 b 从前端出队，先将 Q.front 位置元素取出，再令 Q.front 后移一位，如图 3-67 所示。

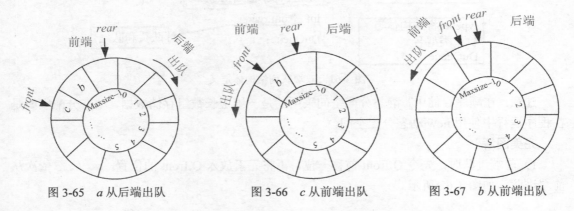

图 3-65　a 从后端出队　　　　图 3-66　c 从前端出队　　　　图 3-67　b 从前端出队

因此，a、b、c、d 依次进队，可以通过双端队列得到 d、a、c、b 的出队顺序。

思考

1）如果 a、b、c、d 依次从前端进队，从后端出队会得到什么序列？如图 3-68 和图 3-69 所示。

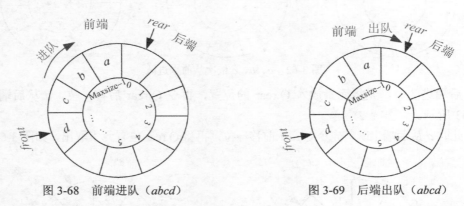

图 3-68　前端进队（$abcd$）　　　　图 3-69　后端出队（$abcd$）

2）如果 a、b、c、d 依次从后端进队，从前端出队会得到什么序列？如图 3-70 和图 3-71 所示。

3）如果 a、b、c、d 依次从前端进队，从前端出队会得到什么序列？如图 3-72 和图 3-73 所示。

4）如果 a、b、c、d 依次从后端进队，从后端出队会得到什么序列？如图 3-74 和图 3-75 所示。

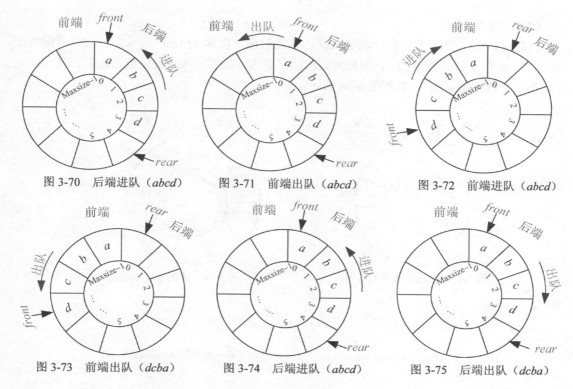

图 3-70 后端进队（*abcd*） 图 3-71 前端出队（*abcd*） 图 3-72 前端进队（*abcd*）

图 3-73 前端出队（*dcba*） 图 3-74 后端进队（*abcd*） 图 3-75 后端出队（*dcba*）

从上面的图解中可以看出以下两个特点。

1）后端进、前端出或者前端进、后端出体现了先进先出的特点，符合队列的特性。

2）后端进、后端出或者前端进、前端出体现了后进先出的特点，符合栈的特性。

所以说，**循环队列实现的双端队列，具有栈和队列两种性质**。

2．双端队列的基本操作

双端队列的基本操作包括初始化、判队满、尾进、尾出、头进、头出、取队头、取队尾、求长度、遍历。

（1）初始化

初始化时，头指针和尾指针置为零，双端队列为空，如图 3-76 所示。

图 3-76 空队

代码实现

```
void InitQueue(DuQueue &Q)//注意使用引用参数，否则
出了函数，其改变无效
{
    Q.front=Q.rear=0; //队头和队尾置为零，队列为空
}
```

（2）判队满

当队尾后移一位等于队头，表明队满。队尾后移一位即 Q.rear+1，加 1 后有可能等于 Maxsize，此时下一个位置为 0，因此为处理临界状态，需要与 Maxsize 取余运算。队满的临界状态和一般状态如图 3-77 和图 3-78 所示。

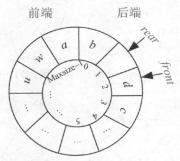

图 3-77　队满（临界状态）　　　　图 3-78　队满（一般状态）

代码实现

```
bool isFull(DuQueue Q)
{
    if((Q.rear+1)%Maxsize==Q.front) //队尾后移一位等于队头，表明队满
        return true;
    else
        return false;
}
```

（3）尾进

尾部进队，即后端进队时，先将元素放入 Q.rear 位置，然后 Q.rear 后移一位，后移时为处理边界情况，需要加 1 后模 Maxsize 取余。

例如双端队列如图 3-79 所示，元素 e 从尾部进队，进队后如图 3-80 所示。

代码实现

```
bool push_back(DuQueue &Q,ElemType e)
{
    if(isFull(Q))
        return false;
    Q.base[Q.rear]=e; //先放入尾部
    Q.rear=(Q.rear+1)%Maxsize;//向后移动一位
    return true;
}
```

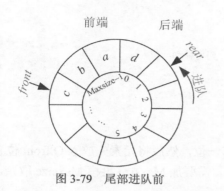

图 3-79　尾部进队前

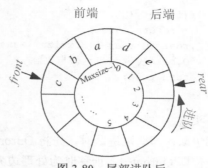

图 3-80　尾部进队后

（4）尾出

尾部出队，即后端出队时，先将 Q.rear 前移一位，然后取出元素。前移一位即 Q.rear−1，当 Q.rear 为 0 时，Q.rear−1 为负值，因此加上 Maxsize，正好是 Maxsize−1 的位置。那么，Q.rear−1 为正值时，加上 Maxsize 就超过了下标范围，需要模 Maxsize 取余。可参考前面章节循环队列求长度的图解。

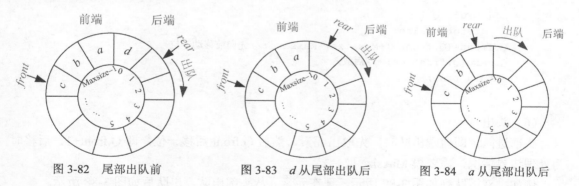

防止为负数　　防止为正数

Q.rear=(Q.rear−1+Maxsize)% Maxsize

图 3-81　尾出（前移一位）

尾出时，Q.rear 前移一位的处理，如图 3-81 所示。

例如，双端队列如图 3-82 所示，此时 Q.rear 为 1，现在 d 从尾部出队，Q.rear 前移一位，即(Q.rear−1+Maxsize)%Maxsize=0。出队后如图 3-83 所示。

接着 a 从尾部出队，此时 Q.rear 为 0，Q.rear 前移一位，Q.rear−1 为−1，因此加上 Maxsize，正好是 Maxsize−1 的位置，取余后还是它自己，即(Q.rear−1+Maxsize)%Maxsize=Maxsize−1。a 从尾部出队后如图 3-84 所示。

图 3-82　尾部出队前　　　　图 3-83　d 从尾部出队后　　　　图 3-84　a 从尾部出队后

代码实现

```
bool pop_back(DuQueue &Q,ElemType &x)
{
```

```
    if(isEmpty(Q))
        return false;
    Q.rear=(Q.rear-1+Maxsize)%Maxsize;//向前移动一位
    x=Q.base[Q.rear]; //取数据
    return true;
}
```

（5）头进

头部进队，即前端进队时，先将 Q.front 前移一位，然后将元素先放入 Q.front 位置。队头前移一位即 Q.front-1，前移时为处理边界情况，需要加 Maxsize 再模 Maxsize 取余。具体可参考尾出的前移处理。

例如，双端队列如图 3-85 所示，现在元素 *f* 从头部进队，进队后如图 3-86 所示。

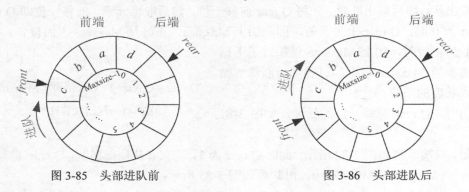

图 3-85　头部进队前　　　　　　　　　图 3-86　头部进队后

代码实现

```
bool push_front(DuQueue &Q,ElemType e)
{
    if(isFull(Q))
        return false;
    Q.front=(Q.front-1+Maxsize)%Maxsize;//先向前移动一位
    Q.base[Q.front]=e; //后放入
    return true;
}
```

（6）头出

头部进队，即前端出队时，先取出元素，然后 Q.front 后移一位，即 Q.front+1，后移时为处理边界情况，需要模 Maxsize 取余。

例如，双端队列如图 3-87 所示，现在元素 *c* 从头部出队，出队后如图 3-88 所示。

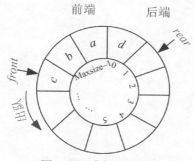

图 3-87 头部出队前

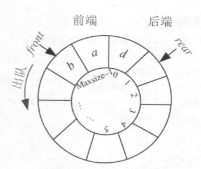

图 3-88 头部出队后

代码实现

```
bool pop_front(DuQueue &Q,ElemType &x)
{
    if(isEmpty(Q))
        return false;
    x=Q.base[Q.front]; //取数据
    Q.front=(Q.front+1)%Maxsize;//向后移动一位
     return true;
}
```

（7）取队头

取队头是指将 Q.front 位置的元素取出来，
Q.front 未改变，如图 3-89 所示。

代码实现

```
bool get_front(DuQueue Q,ElemType &x)
{
    if(isEmpty(Q))
        return false;
    x=Q.base[Q.front]; //取队头数据
    return true;
}
```

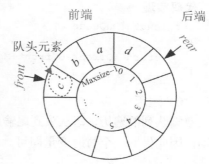

图 3-89 取队头

（8）取队尾

因为 **Q.rear** 指针永远指向空,因此取队尾时,
取 **Q.rear** 前面的那个位置，要想得到前面位置，
为处理边界情况，需要加 **Maxsize** 再模 **Maxsize**
取余。注意：取队尾时，尾指针不移动，如图 3-90
所示。

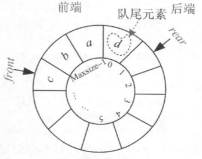

图 3-90 取队尾

代码实现

```
bool get_back(DuQueue Q,ElemType &x)
{
    if(isEmpty(Q))
        return false;
    x=Q.base[(Q.rear-1+Maxsize)%Maxsize];
    return true;
}
```

（9）求长度

和普通循环队列求长度的方法一样，都是求从队头到队尾之间的元素个数。因为循环队列减法有可能有负值，因此需要加 Maxsize 再模 Maxsize 取余。

如图 3-91 所示，Q.rear=2，Q.front=Maxsize−3，(Q.rear−Q.front+Maxsize)%Maxsize=5，该循环队列长度为 5。

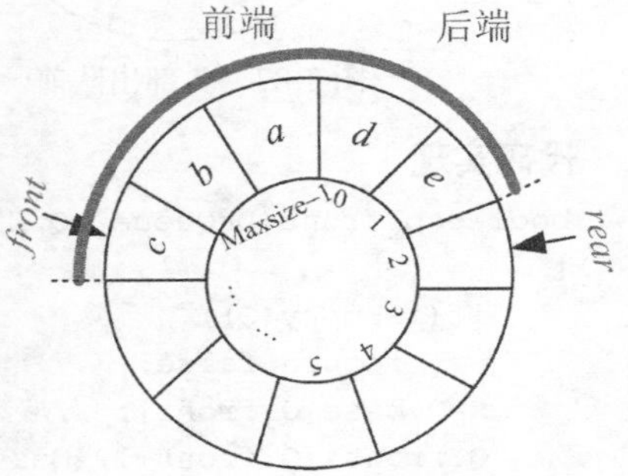

图 3-91　队列长度

代码实现

```
int length(DuQueue Q)
{
    return (Q.rear-Q.front+Maxsize)%Maxsize;
}
```

（10）遍历

双端队列的遍历，即从头到尾输出整个队列中的元素，在输出过程中，队头和队尾并不移动，因此借助一个暂时变量即可。

代码实现

```
void traverse(DuQueue Q)
{
    if(isEmpty(Q))
    {
        cout<<"DuQueue is empty"<<endl;
        return ;
    }
    int temp=Q.front;//设置一个暂存变量，头指针未移动
    while(temp!=Q.rear)
    {
        cout<<Q.base[temp]<<"\t";
        temp=(temp+1)%Maxsize;
    }
    cout<<endl<<"traverse is over!"<<endl;
```

```
        }
```

3. 小结

队空：

```
Q.front=Q.rear;                           // Q.rear 和 Q.front 指向同一个位置
```

队满：

```
(Q.rear+1)%Maxsize=Q.front;               // Q.rear 向后移一位正好是 Q.front
```

后端入队：

```
Q.base[Q.rear]=x;                         //将元素放入 Q.rear 所指空间
Q.rear=(Q.rear+1)%Maxsize;                // Q.rear 向后移一位
```

前端入队：

```
Q.front=(Q.front-1+Maxsize)%Maxsize;      // Q.front 向前移一位
Q.base[Q.front]=x;                        //将元素放入 Q.front 所指空间,
```

后端出队：

```
rear.front=(Q.rear-1+Maxsize)%Maxsize     // Q.rear 向前移一位
e=Q.base[Q.rear];                         //用变量记录 Q.rear 所指元素
```

前端出队：

```
e=Q.base[Q.front];                        //用变量记录 Q.front 所指元素
Q.front=(Q.front+1)%Maxsize               // Q.front 向后移一位
```

秘籍：后移时，加 1 模 Maxsize；前移时，减 1 加 Maxsize 再模 Maxsize。
还可以见到另外两种方法。

（1）输出受限的双端队列

允许在一端进队和出队，另一端只允许进队，这样的双端队列称为输出受限的双端队列，如图 3-92 和图 3-93 所示。

图 3-92　输出受限（后端）

（2）输入受限的双端队列

允许在一端进队和出队，另一端只允许出队，这样的双端队列称为输入受限的双端队列，如图 3-94 和图 3-95 所示。

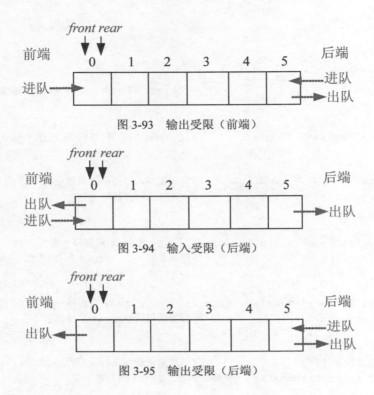

图 3-93   输出受限（前端）

图 3-94   输入受限（后端）

图 3-95   输出受限（后端）

3.6 栈和队列学习秘籍

1. 本章内容小结

本章从数据结构三要素（逻辑结构、存储结构、运算）出发，讲解栈和队列，具体内容如图 3-96 和图 3-97 所示。

栈 ⎰ 逻辑结构：操作受限的线性表，后进先出
　　⎱ 存储结构 ⎰ 顺序存储：顺序栈、共享栈
　　　　　　　　⎱ 链式存储：链栈
　　　运算：初始化、栈空、栈满、入栈、出栈、取栈顶

图 3-96   栈的主要内容

$$
队列
\begin{cases}
逻辑结构：操作受限的线性表，先进先出 \\
存储结构
\begin{cases}
顺序存储：循环队列、双端队列 \\
链式存储：链队
\end{cases} \\
运算：初始化、队空、队满、入队、出队、取队头
\end{cases}
$$

图 3-97　队列的主要内容

2．栈和队列的比较

栈和队列都属于操作受限的线性表，各有所长，在实际中应用广泛。两者之间除了运算的规则不同，其他的均类似。栈和队列的比较如表 3-1 所示。

表 3-1　栈和队列的比较

数据结构三要素		栈	队列
逻辑结构		操作受限的线性表，一对一的线性关系	操作受限的线性表，一对一的线性关系
存储结构	顺序存储	需预先分配空间，可能会导致空间浪费或溢出，存储密度等于 1	需预先分配空间，可能会导致空间浪费或溢出，存储密度等于 1
	链式存储	动态分配，不会导致空间浪费或溢出，存储密度小于 1	动态分配，不会导致空间浪费或溢出，存储密度小于 1
运算		只能在一端删除和插入，后进先出	只能在一端插入，另一端删除，先进先出

3．栈解题秘籍

栈解题时需要注意 4 个问题。

（1）栈顶指针所指位置

在顺序栈中，栈顶指针指向的是栈顶元素的上一个位置，即空位置，取栈顶元素时要取*(S.top−1)才可以，如图 3-98 所示。

入栈时，先把元素放入栈顶位置，然后栈顶指针后移，即*S.top++=e。

出栈时，栈顶指针前移，用变量暂存栈顶元素，即 e=−−S.top。

（2）出栈只是栈顶指针移动，空间元素仍然存在，但下次入栈时会覆盖

如图 3-99 所示，栈顶元素 4 出栈，只需要栈顶指针前移一位，即−−S.top。元素

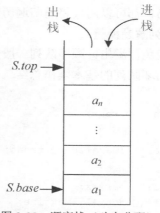

图 3-98　顺序栈（动态分配）

4 仍在那个位置，并没有被销毁，但是下次元素入栈时会覆盖该位置。

（3）本书以动态分配为例，静态分配的情况处理方式不同

静态分配是使用一个固定长度的数组存储数据，然后用一个 int 型的变量 *top* 指向栈顶，*top* 实际上是数组的下标。当栈空时，*S.top*=0，如图 3-100 所示。

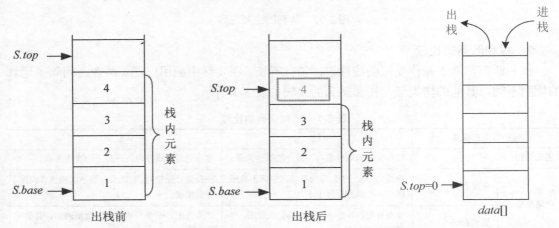

图 3-99 顺序栈（出栈）   图 3-100 顺序栈（静态分配）

入栈时，先把元素放入栈顶位置，然后栈顶指针后移，即 S.data[S.top++]=e。

出栈时，栈顶指针前移，用变量暂存栈顶元素，即 e=S.data[--S.top]。

（4）可以利用栈将递归程序转换为非递归

递归是利用栈实现的，因此可以利用栈将递归程序转换为非递归程序。例如，第 6 章二叉树的遍历，都可以用栈将递归遍历转换为非递归遍历。

4．队列解题秘籍

为了避免假溢出，顺序队列一般采用循环队列。循环队列需要注意 4 个问题。

（1）循环队列的基本操作总结

队空：

```
Q.front==Q.rear;                // Q.rear 和 Q.front 指向同一个位置
```

队满：

```
(Q.rear+1)%Maxsize==Q.front;    // Q.rear 向后移一位正好是 Q.front
```

入队：

```
Q.base[Q.rear]=x;               //将元素 x 放入 Q.rear 所指空间
Q.rear=(Q.rear+1)%Maxsize;      // Q.rear 向后移一位
```

出队：

```
e=Q.base[Q.front];              //用变量记录 Q.front 所指元素
Q.front=(Q.front+1)%Maxsize     // Q. front 向后移一位
```

队列中元素个数：

```
(Q.rear-Q.front+Maxsize)%Maxsize
```

（2）为什么要%Maxsize

循环队列无论入队还是出队，队尾、队头加 1
后都要取余运算，主要是为了处理临界状态，如
图 3-101 所示。队列的最大空间为 Maxsize，当
Q.rear=Maxsize−1 时，Q.rear+1=Maxsize。而根据
循环队列的规则，Q.rear 的下一个位置为 0 才对，
怎么才能变成 0 呢？可以考虑取余运算。即
(Q.rear+1)%Maxsize=0，而此时 Q.front=0，即
(Q.rear+1)%Maxsize=Q.front。此时为队满的临界
状态。

入队或出队时，队尾后队头加 1 后都有可能
达到临界状态，因此加 1 运算后要%Maxsize，使
其达到临界状态时，下标变为 0。

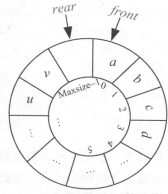

图 3-101　队满（临界状态）

（3）循环队列长度计算公式

在计算元素个数时，可以分两种情况判断。

- Q.rear≥Q.front：元素个数为 Q.rear−Q.front。
- Q.rear<Q.front：元素个数为 Q.rear−Q.front+ Maxsize。

也可以采用取余的方法把两种情况巧妙地统一为一个语句。

队列中元素个数为：(Q.rear−Q.front+Maxsize)% Maxsize。

当 Q.rear−Q.front 为正数时，加上 Maxsize 超过了最大空间数，取余后正好是元素
个数。

当 Q.rear−Q.front 为负数时，加上 Maxsize 正好是元素个数，因为元素个数小于 Maxsize，
所以取余运算对其无影响。

因此，%Maxsize 是 为 了 防 止
Q.rear−Q.front 为正数的情况，+Maxsize 是
为了防止 Q.rear−Q.front 为负数的情况，如
图 3-102 所示。

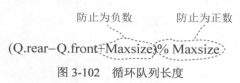

图 3-102　循环队列长度

（4）双端队列可以实现栈和队列两种特性

双端队列和普通的循环队列如图 3-103 所示。

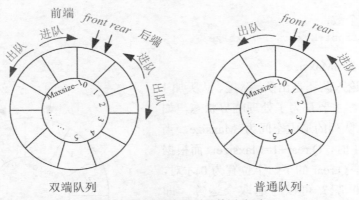

图 3-103 双端队列和普通队列

- 后端进、前端出或者前端进、后端出具有先进先出的特点，符合队列的特性。
- 后端进、后端出或者前端进、前端出具有后进先出的特点，符合栈的特性。

5．栈和队列的灵活运用

栈和队列的特性可被灵活利用来解决实际问题。

栈具有后进先出的特性，可以利用此特性解决如逆序输出、括号匹配等问题。由于栈只能在一端操作，插入、删除都是在栈顶进行，不需要移动元素，因此大多使用顺序栈。

队列具有先进先出的特性，可以利用此特性解决一系列排队、先到先得等问题。在确定队列长度范围的情况下，大多使用循环队列。如果队列长度变化较大，则使用链队。

Chapter

4

字符串

4.1 字符串

串：又称字符串，是由零个或多个字符组成的有限序列。

字符串通常用双引号括起来，例如 S= "abcdef"，S 为字符串的名字，双引号里面的内容为字符串的值。

串长：串中字符的个数，例如 S 的串长为 6。

空串：零个字符的串，串长为 0。

子串：串中任意个连续的字符组成的子序列，称为该串的子串，原串称为子串的主串。例如 T= "cde"，T 是 S 的子串。子串在主串中的位置，用子串的第一个字符在主串中出现的位置表示。T 在 S 中的位置为 3，如图 4-1 所示。

注意：空格也算一个字符，例如 X= "abc fg"，X 的串长为 6。

空格串：全部由空格组成的串为空格串。

注意：空格串不是空串。

字符串的存储可以使用顺序存储和链式存储两种方式。

1. 字符串的顺序存储

顺序存储是用一段连续的空间存储字符串。可以预先分配一个固定长度 *Maxsize* 的空间，在这个空间中存储字符串。

顺序存储又有 3 种方式。

（1）以'\0'表示字符串结束

在 C、C++、Java 语言中，通常用'\0'表示字符串结束，'\0'不算在字符串长度内，如图 4-2 所示。

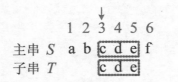

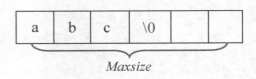

图 4-1 子串在主串中的位置　　　　　图 4-2 字符串的顺序存储 1

这样做有一个问题：如果想知道串的长度，需要从头到尾遍历一遍，如果经常需要用到串的长度，每次遍历一遍复杂性较高，因此可以考虑将字符串的长度存储起来以便使用。

（2）在 0 空间存储字符串的长度

下标为 0 的空间不使用，因此可以预先分配 *Maxsize*+1 的空间，在下标为 0 的空间中存储字符串长度，如图 4-3 所示。

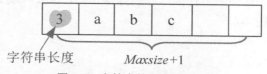

字符串长度　　　　　　　*Maxsize*+1

图 4-3　字符串的顺序存储 2

（3）结构体变量存储字符串的长度

除上述方法之外，也可以将字符串长度存储在结构体中。

```
typedef  struct {
    char  ch[Maxsize]; //字符型数组
    int  length; //字符串的长度
}SString;
```

例如，字符串 *S*= "abdefgc"，其存储结构如图 4-4 所示。

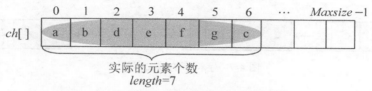

实际的元素个数
length=7

图 4-4　字符串的顺序存储 3（静态分配）

这样做也有一个问题，串的运算如合并、插入、替换等操作，容易超过最大长度，出现溢出。为了解决这个问题，可以采用动态分配空间的方法，其结构体定义如下。

```
typedef  struct {
    char  *ch;    //指向字符串指针
    int  length; //字符串的长度
}SString;
```

例如，字符串 *S*= "abcdef"，其存储结构如图 4-5 所示。

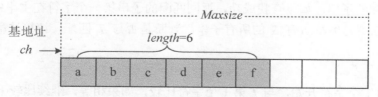

图 4-5　字符串的顺序存储 3（动态分配）

2. 字符串的链式存储

和顺序表一样，顺序存储的串在插入和删除操作时，需要移动大量元素，因此也可以采用链表的形式存储，如图 4-6 所示。

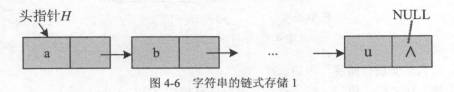

图 4-6　字符串的链式存储 1

单链表存储字符串时，虽然插入和删除非常容易，但是这样做也有一个问题：一个节点只存储一个字符，如果需要存储的字符特别多，会浪费很多空间。因此也可以考虑一个节点存储多个字符的形式，例如一个节点存储 3 个字符，最后一个节点不够 3 个时用#代替，如图 4-7 所示。

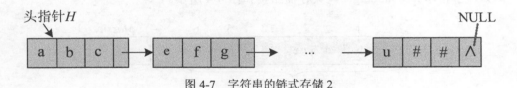

图 4-7　字符串的链式存储 2

但是这样做也有一个大问题：如在第 2 个字符之前插入一个元素，就需要将 b 和 c 后移，那么这种后移还要跨到第二个节点，如同"蝴蝶效应"，一直波及最后一个节点，麻烦就大了！因此字符串很少使用链式存储结构，还是使用顺序存储结构更灵活一些。

4.2 模式匹配 BF 算法

模式匹配：子串的定位运算称为串的模式匹配或串匹配。

假设有两个串 S、T，设 S 为主串，也称正文串；T 为子串，也称模式。在主串 S 中查找与模式 T 相匹配的子串，如果查找成功，返回匹配的子串第一个字符在主串中的位置。

最笨的办法就是穷举所有 S 的所有子串，判断是否与 T 匹配，该算法称为 BF（Brute Force[1]）算法。

算法步骤

1）从 S 第 1 个字符开始，与 T 第 1 个字符比较，如果相等，继续比较下一个字符，否

---

[1]　Brute Force 的意思是蛮力，暴力穷举。

则转向下一步；

2）从 S 第 **2** 个字符开始，与 T 第 1 个字符比较，如果相等，继续比较下一个字符，否则转向下一步；

3）从 S 第 **3** 个字符开始，与 T 第 1 个字符比较，如果相等，继续比较下一个字符，否则转向下一步；

······

4）如果 T 比较完毕，则返回 T 在 S 中第一个字符出现的位置；

5）如果 S 比较完毕，则返回 0，说明 T 在 S 中未出现。

完美图解

例如：S= "abaabaabeca"，T= "abaabe"，求子串 T 在主串 S 中的位置。

1）从 S 第 1 个字符开始：$i=1$，$j=1$，如图 4-8 所示。比较两个字符是否相等，如果相等，则 i++，j++；如果不等，则转向下一步，如图 4-9 所示。

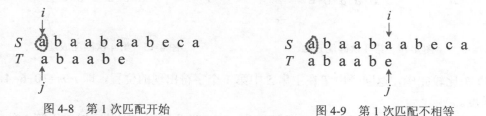

图 4-8　第 1 次匹配开始　　　　　　　　　　图 4-9　第 1 次匹配不相等

2）i 回退到 $i-j+2$ 的位置，j 回退到 1 的位置，即 $i-j+2=6-6+2=2$，即 i 从 S 第 **2** 个字符开始，j 从 T 第 1 个字符开始。比较两个字符是否相等，如果相等，则 i++，j++；如果不等则转向下一步，如图 4-10 所示。

解释：为什么 i 要回退到 $i-j+2$ 的位置呢？如果本趟开始位置是 a，那么下一趟开始的位置就是 a 的下一个字符 b 的位置，这个位置正好是 $i-j+2$，如图 4-11 所示。

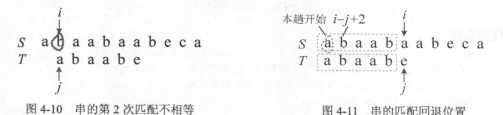

图 4-10　串的第 2 次匹配不相等　　　　　　图 4-11　串的匹配回退位置

3）i 回退到 $i-j+2$ 的位置，$i=2-1+2=3$，即从 S 第 **3** 个字符开始，$j=1$，如图 4-12 所示。比较两个字符是否相等，如果相等，则 i++，j++；如果不等，则转向下一步，如图 4-13 所示。

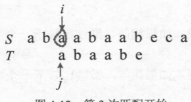

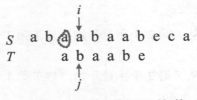

图 4-12　第 3 次匹配开始　　　　　　　图 4-13　第 3 次匹配不相等

4）*i* 回退到 *i*−*j*+2 的位置，*i*=4−2+2=4，即从 *S* 第 4 个字符开始，*j*=1，如图 4-14 所示。比较两个字符是否相等，如果相等，则 *i*++，*j*++；此时 *T* 比较完了，执行下一步，如图 4-15 所示。

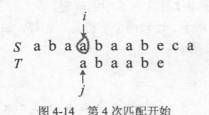

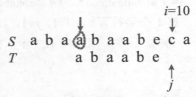

图 4-14　第 4 次匹配开始　　　　　　　图 4-15　第 4 次匹配成功

5）*T* 比较完毕，返回子串 *T* 在主串 *S* 中第 1 个字符出现的位置，即 *i*−*m*=10−6=4，*m* 为 *T* 的长度。

因为串的模式匹配没有插入、合并等操作，不会发生溢出，因此可以采用第 2 种字符串顺序存储方法，用 0 空间存储字符串长度。例如，*T* 的顺序存储方式如图 4-16 所示。

图 4-16　*T* 的顺序存储

代码实现

```
int Index_BF(SString S, SString T, int pos)//BF算法
{   // 求 T 在主串 S 中第 pos 个字符之后第一次出现的位置
    //其中，T 非空，1≤pos≤s[0]，s[0]存放 S 串的长度
    int i=pos, j=1,sum=0;
    while(i<=S[0]&&j<=T[0])
    {
        sum++;
        if(S[i]==T[j]) //如果相等，则继续比较后面的字符
        {
```

```
            i++;
            j++;
        }
        else
        {
            i=i-j+2; //i 回退到上一轮开始比较的下一个字符
            j=1;     //j 回退到第 1 个字符
        }
    }
    cout<<"一共比较了"<<sum<<"次"<<endl;
    if(j>T[0]) // 匹配成功
        return i-T[0];
    else
        return 0;
}
```

算法复杂度分析

设 S、T 串的长度分别为 n、m，则 BF 算法的时间复杂度分为以下两种情况。

（1）最好情况

在最好情况下，每一次匹配都在第一次比较时发现不等，如图 4-17~图 4-20 所示。

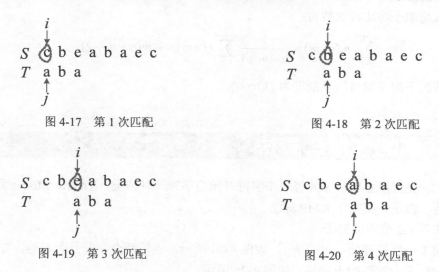

图 4-17　第 1 次匹配　　　　　　　图 4-18　第 2 次匹配

图 4-19　第 3 次匹配　　　　　　　图 4-20　第 4 次匹配

假设第 i 次匹配成功，则前 $i-1$ 次匹配都进行了 1 次比较，一共 $i-1$ 次，第 i 次匹配成功时进行了 m 次比较，则总的比较次数为 $i-1+m$。在匹配成功的情况下，最多需要 $n-m+1$ 次匹配，即模式串正好在主串的最后端。假设每一次匹配成功的概率均等，概率 $p_i=1/(n-m+1)$，则在最好情况下，匹配成功的平均比较次数为：

$$\sum_{i=1}^{n-m+1} p_i(i-1+m) = \frac{1}{n-m+1}\sum_{i=1}^{n-m+1}(i-1+m) = \frac{1}{2}(n+m)$$

最好情况下的平均时间复杂度为 $O(n+m)$。

（2）最坏情况

在最坏情况下，每一次匹配都比较到 T 的最后一个字符发现不等，回退重新开始，这样每次匹配都需要比较 m 次，如图 4-21～图 4-23 所示。

图 4-21　第 1 次匹配　　　　　图 4-22　第 2 次匹配　　　　　图 4-23　第 3 次匹配

假设第 i 次匹配成功，则前 i-1 次匹配都进行了 m 次比较，第 i 次匹配成功时也进行 m 次比较，则总的比较次数为 $i\times m$。在匹配成功的情况下，最多需要 $n-m+1$ 次匹配，即模式串正好在主串的最后端。假设每一次匹配成功的概率均等，概率 $p_i=1/(n-m+1)$，则在最坏情况下，匹配成功的平均比较次数为：

$$\sum_{i=1}^{n-m+1} p_i(i\times m) = \frac{1}{n-m+1}\sum_{i=1}^{n-m+1}(i\times m) = \frac{1}{2}m(n-m+2)$$

最坏情况下的平均时间复杂度为 $O(n\times m)$。

4.3 模式匹配 KMP 算法

实际上，完全没必要从 S 的每一个字符开始穷举每一种情况，Knuth、Morris 和 Pratt 对该算法进行了改进，提出了 KMP 算法。

再回头看 4.2 节中的例子。

从 S 第 1 个字符开始：$i=1$，$j=1$，如图 4-24 所示。比较两个字符是否相等，如果相等，则 $i++$，$j++$；第一次匹配不相等，如图 4-25 所示。

按照 BF 算法，如果不等，则 i 回退到 $i-j+2$，j 回退到 1，即 $i=2$，$j=1$，如图 4-26 所示。

其实 i 不用回退，让 j 回退到第 3 个位置，接着比较即可，如图 4-27 所示。

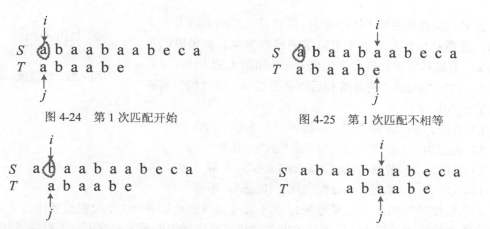

图 4-24 第 1 次匹配开始   图 4-25 第 1 次匹配不相等

图 4-26 第 1 次匹配不等回退位置（BF 算法）   图 4-27 第 1 次匹配不等回退位置（KMP 算法）

是不是像 T 向右滑动了一段距离？

为什么可以这样？为什么让 j 回退到第 3 个位置？而不是第 2 个？或第 4 个？

因为 T 串中开头的两个字符和 i 指向的字符前面的两个字符一模一样，如图 4-28 所示。这样 j 就可以回退到第 3 个位置继续比较了，因为前面两个字符已经相等了，如图 4-29 所示。

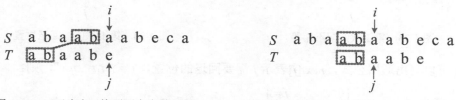

图 4-28 T 开头和 i 前面两个字符相等   图 4-29 j 从第 3 个字符开始

那怎么知道 T 中开头的两个字符和 i 指向的字符前面的两个字符一模一样？难道还要比较？我们发现 i 指向的字符前面的两个字符和 T 中 j 指向的字符前面两个字符一模一样，因为它们一直相等，i++、j++ 才会走到当前的位置，如图 4-30 所示。

也就是说，我们不必判断开头的两个字母和 i 指向的字符前面的两个字符是否一样，只需要在 T 本身比较就可以了。假设 T 中当前 j 指向的字符前面的所有字符为 T'，只需要比较 T' 的前缀和 T' 的后缀即可，如图 4-31 所示。

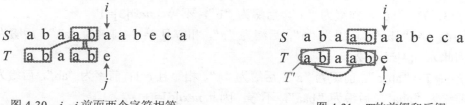

图 4-30 i、j 前面两个字符相等   图 4-31 T' 的前缀和后缀

前缀是从前向后取若干个字符,后缀是从后向前取若干个字符。**注意**:前缀和后缀不可以取字符串本身。如果串的长度为 n,前缀和后缀长度最多达到 $n-1$,如图 4-32 所示。

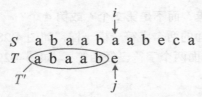

T' [a] b a a [b]
前缀   后缀

图 4-32   前缀和后缀

判断 $T'=$ "abaab" 的前缀和后缀是否相等,并找相等前缀后缀的最大长度。

1)长度为 1:前缀 "a",后缀 "b",不等   ×

2)长度为 2:前缀 "ab",后缀 "ab",相等   √

3)长度为 3:前缀 "aba",后缀 "aab",不等   ×

4)长度为 4:前缀 "abaa",后缀 "baab",不等   ×

相等前缀后缀的最大长度为 $l=2$,则 j 就可以回退到第 $l+1=3$ 个位置继续比较了。因此,当 i、j 指向的字符不等时,只需要求出 T' 的相等前缀后缀的最大长度 l,i 不变,j 回退到 $l+1$ 的位置继续比较即可,如图 4-33 和图 4-34 所示。

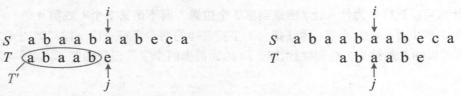

图 4-33   第 1 次匹配不相等   图 4-34   第 1 次匹配回退位置

现在可以写出通用公式,$next[j]$ 表示 j 需要回退的位置,$T'=$ "$t_1 t_2 \dots t_{j-1}$",则:

$$next[j] = \begin{cases} 0, & j=1 \\ l_{\max}+1, & T' \text{ 的相等前缀和后缀的最大长度为} l_{\max} \\ 1, & \text{没有相等的前缀后缀} \end{cases}$$

根据公式很容易求出 $T=$ "abaabe" 的 $next[]$ 数组,如图 4-35 所示。

解释如下。

j	1	2	3	4	5	6
T	a	b	a	a	b	e
$next[j]$	0	1	1	2	2	3

图 4-35 $next[]$ 数组

1)$j=1$:根据公式 $next[1]=0$。

2)$j=2$:$T'=$ "a",没有前缀和后缀,$next[2]=1$。

3)$j=3$:$T'=$ "ab",前缀为 "a",后缀为 "b",不等,$next[3]=1$。

4)$j=4$:$T'=$ "aba",前缀为 "a",后缀为 "a",相等且 $l=1$;前缀为 "ab",后缀为 "ba",不等;因此 $next[4]=l+1=2$。

5)$j=5$:$T'=$ "abaa",前缀为 "a",后缀为 "a",相等且 $l=1$;前缀为 "ab",后缀为 "aa",不等;前缀为 "aba",后缀为 "baa",不等;因此 $next[5]=l+1=2$。

6) $j=6$：$T'=$ "abaab"，前缀为 "a"，后缀为 "b"，不等；前缀为 "ab"，后缀为 "ab"，相等且 $l=2$；前缀为 "aba"，后缀为 "aab"，不等；前缀为 "abaa"，后缀为 "baab"，不等；取最大长度 2，因此 $next[6]=l+1=3$。

这样找所有的前缀和后缀比较，是不是也是暴力穷举？那怎么办呢？

可以用动态规划递推。

首先大胆假设，我们已经知道了 $next[j]=k$，$T'=$ "$t_1t_2...t_{j-1}$"，那么 T' 的相等前缀、后缀最大长度为 $k-1$，如图 4-36 所示。

那么 $next[j+1]=?$

考查以下两种情况。

1) $t_k=t_j$：那么 $next[j+1]=k+1$，即相等前缀和后缀的长度比 $next[j]$ 多 1，如图 4-37 所示。

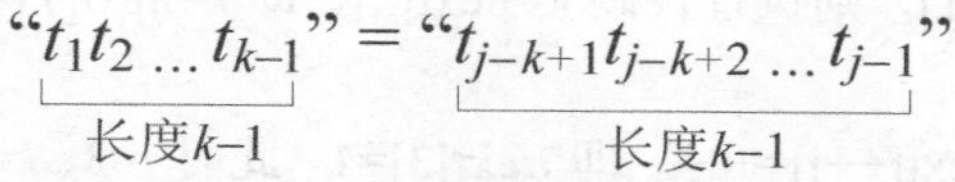

图 4-36 T' 的相等前缀、后缀 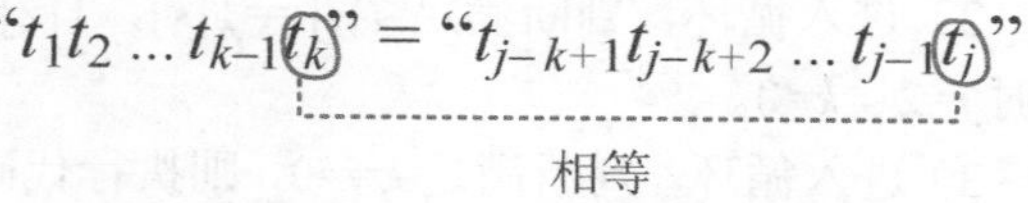 　　　　　　　　图 4-37 $t_k=t_j$ 的情况

2) $t_k \neq t_j$：当两者不相等时，我们又开始了这两个串的模式匹配，回退找 $next[k]=k'$ 的位置，比较 $t_{k'}$ 与 t_j 是否相等，如图 4-38 所示。

如果 $t_{k'}$ 与 t_j 相等，则 $next[j+1]=k'+1$。

如果 $t_{k'}$ 与 t_j 不相等，则继续回退找 $next[k']=k''$，比较 $t_{k''}$ 与 t_j 是否相等，如图 4-39 所示。

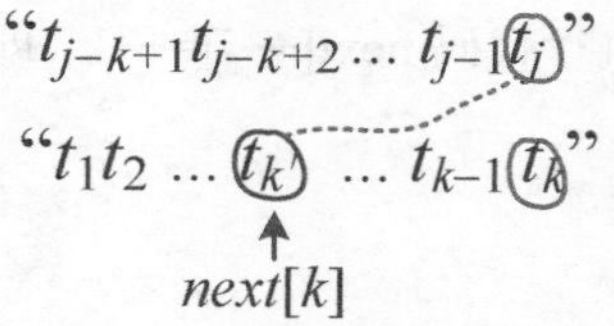

图 4-38 $t_k \neq t_j$ 的情况 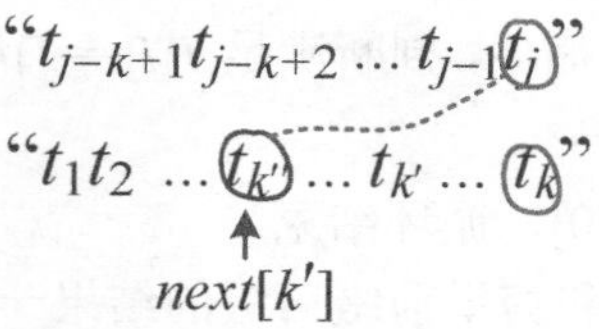 　　　　　　　　图 4-39 $t_k \neq t_j$ 的情况

如果 $t_{k''}$ 与 t_j 相等，则 $next[j+1]=k''+1$。

如果 $t_{k''}$ 与 t_j 不相等，继续向前找，直到找到 $next[1]=0$ 停止。

代码实现

求解 $next[]$ 的代码实现如下。

```
void get_next(SString T, int next[]) //求模式串 T 的 next 函数值
{
    int j=1,k=0;
    next[1]=0;
    while(j<T[0])    // T[0]为模式串 T 的长度
```

```
            if(k==0||T[j]==T[k])
                next[++j]=++k;
            else
                k=next[k];
        }
```

用上述方法再次求解求出 T= "abaabe" 的 next[] 数组，如图 4-40 所示。

解释如下。

j	1	2	3	4	5	6
T	a	b	a	a	b	e
next[j]	0	1	1	2	2	3

图 4-40　next[] 数组

1）初始化时 **next[1]=0**，j=1，k=0，进入循环，判断满足 k==0，则执行代码 next[++j]=++k，即 **next[2]=1**，此时 j=2、k=1。

2）进入循环，判断满足 T[j]==T[k]，T[2]≠T[1]，则执行代码 k=next[k]，即 k=next[1]=0，此时 j=2、k=0。

3）进入循环，判断满足 k==0，则执行代码 next[++j]=++k，即 **next[3]=1**，此时 j=3、k=1。

4）进入循环，判断满足 T[j]==T[k]，T[3]=T[1]，则执行代码 next[++j]=++k，即 **next[4]=2**，此时 j=4、k=2。

5）进入循环，判断满足 T[j]==T[k]，T[4]≠T[2]，则执行代码 k=next[k]，即 k=next[2]=1，此时 j=4、k=1。

6）进入循环，判断满足 T[j]==T[k]，T[4]=T[1]，则执行代码 next[++j]=++k，即 **next[5]=2**，此时 j=5、k=2。

7）进入循环，判断满足 T[j]==T[k]，T[5]=T[2]，则执行代码 next[++j]=++k，即 **next[6]=3**，此时 j=6、k=3。

8）j=T[0]，循环结束。

是不是和穷举前缀后缀的结果一模一样？

有了 next[] 数组，就很容易进行模式匹配了，当 S[i]≠T[j] 时，i 不动，j 回退到 next[j] 的位置继续比较即可。

代码实现

KMP 算法的代码实现如下。

```
int Index_KMP(SString S, SString T, int pos, int next[])
{   //利用模式串 T 的 next 函数求 T 在主串 S 中第 pos 个字符之后的位置
    //其中，T 非空，1≤pos≤S[0]，S[0] 为模式串 S 的长度
    int i=pos,j=1;
    while(i<=S[0]&&j<=T[0])
    {
        if(j==0||S[i]==T[j]) // 继续比较后面的字符
```

```
        {
            i++;
            j++;
        }
        else
            j=next[j]; // 模式串向右移动
    }
    if(j>T[0]) // 匹配成功
        return i-T[0];
    else
        return 0;
}
```

算法复杂度分析

设 S、T 串的长度分别为 n、m。KMP 算法的特点是：i 不回退，当 $S[i] \neq T[j]$ 时，j 回退到 $next[j]$，重新开始比较。最坏情况下扫描整个 S 串，其时间复杂度为 $O(n)$。计算 $next[]$ 数组需要扫描整个 T 串，其时间复杂度为 $O(m)$，因此总的时间复杂度为 $O(n+m)$。

需要注意的是，尽管 BF 算法最坏情况下时间复杂度为 $O(n \times m)$，KMP 算法的时间复杂度为 $O(n+m)$。但是在实际运用中，BF 算法的时间复杂度一般为 $O(n+m)$，因此仍然有很多地方用 BF 算法进行模式匹配。只有在主串和子串有很多部分匹配的情况下，KMP 才显得更优越。

4.4 改进的 KMP 算法

在 KMP 算法中，$next[]$ 求解非常方便、迅速，但是也有一个问题：当 $s_i \neq t_j$ 时，j 回退到 $next[j]$（$k=next[j]$），然后 s_i 与 t_k 比较。这样的确没错，但是如果 $t_k=t_j$，这次比较就没必要了，因为刚才就是因为 $s_i \neq t_j$ 才回退的，那么肯定 $s_i \neq t_k$，完全没必要再比了，如图 4-41 所示。

再向前回退，找下一个位置 $next[k]$，继续比较就可以了。当 $s_i \neq t_j$ 时，本来应该 j 回退到 $next[j]$（$k=next[j]$），s_i 与 t_k 比较。但是如果 $t_k=t_j$，则不需要比较，继续回退到下一个位置 $next[k]$，减少了一次无效比较，如图 4-42 所示。

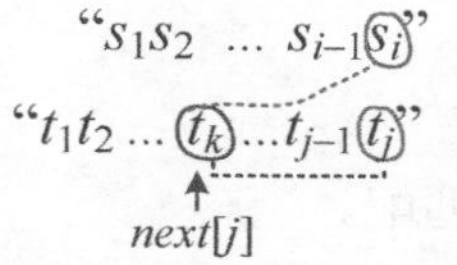

图 4-41 $s_i \neq t_j$ 的情况 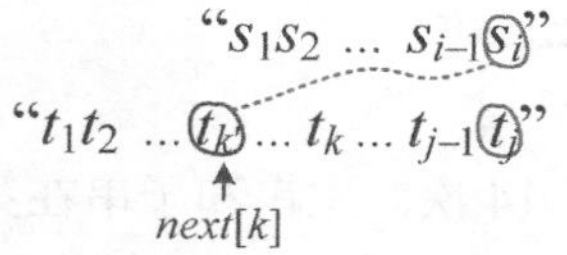　　　　图 4-42 $t_k=t_j$ 的情况

修改程序

求解 *next*[]的改进代码实现如下。

```
void get_next2(SString T, int next[]) //求模式串 T 的 next 函数值
{
    int j=1,k=0;
    next[1]=0;
    while(j<T[0])    // T[0]模式串 T 的长度
    {
        if(k==0||T[j]==T[k])
        {
            j++;
            k++;
            if(T[j]==T[k])
                next[j]=next[k];
            else
                next[j]=k;
        }
        else
            k=next[k];
    }
}
```

算法复杂度分析

设 S、T 的长度分别为 n、m。改进的 KMP 算法只是在求解 *next*[]从常数上的改进,并没有降阶,因此其时间复杂度仍为 $O(n+m)$。

3 种算法的运行结果比较如下。

S: a a b a a a b a a a a b e a

T: a a a a b

BF 算法运行结果:

一共比较了 21 次。主串和子串在第 8 个字符处首次匹配。

KMP 算法运行结果:

-----next[]-------

0 1 2 3 4

一共比较了 19 次。主串和子串在第 8 个字符处首次匹配。

改进的 KMP 算法运行结果:

-----next[]-------

0 0 0 0 4

一共比较了 14 次。主串和子串在第 8 个字符处首次匹配。

4.5　字符串的应用——病毒检测

　　题目：疫情暴发，专家发现了一种新型环状病毒，这种病毒的 DNA 序列是环状的，而人类的 DNA 序列是线性的。专家把人类和病毒的 DNA 表示为字母组成的字符串序列，如果在某个患者的 DNA 中发现这种环状病毒，说明该患者已被感染病毒，否则没有感染。

　　例如：病毒的 DNA 为 "aabb"，患者的 DNA 为 "eabbacab"，说明该患者已被感染。因为病毒是环状的，因此 "abba" 也是该病毒序列，它在患者的 DNA 中出现了。

　　解题思路

　　该问题属于字符串的模式匹配问题，可以使用前面讲的 BF 或 KMP 算法求解。这里需要对环状病毒进行处理，然后调用模式匹配算法即可。

　　如何处理环状病毒呢？

　　（1）环形处理

　　使用循环存储的方式，类似循环队列或循环链表的处理方式。假设病毒的 DNA 长度为 m，依次从环状存储空间中每一个下标开始，取 m 个字符作为病毒序列，如图 4-43 所示。

　　例如，病毒序列为 aabb，如图 4-44 所示。从每个下标开始取 4 个字符。

　　1）从 0 下标取 4 个字符：aabb。

　　2）从 1 下标取 4 个字符：abba。

　　3）从 2 下标取 4 个字符：bbaa。

　　4）从 3 下标取 4 个字符：baab。

　　这 4 个序列都是病毒序列的变种。

图 4-43　环形处理

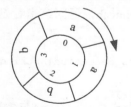

图 4-44　环形处理（aabb）

　　（2）线性处理

　　将病毒序列扩大两倍，依次从每个下标开始，取 m 个字符，作为病毒序列。

例如，病毒序列：*aabb*，如图 4-45 所示。将该病毒序列扩大两倍，如图 4-46 所示。从每个下标（1、2、3、4）开始取 4 个字符，分别为 aabb、abba、bbaa、baab，这 4 个序列都是病毒序列的变种。

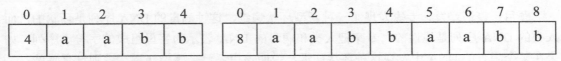

图 4-45　线性处理（*aabb*）　　　　　图 4-46　线性处理（扩大两倍）

算法步骤

1）首先对环状病毒进行处理（环形处理或线性处理）。

2）依次把每一个环状病毒变种作为子串，把患者 DNA 序列作为主串，进行模式匹配。一旦匹配成功，立即结束，返回已感染病毒。

3）重复运行第 2 步。

4）如果检测所有病毒变种都未匹配成功，返回未感染病毒。

完美图解

例如：患者的 DNA 序列为 eabbacab，病毒 DNA 序列为 aabb，检测患者是否感染病毒。

1）首先采用线性处理，将该病毒序列扩大两倍，如图 4-47 所示。

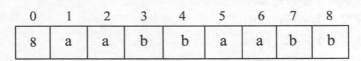

图 4-47　线性处理（扩大两倍）

2）从下标 1 开始取 4 个字符，为 aabb，与患者的 DNA 序列 eabbacab 进行模式匹配，未匹配成功。

3）从下标 2 开始取 4 个字符，为 abba，与患者的 DNA 序列 eabbacab 进行模式匹配，匹配成功：e**abba**cab，返回该患者已感染该病毒。

代码实现

```
bool Virus_detection(SString S, SString T)//病毒检测
{
    int i,j;
    SString temp;//temp 记录病毒变种
    for(i=T[0]+1,j=1; j<=T[0]; i++,j++)//将 T 扩大一倍，T[0]为病毒长度
        T[i]=T[j];
    for(i=0;i<T[0];i++)//依次检测 T[0]个病毒变种
    {
```

```
            temp[0]=T[0];//病毒变种长度为T[0]
            for(j=1;j<=T[0];j++)//取出一个病毒变种
                temp[j]=T[i+j];
            if(Index_KMP(S,temp,1))//检测到病毒
                return 1;
        }
        return 0;
    }
```

算法复杂度分析

假设病毒 DNA 序列长度为 m，则一共有 m 个变种，需要进行 m 次模式匹配，每次模式匹配如果使用 KMP 算法，其时间复杂度为 $O(n+m)$，则总的时间复杂度为 $O(m \times (n+m))$。

思考

读者可以尝试环形处理的方法，或者使用 BF 模式匹配算法，也可以将病毒和患者 DNA 存储在文件中，读取文件进行病毒检测，动手试一试。

4.6 字符串学习秘籍

1．本章内容小结

字符串是内容受限的线性表，限定线性表中的元素必须为字符型。字符串一般采用顺序存储。本章讲解了字符串以及两个串的模式匹配算法，具体内容如图 4-48 和图 4-49 所示。

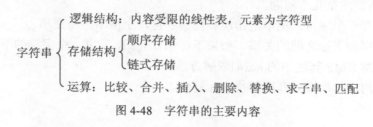

图 4-48　字符串的主要内容

图 4-49　模式匹配算法

2．字符串顺序存储

字符串的顺序存储有 3 种方式。

（1）以'\0'表示字符串结束

在 C、C++、Java 语言中，通常用'\0'表示字符串结束，'\0'不算在字符串长度内，如图 4-50

所示。

（2）在 0 空间存储字符串的长度

下标为 0 的空间不使用，因此可以预先分配 *Maxsize*+1 的空间，在下标为 0 的空间中存储字符串长度，如图 4-51 所示。

图 4-50　字符串的顺序存储 1　　　　图 4-51　字符串的顺序存储 2

（3）结构体变量存储字符串的长度

除上述方法之外，也可以将字符串长度存储在结构体中。例如，字符串 *S*= "abdefgc"，其存储结构如图 4-52 所示。

图 4-52　字符串的顺序存储 3（静态分配）

3. 串解题秘籍

串解题时需要注意几个问题。

1）空格也算一个字符。空串是指没有任何字符，空格串不是空串。

2）串中位序和下标之间的关系。如果下标从 0 开始，则第 *i* 个字符的下标为 *i*−1。

3）充分理解 KMP 算法中的 *next*[] 求解方法。

4）熟练利用字符串模式匹配解决实际问题。

Chapter 5

数组与广义表

5.1 数组的顺序存储

数组是由相同类型的数据元素构成的有限集合。

一维数组可以看作一个线性表，如图 5-1 所示。

图 5-1 一维数组

二维数组也可以看作一个线性表 $X=(X_0, X_1, X_2, \cdots, X_{n-1})$，只不过每一个数据元素 X_i 也是一个线性表，如图 5-2 所示。

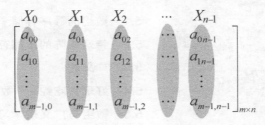

图 5-2 二维数组（按列序）

于是，二维数组也可以看作一个线性表 $Y=(Y_0, Y_1, Y_2, \cdots, Y_{m-1})$，只不过每一个数据元素 Y_i 也是一个线性表，如图 5-3 所示。

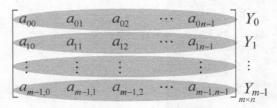

图 5-3 二维数组（按行序）

数组一般采用顺序存储结构，因为存储单元是一维的，而数组可以是多维的，如何用一组连续的存储单元来存储多维数组呢？以二维数组为例，可以按行序存储，即先存第一行，再存第二行……也可以按列序存储，先存第一列，再存第二列……现在比较流行的 C 语言，Java 都是按行序存储的。

1. 按行序存储

如果按行序存储，怎么找到 a_{ij} 的存储位置呢？

先看看存储 a_{ij} 之前，前面已经存储了多少个元素，如图 5-4 所示。

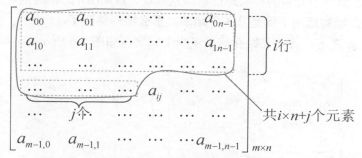

图 5-4　二维数组（按行序存储）

从图 5-4 可以看出，在 a_{ij} 之前一共有 $i×n+j$ 个元素，如果每个元素占用 L 字节，那么共需要 $(i×n+j)×L$ 字节，只需要用基地址加上这些字节就可以得到 a_{ij} 的存储地址了。

按行序存储，a_{ij} 的存储地址为：

$$LOC(a_{ij}) = LOC(a_{00}) + (i \times n + j) \times L$$

$LOC(a_{00})$ 表示第一个元素的存储地址，即基地址，$LOC(a_{ij})$ 表示 a_{ij} 的存储地址。

2. 按列序存储

如果按列序存储，怎么找到 a_{ij} 的存储位置呢？

先看看存储 a_{ij} 之前，前面已经存储了多少个元素，如图 5-5 所示。

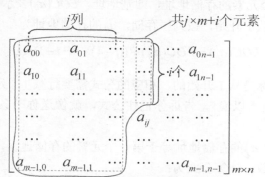

图 5-5　二维数组（按列序存储）

从图 5-5 可以看出，在 a_{ij} 之前一共有 $j×m+i$ 个元素，如果每个元素占用 L 字节，那么共需要 $(j×m+i)×L$ 字节，只需要用基地址加上这些字节就可以得到 a_{ij} 的存储地址了。

按列序存储，a_{ij} 的存储地址为：

$$LOC(a_{ij}) = LOC(a_{00}) + (j \times m + i) \times L$$

$LOC(a_{00})$ 表示第一个元素的存储地址，即基地址，$LOC(a_{ij})$ 表示 a_{ij} 的存储地址。

注意：如果二维数组的下标是从 **1** 开始的，那么情形就变了。

先看看存储 a_{ij} 之前，前面已经存储了多少个元素，如图 5-6 所示。

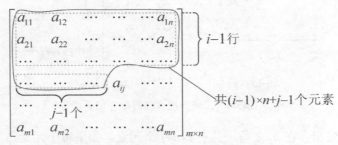

图 5-6　二维数组（按行序存储，下标从 1 开始）

从图 5-6 可以看出，行数和个数都少 1，在 a_{ij} 之前一共有 $(i-1) \times n + j - 1$ 个元素，如果每个元素占用 L 字节，那么共需要 $((i-1) \times n + j - 1) \times L$ 字节，只需要用基地址加上这些字节就可以得到 a_{ij} 的存储地址了。

如果二维数组下标从 1 开始，按行序存储，a_{ij} 的存储地址为：

$$LOC(a_{ij}) = LOC(a_{11}) + ((i-1) \times n + j - 1) \times L$$

$LOC(a_{11})$ 表示第一个元素的存储地址，即基地址，$LOC(a_{ij})$ 表示 a_{ij} 的存储地址。

如果二维数组下标从 1 开始，按列序存储，a_{ij} 的存储地址为：

$$LOC(a_{ij}) = LOC(a_{11}) + ((j-1) \times m + i - 1) \times L$$

也就是说，如果下标是从 1 开始的，相应的公式需要行减 1，列减 1。

"授人以鱼，不如授人以渔"，告诉你记住公式，就像送你一条鱼，不如交给你捕鱼的秘籍！

存储地址计算秘籍：a_{ij} 的存储地址等于第一个元素的存储地址，加上前面的元素个数乘以每个元素占用的字节数。计算公式为：

$$LOC(a_{ij}) = LOC(\text{第一个元素}) + (a_{ij}\text{前面的元素个数}) \times \text{每个元素占的字节}$$

5.2 特殊矩阵的压缩存储

在很多科学工程计算问题中，经常遇到一些特殊的矩阵，这些矩阵的很多值是相同的，有的很多元素是 0，为了节省空间，可以对这类矩阵进行压缩存储。

- **什么是压缩存储？** 给多个相同的元素分配一个存储空间，元素为 0 的不分配空间。
- **什么样的矩阵能够压缩？** 一些特殊矩阵，如对称矩阵、三角矩阵、对角矩阵、稀疏矩阵等。
- **什么叫稀疏矩阵？** 矩阵中非零元素的个数较少，怎样才算是较少呢？一般认为非零元素个数小于 5% 的矩阵为稀疏矩阵。

下面介绍几种特殊矩阵的压缩存储方式。

5.2.1 对称矩阵

对称矩阵比较特殊，其数据元素沿着对角线对称，即：

$$a_{ij} = a_{ji}$$

那么，因为上三角和下三角是一样的，因此只存储其中的一个就可以了。如果用一维数组存储下三角，则只需要 $n(n+1)/2$ 个空间，比全部存储需要 n^2 个空间少了很多。

例如，图 5-7 的对称矩阵以对角线为对称轴，上三角和下三角是对称的，例 $a_{23}=a_{32}$。

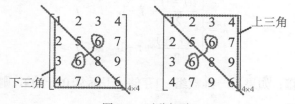

图 5-7 对称矩阵

对称矩阵根据其对称性，只存储其下三角或上三角就可以了。如果图 5-7 中的对称矩阵只存储其下三角，就将其按行序存储在一维数组 $s[]$ 中（下标从 0 开始），如图 5-8 所示。

k	0	1	2	3	4	5	6	7	8	9
$s[\,]$	1	2	5	3	6	8	4	7	9	6

图 5-8 对称矩阵的压缩存储

如果按行序存储下三角，那么怎么找到 a_{ij} 的存储位置呢？

先看看存储下三角中的 a_{ij} 之前，前面已经存储了多少个元素，如图 5-9 所示。

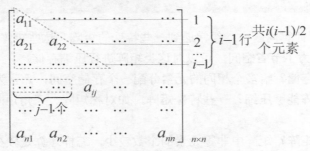

图 5-9 对称矩阵（按行序存储下三角）

如果将对称矩阵的下三角（$i \geqslant j$）存储在一维数组 $s[]$ 中，那么下三角中 a_{ij} 的下标就是 $i(i-1)/2+j-1$，如图 5-10 所示。

k	0	1	2	3	$i(i-1)/2+j-1$	$n(n+1)/2-1$
$s[ ]$	a_{11}	a_{21}	a_{22}	a_{31}	... a_{ij}	... a_{nn}

图 5-10 对称矩阵的压缩存储

而上三角的元素（$i < j$），根据对称性，$a_{ij}=a_{ji}$，可以直接读取下三角中的 a_{ji}，因此按行序存储下三角时，a_{ij} 的下标为：

$$k = \begin{cases} \dfrac{i(i-1)}{2} + j - 1, & i \geqslant j \\ \dfrac{j(j-1)}{2} + i - 1, & i < j \end{cases}$$

存储下标计算秘籍： 如果用一维数组 $s[]$ 存储（下标从 0 开始），则 a_{ij} 的存储下标 k 等于 a_{ij} 前面的元素个数。

$$k = a_{ij} \text{前面的元素个数}$$

如果一维数组的下标从 1 开始呢？——公式后面再加 1 就行了。

上面的公式是计算一维数组存储的下标，如果给了基地址（a_{11} 的存储地址），那么 a_{ij} 的存储地址为：

$$LOC(a_{ij}) = LOC(a_{11}) + k \times L$$

即 $LOC(a_{ij})=LOC(第一个元素)+(a_{ij} 前面的元素个数)×每个元素占用的字节。

5.2.2 三角矩阵

三角矩阵比较特殊,分为下三角矩阵和上三角矩阵,下三角矩阵是指矩阵的下三角有数据,而其余的都是常数 c 或者为 0,如图 5-11 所示。上三角矩阵也是如此,如图 5-12 所示。

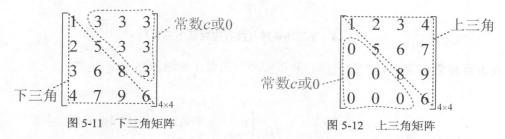

图 5-11　下三角矩阵　　　　　　　　　图 5-12　上三角矩阵

在下三角矩阵存储时,只需要存储其下三角中的元素,最后一个空间存储常数 c 即可。如果上面全为 0,则不需要存储;下三角也是如此。

例如图 5-11 中所示的下三角矩阵按行存储在一维数组 $s[]$ 中,如图 5-13 所示。

图 5-13　下三角矩阵存储

下三角矩阵如果按行序存储,怎么找到 a_{ij} 的存储位置呢?

先看看存储 a_{ij} 之前,前面已经存储了多少个元素,如图 5-14 所示。

如果一维数组的下标从零开始,那么下三角中 a_{ij} 的下标就是 $i(i-1)/2+j-1$。而上三角的元素因为全是常数 c 或者为 0,最后一个空间(下标为 $n(n+1)/2$)存储常数 c 即可,如果是 0,则不需要存储。因此下三角矩阵按行序存储时,a_{ij} 的下标为:

$$k = \begin{cases} \dfrac{i(i-1)}{2}+j-1, & i \geq j \\ \dfrac{n(n+1)}{2}, & i < j \end{cases}$$

上三角矩阵如果按行序存储,怎么找到 a_{ij} 的存储位置呢?

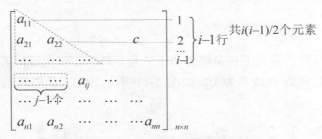

图 5-14 下三角矩阵（按行序存储下三角）

先看看存储 a_{ij} 之前，前面已经存储了多少个元素，如图 5-15 所示。

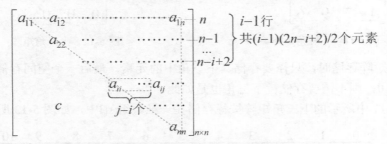

图 5-15 上三角矩阵（按行序存储上三角）

如果一维数组的下标从 0 开始，那么上三角中 a_{ij} 的下标就是 $(i-1)(2n-i+2)/2+j-i$。而下三角的元素全是常数 c 或者为 0，最后一个空间（下标为 $n(n+1)/2$）存储常数 c 即可。因此上三角矩阵按行序存储时，a_{ij} 的下标为：

$$k = \begin{cases} \dfrac{(i-1)(2n-i+2)}{2} + j - i, & i \leqslant j \\ \dfrac{n(n+1)}{2}, & i > j \end{cases}$$

5.2.3 对角矩阵

对角矩阵又称为带状矩阵，是指在 $n \times n$ 的矩阵中非零元素集中在主对角线及其两侧，共 L（奇数）条对角线的带状区域内，称为 L 对角矩阵，如图 5-16 所示。

很明显，L 对角矩阵的带宽为 L，半带宽 $d=(L-1)/2$。例如，5 对角矩阵的半带宽 $d=2$。当 $|i-j| \leqslant d$ 时，$a_{ij} \neq 0$，为对角矩阵的带状区域元素。当 $|i-j| > d$ 时，$a_{ij}=0$，为对角矩阵的带状区域之外的元素。

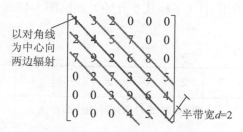

图 5-16 5 对角矩阵

1. L 对角矩阵非零元素个数

L 对角矩阵一共有多少个非零元素呢？

首先将每一行以对角线为中心进行补零，让每一行都达到 L 个元素，如图 5-17 所示。一共补了多少个零呢？第一行补 d 个 0，第二行补 $d-1$ 个 0 左上角补零个数为 $d(d+1)/2$。同理，右下角补零个数也为 $d(d+1)/2$，总的补零个数为 $d(d+1)$。那么每行按 L 个元素计算，再减去补零元素个数即可，即带状区域元素个数为 $L×n-d(d+1)$。因为 $d=(L-1)/2$，即 $L=2d+1$，所以带状区域元素个数也可以表达为 $(2d+1)×n-d(d+1)$。

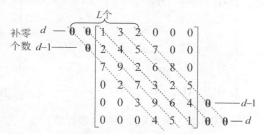

图 5-17 5 对角矩阵

2. 按行序存储

补零后每行都有 L 个元素，需要 $L×n$ 个空间。为了节省空间，第一行前面和最后一行后面的 d 个 0 可以不存储，"掐头去尾"，需要 $L×n-2d$ 个空间。如图 5-18 所示，阴影部分就是要存储的元素。

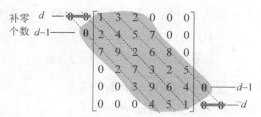

图 5-18 5 对角矩阵（掐头去尾）

如果按行序，用一维数组 $s[]$（下标从 0 开始）存储图 5-18 中的 5 对角矩阵，如图 5-19 所示。

图 5-19　5 对角矩阵的压缩存储

怎么找到 a_{ij} 的存储位置呢？

首先找到 a_{ii} 的存储位置，因为 a_{ii} 是对角线上的元素，以对角线为中心，左右两侧都是 d 个元素，如图 5-20 所示。a_{ii} 之前有 $i-1$ 行，每行 L 个元素，a_{ii} 所在行左侧有 d 个元素，因此 a_{ii} 之前有$(i-1)\times L+d$ 个元素。因为第一行前面的 d 个 0 "掐头去尾"没有存储，所以 a_{ii} 之前有$(i-1)\times L$ 个元素。a_{ii} 的存储位置为：$(i-1)\times L$。而 a_{ij} 和 a_{ii} 相差 $j-i$ 个元素，也就是说，a_{ij} 的存储位置为：$(i-1)\times L+j-i$。

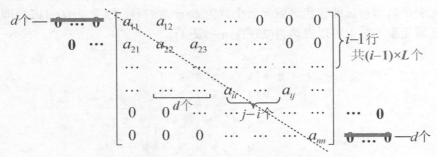

图 5-20　对角矩阵存储（按行序）

在图 5-20 中，a_{ij} 在 a_{ii} 的右侧（$i<j$），它们之间相差 $j-i$ 个元素。如果 a_{ij} 在 a_{ii} 的左侧（$i>j$）呢？它们之间相差 $i-j$ 个元素。只需要计算出 a_{ii} 的存储位置，减去它们之间的差值就可以了。即 a_{ij} 的存储位置为$(i-1)\times L-(i-j)=(i-1)\times L+j-i$。也就是说 a_{ij} 在 a_{ii} 的左侧或右侧，存储位置计算公式是一样的。

公式总结

按行序，用一维数组（下标从 0 开始）存储 L 对角矩阵，a_{ij} 的存储位置为：

$$k=\begin{cases}(i-1)\times L+j-i, & |i-j|\leqslant d \\ \text{零元素不存储}, & |i-j|>d\end{cases}$$

3 对角矩阵中 a_{ij} 的存储位置为 $k=3(i-1)+j-i=2i+j-3$。

5 对角矩阵中 a_{ij} 的存储位置为 $k=5(i-1)+j-i=4i+j-5$。

如果一维数组的下标从 1 开始，公式后面再加 1 即可。

3. 按对角线存储

对角矩阵还有一种按对角线的顺序存储方式，如图 5-21 所示。

即对角线作为 0 行，左侧分别为 1，2，…，d 行，右侧分别为–1，–2，…，–d 行。相当于行转换为 $i'=i-j$，列值 j 不变，把 $n \times n$ 的 L 对角矩阵转换为 $L \times n$ 的矩阵，如图 5-22 所示。在图 5-22 中，（a）矩阵中的 a_{ij} 对应（b）矩阵中的 $a_{i'j}$，其中 $i'=i-j$。

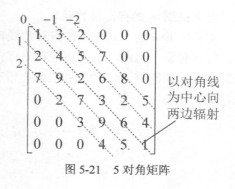

图 5-21　5 对角矩阵

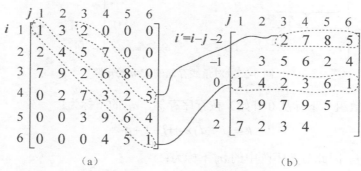

图 5-22　5 对角矩阵存储（按对角线）

在图 5-22（b）所示的矩阵中，将其他位置补零，如图 5-23 所示。用一维数组 $s[]$（下标从 0 开始）按行序存储，仍然采用"掐头去尾"，第一行前面和最后一行后面的 d 个 0 不存储，如图 5-24 所示。

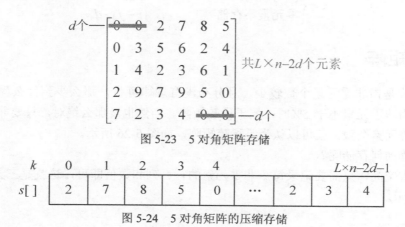

图 5-23　5 对角矩阵存储

怎么找到 a_{ij} 的存储位置呢？

首先看 $n \times n$ 的 L 对角矩阵按对角线转换后的 $L \times n$ 的矩阵，如图 5-25 所示。$a_{i'j}$ 之前有 $i'+d$ 行，每行有 n 个元素，$a_{i'j}$ 所在行左侧有 $j-1$ 个元素，因此 $a_{i'j}$ 之前有 $(i'+d) \times n+j-1$ 个元素。因为第一行前面的 d 个 0 "掐头去尾"没有存储，所以 $a_{i'j}$ 之前有 $(i'+d) \times n+j-1-d$ 个元素。$a_{i'j}$ 的存储位置为：$(i'+d) \times n+j-1-d$。

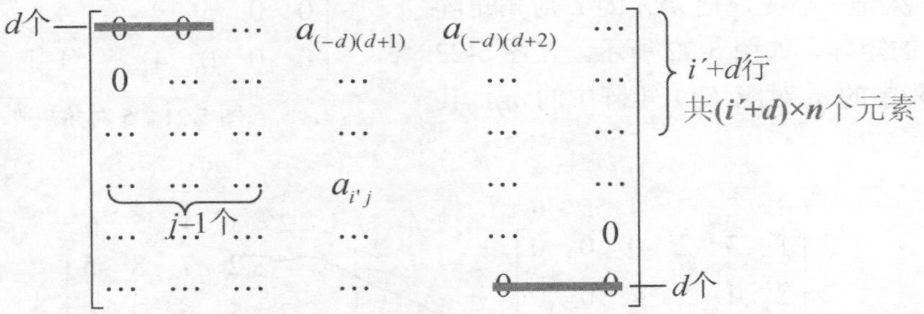

图 5-25　对角线存储的 $L \times n$ 的矩阵

如果用一维数组（下标从 0 开始）按行序存储，$a_{i'j}$ 的下标为：

$$k = (i'+d) \times n+j-1-d$$

又因为 $i'=i-j$，因此对角矩阵中的 a_{ij} 下标为：

$$k = (i-j+d) \times n+j-1-d$$

公式总结

按对角线存储，对角矩阵中的 a_{ij} 下标为：

$$k = \begin{cases} (i-j+d) \times n+j-1-d, & |i-j| \leqslant d \\ \text{零元素不存储} & , & |i-j| > d \end{cases}$$

5.2.4　稀疏矩阵

稀疏矩阵是指非零元素个数较少，且分布没有规律可言，那么少到什么程度才算稀疏呢？一般认为非零元素小于 5% 时，属于稀疏矩阵。当然也没那么绝对，只要非零元素个数远远小于矩阵元素个数，就可以认为是稀疏矩阵，如图 5-26 所示。

稀疏矩阵如何存储呢？

为了节省空间，只需要记录每个非零元素的行、列和数值即可，这就是三元组存储法，如图 5-27 所示。

$$\begin{bmatrix} 0 & 0 & 0 & 0 & -2 & 0 & 0 & 0 & 0 & 0 \\ 0 & 0 & 0 & 0 & 0 & 0 & 0 & 0 & 0 & 0 \\ 0 & 0 & 0 & 0 & 0 & 0 & 0 & 0 & 4 & 0 \\ 0 & 1 & 0 & 0 & 0 & 0 & 0 & 0 & 0 & 0 \\ 0 & 0 & 0 & 0 & 0 & 0 & 0 & 0 & 0 & 0 \\ 0 & 0 & 0 & 0 & 0 & 0 & 0 & 0 & 0 & 0 \\ 0 & 0 & 0 & 0 & 8 & 0 & 0 & 0 & 0 & 0 \\ 0 & 0 & 0 & 0 & 0 & 0 & 0 & 0 & 0 & 0 \\ 0 & 0 & 0 & 0 & 0 & 0 & 0 & 0 & 0 & 0 \\ 0 & 0 & 0 & 0 & 0 & 0 & 0 & 0 & 0 & 0 \end{bmatrix}$$

	行 i	列 j	值 k
0	1	5	-2
1	3	9	4
2	4	2	1
3	7	6	8

图 5-26 稀疏矩阵   图 5-27 稀疏矩阵三元组存储

5.3 广义表

广义表是线性表的推广，也称为列表。它是 $n(n \geqslant 0)$ 个表元素组成的有限序列，记作 LS = $(a_0, a_1, a_2, \cdots, a_{n-1})$。$LS$ 是表名，a_i 是表元素，它可以是表（称为子表），也可以是数据元素(称为原子)。n 为表的长度，$n=0$ 的广义表为空表。

广义表最常见的操作就是求表头和表尾。

- 表头 GetHead(L)：非空广义表的第一个元素，可以是一个单元素，也可以是一个子表。
- 表尾 GetTail(L)：删除表头元素后余下的元素所构成的表。表尾一定是一个表。

例如，D=(a,(b),(a,(b,c,d)))，表长为 3，表头为 a，表尾为((b),(a,(b,c,d)))，如图 5-28 所示。

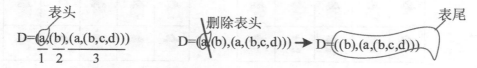

图 5-28 广义表

5.4 好玩贪吃蛇——数字矩阵

题目：一个 3 阶的数字矩阵如下。

1 2 3

8 9 4
7 6 5

现在给定数字 $n(1<n\leq20)$，输出 n 阶数字矩阵。

解题思路

这是螺旋状的分布，有点像棒棒糖上面的圆圈，如图 5-29 所示。

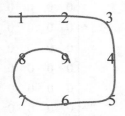

图 5-29 螺旋状分布

那么怎么解呢？

一种思路：先填外围一圈，然后把内部看作一个子问题，继续填充。

即前面的 $4n-4$ 个元素顺时针填充外围，剩下的问题变成用后面的元素填充一个规模为 $n-2$ 的子问题。

再用剩余元素的前面 $4(n-2)-4$ 个元素顺时针填充规模为 $n-2$ 的子问题外围，剩下的问题变成用后面的元素填充一个规模为 $n-4$ 的更小的子问题。

依次类推。

当 $n=1$ 时填唯一的一个数即可。

换一种思路：放出一条好玩的贪吃蛇，按照右下左上的顺序吃蛋糕，一边吃蛋糕，一边拉数字；多吃一个蛋糕，拉出的数字多 1，直到把所有的蛋糕吃完，如图 5-30 所示。

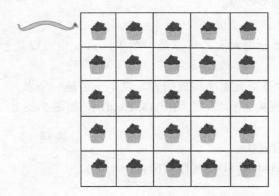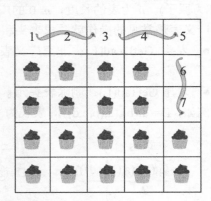

图 5-30 贪吃蛇吃蛋糕

当贪吃蛇把小蛋糕吃完的时候，"画风"就变成了图 5-31 所示的样子。

算法设计

那么程序设计怎么做呢？

因为贪吃蛇出动按照右、下、左、上 4 个方向，因此先定义一个方向偏移数组。

1）向右：行+0，列+1。**偏移量**：DIR[0].x=0; DIR[0].y=1。

2）向下：行+1，列+0。**偏移量**：DIR[1].x=1; DIR[1].y=0。

3）向左：行+0，列−1。**偏移量**：DIR[2].x=0; DIR[2].y=−1。

4）向上：行−1，列+0。**偏移量**：DIR[3].x=−1; DIR[3].y=0。

4 个方向的偏移量如图 5-32 所示。

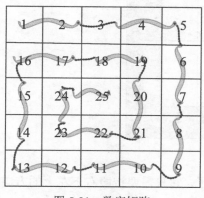

图 5-31　数字矩阵

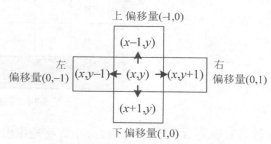

图 5-32　4 个方向偏移量

定义了偏移数组后，就可以从左上角开始，先向右走，只要有蛋糕或未到边界就继续前进，否则选择下一个方向（右下左上顺序），一直走下去，直到拉出的数字达到最大值 n^2，算法停止。

需要考虑以下两个问题。

（1）怎么知道有没有蛋糕？

因为吃了蛋糕后，这个方格就变成了一个大于零的数字，因此可以设置为 0 时有蛋糕，否则没有蛋糕。初始状态全部为 0，如图 5-33 所示。

（2）怎么知道有没有到达边界？

边界问题通常采用封锁的办法，本题因为不可以超出四周边界，因此采用四周封锁。设置一个无法行进的数值，即可达到封锁目的。在第 0 行和第 $n+1$ 行设置数字−1，第 0 列和第 $n+1$ 列设置数字−1，标识四周无法行进。四周封锁如图 5-34 所示。

0	0	0	0	0
0	0	0	0	0
0	0	0	0	0
0	0	0	0	0
0	0	0	0	0

图 5-33　初始状态

–1	–1	–1	–1	–1	–1	–1
–1	0	0	0	0	0	–1
–1	0	0	0	0	0	–1
–1	0	0	0	0	0	–1
–1	0	0	0	0	0	–1
–1	0	0	0	0	0	–1
–1	–1	–1	–1	–1	–1	–1

图 5-34　四周封锁

做了封锁之后，再也不用担心小贪吃蛇跑出边界了，它只需要按照右下左上的方向，只吃有蛋糕的格子（数值为 0）就可以了。

代码实现

```
#include <iostream>
#include <algorithm>
using namespace std;

typedef struct
{
    int x;
    int y;
} Position;//位置

int m[30][30];//地图
Position here,next;//当前位置，下一个位置
Position DIR[4]={0, 1, 1, 0, 0, -1, -1, 0};//右、下、左、上方向数组

void Init(int n)
{
    for(int i=1; i<=n; i++)
    {
        for(int j=1; j<=n; j++) //方格阵列初始化为 0
            m[i][j]=0;
    }
    for(int j=0; j<=n+1; j++) //方格阵列上下围墙
        m[0][j]=m[n+1][j]=-1;
```

```
        for(int i=0; i<=n+1; i++) //方格阵列左右围墙
            m[i][0]=m[i][n+1]=-1;
}


void Print(int start,int endi)//start, endi 为开始和结束下标
{
    for(int i=start; i<=endi; i++)
    {
        cout<<m[i][start];
        for(int j=start+1; j<=endi; j++)
        {
            cout<<"\t"<<m[i][j];
        }
        cout<<endl;
    }
    cout<<endl;
}


// n：原问题规模
// m：地图矩阵
void Solve(int n)
{
    here.x=1;//左上角有蛋糕的位置
    here.y=1;
    int dirIndex=0;
    int num=1;
    m[1][1]=1;
    while(num<n*n)
    {
        next.x=here.x+DIR[dirIndex].x;
        next.y=here.y+DIR[dirIndex].y;
        if(m[next.x][next.y]==0)  //判断下一个位置是否有蛋糕
        {
            m[next.x][next.y]=++num; //吃了蛋糕，拉出的数字加 1
            here=next;    //以 next 为当前位置，继续走
        }
        else
            dirIndex=(dirIndex+1)%4;//换下一个方向，按右下左上的顺序继续吃蛋糕
    }
}


int main()
{
    int n=0;
```

```
   cout<<"请输入大于 1 小于等于 20 的整数 n:"<<endl;
   cin>>n;
   while(n<1||n>20)
   {
     cout<<"请输入大于 1 小于等于 20 的整数 n:"<<endl;
     cin>>n;
   }
   Init(n);
   Print(0,n+1);
   Solve(n);
   Print(1,n);
   return 0;
}
```

5.5 数组与广义表学习秘籍

1. 本章内容小结

数组和广义表都可以看作线性表的推广。本章讲解了数组、特殊矩阵的压缩存储以及广义表，具体内容如图 5-35 和图 5-36 所示。

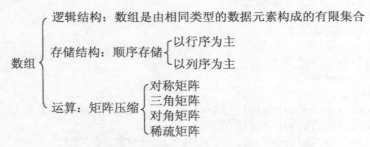

图 5-35　数组的主要内容

图 5-36　广义表的主要内容

2. 矩阵压缩存储公式

虽然矩阵压缩有多种，但存储地址计算有一个通用公式。

　　存储地址计算秘籍：a_{ij} 的存储地址等于第一个元素的存储地址，加上前面的元素个数乘以每个元素占用的字节数。计算公式为：

$$LOC(a_{ij}) = LOC(\text{第一个元素}) + (a_{ij}\text{前面的元素个数}) \times \text{每个元素占的字节}$$

　　$LOC(\text{第一个元素})$ 表示第一个元素的存储地址，即基地址，$LOC(a_{ij})$ 表示 a_{ij} 的存储地址。

　　存储下标计算秘籍：如果用一维数组 $s[]$ 存储（下标从 0 开始），则 a_{ij} 的存储下标 k 等于 a_{ij} 前面的元素个数。计算公式为：

$$k = a_{ij}\text{前面的元素个数}$$

　　如果一维数组的下标从 1 开始，公式后面再加 1 就行了。

　　本章讲了那么多公式，都跳不出这两个计算秘籍，所以完全没必要死记公式，除非记忆力超强。只需要掌握这两个计算秘籍，结合画图，很快就可以计算出来。

3．广义表运算

　　广义表最常见的操作就是求表头和表尾。

- 表头 GetHead(L)：非空广义表的第一个元素，可以是一个单元素，也可以是一个子表。
- 表尾 GetTail(L)：删除表头元素后余下的元素所构成的表。

　　例如，D=(a,(b),(a,(b,c,d)))，表长为 3，表头为 a，表尾为((b),(a,(b,c,d)))，如图 5-37 所示。

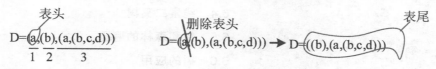

图 5-37　广义表

Chapter

6

树

前面几章讲的线性表、栈、队列、数组、广义表和字符串，都是一对一的线性关系。本章介绍的树形结构是一对多的非线性关系。无论是顺序存储，还是链式存储，线性表均有其优缺点。顺序存储可以在 $O(1)$ 时间内找到特定次序的元素，但是插入和删除元素需要移动大量元素，需要 $O(n)$ 时间；而链式存储插入和删除元素需要 $O(1)$ 时间，找到特定次序的元素需要从链表头部向后查找，需要 $O(n)$ 时间。树形结构结合了两者的优点，可以在 $O(\log n)$ 的时间内完成查找、更新、插入、删除等操作。在实际应用中，很多算法可以借助于树形结构高效地实现。

树形结构就像一棵倒立的树，有唯一的树根，树根可以发出多个分支，每个分支也可以继续发出分支，树枝和树枝之间是不相交的，如图 6-1 所示。

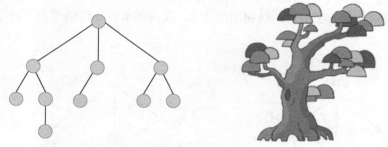

图 6-1　树形结构

那么如何定义树呢？

可以从集合论和图论两个角度定义树。本章从集合论的角度递归定义树，在第 7 章将从图论的角度再次定义树，读者可以体会两种定义的不同之处。

6.1 树

6.1.1 树的定义

树（tree）是 n（$n \geq 0$）个节点的有限集合，当 $n=0$ 时，为空树；$n>0$ 时，为非空树。任意一棵非空树，满足以下两个条件：

1）有且仅有一个称为根的节点；

2）除根节点以外，其余节点可分为 m（$m>0$）个互不相交的有限集 $T_1, T_2, \cdots, T_m$，其中每一个集合本身又是一棵树，并且称为根的子树（subtree）。

例如，一棵树如图 6-2 所示。该树除了树根之后，又分成了 3 个互不相交的集合 T_1、T_2

和 T_3，这 3 个集合本身又各是一棵树，称为根的子树。

该定义是从集合论的角度给出的树的递归定义，即把树的节点看作一个集合。除了树根以外，其余节点分为 m 个互不相交的集合，每一个集合又是一棵树。

与树相关的术语较多，以下一一介绍。

- **节点**——节点包含数据元素及若干指向子树的分支信息。
- **节点的度**——节点拥有的子树个数。
- **树的度**——树中节点的最大度数。
- **终端节点**——度为 0 的节点，又称为叶子。
- **分支节点**——度大于 0 的节点。除了叶子都是分支节点。
- **内部节点**——除了树根和叶子都是内部节点。

例如，一棵树如图 6-3 所示，该树的度为 3，其内部节点和终端节点（叶子）均用虚线圈了起来。

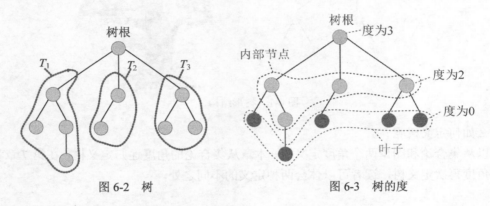

图 6-2 树　　　　　　图 6-3 树的度

- **节点的层次**——从根到该节点的层数（根节点为第 1 层）。
- **树的深度（或高度）**——指所有节点中最大的层数。例如，一棵树如图 6-4 所示，根为第 1 层，根的子节点为第 2 层……该树的最大层次为 4，因此树的深度为 4。
- **路径**——树中两个节点之间所经过的节点序列。
- **路径长度**——两节点之间路径上经过的边数。例如，一棵树如图 6-5 所示，D 到 A 的路径为 D—B—A，D 到 A 的路径长度为 2。由于树中没有环，因此树中任意两个节点之间的路径都是唯一的。

如果把树看作一个族谱，就成了一棵家族树，如图 6-6 所示。

- **双亲、孩子**——节点的子树的根称为该节点的孩子，反之，该节点为其孩子的双亲。
- **兄弟**——双亲相同的节点互称兄弟。
- **堂兄弟**——双亲是兄弟的节点互称堂兄弟。

- **祖先**——从该节点到树根经过的所有节点称为该节点的祖先。
- **子孙**——节点的子树中的所有节点都称为该节点的子孙。

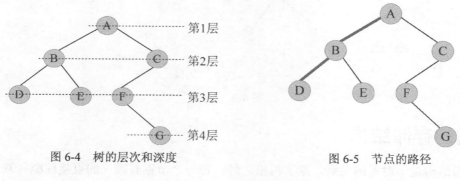

图 6-4 树的层次和深度   图 6-5 节点的路径

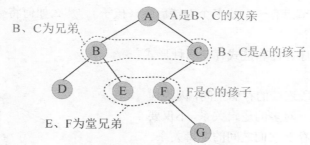

图 6-6 家族树

祖先和子孙的关系，如图 6-7 所示。D 的祖先为 B、A，A 的子孙为 B、C、D、E、F、G。

- **有序树**——节点的各子树从左至右有序，不能互换位置，如图 6-8 所示。
- **无序树**——节点各子树可互换位置。

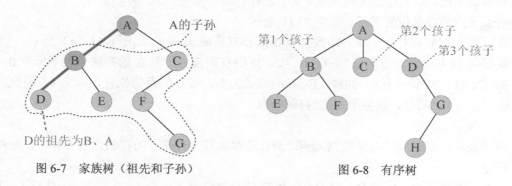

图 6-7 家族树（祖先和子孙）   图 6-8 有序树

- **森林**——由 m（$m \geqslant 0$）棵不相交的树组成的集合。

例如，图 6-8 中的树在删除树根 A 后，余下的 3 个子树构成一个森林，如图 6-9 所示。

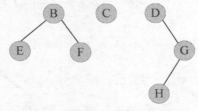

图 6-9　森林

6.1.2　树的存储结构

　　树形结构是一对多的关系，除了树根之外，每一个节点有唯一的直接前驱（双亲），除了叶子之外，每一个节点有一个或多个直接后继（孩子）。那么如何将数据以及它们之间的逻辑关系存储起来呢？

　　仍然可以采用顺序存储和链式存储两种形式。

1．顺序存储

　　顺序存储采用一段连续的存储空间，因为树中节点的数据关系是一对多的逻辑关系，不仅要存储数据元素，还要存储它们之间的逻辑关系。顺序存储分为双亲表示法、孩子表示法和双亲孩子表示法。

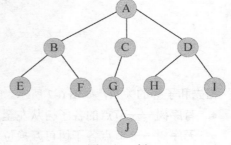

图 6-10　树

　　以图 6-10 为例，分别讲述 3 种存储方法。

　　（1）双亲表示法

　　双亲表示法，除了存储数据元素之外，还存储其双亲节点的存储位置**下标**，其中"–1"表示不存在。每一个节点有两个域，即数据域 data 和双亲域 parent，如图 6-11（a）所示。

　　树根 A 没有双亲，双亲记为–1，B、C、D 的双亲为 A，而 A 的存储位置下标为 0，因此，B、C、D 的双亲记为 0。同样，E、F 的双亲为 B，而 B 的存储位置下标为 1，因此，E、F 的双亲记为 1。同理，其他节点也这样存储。

　　（2）孩子表示法

　　孩子表示法是指除了存储数据元素之外，还存储其所有孩子的存储位置**下标**，如图 6-11（b）所示。

　　A 有 3 个孩子 B、C 和 D，而 B、C 和 D 的存储位置下标为 1、2 和 3，因此将 1、2 和 3 存入 A 的孩子域。同样，B 有 2 个孩子 E 和 F，而 E 和 F 的存储位置下标为 4 和 5，因此，将 4 和 5 存入 B 的孩子域。因为本题中每个节点都分配了 3 个孩子域（想一想，为什么？），B 只有两个孩子，另一个孩子域记为-1，表示不存在。同理，其他节点也这样存储。

（3）双亲孩子表示法

双亲孩子表示法是指除了存储数据元素之外，还存储其双亲和所有孩子的存储位置下标，如图 6-11（c）所示。此方法其实就是在孩子表示法的基础上增加了一个双亲域，其他的都和孩子表示法相同，是双亲表示法和孩子表示法的结合体。

	data	parent			data	child	child	child			data	parent	child	child	child
0	A	-1		0	A	1	2	3		0	A	-1	1	2	3
1	B	0		1	B	4	5	-1		1	B	0	4	5	-1
2	C	0		2	C	6	-1	-1		2	C	0	6	-1	-1
3	D	0		3	D	7	8	-1		3	D	0	7	8	-1
4	E	1		4	E	-1	-1	-1		4	E	1	-1	-1	-1
5	F	1		5	F	-1	-1	-1		5	F	1	-1	-1	-1
6	G	2		6	G	9	-1	-1		6	G	2	9	-1	-1
7	H	3		7	H	-1	-1	-1		7	H	3	-1	-1	-1
8	I	3		8	I	-1	-1	-1		8	I	3	-1	-1	-1
9	J	6		9	J	-1	-1	-1		9	J	6	-1	-1	-1

（a）双亲表示法　　　（b）孩子表示法　　　　（c）双亲孩子表示法

图 6-11　树的顺序存储

以上 3 种表示法的优缺点如下。

双亲表示法只记录了每个节点的双亲，无法直接得到该节点的孩子；孩子表示法可以得到该节点的孩子，但是无法直接得到该节点的双亲，而且由于不知道每个节点到底有多少个孩子，因此只能按照树的度（树中节点的最大度）分配孩子空间，这样做可能会浪费很多空间。双亲孩子表示法是在孩子表示法的基础上，增加了一个双亲域，可以快速得到节点的双亲和孩子，其缺点和孩子表示法一样，可能浪费很多空间。

2．链式存储

由于树中每个节点的孩子数量无法确定，因此在使用链式存储时，孩子指针域不确定分配多少个合适。如果采用"异构型"数据结构，每个节点的指针域个数按照节点的孩子数分配，则数据结构描述困难；如果采用每个节点都分配固定个数（如树的度）的指针域，则浪费很多空间。可以考虑两种方法存储：一种是采用邻接表的思路，将节点的所有孩子存储在一个单链表中，称为孩子链表表示法；另一种是采用二叉链表的思路，左指针存储第一个孩子，右指针存储右兄弟，称为孩子兄弟表示法。

（1）孩子链表表示法

孩子链表表示法类似于邻接表，表头包含数据元素并指向第一个孩子指针，将所有孩子放入一个单链表中。在表头中，data 存储数据元素，first 为指向第 1 个孩子的指针。单链表中的节点记录该节点的下标和下一个节点的地址。仍以图 6-10 为例，其孩子链表表示法如图 6-12 所示。

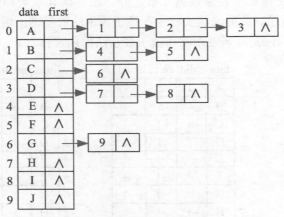

图 6-12 孩子链表表示法

A 有 3 个孩子 B、C 和 D，而 B、C 和 D 的存储位置下标为 1、2 和 3，因此将 1、2 和 3 放入单链表中链接在 A 的 first 指针域。同样，B 有 2 个孩子 E 和 F，而 E 和 F 的存储位置下标为 4 和 5，因此，将 4 和 5 放入单链表中链接在 B 的 first 指针域。同理，其他节点也这样存储。

孩子链表表示法中，如果在表头中再增加一个双亲域 parent，则为双亲孩子链表表示法。

（2）孩子兄弟表示法

节点除了存储数据元素之外，还有两个指针域 lchild 和 rchild，被称为二叉链表。lchild 存储第一个孩子地址，rchild 存储右兄弟地址。其节点的数据结构如图 6-13 所示。

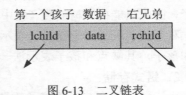

图 6-13 二叉链表

仍以图 6-10 为例，其孩子兄弟表示法如图 6-14 所示。

A 有 3 个孩子 B、C 和 D，其长子（第一个孩子）B 作为 A 的左孩子，B 的右指针存储其右兄弟 C，C 的右指针存储其右兄弟 D。

B 有 2 个孩子 E 和 F，其长子 E 作为 B 的左孩子，E 的右指针存储其右兄弟 F。

C 有 1 个孩子 G，其长子 G 作为 C 的左孩子。

D 有 2 个孩子 H 和 I，其长子 H 作为 D 的左孩子，H 的右指针存储其右兄弟 I。

G 有 1 个孩子 J，其长子 J 作为 G 的左孩子。

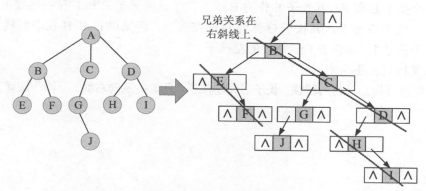

图 6-14　孩子兄弟表示法

孩子兄弟表示法的**秘诀**：长子当作左孩子，兄弟关系向右斜。

6.1.3　树、森林与二叉树的转换

根据树的孩子兄弟表示法，任何一棵树都可以根据秘诀转换为二叉链表来存储。二叉链表存储法中，每个节点都有两个指针域，也称为二叉树表示法。这样，任何的树和森林都可以转换为二叉树，其存储方式简单多了。这就完美地解决了树中孩子数量无法确定，难以分配空间的问题。

树转换为二叉树的**秘诀**：长子当作左孩子，兄弟关系向右斜。

1. 树和二叉树的转换

根据树转换为二叉树的秘诀，可以把任何一棵树转换为二叉树，如图 6-15 所示。

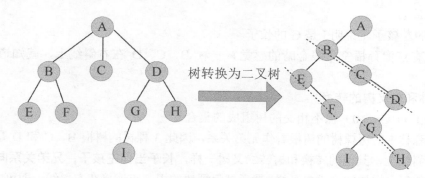

图 6-15　树转换为二叉树

A 有 3 个孩子 B、C 和 D，其长子 B 作为 A 的左孩子，三兄弟 B、C 和 D 在右斜线上。

B 有 2 个孩子 E 和 F，其长子 E 作为 B 的左孩子，两兄弟 E 和 F 在右斜线上。

D 有 2 个孩子 G 和 H，其长子 G 作为 D 的左孩子，两兄弟 G 和 H 在右斜线上。

G 有 1 个孩子 I，其长子 I 作为 G 的左孩子。

那么二叉树怎么还原为树呢？

仍然根据树转换二叉树的**秘诀：长子当作左孩子，兄弟关系向右斜**。反操作即可，如图 6-16 所示。

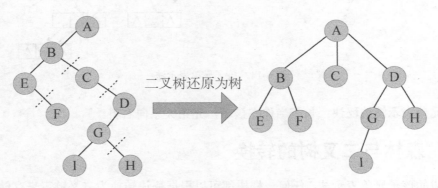

图 6-16　二叉树还原为树

B 是 A 的左孩子，说明 B 是 A 的长子；B、C 和 D 在右斜线上，说明 B、C 和 D 是兄弟，它们的父亲都是 A。

E 是 B 的左孩子，说明 E 是 B 的长子；E 和 F 在右斜线上，说明 E 和 F 是兄弟，它们的父亲都是 B。

G 是 D 的左孩子，说明 G 是 D 的长子；G 和 H 在右斜线上，说明 G 和 H 是兄弟，它们的父亲都是 D。

I 是 G 的左孩子，说明 I 是 G 的长子。

是不是有点像孙悟空火眼金睛的感觉？一看 B、C、D 在右斜线上，就知道它们是亲兄弟。

2．森林和二叉树的转换

森林是由 m（$m \geq 0$）棵不相交的树组成的集合。

可以把森林中的每棵树的树根看作兄弟关系，因此 3 棵树的树根 B、C 和 D 是兄弟，兄弟关系在右斜线上，其他的转换和树转二叉树一样，**长子当作左孩子，兄弟关系向右斜**。或者把森林中的每一棵树转换成二叉树，然后把每棵树的根节点连接在右斜线上即可，如图 6-17 所示。

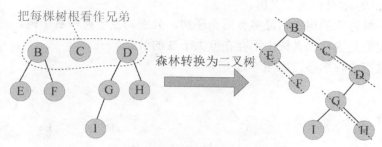

图 6-17 森林转换为二叉树

同理，二叉树也可以还原为森林，如图 6-18 所示。

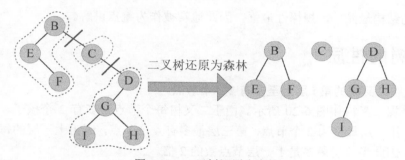

图 6-18 二叉树还原为森林

首先看到 B、C 和 D 在右斜线上，说明它们是兄弟，将其断开，那么 B 和其子孙是第 1 棵二叉树，C 是第 2 棵二叉树，那么 D 和其子孙是第 3 棵二叉树，再按照二叉树还原树的规则，将这 3 棵二叉树分别还原为树即可。

由于普通的树每个节点的子树个数不同，存储和运算都比较困难，因此在实际应用中，可以将树或森林转换为二叉树，然后进行存储和运算。二者存在唯一的对应关系，因此不影响其结果。

6.2 二叉树

二叉树（binary tree）是 n（$n \geq 0$）个节点构成的集合，它或为空树（$n=0$），或满足以下两个条件：

1）有且仅有一个称为根的节点；

2）除根节点以外，其余节点分为两个互不相交的子集 T_1 和 T_2，分别称为 T 的左子树和右子树，且 T_1 和 T_2 本身都是二叉树。

二叉树是一种特殊的树，它最多有两个子树，分别为左子树和右子树，二者是有序的，不可以互换。也就是说，二叉树中不存在度大于 2 的节点。

二叉树一共有 5 种形态，如图 6-19 所示。

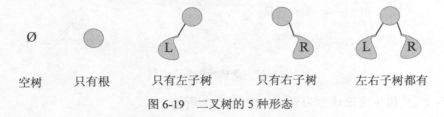

空树　　　只有根　　　只有左子树　　　只有右子树　　　左右子树都有

图 6-19　二叉树的 5 种形态

二叉树的结构最简单，规律性最强，因此通常被作为重点讲解。

6.2.1　二叉树的性质

性质 1：在二叉树的第 i 层上至多有 2^{i-1} 个节点。

例如，一棵二叉树如图 6-20 所示。由于二叉树每个节点最多有 2 个孩子，第一层树根为 1 个节点，第二层最多为 2 个节点，第三层最多有 4 个节点，因为上一层的每个节点最多有两个孩子，因此当前层最多是上一层节点数的 2 倍。

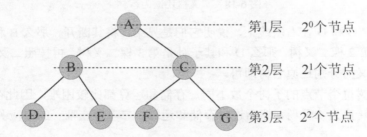

第1层　　2^0个节点

第2层　　2^1个节点

第3层　　2^2个节点

图 6-20　二叉树每层的最大节点数

使用数学归纳法证明如下。

$i=1$ 时：只有一个根节点，$2^{i-1}=2^0=1$。

$i>1$ 时：假设第 $i-1$ 层有 2^{i-2} 个节点，而第 i 层节点数最多是第 $i-1$ 层的 2 倍，即第 i 层节点数最多有 $2 \times 2^{i-2}=2^{i-1}$。

性质 2：深度为 k 的二叉树至多有 2^k-1 个节点。

证明：如果深度为 k 的二叉树，每一层都达到最大节点数，如图 6-21 所示，把每层的节点数加起来就是整棵二叉树的最大节点数。

$$\sum_{i=1}^{k} 2^{i-1} = 2^0 + 2^1 + \cdots + 2^{k-1} = 2^k - 1$$

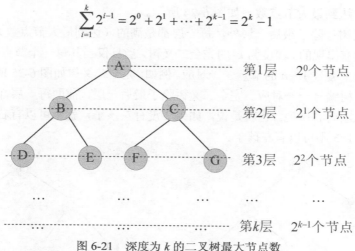

图 6-21　深度为 k 的二叉树最大节点数

性质 3：对于任何一棵二叉树，若叶子数为 n_0，度为 2 的节点数为 n_2，则 $n_0 = n_2 + 1$。

证明：二叉树中的节点度数不超过 2，因此一共有 3 种节点，即度为 0、度为 1、度为 2。设二叉树总的节点数为 n，度为 0 的节点数为 n_0，度为 1 的节点数为 n_1，度为 2 的节点数为 n_2，总节点数等于 3 种节点数之和，即 $n = n_0 + n_1 + n_2$。

而总节点数又等于"分支数 $b+1$"，即 $n = b+1$。为什么呢？如图 6-22 所示，从下向上看，每一个节点对应一个分支，只有树根没有对应分支，因此总的节点数为"分支数 $b+1$"。

而分支数 b 怎么计算呢？

如图 6-23 所示，从上向下看，每个度为 2 的节点产生 2 个分支，度为 1 的节点产生 1 个分支，度为 0 的节点没有分支，因此分支数 $b = n_1 + 2n_2$，则 $n = b+1 = n_1 + 2n_2 + 1$。而前面已经得到 $n = n_0 + n_1 + n_2$，两式联合得：$n_0 = n_2 + 1$。

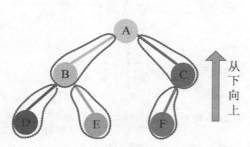

图 6-22　二叉树节点数（从下向上看）

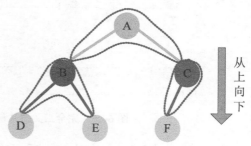

图 6-23　二叉树节点数（从上向下看）

有两种比较特殊的二叉树：满二叉树和完全二叉树。

● **满二叉树**：一棵深度为 k 且有 $2^k - 1$ 个节点的二叉树。满二叉树每一层都"充满"

了节点，达到最大节点数，如图 6-24 所示。

- **完全二叉树**：除了最后一层外，每一层都是满的（达到最大节点数），最后一层节点是从左向右出现的。深度为 k 的完全二叉树，当且仅当其每一个节点都与深度为 k 的满二叉树中编号 $1\sim n$ 的节点一一对应。例如，完全二叉树如图 6-25 所示，它和图 6-24 的满二叉树编号一一对应。完全二叉树除了最后一层，前面每一层都是满的，最后一层必须从左向右排列。也就是说，如果 2 没有左孩子，就不可以有右孩子；如果 2 没有右孩子，3 不可以有左孩子。

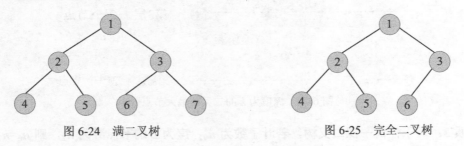

图 6-24　满二叉树　　　　　　　　图 6-25　完全二叉树

性质 4：具有 n 个节点的完全二叉树的深度必为 $\lfloor \log_2 n \rfloor + 1$。

证明：假设完全二叉树的深度为 k，那么除了最后一层外，前 $k-1$ 层都是满的，最后一层最少有一个节点，如图 6-26 所示。最后一层最多也可以充满节点，即 2^{k-1} 个节点，如图 6-27 所示。

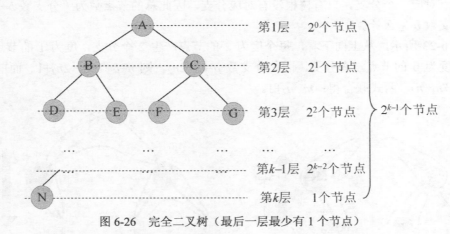

图 6-26　完全二叉树（最后一层最少有 1 个节点）

因此，$2^{k-1} \leqslant n \leqslant 2^k - 1$，右边放大后，$2^{k-1} \leqslant n < 2^k$，同时取对数，$k-1 \leqslant \log_2 n < k$，所以 $k = \lfloor \log_2 n \rfloor + 1$。其中，$\lfloor \rfloor$ 表示取下限，$\lfloor x \rfloor$ 表示小于 x 的最大整数，如 $\lfloor 3.6 \rfloor = 3$。

例如，一棵完全二叉树有 10 个节点，那么该完全二叉树的深度为 $k = \lfloor \log_2 10 \rfloor + 1 = 4$。

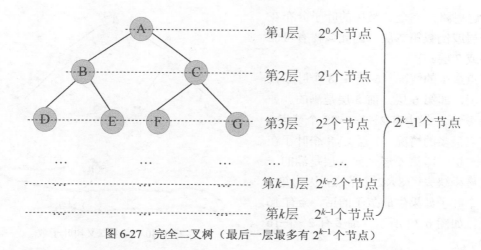

图 6-27 完全二叉树（最后一层最多有 2^{k-1} 个节点）

性质 5：对于完全二叉树，若从上至下、从左至右编号，则编号为 i 的节点，其左孩子编号必为 $2i$，其右孩子编号必为 $2i+1$，其双亲的编号必为 $i/2$。

完全二叉树的编号，如图 6-28 所示。

例如，一棵完全二叉树，如图 6-29 所示。2 号节点的双亲节点为 1，左孩子为 4，右孩子为 5；3 号节点的双亲节点为 1，左孩子为 6，右孩子为 7。

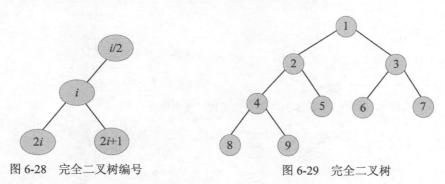

图 6-28 完全二叉树编号   图 6-29 完全二叉树

例题 1：一棵完全二叉树有 1 001 个节点，其中叶子节点的个数是多少？

解题思路：首先找到最后一个节点 1 001 的双亲节点，其双亲节点编号为 1 001/2=500，该节点是最后一个拥有孩子的节点，其后面全是叶子，即 1 001–500=501 个叶子，如图 6-30 所示。

例题 2：一棵完全二叉树第 6 层有 8 个叶子，则该完全二叉树最少有多少节点，最多有多少个节点？

解题思路：完全二叉树的叶子分布在最后一层或倒数第二层，因此该树有可能为 6 层或 7 层。

节点最少的情况（6 层）：8 个叶子在最后一层，即第 6 层，前 5 层是满的。如图 6-31 所示，最少有 $2^5-1+8=39$ 个节点。

节点最多的情况（7 层）：8 个叶子在倒数第二层，即第 6 层，前 6 层是满的，第 7 层最少缺失了 8×2 个节点，因为第 6 层的 8 个叶子如果生成孩子的话，会有 16 个节点。如图 6-32 所示，最多有 $2^7-1-16=111$ 个节点。

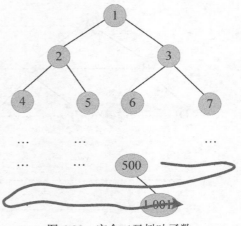

图 6-30　完全二叉树叶子数

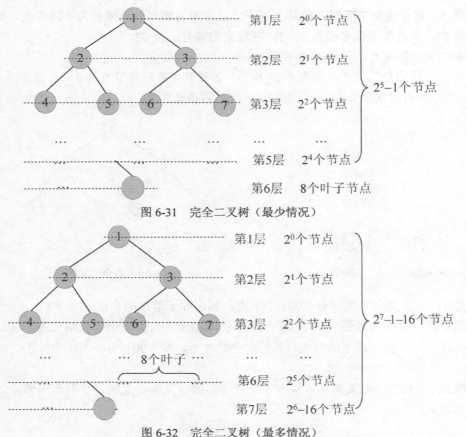

图 6-31　完全二叉树（最少情况）

图 6-32　完全二叉树（最多情况）

6.2.2 二叉树的存储结构

1. 顺序存储

二叉树也可以采用顺序存储，按完全二叉树的节点层次编号，依次存放二叉树中的数据元素。完全二叉树很适合顺序存储方式，图 6-29 所示的完全二叉树的顺序存储结构如图 6-33 所示。

图 6-33 完全二叉树的顺序存储

而普通二叉树（如图 6-34 所示）在顺序存储时需要补充为完全二叉树，在对应完全二叉树没有孩子的位置补 0，如图 6-35 所示。其顺序存储结构如图 6-36 所示。

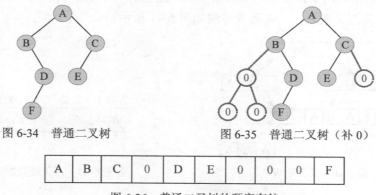

图 6-34 普通二叉树   图 6-35 普通二叉树（补 0）

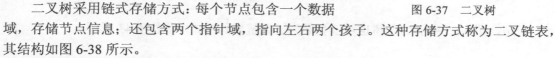

图 6-36 普通二叉树的顺序存储

显然，普通二叉树不适合顺序存储方式，因为有可能在补充为完全二叉树过程中，补充太多的 0，而浪费大量空间，因此普通二叉树可以使用链式存储。

2. 链式存储

二叉树最多有两个"叉"，即最多有两棵子树，如图 6-37 所示。

二叉树采用链式存储方式：每个节点包含一个数据

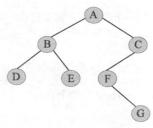

图 6-37 二叉树

域，存储节点信息；还包含两个指针域，指向左右两个孩子。这种存储方式称为二叉链表，其结构如图 6-38 所示。

二叉链表节点的结构体定义如图 6-39 所示。

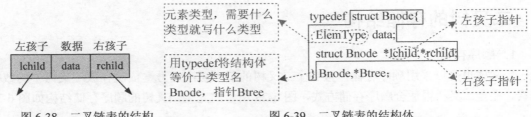

图 6-38 二叉链表的结构   图 6-39 二叉链表的结构体

于是，图 6-37 中的二叉树就可以存储为二叉链表的形式，如图 6-40 所示。

一般情况下，二叉树采用二叉链表存储即可，但是在实际问题中，如果经常需要访问双亲节点，二叉链表存储则必须从根出发查找其双亲节点，这样做非常麻烦。例如，在图 6-40 中，如果想找 F 的双亲，就必须从根节点 A 出发，先访问 C，再访问 F，此时才能返回 F 的双亲为 C。为了解决这一问题，可以增加一个指向双亲节点的指针域，这样每个节点就包含 3 个指针域，分别指向两个孩子节点和双亲节点，还包含一个数据域，用来存储节点信息。这种存储方式称为三叉链表，三叉链表结构如图 6-41 所示。

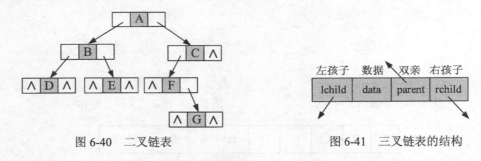

图 6-40 二叉链表   图 6-41 三叉链表的结构

三叉链表节点的结构体定义如图 6-42 所示。

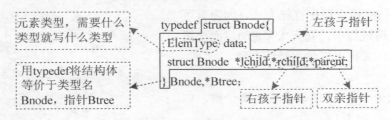

图 6-42 三叉链表的结构体

于是，图 6-37 中的二叉树也可以存储为三叉链表的形式，如图 6-43 所示。

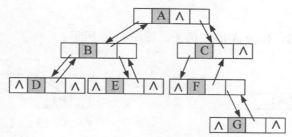

图 6-43　三叉链表

6.2.3　二叉树的创建

如果对二叉树进行操作，必须先创建一棵二叉树。如何创建一棵二叉树呢？

从二叉树的定义就可以看出，它是递归定义的（除了根之外，左、右子树也是一棵二叉树），因此可以用递归来创建二叉树。

递归创建二叉树有两种方法，分别是询问法和补空法。

1. 询问法

每次输入节点信息后，询问是否创建该节点的左子树，如果是，则递归创建其左子树，否则其左子树为空；询问是否创建该节点的右子树，如果是，则递归创建其右子树，否则其右子树为空。

算法步骤

1）输入节点信息，创建一个节点 T。

2）询问是否创建 T 的左子树，如果是，则递归创建其左子树，否则其左子树为 NULL。

3）询问是否创建 T 的右子树，如果是，则递归创建其右子树，否则其右子树为 NULL。

完美图解

例如，一棵二叉树如图 6-44 所示。该二叉树的创建过程如下。

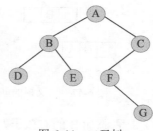

图 6-44　二叉树

1）请输入节点信息：

A

输入后创建节点 A，如图 6-45 所示。

2）是否添加 A 的左孩子？(Y/N)

Y

3）请输入节点信息：

B

输入后创建节点 B, 作为 A 的左孩子, 如图 6-46 所示。

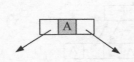

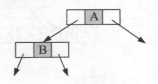

图 6-45 二叉树的创建过程 1   图 6-46 二叉树的创建过程 2

4) 是否添加 B 的左孩子? (Y/N)

Y

5) 请输入节点信息:

D

输入后创建节点 D, 作为 B 的左孩子, 如图 6-47 所示。

6) 是否添加 D 的左孩子? (Y/N)

N

7) 是否添加 D 的右孩子? (Y/N)

N

输入后 D 的左右孩子均为空, 如图 6-48 所示。

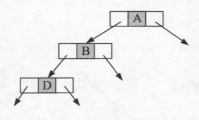

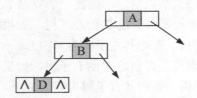

图 6-47 二叉树的创建过程 3   图 6-48 二叉树的创建过程 4

8) 是否添加 B 的右孩子? (Y/N)

Y

9) 请输入节点信息:

E

输入后创建节点 E, 作为 B 的右孩子, 如图 6-49 所示。

10) 是否添加 E 的左孩子? (Y/N)

N

11) 是否添加 E 的右孩子? (Y/N)

N

输入后 E 的左右孩子均为空，如图 6-50 所示。

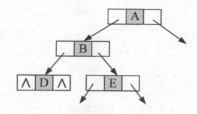

图 6-49 二叉树的创建过程 5

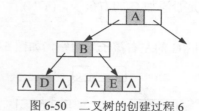

图 6-50 二叉树的创建过程 6

12）是否添加 A 的右孩子？(Y/N)

Y

13）请输入节点信息：

C

输入后创建节点 C，作为 A 的右孩子，如图 6-51 所示。

14）是否添加 C 的左孩子？(Y/N)

Y

15）请输入节点信息：

F

输入后创建节点 F，作为 C 的左孩子，如图 6-52 所示。

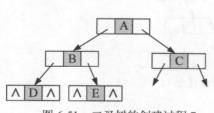

图 6-51 二叉树的创建过程 7

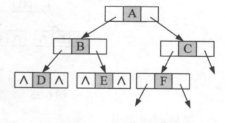

图 6-52 二叉树的创建过程 8

16）是否添加 F 的左孩子？(Y/N)

N

即 F 的左孩子为空，如图 6-53 所示。

17）是否添加 F 的右孩子？(Y/N)

Y

18）请输入节点信息：

G

输入后创建节点 G，作为 F 的右孩子，如图 6-53 所示。

19）是否添加 G 的左孩子？(Y/N)

N

20）是否添加 G 的右孩子？(Y/N)

N

输入后 G 的左右孩子均为空，如图 6-54 所示。

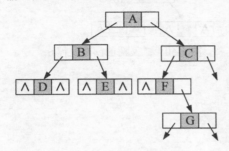

图 6-53　二叉树的创建过程 9

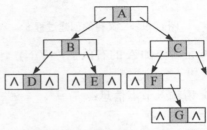

图 6-54　二叉树的创建过程 10

21）是否添加 C 的右孩子？(Y/N)

N

输入后 C 的右孩子为空，如图 6-55 所示。

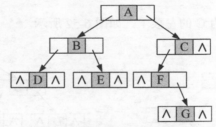

图 6-55　二叉树的创建过程 11

22）二叉树创建完毕。

代码实现

```
void createtree(Btree &T)                   //创建二叉树函数（询问法）
{
    char check;                             //判断是否创建左右孩子
    T=new Bnode;
    cout<<"请输入节点信息:"<<endl;         //输入根节点数据
    cin>>T->data;
    cout<<"是否添加 "<<T->data<<"的左孩子？(Y/N)"<<endl; //询问是否创建 T 的左子树
    cin>>check;
```

```
    if(check=='Y')
        createtree(T->lchild);
    else
        T->lchild=NULL;
    cout<<"是否添加"<<T->data<<"的右孩子？ (Y/N)"<<endl; //询问是否创建 T 的右子树
    cin>>check;
    if(check=='Y')
        createtree(T->rchild);
    else
        T->rchild=NULL;
}
```

2. 补空法

补空法是指如果左子树或右子树为空时，则用特殊字符补空，如"#"，然后按照根、左子树、右子树的顺序，得到先序遍历序列，根据该序列递归创建二叉树。

算法步骤

1）输入补空后的二叉树先序遍历序列。

2）如果 ch=='#'，T=NULL；否则创建一个新节点 T，令 T->data=ch；递归创建 T 的左子树；递归创建 T 的右子树。

完美图解

例如，一棵二叉树如图 6-56 所示。

首先将该二叉树补空，孩子为空时补上特殊符号"#"，如图 6-57 所示。

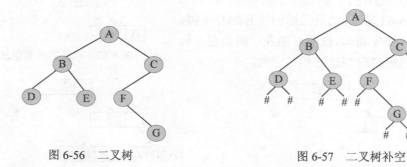

图 6-56　二叉树　　　　　　　　　图 6-57　二叉树补空

二叉树补空后（见图 6-57）的先序遍历序列为：ABD##E##CF#G###。

该二叉树的创建过程如下。

1）首先读取第 1 个字符 A，创建一个新节点，如图 6-58 所示，然后递归创建 A 的左子树。

2）读取第 2 个字符 B，创建一个新节点，作为 A 的左子树，如图 6-59 所示，然后递归创建 B 的左子树。

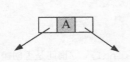

图 6-58 二叉树的创建过程 1

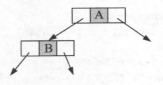

图 6-59 二叉树的创建过程 2

3）读取第 3 个字符 D，创建一个新节点，作为 B 的左子树，如图 6-60 所示，然后递归创建 D 的左子树。

4）读取第 4 个字符#，说明 D 的左子树为空，如图 6-61 所示，然后递归创建 D 的右子树。

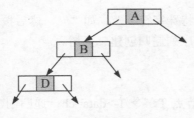

图 6-60 二叉树的创建过程 3

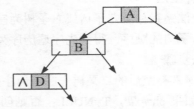

图 6-61 二叉树的创建过程 4

5）读取第 5 个字符#，说明 D 的右子树为空，如图 6-62 所示，然后递归创建 B 的右子树。

6）读取第 6 个字符 E，创建一个新节点，作为 B 的右子树，如图 6-63 所示，然后递归创建 E 的左子树。

7）读取第 7 个字符#，说明 E 的左子树为空，如图 6-64 所示，然后递归创建 E 的右子树。

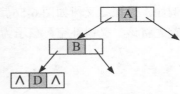

图 6-62 二叉树的创建过程 5

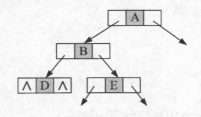

图 6-63 二叉树的创建过程 6

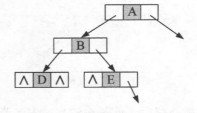

图 6-64 二叉树的创建过程 7

8）读取第 8 个字符#，说明 E 的右子树为空，如图 6-65 所示，然后递归创建 A 的右子树。

9）读取第 9 个字符 C，创建一个新节点，作为 A 的右子树，如图 6-66 所示，然后递归创建 C 的左子树。

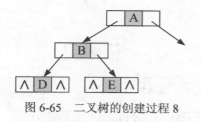

图 6-65　二叉树的创建过程 8

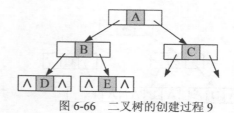

图 6-66　二叉树的创建过程 9

10）读取第 10 个字符 F，创建一个新节点，作为 C 的左子树，如图 6-67 所示，然后递归创建 F 的左子树。

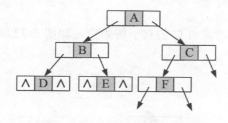

图 6-67　二叉树的创建过程 10

11）读取第 11 个字符#，说明 F 的左子树为空，如图 6-68 所示，然后递归创建 F 的右子树。

12）读取第 12 个字符 G，创建一个新节点，作为 F 的右子树，如图 6-69 所示，然后递归创建 G 的左子树。

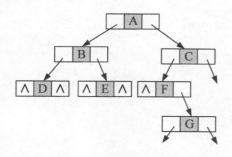

图 6-68　二叉树的创建过程 11

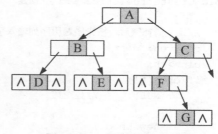

图 6-69　二叉树的创建过程 12

13）读取第 13 个字符#，说明 G 的左子树为空，如图 6-70 所示，然后递归创建 G 的右子树。

14）读取第 14 个字符#，说明 G 的右子树为空，如图 6-71 所示，然后递归创建 C 的右子树。

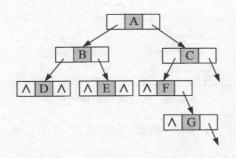

图 6-70　二叉树的创建过程 13

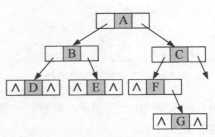

图 6-71　二叉树的创建过程 14

15）读取第 15 个字符#，说明 C 的右子树为空，如图 6-72 所示，序列读取完毕，二叉树创建成功。

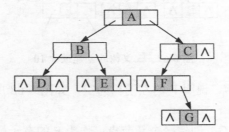

图 6-72　二叉树的创建过程 15

代码实现

```
void Createtree(Btree &T)//创建二叉树函数（补空法）
{
    //二叉树补空后，按先序遍历序列输入字符，创建二叉树
    char ch;
    cin>>ch;
    if(ch=='#')
        T=NULL;      //建空树
    else{
        T=new Bnode;
        T->data=ch;                 //生成根节点
        Createtree(T->lchild);      //递归创建左子树
        Createtree(T->rchild);      //递归创建右子树
    }
}
```

6.3 二叉树的遍历

二叉树的遍历就是按某条搜索路径访问二叉树中的每个节点一次且只有一次。访问的含义很广，如输出、查找、插入、删除、修改、运算等，都可以称为访问。遍历是有顺序的，那么如何进行二叉树遍历呢？

一棵二叉树是由根、左子树和右子树构成的，如图 6-73 所示。

按照根、左子树和右子树的访问先后顺序不同，二叉树的遍历可以有 6 种方案：DLR、LDR、LRD、DRL、RDL、RLD。如果限定先左后右（先左子树后右子树），则只有前 3 种遍历方案：DLR、LDR、LRD。按照根的访问顺序不同，根在前面称为先序遍历（DLR），根在中间称为中序遍历（LDR），根在最后称为后序遍历（LRD）。

图 6-73 二叉树

因为树的定义本身就是递归的，因此树和二叉树的基本操作用递归算法很容易实现。下面分别介绍二叉树的 3 种遍历方法及其实现。

6.3.1 先序遍历

先序遍历是指先访问根，然后先序遍历左子树，再先序遍历右子树，即 DLR。

算法步骤

如果二叉树为空，则空操作，否则：

1）访问根节点；

2）先序遍历左子树；

3）先序遍历右子树。

先序遍历秘籍：访问根，先序遍历左子树，**左子树为空或已遍历才可以遍历右子树。**

完美图解

例如，一棵二叉树如图 6-74 所示，该二叉树的先序遍历过程如下。

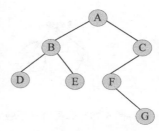

1）访问根节点 A。

2）先序遍历 A 的左子树，如图 6-75 所示。

图 6-74 二叉树

3）访问根节点 B。

4）先序遍历 B 的左子树，如图 6-76 所示。

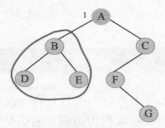

图 6-75　二叉树先序遍历过程 1

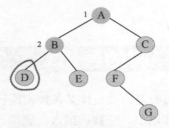

图 6-76　二叉树先序遍历过程 2

5）访问根节点 D。

6）先序遍历 D 的左子树，D 的左子树为空，什么也不做，返回，如图 6-77 所示。

7）先序遍历 D 的右子树，D 的右子树为空，什么也不做，返回到 B，如图 6-78 所示。

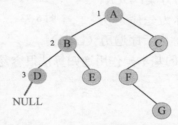

图 6-77　二叉树先序遍历过程 3

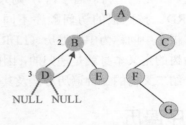

图 6-78　二叉树先序遍历过程 4

8）先序遍历 B 的右子树，如图 6-79 所示。

9）访问根节点 E。

10）先序遍历 E 的左子树，E 的左子树为空，什么也不做，返回。

11）先序遍历 E 的右子树，E 的右子树为空，什么也不做，返回到 A，如图 6-80 所示。

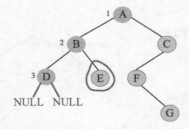

图 6-79　二叉树先序遍历过程 5

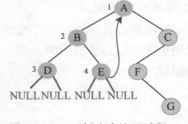

图 6-80　二叉树先序遍历过程 6

12）先序遍历 A 的右子树，如图 6-81 所示。

13）访问根节点 C。

14）先序遍历 C 的左子树，如图 6-82 所示。

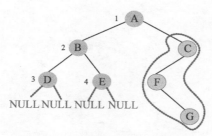

图 6-81 二叉树先序遍历过程 7

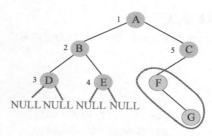

图 6-82 二叉树先序遍历过程 8

15）访问根节点 F。

16）先序遍历 F 的左子树，F 的左子树为空，什么也不做，返回，如图 6-83 所示。

17）先序遍历 F 的右子树，如图 6-84 所示。

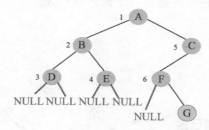

图 6-83 二叉树先序遍历过程 9

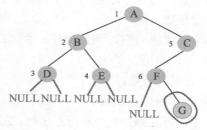

图 6-84 二叉树先序遍历过程 10

18）访问根节点 G。

19）先序遍历 G 的左子树，G 的左子树为空，什么也不做，返回。

20）先序遍历 G 的右子树，G 的右子树为空，什么也不做，返回到 C，如图 6-85 所示。

21）先序遍历 C 的右子树，C 的右子树为空，什么也不做，遍历结束，如图 6-86 所示。

先序遍历序列为：ABDECFG。

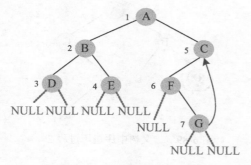

图 6-85 二叉树先序遍历过程 11

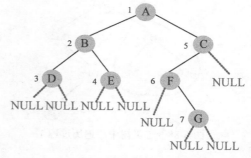

图 6-86 二叉树先序遍历过程 12

代码实现

```
void preorder(Btree T)//先序遍历
{
    if(T)
    {
        cout<<T->data<<"  ";
        preorder(T->lchild);
        preorder(T->rchild);
    }
}
```

6.3.2　中序遍历

中序遍历是指中序遍历左子树，然后访问根，再中序遍历右子树，即 LDR。

算法步骤

如果二叉树为空，则空操作，否则：

1）中序遍历左子树；

2）访问根节点；

3）中序遍历右子树。

中序遍历秘籍：中序遍历左子树，**左子树为空或已遍历才可以访问根，中序遍历右子树。**

完美图解

例如，一棵二叉树如图 6-87 所示，该二叉树的中序遍历过程如下。

图 6-87　二叉树

1）中序遍历 A 的左子树，如图 6-88 所示。

2）中序遍历 B 的左子树，如图 6-89 所示。

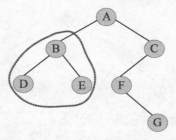

图 6-88　二叉树中序遍历过程 1

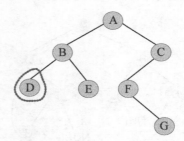

图 6-89　二叉树中序遍历过程 2

3）中序遍历 D 的左子树，D 的左子树为空，则访问 D，然后中序遍历 D 的右子树，D 的右子树也为空，则返回到 B，如图 6-90 所示。

4）访问 B，然后中序遍历 B 的右子树，如图 6-91 所示。

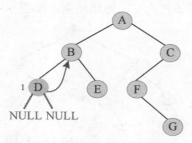

图 6-90　二叉树中序遍历过程 3

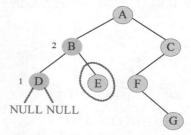

图 6-91　二叉树中序遍历过程 4

5）中序遍历 E 的左子树，E 的左子树为空，则访问 E。然后中序遍历 E 的右子树，E 的右子树也为空，则返回到 A，如图 6-92 所示。

6）访问 A，然后中序遍历 A 的右子树，如图 6-93 所示。

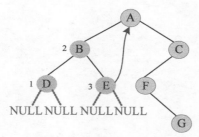

图 6-92　二叉树中序遍历过程 5

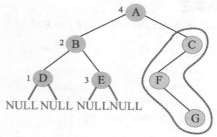

图 6-93　二叉树中序遍历过程 6

7）中序遍历 C 的左子树，如图 6-94 所示。

8）中序遍历 F 的左子树，F 的左子树为空，则访问 F，然后中序遍历 F 的右子树，如图 6-95 所示。

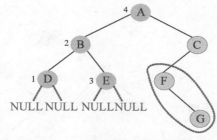

图 6-94　二叉树中序遍历过程 7

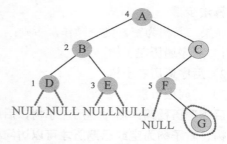

图 6-95　二叉树中序遍历过程 8

9）中序遍历 G 的左子树，G 的左子树为空，则访问 G。然后中序遍历 G 的右子树，G

的右子树也为空，则返回到 C，如图 6-96 所示。

10）访问 C，然后中序遍历 C 的右子树，C 的右子树为空，遍历结束，如图 6-97 所示。

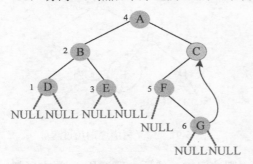

图 6-96　二叉树中序遍历过程 9

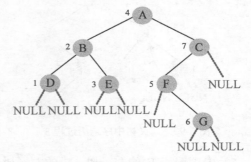

图 6-97　二叉树中序遍历过程 10

中序遍历序列为：DBEAFGC。

代码实现

```
void inorder(Btree T)//中序遍历
{
    if(T)
    {
        inorder(T->lchild);
        cout<<T->data<<"  ";
        inorder(T->rchild);
    }
}
```

6.3.3　后序遍历

后序遍历是指后序遍历左子树，后序遍历右子树，然后访问根，即 LRD。

算法步骤

如果二叉树为空，则空操作，否则：

1）后序遍历左子树；

2）后序遍历右子树；

3）访问根节点。

后序遍历秘籍：后序遍历左子树，后序遍历右子树，左子树、右子树为空或已遍历才可以访问根。

完美图解

例如，一棵二叉树如图 6-98 所示，该二叉树的后序

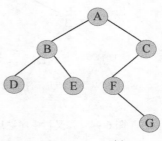

图 6-98　二叉树

遍历过程如下。

    1）后序遍历 A 的左子树，如图 6-99 所示。

    2）后序遍历 B 的左子树，如图 6-100 所示。

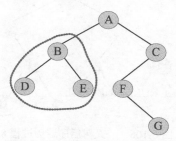

图 6-99　二叉树后序遍历过程 1

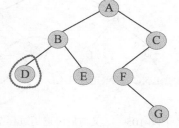

图 6-100　二叉树后序遍历过程 2

    3）后序遍历 D 的左子树，D 的左子树为空，后序遍历 D 的右子树，D 的右子树也为空，则访问 D，返回到 B，如图 6-101 所示。

    4）后序遍历 B 的右子树，如图 6-102 所示。

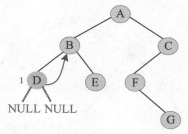

图 6-101　二叉树后序遍历过程 3

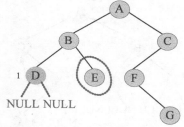

图 6-102　二叉树后序遍历过程 4

    5）后序遍历 E 的左子树，E 的左子树为空，后序遍历 E 的右子树，E 的右子树也为空，则访问 E。此时 B 的左右子树都已遍历，访问 B，返回到 A，如图 6-103 所示。

    6）后序遍历 A 的右子树，如图 6-104 所示。

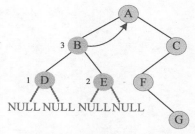

图 6-103　二叉树后序遍历过程 5

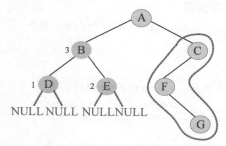

图 6-104　二叉树后序遍历过程 6

7）后序遍历 C 的左子树，如图 6-105 所示。

8）后序遍历 F 的左子树，F 的左子树为空，后序遍历 F 的右子树，如图 6-106 所示。

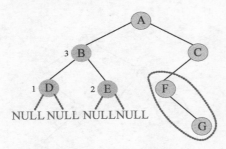

图 6-105　二叉树后序遍历过程 7

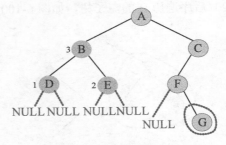

图 6-106　二叉树后序遍历过程 8

9）后序遍历 G 的左子树，G 的左子树为空，后序遍历 G 的右子树，G 的右子树也为空，则访问 G。此时 F 的左右子树都已遍历，访问 F，然后返回到 C，如图 6-107 所示。

10）后序遍历 C 的右子树，C 的右子树为空，此时 C 的左右子树都已遍历，访问 C。此时 A 的左右子树都已遍历，访问 A，遍历结束，如图 6-108 所示。

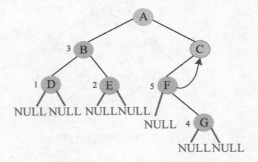

图 6-107　二叉树后序遍历过程 9

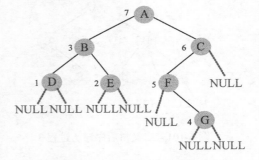

图 6-108　二叉树后序遍历过程 10

后序遍历序列为：DEBGFCA。

代码实现

```
void posorder(Btree T)//后序遍历
{
    if(T)
    {
    posorder(T->lchild);
    posorder(T->rchild);
    cout<<T->data<<"   ";
    }
}
```

二叉树遍历的代码非常简单明了，cout<<T->data;语句在前面就是前序，在中间就是中序，在后面就是后序。

如果不需要按照程序执行流程，那么只要写出二叉树的遍历序列即可，还可以使用投影法快速得到遍历序列。

（1）中序遍历

中序遍历就像在无风的情况下，遍历顺序为左子树、根、右子树，太阳直射，将所有的节点投影到地上，如图 6-109 所示。图 6-98 中的二叉树的中序序列投影如图 6-110 所示。中序遍历序列为：DBEAFGC。

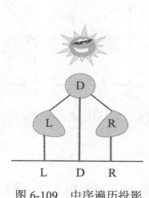

图 6-109 中序遍历投影

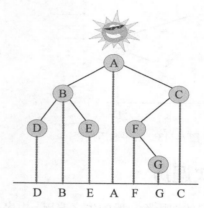

图 6-110 中序遍历投影序列

（2）先序遍历

先序遍历就像在左边大风的情况下，将二叉树树枝刮向右方，且顺序为根、左子树、右子树，太阳直射，将所有的节点投影到地上，如图 6-111 所示。图 6-98 中的二叉树的先序遍历投影序列如图 6-112 所示。先序遍历序列为：ABDECFG。

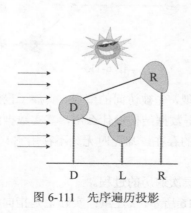

图 6-111 先序遍历投影

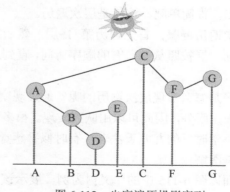

图 6-112 先序遍历投影序列

（3）后序遍历

后序遍历就像在右边大风的情况下，将二叉树树枝刮向左方，且顺序为左子树、右子树、根，太阳直射，将所有的节点投影到地上，如图 6-113 所示。图 6-98 中的二叉树的后序遍历投影序列如图 6-114 所示。后序遍历序列为：DEBGFCA。

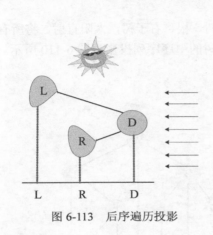

图 6-113　后序遍历投影

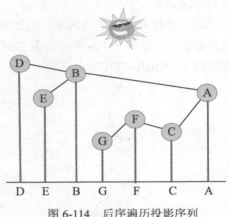

图 6-114　后序遍历投影序列

6.3.4　层次遍历

二叉树的遍历除一般的先序遍历、中序遍历和后序遍历这 3 种遍历之外，还有另一种遍历方式——层次遍历，即按照层次的顺序从左向右进行遍历。

例如，一棵二叉树如图 6-115 所示。

对图 6-115 所示的二叉树进行层次遍历：首先遍历第 1 层 A，然后遍历第 2 层，从左向右为 B、C，再遍历第 3 层，从左向右为 D、E、F，再遍历第 4 层 G，很简单吧，这就是层次遍历。

层次遍历秘籍：首先遍历第 1 层，然后第 2 层……同一层按照从左向右的顺序访问，直到最后一层。

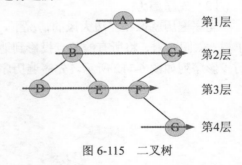

图 6-115　二叉树

程序是怎么实现层次遍历的呢？通过观察可以发现，先被访问的节点，其孩子也先被访问，先来先服务，因此可以用队列实现。很多同学觉得数据结构没什么用，其实数据结构就像我们小学时学的九九乘法表，有时似乎感觉不到它的存在，却无时无刻不在用它！

完美图解

下面以图 6-115 中的二叉树为例，展示该二叉树层次遍历的过程。

1）首先创建一个队列 Q，令树根入队，如图 6-116 所示。（**注意**：实际上是指向树根 A

的指针入队，这里为了图解方便，直接把数据入队了。）

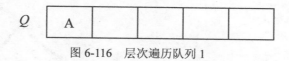

图 6-116　层次遍历队列 1

2）队头元素出队，输出 A，同时令 A 的孩子 B、C 入队（从左向右顺序，如果是普通树，则包含所有孩子），队列和二叉树状态如图 6-117 和图 6-118 所示。

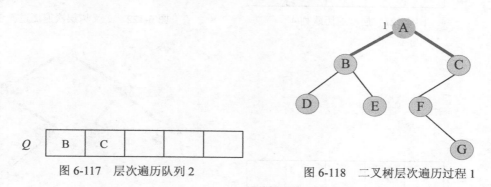

图 6-117　层次遍历队列 2

图 6-118　二叉树层次遍历过程 1

3）队头元素出队，输出 B，同时令 B 的孩子 D、E 入队，队列和二叉树状态如图 6-119 和图 6-120 所示。

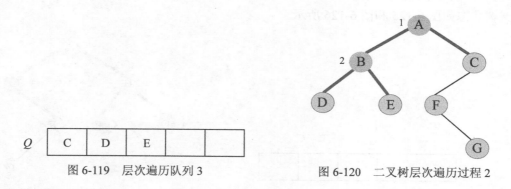

图 6-119　层次遍历队列 3

图 6-120　二叉树层次遍历过程 2

4）队头元素出队，输出 C，同时令 C 的孩子 F 入队，队列和二叉树状态如图 6-121 和图 6-122 所示。

5）队头元素出队，输出 D，同时令 D 的孩子入队，D 没有孩子，什么也不做，队列和二叉树状态如图 6-123 和图 6-124 所示。

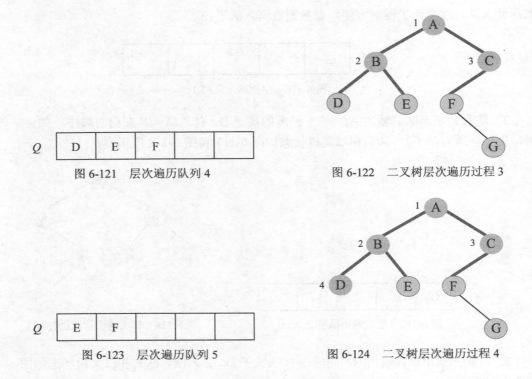

Q | D | E | F | | |

图 6-121 层次遍历队列 4   图 6-122 二叉树层次遍历过程 3

Q | E | F | | | |

图 6-123 层次遍历队列 5   图 6-124 二叉树层次遍历过程 4

6）队头元素出队，输出 E，同时令 E 的孩子入队，E 没有孩子，什么也不做，队列和二叉树状态如图 6-125 和图 6-126 所示。

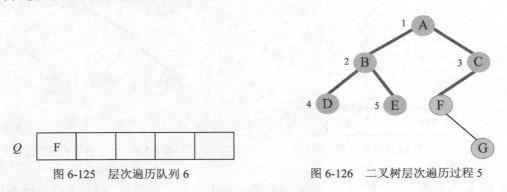

Q | F | | | | |

图 6-125 层次遍历队列 6   图 6-126 二叉树层次遍历过程 5

7）队头元素出队，输出 F，同时令 F 的孩子 G 入队，队列和二叉树状态如图 6-127 和图 6-128 所示。

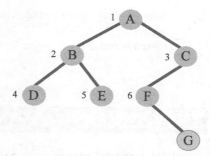

图 6-128 二叉树层次遍历过程 6

图 6-127 层次遍历队列 7

8）队头元素出队，输出 G，同时令 G 的孩子入队，G 没有孩子，什么也不做，队列和二叉树状态如图 6-129 和图 6-130 所示。

图 6-129 层次遍历队列 8

图 6-130 二叉树层次遍历过程 7

9）队列为空，算法结束。

代码实现

```
bool Leveltraverse(Btree T)
{
    Btree p;
    if(!T)
        return false;
    queue<Btree>Q; //创建一个普通队列(先进先出)，里面存放指针类型
    Q.push(T); //根指针入队
    while(!Q.empty()) //如果队列不空
    {
        p=Q.front();//取出队头元素作为当前节点
        Q.pop(); //队头元素出队
        cout<<p->data<<"  ";
        if(p->lchild)
            Q.push(p->lchild); //左孩子指针入队
        if(p->rchild)
```

```
                    Q.push(p->rchild); //右孩子指针入队
        }
        return true;
}
```

二叉树是非线性数据结构，而遍历序列是线性序列，二叉树遍历实际上是将一个非线性结构进行线性化的操作。根据线性序列的特性，除了第一个元素外，每一个节点都有唯一的前驱，除了最后一个元素外，每一个节点都有唯一的后继。（如没有特殊说明，本书中的前驱和后继是指直接前驱和直接后继。）而根据遍历序列的不同，每个节点的前驱和后继也不同。采用二叉链表存储时，只记录了左、右孩子的信息，无法直接得到每个节点的前驱和后继。

6.4.1　线索二叉树存储结构

二叉树采用二叉链表存储时，每个节点有两个指针域。如果二叉链表有 n 个节点，则一共有 $2n$ 个指针域，而只有 $n-1$ 个是实指针，其余 $n+1$ 个都是空指针，为什么呢？

因为二叉树有 $n-1$ 个分支，每个分支对应一个实指针，如图 6-131 所示。从下向上看，每一个节点对应一个分支，只有树根没有对应分支，因此分支数等于节点数减 1，即 $b=n-1$。每个分支对应一个实指针，所以有 $n-1$ 个实指针。总的指针数减去实指针数，即为空指针数，即 $2n-(n-1)=n+1$。

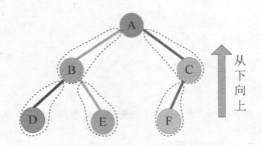

图 6-131　二叉树（$n-1$ 个分支）

n 个节点的二叉链表中有 $n+1$ 个空指针，可以充分利用空指针记录节点的前驱或后继信息，从而加快查找节点前驱和后继的速度。

每个节点还是两个指针域，如果节点有左孩子，则 lchild 指向左孩子，否则 lchild 指向其前驱；如果节点有右孩子，则 rchild 指向右孩子，否则 rchild 指向其后继。那么怎么区分到底存储的是左孩子和右孩子,还是前驱和后继信息呢？为了避免混淆,增加两个标志域 ltag 和 rtag，节点的结构体如图 6-132 所示。

$$ltag = \begin{cases} 0, \text{lchild 指向左孩子} \\ 1, \text{lchild 指向前驱} \end{cases}$$

$$rtag = \begin{cases} 0, \text{rchild 指向右孩子} \\ 1, \text{rchild 指向后继} \end{cases}$$

图 6-132　节点结构体

节点的结构体定义，如图 6-133 所示。

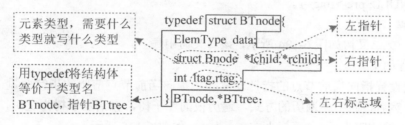

图 6-133　节点结构体定义

这种带有标志域的二叉链表称为**线索链表**，指向前驱和后继的指针称为**线索**，带有线索的二叉树称为**线索二叉树**，以某种遍历方式将二叉树转化为线索二叉树的过程称为**线索化**。

6.4.2　构造线索二叉树

线索化的实质是利用二叉链表中的空指针记录节点的前驱或后继线索。而每种遍历顺序不同，节点的前驱和后继也不同，因此二叉树线索化必须指明是什么遍历顺序的线索化。线索二叉树分为前序线索二叉树、中序线索二叉树和后序线索二叉树。

二叉树线索化的过程，实际上是在遍历过程中修改空指针的过程。可以设置两个指针，一个指针 pre 指向刚刚访问的节点，另一个指针 p 指向当前节点。也就是说，pre 指向的节点为 p 指向的节点的前驱，反之，p 指向的节点为 pre 指向的节点的后继。在遍历的过程中，如果当前节点 p 的左孩子为空，则该节点的 lchild 指向其前驱，即 p->lchild=pre；如果 pre 节点的右孩子为空，则该节点的 rchild 指向其后继，即 pre->rchild=p。

算法步骤

1）指针 p 指向根节点，pre 初始化为空，pre 永远指向 p 的前驱。

2）若 p 非空，则重复下面操作。

- 中序线索化 p 的左子树。

- 若 p 的左子树为空，则给 p 加上左线索，即 p->ltag=1，p 的左子树指针指向 pre（前驱），即 p->lchild=pre；否则令 p->ltag=0。

- 若 pre 非空，则判断如果 pre 的右子树为空，给 pre 加上右线索，即 pre->rtag=1，pre 的右孩子指针指向 p（后继），即 pre->rchild=p，否则令 pre->rtag=0。

- p 赋值给 pre，转向 p 的右子树。

- 中序线索化 p 的右子树。

3）处理最后一个节点，令其后继为空，即 pre->rchild=NULL; pre->rtag=1。

完美图解

例如，一棵二叉树如图 6-134 所示，该二叉树中序线索化的过程如下。

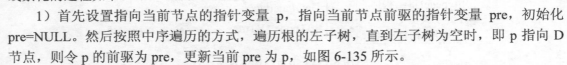

图 6-134　二叉树

1）首先设置指向当前节点的指针变量 p，指向当前节点前驱的指针变量 pre，初始化 pre=NULL。然后按照中序遍历的方式，遍历根的左子树，直到左子树为空时，即 p 指向 D 节点，则令 p 的前驱为 pre，更新当前 pre 为 p，如图 6-135 所示。

2）中序遍历 p 的右子树，右子树为空，返回到 B 节点，p 指向 B 节点；此时 pre 的右子树为空，则令 pre 的后继为 p，如图 6-136 所示。

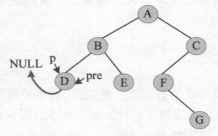

图 6-135　二叉树中序线索化 1

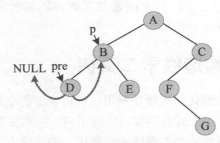

图 6-136　二叉树中序线索化 2

3）更新当前 pre 为 p，中序遍历 p 的右子树，p 指向 E 节点；中序遍历 E 的左子树，其左子树为空，则令 p 的前驱为 pre，如图 6-137 所示。

4) 更新当前 pre 为 p, 中序遍历 p 的右子树, 右子树为空, 返回到 A 节点, p 指向 A 节点; 此时 pre 的右子树为空, 则令 pre 的后继为 p, 如图 6-138 所示。

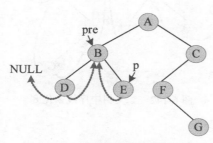

图 6-137   二叉树中序线索化 3

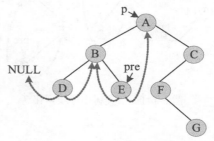

图 6-138   二叉树中序线索化 4

5) 更新当前 pre 为 p, 中序遍历 p 的右子树, 中序遍历 C 的左子树 (p 指向 C), 中序遍历 F 的左子树 (p 指向 F), 其左子树为空, 则令 p 的前驱为 pre, 如图 6-139 所示。

6) 更新当前 pre 为 p, 中序遍历 p 的右子树, 中序遍历 G 的左子树 (p 指向 G), 其左子树为空, 则令 p 的前驱为 pre, 如图 6-140 所示。

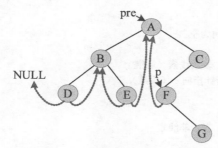

图 6-139   二叉树中序线索化 5

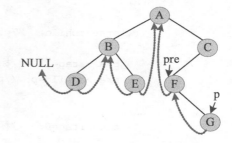

图 6-140   二叉树中序线索化 6

7) 更新当前 pre 为 p, 中序遍历 p 的右子树, 其右子树为空, 返回到 C 节点, p 指向 C 节点; 此时 pre 的右子树为空, 则令 pre 的后继为 p, 如图 6-141 所示。

8) 更新当前 pre 为 p, 中序遍历 p 的右子树, 其右子树为空, 遍历结束。此时 pre 的右子树为空, 则令 pre 的后继为 NULL, 如图 6-142 所示。

代码实现

```
void InThread(BTtree &p) //中序线索化
{
    //pre 是全局变量, 指向刚刚访问过的节点, p 指向当前节点, pre 为 p 的前驱
    if(p)
```

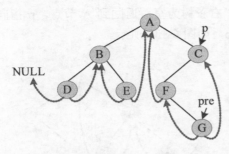
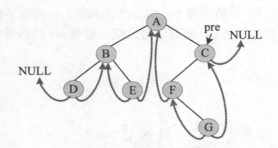

图 6-141　二叉树中序线索化 7　　　　　　　图 6-142　二叉树中序线索化 8

```
    {
        InThread(p->lchild);    //中序线索化 p 的左子树
        if(!p->lchild)          //p 的左子树为空
        {
            p->ltag=1;          //标志域为 1，表示线索（前驱）
            p->lchild=pre;      //p 的左指针指向 pre（前驱）
        }
        else
            p->ltag=0;          //标志域为 0，表示非线索
        if(pre)
        {
            if(!pre->rchild)   //pre 的右子树为空
            {
                pre->rtag=1;   //标志域为 1，表示线索（后继）
                pre->rchild=p; //pre 的右指针指向 p（后继）
            }
            else
                pre->rtag=0;   //标志域为 0，表示非线索
        }
        pre=p;   //更新 pre，p 将要移向右子树，始终保持 pre 指向 p 的前驱
        InThread(p->rchild);    //中序线索化 p 的右子树
    }
}

void CreateInThread(BTtree &T) //创建中序线索二叉树
{
    pre=NULL;//初始化为空
    if(T)
    {
        InThread(T); //中序线索化
        pre->rchild=NULL;// 处理遍历的最后一个节点，其后继为空
        pre->rtag=1;
```

```
        }
    }
```

注意：如果在考试当中只要求绘图，则没必要按照程序执行的过程进行线索化，可以直接写出遍历序列。根据该遍历序列的先后顺序，对所有的空指针域进行线索化，左指针为空，则令其指向前驱；右指针为空，则令其指向后继。

例如，一棵二叉树如图 6-143 所示，对其中序线索化的过程如下。

首先写出二叉树的中序遍历序列，即 DBEAFGC，然后按照该遍历序列，对所有的空指针进行线索化。

D 的左指针为空，但在中序遍历序列中，D 是第一个元素，没有前驱，赋值为 NULL。D 的右指针为空，中序遍历序列中 D 的后继是 B，因此 D 的右指针指向 B 节点。同理，从中序遍历序列中可以很清楚地知道每个节点的前驱和后继，分别对所有节点的空指针进行线索化即可，如图 6-144 所示。

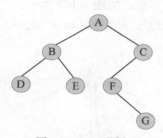

图 6-143　二叉树

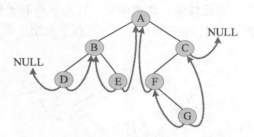

图 6-144　二叉树中序线索化

6.4.3　遍历线索二叉树

线索二叉树的线索记录了前驱和后继信息，因此可以利用这些信息进行遍历。下面以中序线索二叉树遍历为例，讲述遍历过程。

算法步骤

1）指针 p 指向根节点。

2）若 p 非空，则重复以下操作：

- p 指针沿左孩子向下，找到最左节点，它是中序遍历的第一个节点；
- 访问 p 节点；
- 沿着右线索查找当前节点 p 的后继节点并访问，直到右线索为 0 或遍历结束。

3）遍历 p 的右子树。

完美图解

例如，中序线索二叉树如图 6-145 所示，对其进行中序遍历的过程如下。

1）指针 p 指向根节点，p 指针沿左孩子一直向下，找到最左节点 D，p 指向 D 节点。它是中序遍历的第一个节点，访问 D 节点，如图 6-146 所示。

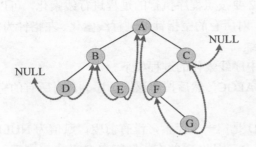

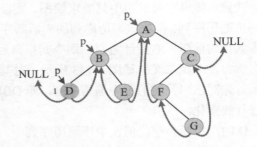

图 6-145　中序线索二叉树　　　　图 6-146　中序线索二叉树遍历过程 1

2）p 的右指针为线索，因此访问 p 的后继节点，即访问 B；此时 p 指向 B 节点，该节点右指针不是线索，线索中断，转向 p 的右子树，p 指向 E 节点，如图 6-147 所示。

3）p 指针沿左孩子向下，左孩子为空，则直接访问 E 节点，如图 6-148 所示。

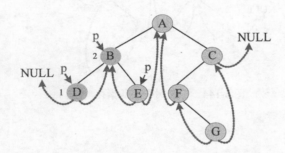

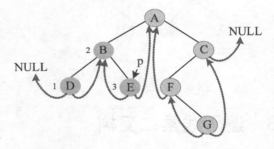

图 6-147　中序线索二叉树遍历过程 2　　　　图 6-148　中序线索二叉树遍历过程 3

4）p 的右指针为线索，因此访问 p 的后继节点，即访问 A；此时 p 指向 A 节点，该节点右指针不是线索，线索中断，转向 p 的右子树，p 指向 C 节点，如图 6-149 所示。

5）p 指针沿左孩子向下，找到最左节点 F，p 指向 F 节点，访问 F 节点，如图 6-150 所示。

6）p 的右指针不是线索，线索中断，转向 p 的右子树，p 指向 G 节点，沿 G 的左孩子向下，G 节点左孩子为空，直接访问 G 节点，如图 6-151 所示。

7）p 的右指针为线索，因此访问 p 的后继节点，即访问 C；此时 p 指向 C 节点，该节点右指针是线索，访问其后继节点，后继节点为空，遍历结束，如图 6-152 所示。

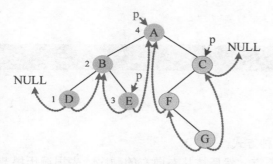

图 6-149　中序线索二叉树遍历过程 4

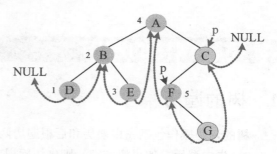

图 6-150　中序线索二叉树遍历过程 5

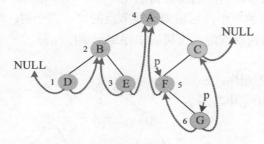

图 6-151　中序线索二叉树遍历过程 6

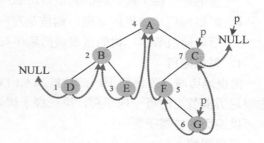

图 6-152　中序线索二叉树遍历过程 7

代码实现

```
void InorderThread(BTtree T)//遍历中序线索二叉树
{
    BTtree p;
    p=T;
    while(p)
    {
        while(p->ltag==0) p=p->lchild;    //找最左节点
        cout<<p->data<<"  ";              //输出节点信息
        while(p->rtag==1&&p->rchild)      //右孩子为线索化，指向后继
        {
            p=p->rchild;   //访问后继节点
            cout<<p->data<<"  ";   //输出节点信息
        }
        p=p->rchild;   //转向 p 的右子树
    }
}
```

对于频繁查找前驱和后继的运算，线索二叉树优于普通二叉树。但是对于插入和删除操作，线索二叉树比普通二叉树开销大，因为除插入和删除操作外，还要修改相应的线索。

6.5 树和森林的遍历

6.5.1 树的遍历

树的遍历操作包括先根遍历和后根遍历两种方式。

- 先根遍历：如果树非空，则先访问根节点，然后按从左向右的顺序，先根遍历根节点的每一棵子树。树的先根遍历顺序与该树对应的二叉树的先序遍历顺序相同。

- 后根遍历：如果树非空，则按从左向右的顺序，后根遍历根节点的每一棵子树，然后访问根节点。树的后根遍历顺序与该树对应的二叉树的中序遍历顺序相同。

1. 先根遍历

先根遍历时，先访问根，然后按从左向右的顺序，先根遍历根节点的每一棵子树，第一棵子树遍历完毕，才可以遍历第二棵子树……

完美图解

例如，一棵二叉树如图 6-153 所示，其先根遍历过程如下。

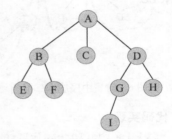

图 6-153　二叉树

1）先访问根节点 A，然后按从左向右的顺序，先根遍历 A 的每一棵子树，如图 6-154 所示。

2）先根遍历 A 的第一棵子树，先访问根节点 B，然后按从左向右的顺序，先根遍历 B 的每一棵子树，如图 6-155 所示。

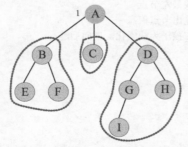

图 6-154　树的先根遍历过程 1

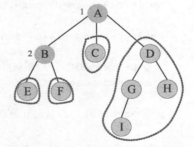

图 6-155　树的先根遍历过程 2

3）先根遍历 B 的第一棵子树，先访问根节点 E，然后按从左向右的顺序，先根遍历 E 的每一棵子树，E 没有子树，返回到 B，如图 6-156 所示。

4）先根遍历 B 的第二棵子树，先访问根节点 F，然后按从左向右的顺序，先根遍历 F 的每一棵子树，F 没有子树，返回到 B，B 的子树已遍历完毕，返回到 A，如图 6-157 所示。

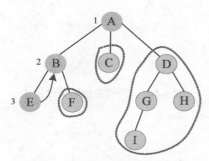

图 6-156　树的先根遍历过程 3

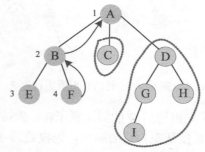

图 6-157　树的先根遍历过程 4

5）先根遍历 A 的第二棵子树，先访问根节点 C，然后按从左向右的顺序，先根遍历 C 的每一棵子树，C 没有子树，返回到 A，如图 6-158 所示。

6）先根遍历 A 的第三棵子树，先访问根节点 D，然后按从左向右的顺序，先根遍历 D 的每一棵子树，如图 6-159 所示。

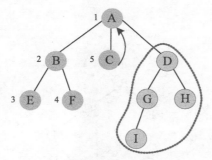

图 6-158　树的先根遍历过程 5

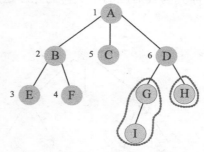

图 6-159　树的先根遍历过程 6

7）先根遍历 D 的第一棵子树，先访问根节点 G，然后按从左向右的顺序，先根遍历 G 的每一棵子树，如图 6-160 所示。

8）先根遍历 G 的第一棵子树，先访问根节点 I，然后按从左向右的顺序，先根遍历 I 的每一棵子树，I 没有子树，返回到 G，G 的子树已遍历完毕，返回到 D，如图 6-161 所示。

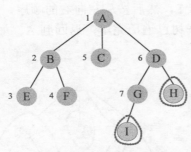

图 6-160　树的先根遍历过程 7

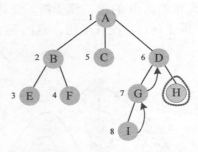

图 6-161　树的先根遍历过程 8

9）先根遍历 D 的第二棵子树，先访问根节点 H，然后按从左向右的顺序，先根遍历 H 的每一棵子树，H 没有子树，返回到 D，D 的子树已遍历完毕，返回到 A，A 的子树已遍历完毕，结束，如图 6-162 所示。

先根遍历序列为：ABEFCDGIH。

该树对应的二叉树如图 6-163 所示。该二叉树的先序遍历序列为：ABEFCDGIH。是不是树的先根遍历序列与其对应的二叉树的先序遍历序列一模一样？

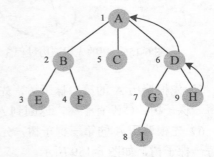

图 6-162　树的先根遍历过程 9

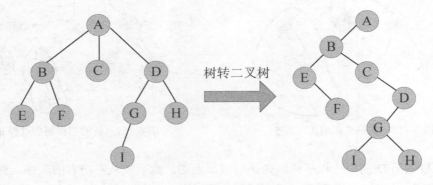

图 6-163　树对应的二叉树

2．后根遍历

后根遍历时，先按从左向右的顺序后根遍历每一棵子树，没有子树或子树已遍历完毕，才可以访问根。

完美图解

例如，一棵树如图 6-164 所示，其后根遍历过程如下。

1）先从左向右的顺序，后根遍历 A 的每一棵子树，如图 6-165 所示。

2）后根遍历 A 的第一棵子树，按从左向右的顺序，后根遍历 B 的每一棵子树，如图 6-166 所示。

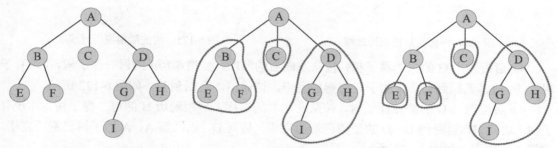

图 6-164　二叉树　　　　图 6-165　树的后根遍历过程 1　　　图 6-166　树的后根遍历过程 2

3）后根遍历 B 的第一棵子树，按从左向右的顺序，后根遍历 E 的每一棵子树，E 没有子树，访问 E，返回到 B，如图 6-167 所示。

4）后根遍历 B 的第二棵子树，按从左向右的顺序，后根遍历 F 的每一棵子树，F 没有子树，访问 F，返回到 B，B 的子树已遍历完毕，访问 B，返回到 A，如图 6-168 所示。

5）后根遍历 A 的第二棵子树，按从左向右的顺序，后根遍历 C 的每一棵子树，C 没有子树，访问 C，返回到 A，如图 6-169 所示。

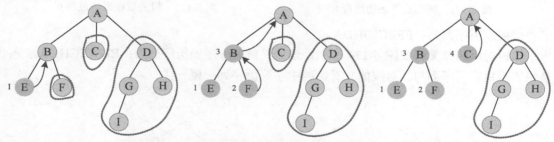

图 6-167　树的后根遍历过程 3　　　图 6-168　树的后根遍历过程 4　　　图 6-169　树的后根遍历过程 5

6）后根遍历 A 的第三棵子树，按从左向右的顺序，后根遍历 D 的每一棵子树，如图 6-170 所示。

7）后根遍历 D 的第一棵子树，按从左向右的顺序，后根遍历 G 的每一棵子树，如图 6-171 所示。

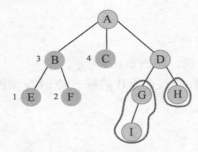

图 6-170 树的后根遍历过程 6

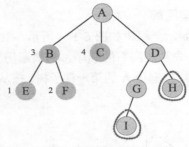

图 6-171 树的后根遍历过程 7

8）后根遍历 G 的第一棵子树，按从左向右的顺序，后根遍历 I 的每一棵子树，I 没有子树，访问 I，返回到 G，G 的子树已遍历完毕，访问 G，返回到 D，如图 6-172 所示。

9）后根遍历 D 的第二棵子树，按从左向右的顺序，后根遍历 H 的每一棵子树，H 没有子树，访问 H，返回到 D，D 的子树已遍历完毕，访问 D，返回到 A，A 的子树已遍历完毕，访问 A，结束，如图 6-173 所示。

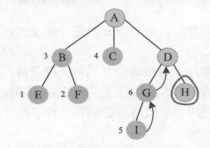

图 6-172 树的后根遍历过程 8

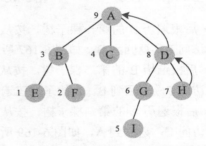

图 6-173 树的后根遍历过程 9

后根遍历序列为：EFBCIGHDA。

该树对应的二叉树如图 6-174 所示，该二叉树的中序遍历序列为：EFBCIGHDA。是不是树的后根遍历序列与其对应的二叉树的中序遍历序列一模一样？

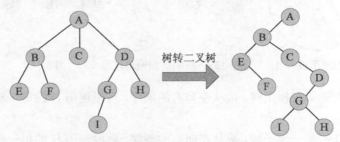

图 6-174 树对应的二叉树

6.5.2 森林的遍历

森林的遍历操作有先序遍历和中序遍历两种方式。

先序遍历

如果森林非空，则：

- 访问第一棵树的根节点；
- 先序遍历第一棵树的根节点的子树森林；
- 先序遍历除第一个棵树之外，剩余的树构成的森林。

其访问顺序与该森林对应的二叉树的先序遍历顺序相同。

中序遍历

如果森林非空，则：

- 中序遍历第一棵树的根节点的子树森林；
- 访问第一棵树的根节点；
- 中序遍历除第一个棵树之外，剩余的树构成的森林。

其访问顺序与该森林对应的二叉树的中序遍历顺序相同。

1. 先序遍历

森林的先序遍历，先访问第一棵树的根，然后先序遍历根节点的子树森林，接着按同样的方法处理余下的每一棵树。

完美图解

例如，森林如图 6-175 所示，其先序遍历过程如下。

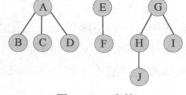

图 6-175 森林

1）访问第一棵树的根节点 A，然后先序遍历 A 的子树森林，如图 6-176 所示。

2）访问第一棵树的根节点 B，然后先序遍历 B 的子树森林，B 的子树为空，先序遍历余下的 A 的子树森林，如图 6-177 所示。

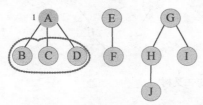

图 6-176 森林的先序遍历过程 1

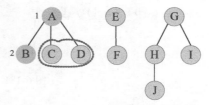

图 6-177 森林的先序遍历过程 2

3）访问第二棵子树的根节点 C，然后先序遍历 C 的子树森林，C 的子树为空，先序遍历余下的 A 的子树森林，如图 6-178 所示。

4）访问第三棵子树的根节点 D，然后先序遍历 D 的子树森林，D 的子树为空，先序遍历余下的 A 的子树森林，没有剩余子树，第一棵树遍历完毕。先序遍历除了第一棵树之外，余下的子树森林，如图 6-179 所示。

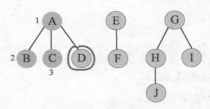 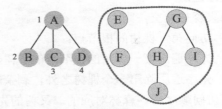

图 6-178　森林的先序遍历过程 3　　　　图 6-179　森林的先序遍历过程 4

5）采用同样的方法处理余下的每一棵树即可，其访问顺序如图 6-180 所示。

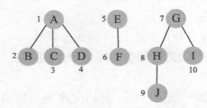

图 6-180　森林的先序遍历过程 5

森林的先序遍历序列为：ABCDEFGHJI。

该森林对应的二叉树如图 6-181 所示，该二叉树的先序遍历序列为：ABCDEFGHJI。是不是森林的先序遍历序列与其对应的二叉树的先序遍历序列一模一样？

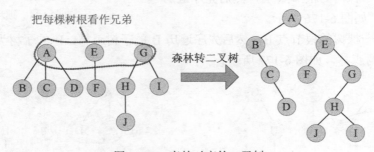

图 6-181　森林对应的二叉树

2. 中序遍历

森林的中序遍历，先中序遍历第一棵树的根的子树森林，子树森林为空或者已遍历，访问根节点，接着按同样的方法处理余下的每一棵树。

完美图解

例如，森林如图 6-182 所示，其中序遍历过程
如下。

1）中序遍历 A 的子树森林，如图 6-183 所示。

2）中序遍历 B 的子树森林，B 的子树为空，访
问 B，然后中序遍历余下的 A 的子树森林，如图 6-184
所示。

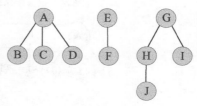

图 6-182　森林

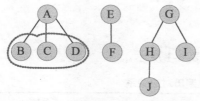

图 6-183　森林的中序遍历过程 1

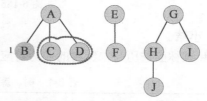

图 6-184　森林的中序遍历过程 2

3）中序遍历 C 的子树森林，C 的子树为空，访问 C，然后中序遍历余下的 A 的子树森
林，如图 6-185 所示。

4）中序遍历 D 的子树森林，D 的子树为空，访问 D，然后中序遍历余下的 A 的子树森
林，A 的子树森林已遍历完毕，访问 A，此时第一棵树遍历完毕。中序遍历除第一棵树之外
的余下的子树森林，如图 6-186 所示。

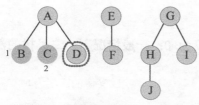

图 6-185　森林的中序遍历过程 3

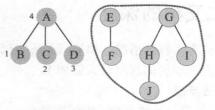

图 6-186　森林的中序遍历过程 4

5）采用同样的方法处理余下的每一棵树即可，
其访问顺序如图 6-187 所示。

森林的中序遍历序列为：BCDAFEJHIG。

该森林对应的二叉树如图 6-188 所示，该二叉
树的中序遍历序列为：BCDAFEJHIG。是不是森林
的中序遍历序列与其对应的二叉树的中序遍历序

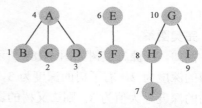

图 6-187　森林的中序遍历过程 5

列一模一样？

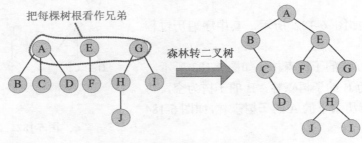

图 6-188 森林对应二叉树

3．小结

树和森林的遍历与二叉树的遍历对应关系，如表 6-1 所示。

表 6-1 树、森林与二叉树遍历对应关系

树	森林	二叉树
先根遍历	先序遍历	先序遍历
后根遍历	中序遍历	中序遍历

6.6 树的应用

6.6.1 二叉树的深度

首先考虑特殊情况，如果二叉树为空，则深度为 0；一般情况下，二叉树的深度等于二叉树左右子树的深度最大值加 1。

算法步骤

1）如果二叉树为空，则深度为 0。

2）否则为根的左、右子树的深度最大值加 1。

完美图解

例如，一棵二叉树如图 6-189 所示，左子树的深度为 2，右子树的深度为 3，左右子树的深度最大值为 3，则二叉树的深度为 3+1=4。

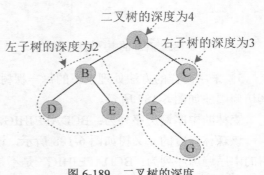

图 6-189 二叉树的深度

代码实现

```
int Depth(Btree T)//求二叉树的深度
{
    int m,n;
    if(T==NULL)//如果为空树，深度为 0
        return 0;
    else
    {
        m=Depth(T->lchild);//递归计算左子树深度
        n=Depth(T->rchild);//递归计算右子树深度
        if(m>n)
            return m+1;//返回左右子树的深度最大值加 1
        else
            return n+1;
    }
}
```

6.6.2　二叉树的叶子数

首先考虑特殊情况，如果二叉树为空，则叶子数为 0；如果根的左、右子树都为空，则叶子数为 1；一般情况下，二叉树的叶子数等于左子树的叶子数与右子树的叶子数之和。

算法步骤

1）如果二叉树为空，则叶子数为 0。

2）如果根的左、右子树都为空，则叶子数为 1。

3）否则求左子树的叶子数和右子树的叶子数之和，即为二叉树的叶子数。

完美图解

例如，一棵二叉树如图 6-190 所示，左子树的叶子数为 2，右子树的叶子数为 1，左右子树的叶子数之和 2+1=3，则该二叉树的叶子数为 3。

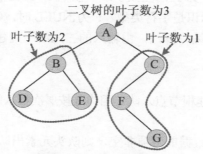

图 6-190　二叉树的叶子数

代码实现

```
int LeafCount(Btree T)//求二叉树的叶子数
{
    if(T==NULL)//如果为空树，叶子数为0
        return 0;
    else
        if(T->lchild==NULL&&T->rchild==NULL)//左右子树均为空，则叶子数为1
            return 1;
        else
            return LeafCount(T->lchild)+LeafCount(T->rchild);//左右子树的叶子数之和
}
```

同样，要计算二叉树的节点数，如果二叉树为空，则节点数为0；否则，二叉树的节点数等于左子树与右子树的节点数之和加1。

代码实现

```
int NodeCount(Btree T)//求二叉树的节点数
{
    if(T==NULL)//如果为空树，节点数为0
        return 0;
    else
        return NodeCount(T->lchild)+NodeCount(T->rchild)+1;//左右子树节点数之和加1
}
```

此类问题只需要考虑特殊情况，例如树空、只有一个根节点等，一般情况下，直接递归即可。

6.6.3 三元组创建二叉树

假设以三元组(F, C, L/R)的形式输入一棵二叉树的诸边（其中 F 是双亲节点的标识，C 是孩子节点标识，L/R 表示 C 为 F 的左孩子或右孩子），且在输入的三元组序列中，C 是按层次顺序出现的。设节点的标识是字符类型，F 为 NULL 时，C 为根节点标识，若 C 亦为 NULL，则表示输入结束。试编写算法，由输入的三元组序列建立二叉树的二叉链表，并以先序、中序和后序序列输出。

算法步骤

1）输入第一组数据，创建根节点入队。因为是按层次输入的，所以可以借助队列实现。

2）输入下一组数据。

3）如果队列非空且输入数据前两项非空，则队头元素出队。

4）判断输入数据中的双亲是否和队头元素相等，如果不相等，则转向第 3 步；如果相等，则创建一个新节点，判断该节点是其双亲的左孩子还是右孩子并做相应的处理，然后新节点入队。输入下一组数据，转向第 4 步（因为一个队头元素可能有两个孩子，所以不能创建一个孩子就结束）。

5）直到队列为空或者输入数据前两项为空，算法停止。

6）输出先序、中序和后序序列。

完美图解

例如，输入三元组数据和创建二叉树的过程如下。

1）输入第一组数据：NULL A L。

创建根节点，根节点的数据为 A，并将指向根节点的指针入队（图中用数据表示）。二叉树及队列的状态如图 6-191 和图 6-192 所示。

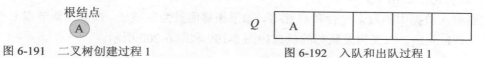

图 6-191　二叉树创建过程 1　　　　图 6-192　入队和出队过程 1

2）队头元素 A 出队。

输入数据：A B L

判断输入数据中的双亲是否和 A 相等，如果相等而且为左孩子，则创建新节点 B，作为 A 的左孩子，B 入队。二叉树及队列的状态如图 6-193 和图 6-194 所示。

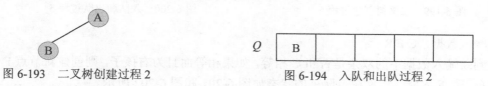

图 6-193　二叉树创建过程 2　　　　图 6-194　入队和出队过程 2

输入数据：A C R

判断输入数据中的双亲是否和 A 相等，如果相等而且为右孩子，则创建新节点 C，作为 A 的右孩子，C 入队。二叉树及队列的状态如图 6-195 和图 6-196 所示。

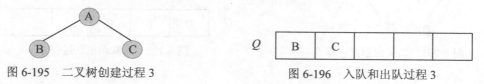

图 6-195　二叉树创建过程 3　　　　图 6-196　入队和出队过程 3

3）队头元素 B 出队。

输入数据：B D R

判断输入数据中的双亲是否和 B 相等，如果相等而且为右孩子，则创建新节点 D 作为 B 的右孩子，D 入队。二叉树及队列的状态如图 6-197 和图 6-198 所示。

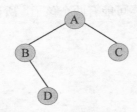

图 6-197　二叉树创建过程 4

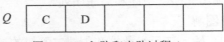

图 6-198　入队和出队过程 4

输入数据：C E L

判断输入数据中的双亲是否和 B 相等，不相等。

4）队头元素 C 出队。

判断输入数据中的双亲是否和 C 相等，如果相等而且为左孩子，则创建新节点 E 作为 C 的左孩子，E 入队。二叉树及队列的状态如图 6-199 和图 6-200 所示。

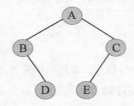

图 6-199　二叉树创建过程 5

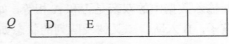

图 6-200　入队和出队过程 5

输入数据：C F R

判断输入数据中的双亲是否和 C 相等，如果相等而且为右孩子，则创建新节点 F 作为 C 的右孩子，F 入队。二叉树及队列的状态如图 6-201 和图 6-202 所示。

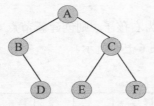

图 6-201　二叉树创建过程 6

图 6-202　入队和出队过程 6

5）队头元素 D 出队。

输入数据：D G L

判断输入数据中的双亲是否和 D 相等，如果相等而且为左孩子，则创建新节点 G 作为 D 的左孩子，G 入队。二叉树及队列的状态如图 6-203 和图 6-204 所示。

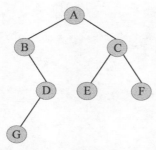

图 6-203 二叉树创建过程 7

图 6-204 入队和出队过程 7

输入数据：F H L

判断输入数据中的双亲是否和 B 相等，不相等。

6）队头元素 E 出队。

判断输入数据中的双亲是否和 E 相等，不相等。

7）队头元素 F 出队。

判断输入数据中的双亲是否和 F 相等，如果相等而且为左孩子，则创建新节点 H 作为 F 的左孩子，H 入队。二叉树及队列的状态如图 6-205 和图 6-206 所示。

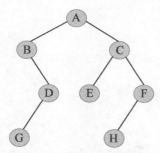

图 6-205 二叉树创建过程 8

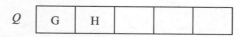

图 6-206 入队和出队过程 8

输入数据：NULL NULL L

前两项均为空，算法结束。

代码实现

```cpp
void CreatebiTree(biTnode* &T)
{
    string a,b,c;
    biTnode *node,*p;
    queue<biTnode*>q;
    cin>>a>>b>>c;
    if(a=="NULL" && b!="NULL")//创建根节点
    {
```

```
            node=new biTnode;
            node->data=b;
            node->lChild=node->rChild=NULL;
            T=node;
            q.push(T);
    }
    cin>>a>>b>>c;
    while(!q.empty()&&a!="NULL"&&b!="NULL")
    {
        p=q.front();//取队头元素
        q.pop(); //出队
        while(a==p->data)//最多判断两次，一个节点最多有两个孩子
        {
            node=new biTnode;
            node->data=b;
            node->lChild=node->rChild=NULL;
            if(c=="L")
            {
                p->lChild=node;
                cout<<p->data<<"'s lChild is "<<node->data<<endl;
            }
            else
            {
                p->rChild=node;
                cout<<p->data<<"'s rChild is "<<node->data<<endl;
            }
            q.push(node);//新节点入队
            cin>>a>>b>>c;//输入下一组数据
        }
    }
}
```

6.6.4 遍历序列还原树

根据遍历序列可以还原树，包括二叉树还原、树还原和森林还原 3 种。

1. 二叉树还原

由二叉树的先序序列和中序序列，或者中序序列和后序序列，可以唯一地还原一棵二叉树。

注意：由二叉树的先序序列和后序序列不能唯一地还原一棵二叉树。

例如：已知一棵二叉树的先序序列 ABDECFG 和中序序列 DBEAFGC，画出这棵二叉树。

算法步骤

1) 先序序列的第一个字符为根。

2) 在中序序列中，以根为中心划分左右子树。

3) 还原左右子树。

完美图解

1) 先序序列的第一个字符 A 为根，在中序序列中以 A 为中心划分左右子树，左子树包含 DBE 三个节点，右子树包含 FGC 三个节点，如图 6-207 所示。

图 6-207　先序中序还原二叉树过程 1

2) 左子树 DBE，在先序序列中的顺序为 BDE，第一个字符 B 为根，在中序序列中以 B 为中心划分左右子树，左右子树只有一个节点，因此直接作为 B 的左右孩子即可，如图 6-208 所示。

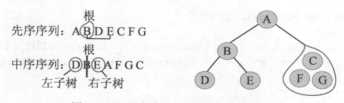

图 6-208　先序中序还原二叉树过程 2

3) 右子树 FGC，在先序序列中的顺序为 CFG，第一个字符 C 为根，在中序序列中以 C 为中心划分左右子树，左子树包含 FG 节点，右子树为空，如图 6-209 所示。

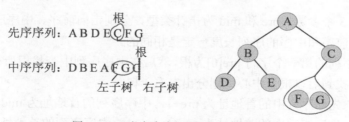

图 6-209　先序中序还原二叉树过程 3

4) 左子树 FG，在先序序列中的顺序为 FG，第一个字符 F 为根，在中序序列中以 F 为中心划分左右子树，左为空，右子树只有一个节点 G，作为 F 的右孩子即可，如图 6-210 所示。

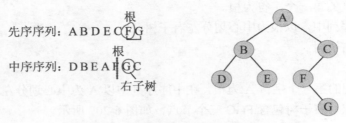

图 6-210　先序中序还原二叉树过程 4

代码实现

```
BiTree pre_mid_createBiTree(char *pre,char *mid,int len) //前序中序还原建立二叉树
{
    if(len==0)
        return NULL;
    char ch=pre[0]; //先序序列中的第一个节点，作为根
    int index=0; //在中序序列中查找根节点，并用 index 记录查找长度
    while(mid[index]!=ch)//在中序中找根节点，左边为该节点的左子树，右边为右子树
    {
        index++;
    }
    BiTree T=new BiTNode;//创建根节点
    T->data=ch;
    T->lchild=pre_mid_createBiTree(pre+1,mid,index);//创建左子树
    T->rchild=pre_mid_createBiTree(pre+index+1,mid+index+1,len-index-1);//创
建右子树
    return T;
}
```

代码解释如下。

```
pre_mid_createBiTree(char *pre,char *mid,int len) //前序中序还原建立二叉树
```

这个函数有 3 个参数，pre 和 mid 为指针类型，分别指向前序、中序序列的首地址；len 为序列的长度。前序和中序的序列长度一定是相同的。

首先，先序序列的第一个字符 pre[0] 为根，然后在中序序列中查找根所在的位置，用 index 记录查找长度，找到后以根为中心，划分出左右子树。

- 左子树：先序序列中的首地址为 pre+1，中序序列的首地址为 mid，长度为 index。
- 右子树：先序序列中的首地址为 pre+index+1，中序序列的首地址为 mid+index+1，长度为 len−index−1；右子树的长度为总长度减去左子树的长度，再减去根。

确定参数后，再递归求解左右子树即可。第一次树根及左右子树划分如图 6-211 所示。

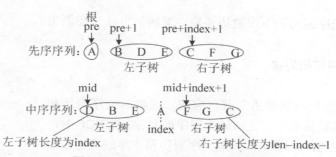

图 6-211　先序中序还原二叉树划分

由二叉树的后序序列和中序序列也可以唯一确定一棵二叉树，方法和上面一样，只不过后序序列的最后一个字符为根，然后在中序序列中以根为中心划分左右子树。

练习：已知一棵二叉树的后序序列 DEBGFCA 和中序序列 DBEAFGC，画出这棵二叉树。

代码实现

```
BiTree pro_mid_createBiTree(char *last,char *mid,int len)//后序中序还原建立二叉树
{
    if(len==0)
        return NULL;
    char ch=last[len-1]; //找到后序序列中的最后一个节点，作为根
    int index=0;//在中序序列中查找根节点，并用 index 记录查找长度
    while(mid[index]!=ch)//在中序中找根节点，左边为该节点的左子树，右边为右子树
        index++;
    BiTree T=new BiTNode;//创建根节点
    T->data=ch;
    T->lchild=pro_mid_createBiTree(last,mid,index);//创建左子树
    T->rchild=pro_mid_createBiTree(last+index,mid+index+1,len-index-1);//创
建右子树
    return T;
}
```

先序遍历和中序遍历还原二叉树**秘籍：先序找根，中序分左右**。

后序遍历和中序遍历还原二叉树**秘籍：后序找根，中序分左右**。

2．树还原

由于树的先根遍历和后根遍历与其对应二叉树的先序遍历和中序遍历相同，因此可以根据该对应关系，先还原为二叉树，然后再把二叉树转换为树。

练习：已知一棵树的先根遍历序列 ABEFCDGIH 和后根遍历序列 EFBCIGHDA，画出这棵树。

算法步骤

1）树先根遍历和后根遍历与其对应的二叉树的先序遍历和中序遍历相同，因此根据这

两个序列，按照先序遍历和中序遍历还原二叉树的方法，还原为
二叉树。

2）将该二叉树转换为树。

完美图解

1）树先根遍历和后根遍历与其对应的二叉树的先序遍历和
中序遍历相同，因此其对应二叉树的先序序列为 ABEFCDGIH，
中序遍历序列为 EFBCIGHDA，按照先序遍历和中序遍历还原二
叉树的方法，还原为二叉树，如图 6-212 所示。

2）按二叉树转换树的规则，将该二叉树转换为树，如图 6-213
所示。

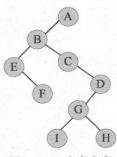

图 6-212　先序中序
原二叉树

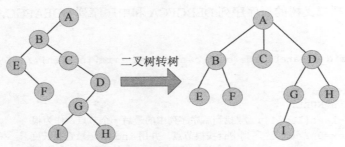

图 6-213　二叉树转换为树

3. 森林还原

由于森林的先序遍历和中序遍历与其对应二叉树的先序遍历和中序遍历相同，因此可以
根据该对应关系，先还原为二叉树，然后再把二叉树转换为森林。

例如：已知森林的先序遍历序列 ABCDEFGHJI 和中序遍历序列 BCDAFEJHIG，画出该
森林。

该森林的先序和中序对应二叉树的先序和中序，根据该先序和中序序列将其还原为二叉
树，再把二叉树转换为森林，如图 6-214 所示。

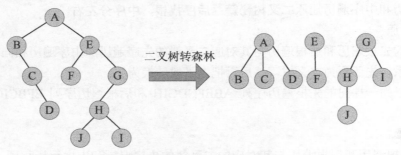

图 6-214　二叉树转换为森林

6.6.5 哈夫曼树

先看几个生活中的例子。

有一群退休的老教授聚会，其中一个带着刚会说话的漂亮小孙女，于是大家逗她："你能猜猜我们多大了吗？猜对了有糖吃哦。"小女孩就开始猜："你是 1 岁了吗？"老教授摇摇头。"你是两岁了吗？"老教授仍然摇摇头。"那一定是三岁了！"……大家哈哈大笑。或许我们都感觉到了小女孩的天真可爱，然而生活中却有很多这样的判断。

曾经有这样一个 C++设计题目：将一个班级的成绩从百分制转为等级制。有人写了如下代码：

```
if(score <60) cout << "不及格"<<endl;
else if (score <70) cout << "及格"<<endl;
    else if (score <80) cout << "中等"<<endl;
        else if (score <90) cout << "良好"<<endl;
          else cout << "优秀"<<endl;
```

在上面程序中，如果小于 60，我们做 1 次判定即可；如果在 60～70，需要判定 2 次；如果在 70～80，需要判定 3 次；如果在 80～90，需要判定 4 次；如果在 90～100，需要判定 5 次。

这段程序貌似没有任何问题，但是却犯了从 1 岁开始判断一个老教授年龄的错误，因为考试成绩往往是呈正态分布的，如图 6-215 所示。

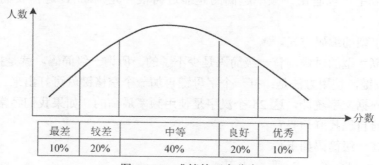

最差	较差	中等	良好	优秀
10%	20%	40%	20%	10%

图 6-215　成绩的正态分布

也就是说，大多数人（70%）要判断 3 次或 3 次以上才能成功，假设班级人数为 100 人，则判定次数为：

100×10%×1+100×20%×2+100×40%×3+100×20%×4+100×10%×5=300 次

如果我们把程序改写一下：

```
if(score <80)
    if (score <70)
        if (score <60) cout << "不及格"<<endl;
        else cout << "及格"<<endl;
    else cout << "中等"<<endl;
else if (score <90) cout << "良好"<<endl;
    else cout << "优秀"<<endl;
```

则判定次数为：

$100×10\%×3+100×20\%×3+100×40\%×2+100×20\%×2+100×10\%×2=230$ 次

为什么会有这样大的差别呢？下面看看两种判断方式的树型图，如图 6-216 所示。

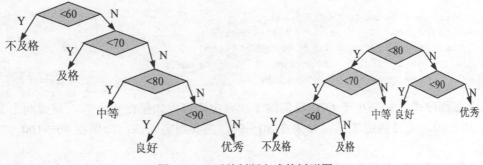

图 6-216　两种判断方式的树形图

从图 6-216 中可以看出，频率越高的越靠近树根（先判断），这样我们猜中的可能性越大。

再看五笔字型的编码方式。

在学习五笔字型的时候，背一级简码是少不了的。所谓一级简码，就是指 25 个汉字，对应着 25 个按键，使用方法是：打一个字母键再加一个空格键就可打出来。为什么要这样设置呢？因为根据文字统计，这 25 个汉字是使用频率最高的。如果我们经常用的字编码很长，不是自己给自己找麻烦吗？

五笔字根之一级简码如下。

G 一　F 地　D 在　S 要　A 工
H 上　J 是　K 中　L 国　M 同
T 和　R 的　E 有　W 人　Q 我
Y 主　U 产　I 不　O 为　P 这
N 民　B 了　V 发　C 以　X 经

通常的编码方法有固定长度编码和不等长度编码两种。这是一个设计最优编码方案的问题,目的是使总码长度最短。这个问题利用字符的使用频率来编码,是不等长编码方法,使经常使用的字符编码较短,不常使用的字符编码较长。如果采用等长的编码方案,假设所有字符的编码都等长,则表示 n 个不同的字符需要 $\lceil \log n \rceil$ 位。例如,3 个不同的字符 a、b、c,至少需要 2 位二进制数表示:a:00、b:01、c:10。如果每个字符的使用频率相等,那么固定长度编码是空间效率最高的方法。

不等长编码方法需要解决两个关键问题。

1)编码尽可能短。我们可以让使用频率高的字符编码较短,使用频率低的编码较长。这种方法可以提高压缩率,节省空间,也能提高运算和通信速度,即**频率越高,编码越短**。

2)不能有二义性。如果 ABCD 这 4 个字符这样编码:

A:0 B:1 C:01 D:10

那么现在有一列数 0110,该怎样翻译呢?是翻译为 ABBA,还是 ABD、CBA、CD?如果在军事情报中,这种混乱的译码可能会导致丧失无数的生命!那么如何消除二义性呢?解决的办法是:任何一个字符的编码不能是另一个字符的编码的前缀,即**前缀码特性**。

1952 年,数学家 D. A. Huffman 提出了用字符在文件中出现的频率(即用 0、1 串)表示各字符的最佳编码方式,称为哈夫曼编码(Huffman code)。哈夫曼编码很好地解决了上述两个关键问题,被广泛地应用于数据压缩,尤其是远距离通信和大容量数据存储,常用的 JPEG 图片就是采用哈夫曼编码压缩的。

哈夫曼编码的基本思想是以字符的使用频率作为权来构建一棵哈夫曼树,然后利用哈夫曼树对字符进行编码。哈夫曼树是通过将所要编码的字符作为叶子节点,将该字符在文件中的使用频率作为叶子节点的权值,以自底向上的方式,做 $n{-}1$ 次"合并"运算构造出来的。

哈夫曼编码的核心思想是让权值大的叶子离根最近。

哈夫曼算法采取的**贪心策略是每次从树的集合中取出没有双亲且权值最小的两棵树作为左右子树**,构造一棵新树,新树根节点的权值为其左右孩子节点权值之和,并将新树插入树的集合中。

算法步骤

1)确定合适的数据结构。编写程序前需要考虑的情况如下。

- 哈夫曼树中没有度为 1 的节点,则一棵有 n 个叶子节点的哈夫曼树共有 $2n{-}1$ 个节点($n{-}1$ 次"合并",每次产生一个新节点)。
- 构成哈夫曼树后,为求编码需从叶子节点出发走一条从叶子到根的路径。
- 译码需要从根出发走一条从根到叶子的路径。那么对每个节点而言,需要知道每个节点的权值、双亲、左孩子、右孩子和节点信息。

2)初始化。构造 n 棵节点为 n 个字符的单节点树集合 $T{=}\{t_1, t_2, t_3, \cdots, t_n\}$,每棵树只有一个带权的根节点,权值为该字符的使用频率。

3）如果 T 中只剩下一棵树，则哈夫曼树构造成功，跳到第 6 步。否则，从集合 T 中取出没有双亲且权值最小的两棵树 t_i 和 t_j，将它们合并成一棵新树 z_k，新树的左孩子为 t_i，右孩子为 t_j，z_k 的权值为 t_i 和 t_j 的权值之和。

4）从集合 T 中删去 t_i、t_j，加入 z_k。

5）重复以上第 3 步和第 4 步。

6）约定左分支上的编码为"0"，右分支上的编码为"1"。从叶子节点到根节点逆向求出每个字符的哈夫曼编码，那么从根节点到叶子节点路径上的字符组成的字符串为该叶子节点的哈夫曼编码，算法结束。

完美图解

假设我们现在有一些字符和它们的使用频率（见表 6-2），如何得到它们的哈夫曼编码呢？

表 6-2　字符频率

字符	a	b	c	d	e	f
频率	0.05	0.32	0.18	0.07	0.25	0.13

我们可以把每一个字符作为叶子，它们对应的频率作为其权值，因为只是比较大小，为了比较方便，可以对其同时扩大 100 倍，得到 a:5、b:32、c:18、d:7、e:25、f:13。

1）初始化。构造 n 棵节点为 n 个字符的单节点树集合 $T=\{a, b, c, d, e, f\}$，如图 6-217 所示。

2）从集合 T 中取出没有双亲的且权值最小的两棵树 a 和 d，将它们合并成一棵新树 t_1，新树的左孩子为 a，右孩子为 d，新树的权值为 a 和 d 的权值之和 12。新树的树根 t_1 加入集合 T，从集合 T 中删除 a 和 d，如图 6-218 所示。

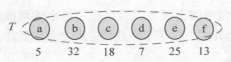

图 6-217　叶子节点

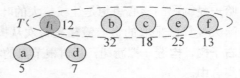

图 6-218　构建新树

3）从集合 T 中取出没有双亲的且权值最小的两棵树 t_1 和 f，将它们合并成一棵新树 t_2，新树的左孩子为 t_1，右孩子为 f，新树的权值为 t_1 和 f 的权值之和 25。新树的树根 t_2 加入集合 T，从集合 T 中删除 t_1 和 f，如图 6-219 所示。

4）从集合 T 中取出没有双亲且权值最小的两棵树 c 和 e，将它们合并成一棵新树 t_3，新树的左孩子为 c，右孩子为 e，新树的权值为 c 和 e 的权值之和 43。新树的树根 t_3 加入集合 T，从

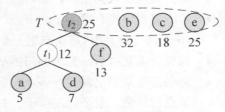

图 6-219　构建新树

集合 T 中删除 c 和 e，如图 6-220 所示。

5）从集合 T 中取出没有双亲且权值最小的两棵树 t_2 和 b，将它们合并成一棵新树 t_4，新树的左孩子为 t_2，右孩子为 b，新树的权值为 t_2 和 b 的权值之和 57。新树的树根 t_4 加入集合 T，从集合 T 中删除 t_2 和 b，如图 6-221 所示。

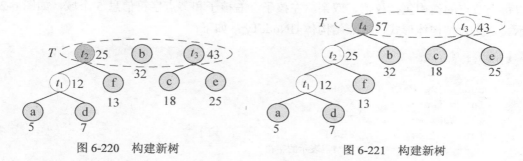

图 6-220 构建新树   图 6-221 构建新树

6）从集合 T 中取出没有双亲且权值最小的两棵树 t_3 和 t_4，将它们合并成一棵新树 t_5，新树的左孩子为 t_4，右孩子为 t_3，新树的权值为 t_3 和 t_4 的权值之和 100。新树的树根 t_5 加入集合 T，从集合 T 中删除 t_3 和 t_4，如图 6-222 所示。

7）T 中只剩下一棵树，哈夫曼树构造成功。

8）约定左分支上的编码为"0"，右分支上的编码为"1"。从叶子节点到根节点逆向求出每个字符的哈夫曼编码。那么从根节点到叶子节点路径上的字符组成的字符串为该叶子节点的哈夫曼编码，如图 6-223 所示。

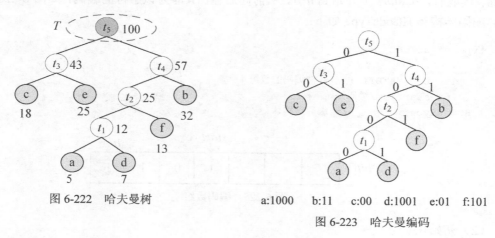

图 6-222 哈夫曼树

a:1000   b:11   c:00   d:1001   e:01   f:101

图 6-223 哈夫曼编码

代码实现

在构造哈夫曼树过程中，首先将每个节点的双亲、左孩子和右孩子初始化为-1，找出所有节点中双亲为-1、权值最小的两个节点 t_1、t_2，并将其合并为一棵二叉树。更新信息（双亲节点的权值为 t_1、t_2 权值之和，其左孩子为权值最小的节点 t_1，右孩子为次小的节点 t_2，t_1、t_2 的双亲为双亲节点的编号）。重复此过程，建成一棵哈夫曼树。

（1）数据结构

每个节点的结构包括权值、双亲、左孩子、右孩子和节点字符信息 5 个域，如图 6-224 所示。定义为结构体形式，节点结构体 HNodeType 如下：

```
typedef struct
{
    double weight;    //权值
    int parent;       //双亲
    int lchild;       //左孩子
    int rchild;       //右孩子
    char value;       //该节点表示的字符
} HNodeType;
```

weight	parent	lchild	rchild	value

图 6-224　节点结构体

在结构体的编码过程中，$bit[]$ 存放节点的编码，$start$ 记录编码开始下标，逆向编码（从叶子到根，想一想为什么不从根到叶子呢）。存储时，$start$ 从 $n-1$ 开始依次递减，从后向前存储；读取时，从 $start+1$ 开始到 $n-1$，从前向后输出，即为该字符的编码，如图 6-225 所示。

编码结构体 HCodeType 如下：

```
typedef struct
{
    int bit[MAXBIT];  //存储编码的数组
    int start;        //编码开始下标
} HCodeType;          /* 编码结构体 */
```

图 6-225　编码数组

（2）初始化

初始化存放哈夫曼树的数组 $HuffNode[]$ 中的节点，如图 6-226 所示。

```
for (i=0; i<2*n-1; i++){
```

```
        HuffNode[i].weight = 0;      //权值
        HuffNode[i].parent = -1;     //双亲
        HuffNode[i].lchild = -1;     //左孩子
        HuffNode[i].rchild = -1;     //右孩子
    }
```

	weight	parent	lchild	rchild	value
0	5	−1	−1	−1	a
1	32	−1	−1	−1	b
2	18	−1	−1	−1	c
3	7	−1	−1	−1	d
4	25	−1	−1	−1	e
5	13	−1	−1	−1	f
6	0	−1	−1	−1	
7	0	−1	−1	−1	
8	0	−1	−1	−1	
9	0	−1	−1	−1	
10	0	−1	−1	−1	

图 6-226 哈夫曼树构建数组

输入 n 个叶子节点的字符及权值。

```
for (i=0; i<n; i++){
    cout<<"Please input value and weight of leaf node "<<i + 1<<endl;
    cin>>HuffNode[i].value>>HuffNode[i].weight;
}
```

（3）循环构造哈夫曼树

从集合 T 中取出双亲为−1 的且权值最小的两棵树 t_i 和 t_j，将它们合并成一棵新树 z_k，新树的左孩子为 t_i，右孩子为 t_j，z_k 的权值为 t_i 和 t_j 的权值之和。

```
    int i, j, x1, x2; //x1 和 x2 为两个最小权值节点的序号
    double m1,m2; //m1 和 m2 为两个最小权值节点的权值
    for (i=0; i<n-1; i++){
        m1=m2=MAXVALUE;  //初始化为最大值
        x1=x2=-1;  //初始化为-1
        //找出所有节点中权值最小、无双亲节点的两个节点
        for (j=0; j<n+i; j++){
            if (HuffNode[j].weight < m1 && HuffNode[j].parent==-1){
                m2 = m1;
                x2 = x1;
                m1 = HuffNode[j].weight;
                x1 = j;
            }
```

```
        else if (HuffNode[j].weight < m2 && HuffNode[j].parent==-1){
            m2=HuffNode[j].weight;
            x2=j;
        }
    }
    /* 更新新树信息 */
    HuffNode[x1].parent = n+i; //x1 的父亲为新节点编号 n+i
    HuffNode[x2].parent = n+i; //x2 的父亲为新节点编号 n+i
    HuffNode[n+i].weight = m1+m2; //新节点权值为两个最小权值之和 m1+m2
    HuffNode[n+i].lchild = x1; //新节点 n+i 的左孩子为 x1
    HuffNode[n+i].rchild = x2; //新节点 n+i 的右孩子为 x2
    }
}
```

完美图解

1）i=0 时：j=0；j<6；找双亲为-1，权值最小的两个数。

x1=0，x2=3；x1、x2 为两个最小权值节点的序号。

m1=5，m2=7；m1、m2 为两个最小权值节点的权值。

```
HuffNode[0].parent = 6;     //x1 的父亲为新节点编号 n+i
HuffNode[3].parent = 6;     //x2 的父亲为新节点编号 n+i
HuffNode[6].weight = 12;    //新节点权值为两个最小权值之和 m1+ m2
HuffNode[6].lchild = 0;     //新节点 n+i 的左孩子为 x1
HuffNode[6].rchild = 3;     //新节点 n+i 的右孩子为 x2
```

数据更新后如图 6-227 所示。

	weight	parent	lchild	rchild	value
0	5	6	-1	-1	a
1	32	-1	-1	-1	b
2	18	-1	-1	-1	c
3	7	6	-1	-1	d
4	25	-1	-1	-1	e
5	13	-1	-1	-1	f
6	12	-1	0	3	
7	0	-1	-1	-1	
8	0	-1	-1	-1	
9	0	-1	-1	-1	
10	0	-1	-1	-1	

图 6-227 哈夫曼树构建数组

对应的哈夫曼树如图 6-228 所示。

2）i=1 时：j=0；j<7；找双亲为−1，权值最小的两个数。

x1=6，x2=5；x1、x2 为两个最小权值节点的序号。

m1=12，m2=13；m1、m2 为两个最小权值节点的权值。

图 6-228　哈夫曼树生成过程

```
HuffNode[5].parent = 7;      //x1 的父亲为新节点编号 n+i
HuffNode[6].parent = 7;      //x2 的父亲为新节点编号 n+i
HuffNode[7].weight = 25;     //新节点权值为两个最小值之和 m1+m2
HuffNode[7].lchild = 6;      //新节点 n+i 的左孩子为 x1
HuffNode[7].rchild = 5;      //新节点 n+i 的右孩子为 x2
```

数据更新后如图 6-229 所示。

	weight	parent	lchild	rchild	value
0	5	6	−1	−1	a
1	32	−1	−1	−1	b
2	18	−1	−1	−1	c
3	7	6	−1	−1	d
4	25	−1	−1	−1	e
5	13	7	−1	−1	f
6	12	7	0	3	
7	25	−1	6	5	
8	0	−1	−1	−1	
9	0	−1	−1	−1	
10	0	−1	−1	−1	

图 6-229　哈夫曼树构建数组

对应的哈夫曼树如图 6-230 所示。

3）i=2 时：j=0；j<8；找双亲为−1，权值最小的两个数。

x1=2，x2=4；x1 和 x2 为两个最小权值节点的序号。

m1=18，m2=25；m1 和 m2 为两个最小权值节点的权值。

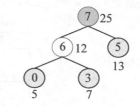

图 6-230　哈夫曼树生成过程

```
HuffNode[2].parent = 8;      //x1 的父亲为新节点编号 n+i
HuffNode[4].parent = 8;      //x2 的父亲为新节点编号 n+i
HuffNode[8].weight = 43;     //新节点权值为两个最小值之和 m1+m2
HuffNode[8].lchild = 2;      //新节点 n+i 的左孩子为 x1
HuffNode[8].rchild = 4;      //新节点 n+i 的右孩子为 x2
```

数据更新后如图 6-231 所示。

	weight	parent	lchild	rchild	value
0	5	6	−1	−1	a
1	32	−1	−1	−1	b
→ 2	18	8	−1	−1	c
3	7	6	−1	−1	d
→ 4	25	8	−1	−1	e
5	13	7	−1	−1	f
6	12	7	0	3	
7	25	−1	6	5	
8	43	−1	2	4	
9	0	−1	−1	−1	
10	0	−1	−1	−1	

图 6-231 哈夫曼树构建数组

对应的哈夫曼树如图 6-232 所示。

4）i=3 时：j=0；j<9；找双亲为−1，权值最小的两个数。

x1=7，x2=1；x1 和 x2 为两个最小权值节点的序号。

m1=25，m2=32；m1 和 m2 为两个最小权值节点的权值。

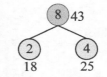

图 6-232 哈夫曼树生成过程

```
HuffNode[7].parent = 9;      //x1 的父亲为新节点编号 n+i
HuffNode[1].parent = 9;      //x2 的父亲为新节点编号 n+i
HuffNode[9].weight = 57;     //新节点权值为两个最小权值之和 m1+m2
HuffNode[9].lchild = 7;      //新节点 n+i 的左孩子为 x1
HuffNode[9].rchild = 1;      //新节点 n+i 的右孩子为 x2
```

数据更新后如图 6-233 所示。

	weight	parent	lchild	rchild	value
0	5	6	−1	−1	a
→ 1	32	9	−1	−1	b
2	18	8	−1	−1	c
3	7	6	−1	−1	d
4	25	8	−1	−1	e
5	13	7	−1	−1	f
6	12	7	0	3	
→ 7	25	9	6	5	
8	43	−1	2	4	
9	57	−1	7	1	
10	0	−1	−1	−1	

图 6-233 哈夫曼树构建数组

对应的哈夫曼树如图 6-234 所示。

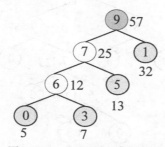

图 6-234　哈夫曼树生成过程

5）i=4 时：j=0；j<10；找双亲为−1，权值最小的两个数。

x1=8，x2=9；x1 和 x2 为两个最小权值节点的序号。

m1=43，m2=57；m1 和 m2 为两个最小权值节点的权值。

```
HuffNode[8].parent = 10;       //x1 的父亲为生成的新节点编号 n+i
HuffNode[9].parent = 10;       //x2 的父亲为生成的新节点编号 n+i
HuffNode[10].weight = 100;     //新节点权值为两个最小权值之和 m1+m2
HuffNode[10].lchild = 8;       //新节点编号 n+i 的左孩子为 x1
HuffNode[10].rchild = 9;       //新节点编号 n+i 的右孩子为 x2
```

数据更新后如图 6-235 所示。

	weight	parent	lchild	rchild	value
0	5	6	−1	−1	a
1	32	9	−1	−1	b
2	18	8	−1	−1	c
3	7	6	−1	−1	d
4	25	8	−1	−1	e
5	13	7	−1	−1	f
6	12	7	0	3	
7	25	9	6	5	
8	43	10	2	4	
9	57	10	7	1	
10	100	−1	8	9	

图 6-235　哈夫曼树构建数组

对应的哈夫曼树如图 6-236 所示。

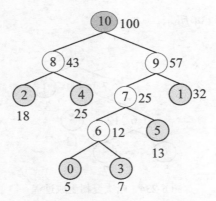

图 6-236 哈夫曼树生成过程

（4）输出哈夫曼编码

```
void HuffmanCode(HCodeType HuffCode[MAXLEAF],  int n)
{
    HCodeType cd;          /* 定义一个临时变量来存放求解编码时的信息 */
    int i,j,c,p;
    for(i = 0;i < n; i++){
        cd.start = n-1;
        c = i;  //i 为叶子节点编号
        p = HuffNode[c].parent;
        while(p != -1){
            if(HuffNode[p].lchild == c){
                cd.bit[cd.start] = 0;
            }
            else
                cd.bit[cd.start] = 1;
            cd.start--;          /* start 向前移动一位 */
            c = p;               /* c、p 变量上移，准备下一循环 */
            p = HuffNode[c].parent;
        }
    /* 把叶子节点的编码信息从临时编码 cd 中复制出来，放入编码结构体数组中 */
        for (j=cd.start+1; j<n; j++)
            HuffCode[i].bit[j] = cd.bit[j];
        HuffCode[i].start = cd.start;
    }
}
```

哈夫曼编码数组如图 6-237 所示。

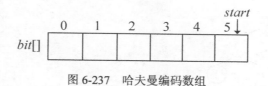

图 6-237 哈夫曼编码数组

1）i=0 时：c=0。

```
cd.start = n-1=5;
p = HuffNode[0].parent=6;      //从哈夫曼树建成后的表 HuffNode[]中读出
                                //p 指向 0 号节点的父亲 6 号
```

构建好的哈夫曼树数组如图 6-238 所示。

	weight	parent	lchild	rchild	value
0	5	6	-1	-1	a
1	32	9	-1	-1	b
2	18	8	-1	-1	c
3	7	6	-1	-1	d
4	25	8	-1	-1	e
5	13	7	-1	-1	f
6	12	7	0	3	
7	25	9	6	5	
8	43	10	2	4	
9	57	10	7	1	
10	100	-1	8	9	

图 6-238 哈夫曼树构建数组

如果 p != -1，那么从表 *HuffNode*[]中读出 6 号节点的左孩子和右孩子，判断 0 号节点是它的左孩子还是右孩子。如果是左孩子编码为 0，如果是右孩子编码为 1。

从图 6-238 中可以看出，HuffNode[6].lchild=0，0 号节点是其父亲 6 号的左孩子。

```
cd.bit[5] = 0;//编码为 0
cd.start--=4; /* start 向前移动一位*/
```

哈夫曼编码树如图 6-239 所示，哈夫曼编码数组如图 6-240 所示。

```
c = p=6;                    /* c、p 变量上移，准备下一循环 */
p = HuffNode[6].parent=7;
```

c、p 变量上移后的哈夫曼编码树如图 6-241 所示。

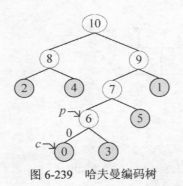

图 6-239 哈夫曼编码树

图 6-240 哈夫曼编码数组

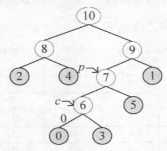

图 6-241 哈夫曼编码树

```
p != -1;
HuffNode[7].lchild=6;//6 号节点是其父亲 7 号的左孩子
cd.bit[4] = 0;//编码为 0
cd.start--=3;            /* start 向前移动一位 */
c = p=7;                 /* c、p 变量上移, 准备下一循环 */
p = HuffNode[7].parent=9;
```

哈夫曼编码树如图 6-242 所示, 哈夫曼编码数组如图 6-243 所示。

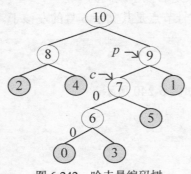

图 6-242 哈夫曼编码树

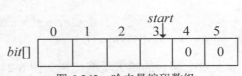

图 6-243 哈夫曼编码数组

```
p != -1;
```

```
HuffNode[9].lchild=7;//7号节点是其父亲9号的左孩子
cd.bit[3] = 0;//编码为0
cd.start--=2;              /* start 向前移动一位 */
c = p=9;                   /* c,p 变量上移,准备下一循环 */
p = HuffNode[9].parent=10;
```

哈夫曼编码树如图 6-244 所示,哈夫曼编码数组如图 6-245 所示。

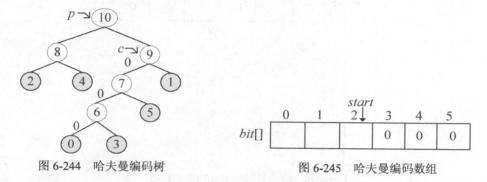

图 6-244 哈夫曼编码树　　　　　　图 6-245 哈夫曼编码数组

```
p != -1;
HuffNode[10].lchild!=9;//9号节点不是其父亲10号的左孩子
cd.bit[2] = 1;//编码为1
cd.start--=1;              /* start 向前移动一位*/
c = p=10;                  /* c,p 变量上移,准备下一循环 */
p = HuffNode[10].parent=-1;
```

哈夫曼编码树如图 6-246 所示,哈夫曼编码数组如图 6-247 所示。

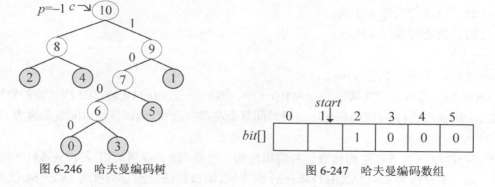

图 6-246 哈夫曼编码树　　　　　　图 6-247 哈夫曼编码数组

p = -1,该叶子节点编码结束。

```
/* 把叶子节点的编码信息从临时编码 cd 中复制出来,放入编码结构体数组 */
    for (j=cd.start+1; j<n; j++)
```

```
        HuffCode[i].bit[j] = cd.bit[j];
    HuffCode[i].start = cd.start;
```

HuffCode[]数组如图 6-248 所示。

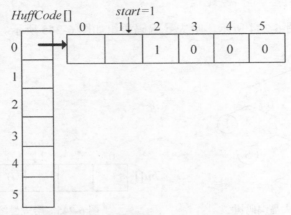

图 6-248　哈夫曼编码 HuffCode[]数组

注意：图 6-248 中的箭头不表示指针。

算法复杂度分析

（1）时间复杂度

由程序可以看出，在函数 *HuffmanTree*()中，if (HuffNode[j].weight<m1&& HuffNode[j].parent==−1)为基本语句，外层 i 与 j 组成双层循环。

$i=0$ 时，该语句执行 n 次；

$i=1$ 时，该语句执行 $n+1$ 次；

$i=2$ 时，该语句执行 $n+2$ 次；

……

$i=n-2$ 时，该语句执行 $n+n-2$ 次；

由此可知，基本语句共执行 $n+(n+1)+(n+2)+\cdots+(n+(n-2))=(n-1)(3n-2)/2$ 次（等差数列）。在函数 *HuffmanCode*()中，编码和输出编码时间复杂度都接近 n^2，则该算法时间复杂度为 $O(n^2)$。

（2）空间复杂度

所需存储空间为节点结构体数组与编码结构体数组，哈夫曼树数组 *HuffNode*[]中的节点为 n 个，每个节点包含 *bit*[MAXBIT]和 *start* 两个域，则该算法空间复杂度为 $O(n*{\rm MAXBIT})$。

算法优化拓展

该算法可以从两个方面优化。

1）函数 *HuffmanTree*()中，找两个权值最小节点时使用优先队列，时间复杂度为 $O(\log n)$，

执行 $n-1$ 次，总时间复杂度为 $O(n \log n)$。

2）函数 *HuffmanCode*() 中，哈夫曼编码数组 *HuffNode*[] 中可以定义一个动态分配空间的线性表来存储编码，每个线性表的长度为实际的编码长度，这样可以大大节省空间。

6.7 树学习秘籍

1. 本章内容小结

本章主要讲述树的基本概念和存储方式，重点介绍二叉树的基本性质和二叉树的遍历及应用，具体内容如图 6-249 和图 6-250 所示。

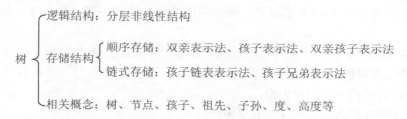

图 6-249 树的主要内容

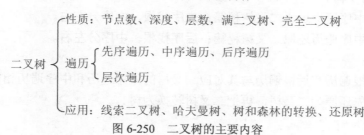

图 6-250 二叉树的主要内容

2. 树和二叉树的转换

树转换为二叉树的秘诀：长子当作左孩子，兄弟关系向右斜。

3. 二叉树的性质

性质 1：在二叉树的第 i 层上至多有 2^{i-1} 个节点。

性质 2：深度为 k 的二叉树至多有 2^k-1 个节点。

性质 3：对于任何一棵二叉树，若 2 度的节点数有 n_2 个，叶子数 n_0 个，则 $n_0=n_2+1$。

性质 4：具有 n 个节点的完全二叉树的深度必为 $\lfloor \log_2 n \rfloor+1$。

性质 5：对完全二叉树，若从上到下、从左至右编号，则编号为 i 的节点，其左孩子编号必为 $2i$，其右孩子编号必为 $2i+1$，其双亲的编号必为 $i/2$。

4．二叉树的遍历

先序遍历秘籍：访问根，先序遍历左子树，**左子树为空或已遍历才可以遍历右子树**。

中序遍历秘籍：中序遍历左子树，**左子树为空或已遍历才可以访问根**，中序遍历右子树。

后序遍历秘籍：后序遍历左子树，后序遍历右子树，**左子树、右子树为空或已遍历才可以访问根**。

层次遍历秘籍：首先第 1 层，然后第 2 层……同一层按照从左向右的顺序访问，直到最后一层。

树和森林的遍历与二叉树的遍历对应关系如表 6-1 所示。

5．遍历序列还原树

（1）二叉树还原

由二叉树的先序序列和中序序列，或者中序序列和后序序列，可以唯一地还原一棵二叉树。

注意：由二叉树的先序序列和后序序列不能唯一地还原一棵二叉树。

已知一棵二叉树的先序序列和中序序列，还原二叉树：

- 先序序列的第一个字符为根；
- 中序序列以根为中心划分左右子树；
- 还原左右子树。

先序遍历和中序遍历还原二叉树**秘籍：先序找根，中序分左右。**

后序遍历和中序遍历还原二叉树**秘籍：后序找根，中序分左右。**

（2）树还原

由于树的先根遍历和后根遍历与其对应二叉树的先序遍历和中序遍历相同，因此可以根据该对应关系，先还原为二叉树，再把二叉树转换为树。

（3）森林还原

由于森林的先序遍历和中序遍历与其对应二叉树的先序遍历和中序遍历相同，因此可以根据该对应关系，先还原为二叉树，再把二叉树转换为森林。

6．哈夫曼编码

哈夫曼编码的基本思想是以字符的使用频率作为权构建一棵哈夫曼树，然后利用哈夫曼树对字符进行编码。哈夫曼树是将所要编码的字符作为叶子节点，将该字符在文件中的使用频率作为叶子节点的权值，以自底向上的方式，做 $n-1$ 次"合并"运算构造出来的，其核心思想是让权值大的叶子离根最近。

哈夫曼算法采取的**贪心策略是每次从树的集合中取出没有双亲且权值最小的两棵树作为左右子树**，构造一棵新树，新树根节点的权值为其左右孩子节点权值之和，并将新树插入树的集合中。

Chapter 7

图

前面章节讲了线性表和树形结构。在线性表中，数据元素是一对一的关系，除了第一个和最后一个元素外，每个元素都有唯一的前驱和后继。在树形结构中，数据元素是一对多的关系，除了根之外，每个节点都有唯一的双亲节点，可以有多个孩子。本章中的图形结构是多对多的关系，任何两个数据元素都可能有关系，每个节点可以有多个前驱和后继。

图的应用非常广泛，例如我们经常见到的交通图，如图 7-1 所示。

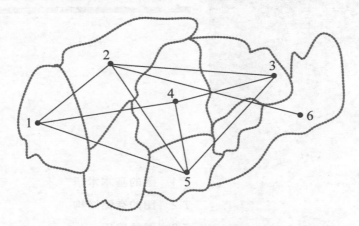

图 7-1　交通图

7.1　图的基本术语

图通常用一个二元组 $G=<V, E>$ 表示，V 表示顶点集，E 表示边集。$|V|$ 表示顶点集中元素的个数，即顶点数，n 个顶点的图称为 n 阶图。$|E|$ 表示边集中元素的个数，即边数。

注意：顶点集 V 和边集 E 均为有限集合，其中 E 可以为空集，V 不可以为空集，但在运算中，可能产生 V 为空集。V 为空集的图称为空图，记为 ϕ。

下面介绍图的一些基本术语。

1. 无向图

若图 G 中每条边都是没有方向的，则称为无向图，如图 7-2 所示。每条边都是两个顶点组成的无序对，例如顶点 v_1 和顶点 v_3 之间的边，记为（v_1, v_3）或（v_3, v_1），如图 7-3 所示。

2. 有向图

若图 G 中每条边都是有方向的，则称为有向图，如图 7-4 所示。有向边也称为弧，每条弧都是由两个顶点组成的有序对，例如从顶点 v_1 到顶点 v_3 的弧，记为$<v_1, v_3>$，v_1 称为弧尾，v_3 称为弧头，如图 7-5 所示。

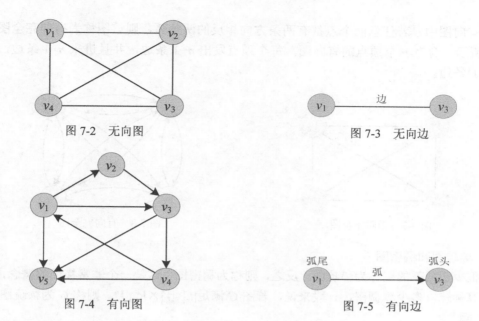

图 7-2 无向图

图 7-3 无向边

图 7-4 有向图

图 7-5 有向边

注意：尖括号 $<v_i, v_j>$ 表示有序对，圆括号 (v_i, v_j) 表示无序对。

3. 简单图

既不含平行边也不含环的图称为**简单图**，图 7-2 和图 7-4 均为简单图。

在无向图中，若关联一对顶点的无向边多于一条，则称这些边为平行边，平行边的条数称为重数，如图 7-6（a）所示。在有向图中，若关联一对顶点的有向边多于一条，并且这些边的始点和终点相同（方向一致），则称这些边为平行边，如图 7-6（b）所示。自环是指一条边关联的两个顶点为同一个顶点，也就是说自己到自己有一条边，如图 7-6（c）所示。含有平行边的图称为多重图。平行边的条数称为重数。

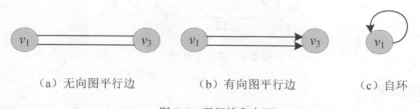

（a）无向图平行边　　　　　（b）有向图平行边　　　　　（c）自环

图 7-6 平行边和自环

4. 完全图

在无向图中，若任意两个点都有一条边，则该图称为**无向完全图**，如图 7-7 所示。含有 n 个顶点的无向图，每个顶点到其他的 $n-1$ 个顶点都有边，一共有 $n(n-1)/2$ 条边。

在有向图中，若任意两个点都有两条方向相反的两条弧，则该图称为**有向完全图**，如图 7-8 所示。含有 n 个顶点的有向图，每个顶点发出 $n-1$ 条边，并且进来 $n-1$ 条边，一共有 $n(n-1)$ 条边。

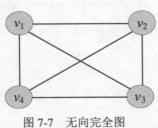

图 7-7　无向完全图

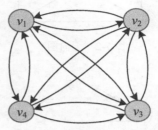

图 7-8　有向完全图

5．稀疏图和稠密图

有很少边或弧的图称为稀疏图，反之，则称为稠密图。这是一个非常模糊的概念，很难讲多少算稀疏，多少算稠密，一般来说，若图 G 满足 $|E| < |V| \times \log |V|$，则称 G 为稀疏图。

6．网

在实际应用中，经常在边上标注如距离、时间、耗费等数值，该数值称为边的权值。带权的图称为网，如图 7-9 所示。

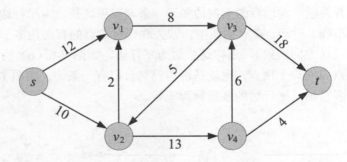

图 7-9　网（带权图）

7．邻接和关联

邻接是指顶点和顶点之间的关系，关联是指边和顶点之间的关系。有边/弧相连的两个顶点之间的关系，如无向边 (v_i, v_j)，则称 v_i 和 v_j 互为邻接点；有向边 $<v_i, v_j>$，则称 v_i 邻接到 v_j，v_j 邻接于 v_i。若存在 (v_i, v_j) 或 $<v_i, v_j>$，则称该边或弧关联于 v_i 和 v_j，如图 7-10 所示。在图中，每条边关联（依附）两个顶点。

图 7-10 边和弧

8. 顶点的度

顶点的度是指与该顶点相关联的边的数目，记为 $TD(v)$。

握手定理：度数之和等于边数的两倍，即

$$\sum_{i=1}^{n} TD(v_i) = 2e$$

其中，n 为顶点数，e 为边数。

在计算度数之和时，每条边算了两次，如图 7-11 所示。如果在计算度数时，每算一度划一条线，则可以看出每条边被计算了两次。

在有向图中，顶点的度又分为入度和出度。顶点 v 的入度是以 v 为终点的有向边的条数，记作 $ID(v)$，即进来的边数。顶点 v 的出度是以 v 为始点的有向边的条数，记作 $OD(v)$，即发出的边数。顶点 v 的度等于其入度和出度之和，即

$$TD(v) = ID(v) + OD(v)$$

在有向图中，所有顶点的入度之和等于出度之和，又因为所有顶点度数之和等于边的 2 倍，因此

$$\sum_{i=1}^{n} ID(v_i) = \sum_{i=1}^{n} OD(v_i) = e$$

例如，在图 7-12 中，顶点 v_1 的入度为 1，出度为 3，度为入度和出度之和 4，所有顶点的入度之和为 8，所有顶点的出度之和也为 8，图中的边数也为 8。所有顶点的入度之和=出度之和=边数。

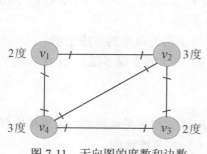

图 7-11 无向图的度数和边数

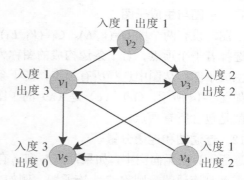

图 7-12 有向图的度数和边数

9．路径、路径长度和距离

路径：接续的边的顶点构成的序列。

路径长度：路径上边或弧的数目。

距离：从顶点到另一顶点的最短路径长度。

例如，在图 7-13 中，s、v_1、v_3、t 是 s 到 t 的一条路径，路径长度为 3；s、v_2、v_4、v_3、t 也是 s 到 t 的一条路径，路径长度为 4；两个顶点之间的路径有可能有很多个，路径长度最短的为两个顶点的距离，如 s 到 t 的距离为 3。

注意：在有向图中，路径必须沿着箭头的方向走，无向图只要有边就可以走。

10．回路（环）、简单路径和简单回路

回路（环）：第一个顶点和最后一个顶点相同的路径。在图 7-13 中，v_2、v_4、v_3、v_2 是回路。

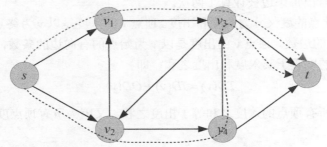

图 7-13　路径、路径长度和距离

简单路径：除路径起点和终点可以相同外，其余顶点均不相同的路径。在图 7-13 中，s、v_2、v_4、v_3、t 是简单路径，而 s、v_2、v_4、v_3、v_2、v_1 不是简单路径。

简单回路：除路径起点和终点相同外，其余顶点均不相同的路径。在图 7-13 中，v_2、v_4、v_3、v_2 是简单回路。

11．子图与生成子图

子图：设有两个图 $G=(V, E)$、$G_1=(V_1, E_1)$，若 $V_1 \subseteq V$，$E_1 \subseteq E$，则称 G_1 是 G 的子图。从图中选择若干个顶点、若干条边构成的图称为原图的子图。

生成子图：从图中选择所有顶点，若干条边构成的图称为原图的生成子图。

如图 7-14 所示，（b）、（c）是（a）的子图，（b）是（a）的生成子图。"生成"两个字的含义就是包含所有顶点。

12．连通图和连通分量

连通图：在无向图中，如果顶点 v_i 到 v_j 有路径，则称 v_i 和 v_j 是连通的。如果图中任何两个顶点都是连通的，则称 G 为连通图。例如，图 7-14（a）是连通图。

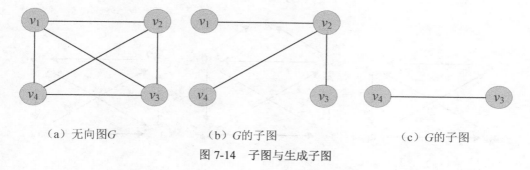

（a）无向图G　　　　　（b）G的子图　　　　　（c）G的子图

图 7-14　子图与生成子图

连通分量：无向图 G 的极大连通子图称为 G 的连通分量。极大连通子图意思是：该子图是 G 的连通子图，如果再加入一个顶点，该子图不连通。例如，图 7-15 中有 3 个连通分量，如图 7-16 所示。

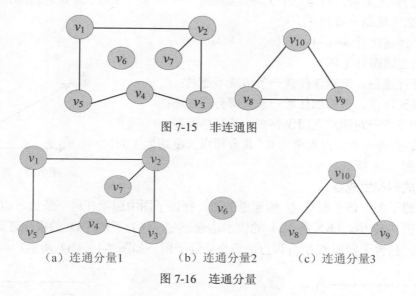

图 7-15　非连通图

（a）连通分量1　　　　（b）连通分量2　　　　（c）连通分量3

图 7-16　连通分量

对于连通图，其连通分量就是它自己；对于非连通图，则有 2 个以上连通分量。

13．强连通图和强连通分量

强连通图：在有向图中，如果图中任何两个顶点 v_i 到 v_j 有路径，且 v_j 到 v_i 也有路径，则称 G 为强连通图。

强连通分量：有向图 G 的极大强连通子图称为 G 的强连通分量。极大强连通子图意思是：该子图是 G 的强连通子图，如果再加入一个顶点，该子图不再是强连通的。

如图 7-17 所示，（a）是强连通图，（b）不是强连通图，（c）是（b）的强连通分量。

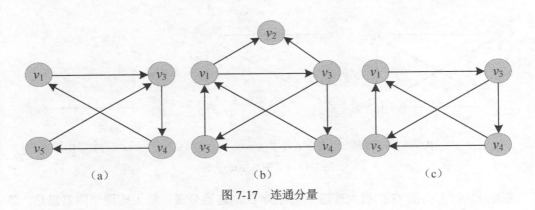

（a）　　　　　　　（b）　　　　　　　（c）

图 7-17　连通分量

14．树和有向树

从图论的角度来看，树是一个无环连通图。一个含 n 个顶点、m 条边的图，只要满足下列 5 个条件之一就是一棵树：

- G 是连通图且 $m=n-1$；
- G 是连通图且无环；
- G 是连通图，但删除任意一条边就不连通；
- G 是无环图，但添加任意一条边就会产生环；
- G 中任意一对顶点之间仅存在一条简单路径。

有向树：只有一个顶点入度为 0，其余顶点入度均为 1 的有向图，如图 7-18 所示。

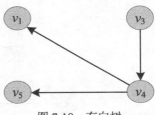

图 7-18　有向树

15．生成树和生成森林

极小连通子图：该子图是 G 的连通子图，在该子图中删除任何一条边，该子图不再连通。例如在图 7-19 中，（b）是（a）的极小连通子图，（c）不是（a）的极小连通子图。

生成树：包含无向图 G 所有顶点的极小连通子图。如图 7-19（b）所示。

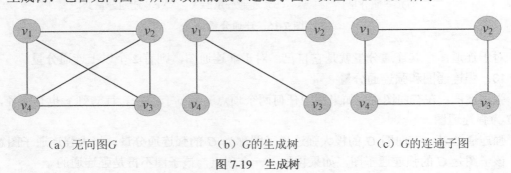

（a）无向图 G 　　　　　（b）G 的生成树　　　　　（c）G 的连通子图

图 7-19　生成树

因为生成树包含所有顶点，因此只有连通图才有生成树，而非连通图，每一个连通分量会有一棵生成树。

生成森林：对非连通图，由各个连通分量的生成树组成的集合。例如，图 7-15 中的 3 个连通分量，每个连通分量得到一棵生成树，称为生成森林，如图 7-20 所示。

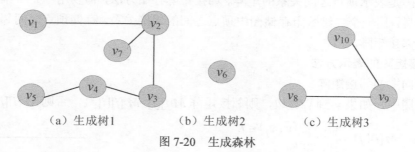

（a）生成树1　　　（b）生成树2　　　（c）生成树3

图 7-20　生成森林

16．二分图

二分图，又称为二部图，是图论中的一种特殊模型。设 $G=<V, E>$ 是一个无向图，如果顶点集 V 可分割为两个互不相交的子集 V_1、V_2，并且图中的每条边 (i, j) 所关联的两个顶点 i 和 j 分别属于这两个不同的顶点集 $(i \in V_1, j \in V_2)$，则称图 G 为二分图，如图 7-21 所示。

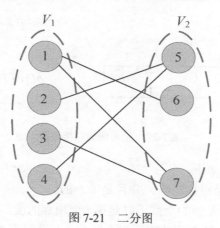

图 7-21　二分图

7.2　图的存储结构

图的结构比较复杂，任何两个顶点之间都可能有关系。如果采用顺序存储，则需要使用二维数组表示元素之间的关系，即邻接矩阵（adjacency matrix），也可以使用边集数组，把每条边顺序存储起来。如果采用链式存储，则有邻接表、十字链表和邻接多重表等表示方法。其中，邻接矩阵和邻接表是最简单、最常用的存储方法。

7.2.1　邻接矩阵

邻接矩阵是表示顶点之间关系的矩阵。邻接矩阵存储方法，需要用一个一维数组存储图中顶点的信息，用一个二维数组存储图中顶点之间的邻接关系，存储顶点之间邻接关系的二维数组称为邻接矩阵。

1. 邻接矩阵的表示方法

（1）无向图的邻接矩阵

在无向图中，如果 v_i 到 v_j 有边，则邻接矩阵 $M[i][j]=M[j][i]=1$，否则 $M[i][j]=0$。

$$M[i][j]=\begin{cases}1, & \text{若} (v_i, v_j) \in E \\ 0, & \text{其他}\end{cases}$$

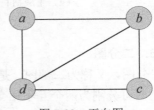

例如，图 7-22 所示的无向图，其顶点信息和邻接矩阵如图 7-23 所示。在无向图中，a 到 b 有边，b 到 a 也有边，a、b 在一维数组中的存储位置分别为 0、1，因此 $M[0][1]=M[1][0]=1$，其他边也是如此。

图 7-22　无向图

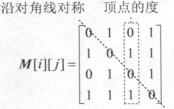

图 7-23　无向图的邻接矩阵

无向图邻接矩阵的特点如下。

1）无向图的邻接矩阵是对称矩阵，并且是唯一的。

2）第 i 行或第 i 列非零元素的个数正好是第 i 个顶点的度。

图 7-23 中的邻接矩阵，第 3 列非零元素个数为 2，说明第 3 个顶点（c）的度为 2。

（2）有向图的邻接矩阵

有向图中，如果 v_i 到 v_j 有边，则邻接矩阵 $M[i][j]=1$，否则 $M[i][j]=0$。

$$M[i][j]=\begin{cases}1, & \text{若} \langle v_i, v_j \rangle \in E \\ 0, & \text{其他}\end{cases}$$

注意：尖括号 $\langle v_i, v_j \rangle$ 表示有序对，圆括号 (v_i, v_j) 表示无序对。

例如，图 7-24 所示的有向图，其顶点信息和邻接矩阵如图 7-25 所示。在图 7-24 中，a

到 b 有边，a、b 在一维数组中的存储位置分别为 0、1，因此 $M[0][1]=1$。有向图中是有向边，a 到 b 有边，b 到 a 不一定有边，因此有向图的邻接矩阵不一定是对称的。

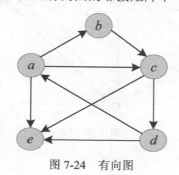

图 7-24　有向图

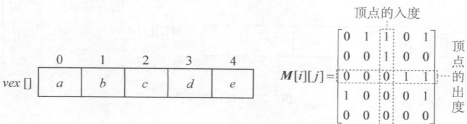

图 7-25　有向图的邻接矩阵

有向图邻接矩阵的特点如下。

1）有向图的邻接矩阵不一定是对称的。

2）第 i 行非零元素的个数正好是第 i 个顶点的出度，第 i 列非零元素的个数正好是第 i 个顶点的入度。

图 7-25 所示的邻接矩阵，第 3 行非零元素个数为 2，第 3 列非零元素个数也为 2，说明第 3 个顶点（c）的出度和入度均为 2。

（3）网的邻接矩阵

网是带权图，需要存储边的权值，则邻接矩阵表示为：

$$M[i][j]=\begin{cases} w_{ij}, 若(v_i,v_j)\in E或\langle v_i,v_j\rangle\in E \\ \infty, 其他 \end{cases}$$

其中，w_{ij} 表示边上的权值，∞ 表示无穷大。尖括号 $\langle v_i, v_j\rangle$ 表示有序对，圆括号 (v_i, v_j) 表示无序对。当 $i=j$ 时，w_{ii} 也可以设置为 0。

例如，图 7-26 所示的网，其顶点信息和邻接矩阵如图 7-27 所示。在网中，a 到 b 有边，且该边的权值为 2，a、b 在一维数组中的存储位置分别为 0、1，因此 $M[0][1]=2$；b 到 a 没有边，因此 $M[1][0]=\infty$。

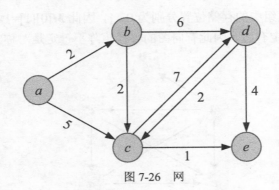

图 7-26 网

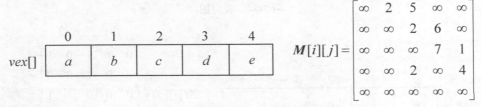

图 7-27 网的邻接矩阵

2. 邻接矩阵的数据结构定义

首先定义邻接矩阵的数据结构，如图 7-28 所示。

```
#define MaxVnum 100      //顶点数最大值
typedef char VexType;    //顶点的数据类型，根据需要定义
typedef int EdgeType;    //边上权值的数据类型，若不带权值的图，则为 0 或 1
```

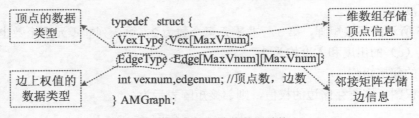

图 7-28 邻接矩阵的数据结构

3. 邻接矩阵的存储方法

算法步骤

1）输入顶点数和边数。

2）依次输入顶点信息，存储到顶点数组 *Vex*[]中。

3）初始化邻接矩阵，如果是图，则初始化为 0；如果是网，则初始化为∞。

4）依次输入每条边依附的两个顶点，如果是网，还需要输入该边的权值。

- 如果是无向图，则输入两个顶点 a、b，查询 a、b 在顶点数组 $Vex[]$ 中的存储下标 i、j，令 $Edge[i][j]=Edge[j][i]=1$。

- 如果是有向图，则输入两个顶点 a、b，查询 a、b 在顶点数组 $Vex[]$ 中的存储下标 i、j，令 $Edge[i][j]=1$。

- 如果是无向网，则输入两个顶点及权值 a、b、w，查询 a、b 在顶点数组 $Vex[]$ 中的存储下标 i、j，令 $Edge[i][j]=Edge[j][i]=w$。

- 如果是有向网，则输入两个顶点及权值 a、b、w，查询 a、b 在顶点数组 $Vex[]$ 中的存储下标 i、j，令 $Edge[i][j]=w$。

完美图解

例如，一个无向图如图 7-29 所示，其邻接矩阵的存储过程如下。

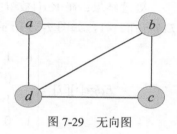

图 7-29　无向图

1）输入顶点数和边数。

4 5

结果：G.vexnum=4　G.edgenum=5

2）输入顶点信息，存入顶点信息数组。

$a\,b\,c\,d$

存储结果如图 7-30 所示。

3）初始化邻接矩阵的值均为 0，如图 7-31 所示。

	0	1	2	3
$Vex[]$	a	b	c	d

图 7-30　顶点信息数组

$$Edge[i][j] = \begin{bmatrix} 0 & 0 & 0 & 0 \\ 0 & 0 & 0 & 0 \\ 0 & 0 & 0 & 0 \\ 0 & 0 & 0 & 0 \end{bmatrix}$$

图 7-31　邻接矩阵（初始化）

4）依次输入每条边依附的两个顶点。

- 输入 $a\,b$

处理结果：在 $Vex[]$ 数组中查找 a、b 的下标分别为 0、1，为无向图，因此令 $Edge[0][1]=Edge[1][0]=1$，如图 7-32 所示。

- 输入 $a\,d$

处理结果：在 $Vex[]$ 数组中查找 a、d 的下标分别为 0、3，为无向图，因此令 $Edge[0][3]=Edge[3][0]=1$，如图 7-33 所示。

$$Edge[i][j] = \begin{bmatrix} 0 & 1 & 0 & 0 \\ 1 & 0 & 0 & 0 \\ 0 & 0 & 0 & 0 \\ 0 & 0 & 0 & 0 \end{bmatrix}$$

图 7-32 邻接矩阵存储过程 1

$$Edge[i][j] = \begin{bmatrix} 0 & 1 & 0 & 1 \\ 1 & 0 & 0 & 0 \\ 0 & 0 & 0 & 0 \\ 1 & 0 & 0 & 0 \end{bmatrix}$$

图 7-33 邻接矩阵存储过程 2

- 输入 b c

处理结果：在 $Vex[]$ 数组中查找 b、c 的下标分别为 1、2，为无向图，因此令 $Edge[1][2] = Edge[2][1] = 1$，如图 7-34 所示。

- 输入 b d

处理结果：在 $Vex[]$ 数组中查找 b、d 的下标分别为 1、3，为无向图，因此令 $Edge[1][3] = Edge[3][1] = 1$，如图 7-35 所示。

$$Edge[i][j] = \begin{bmatrix} 0 & 1 & 0 & 1 \\ 1 & 0 & 1 & 0 \\ 0 & 1 & 0 & 0 \\ 1 & 0 & 0 & 0 \end{bmatrix}$$

图 7-34 邻接矩阵存储过程 3

$$Edge[i][j] = \begin{bmatrix} 0 & 1 & 0 & 1 \\ 1 & 0 & 1 & 1 \\ 0 & 1 & 0 & 0 \\ 1 & 1 & 0 & 0 \end{bmatrix}$$

图 7-35 邻接矩阵存储过程 4

- 输入 c d

处理结果：在 $Vex[]$ 数组中查找 c、d 的下标分别为 2、3，为无向图，因此令 $Edge[2][3] = Edge[3][2] = 1$，如图 7-36 所示。

在实际应用中，也可以先输入顶点信息并将其存入数组 $Vex[]$，输入边时，直接输入顶点的存储下标序号，这样可以节省查询顶点下标所需的时间，从而提高效率。

$$Edge[i][j] = \begin{bmatrix} 0 & 1 & 0 & 1 \\ 1 & 0 & 1 & 1 \\ 0 & 1 & 0 & 1 \\ 1 & 1 & 1 & 0 \end{bmatrix}$$

图 7-36 邻接矩阵存储过程 5

代码实现

```
void CreateAMGraph(AMGraph &G)//创建无向图的邻接矩阵
{
    int i,j;
    VexType u,v;
    cout << "请输入顶点数: "<<endl;
    cin>>G.vexnum;
    cout << "请输入边数:"<<endl;
    cin>>G.edgenum;
    cout << "请输入顶点信息:"<<endl;
```

```
    for(int i=0;i<G.vexnum;i++)//输入顶点信息，存入顶点信息数组
        cin>>G.Vex[i];
    for(int i=0;i<G.vexnum;i++)//初始化邻接矩阵所有值为0,若是网,则初始化为无穷大
      for(int j=0;j<G.vexnum;j++)
        G.Edge[i][j]=0;
    cout << "请输入每条边依附的两个顶点："<<endl;
    while(G.edgenum--)
    {
        cin>>u>>v;
        i=locatevex(G,u);//查找顶点u的存储下标
        j=locatevex(G,v);//查找顶点v的存储下标
        if(i!=-1&&j!=-1)
            G.Edge[i][j]=G.Edge[j][i]=1; //邻接矩阵储置1,若为有向图,则G.Edge[i][j]=1
    }
 }
```

4. 邻接矩阵的优缺点

（1）优点

- 快速判断两顶点之间是否右边。在图中，$Edge[i][j]=1$ 表示有边，$Edge[i][j]=0$ 表示无边；在网中，$Edge[i][j]=\infty$ 表示无边，否则表示有边。时间复杂度为 $O(1)$。
- 方便计算各顶点的度。在无向图中，邻接矩阵第 i 行元素之和就是顶点 i 的度；在有向图中，第 i 行元素之和就是顶点 i 的出度，第 i 列元素之和就是顶点 i 的入度。时间复杂度为 $O(n)$。

（2）缺点

- 不便于增删顶点。增删顶点时，需要改变邻接矩阵的大小，效率较低。
- 不便于访问所有邻接点。访问第 i 个顶点的所有邻接点，需要访问第 i 行的所有元素，时间复杂度为 $O(n)$。访问所有顶点的邻接点，时间复杂度为 $O(n^2)$。
- 空间复杂度高。空间复杂度为 $O(n^2)$。

在实际应用中，如果一个程序中只用到一个图，那么就可以直接用一个二维数组表示邻接矩阵，这样可以直接输入顶点的下标，避免顶点信息查询步骤。如果图无变化，为了方便，可以省去输入操作直接在程序头部定义邻接矩阵。

例如，图 7-29 的邻接矩阵可以直接定义为：

```
int M[m][n]={{0,1,0,1},{1,0,1,1},{0,1,0,1},{1,1,1,0}};
```

邻接矩阵是图的数组表示法，还有一种图的数组表示法——**边集数组表示法**，通过数组存储每条边的起点和终点。如果是网，则增加一个权值域。网的边集数组数据结构定义如下：

```
struct Edge {
    int u;
```

```
        int v;
        int w;
    }e[N*N];
```

边集数组存储方法计算顶点的度或查找边时都要遍历整个边集数组，时间复杂度为
$O(e)$。除非特殊需要，一般很少使用边集数组，例如 7.4.4 节的最小生成树 kruskal 算法，需
要按权值对边进行排序，则使用边集数组更方便。

7.2.2　邻接表

邻接表（Adjacency List）是图的一种链式存储方法。邻接表包含两部分：顶点和邻接点。
顶点包括顶点信息和指向第一个邻接点的指针。邻接点包括
邻接点的存储下标和指向下一个邻接点的指针。顶点 v_i 的所
有邻接点构成一个单链表。

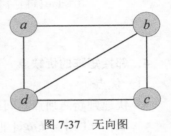

图 7-37　无向图

1. 邻接表的表示方法
（1）无向图的邻接表
例如，一个无向图如图 7-37 所示，其邻接表如图 7-38
所示。

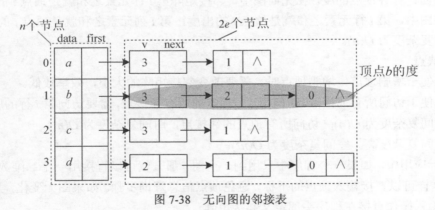

图 7-38　无向图的邻接表

解释如下。

a 的邻接点是 b、d，其邻接点的存储下标为 1、3，按照头插法（逆序）将其放入 a 后
面的单链表中。

b 的邻接点是 a、c、d，其邻接点的存储下标为 0、2、3，将其放入 b 后面的单链表中。
c 的邻接点是 b、d，其邻接点的存储下标为 1、3，将其放入 c 后面的单链表中。
d 的邻接点是 a、b、c，其邻接点的存储下标为 0、1、2，将其放入 d 后面的单链表中。

无向图邻接表的特点如下。

1）如果无向图有 n 个顶点、e 条边，则顶点表有 n 个节点，邻接点表有 $2e$ 个节点。

2）顶点的度为该顶点后面单链表中的节点数。

在图 7-37 中，顶点数 $n=4$，边数为 $e=5$，该图的邻接表（见图 7-38）中顶点表有 4 个顶点，邻接点表有 10 个节点。顶点 a 的度为其后面单链表中的节点数 2，顶点 b 的度为其后面单链表中的节点数 3。

（2）有向图的邻接表（出边）

例如，一个有向图如图 7-39 所示，其邻接表如图 7-40 所示。

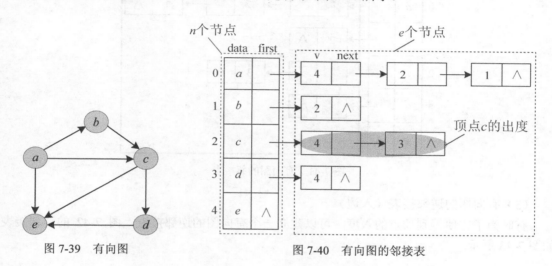

图 7-39 有向图   图 7-40 有向图的邻接表

解释如下。

a 的邻接点（只看出边，即出弧）是 b、c、e，其邻接点的存储下标为 1、2、4，按照头插法（逆序）将其放入 a 后面的单链表中。

b 的邻接点是 c，其邻接点的存储下标为 2，将其放入 b 后面的单链表中。

c 的邻接点是 d、e，其邻接点的存储下标为 3、4，按头插法将其放入 c 后面的单链表中。

d 的邻接点是 e，其邻接点的存储下标为 4，将其放入 d 后面的单链表中。

e 的没有邻接点，其后面单链表为空。

注意：有向图顶点的邻接点，只看该顶点的出边（出弧）。

有向图邻接表的特点如下。

1）如果有向图有 n 个顶点、e 条边，则顶点表有 n 个节点，邻接点表有 e 个节点。

2）顶点的出度为该顶点后面单链表中的节点数。

在图 7-39 中，顶点数 $n=5$，边数为 $e=7$，该图的邻接表（见图 7-40）中顶点表有 5 个顶点，邻接点表有 7 个节点。顶点 a 的出度为其后面单链表中的节点数 3，顶点 c 的出度为其后面单链表中的节点数 2。

在有向图邻接表中，很容易找到顶点的出度，但是找到入度就很难了，需要遍历所有邻接点表中的节点，查找该顶点出现了多少次，入度就是多少。如图 7-41 所示，顶点 c 的下标为 2，邻接表中有两个为 2 的节点，因此 c 的入度为 2；顶点 e 的下标为 4，邻接表中有两个为 3 个为 4 的节点，因此 e 的入度为 3。

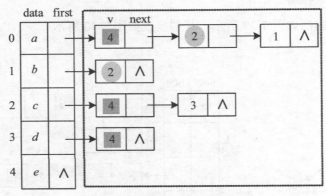

图 7-41 有向图的邻接表

（3）有向图的逆邻接表（入边）

有时为了方便得到顶点的入度，可以建立一个有向图的逆邻接表，图 7-42 的逆邻接表如图 7-43 所示。

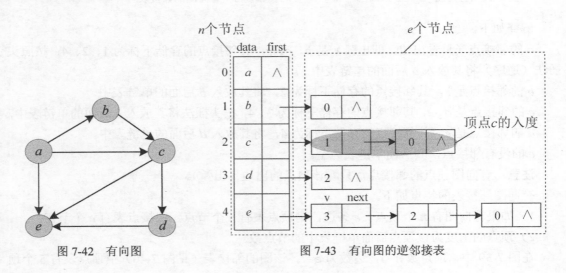

图 7-42 有向图　　　　　　　图 7-43 有向图的逆邻接表

解释如下。

a 没有逆邻接点（只看入边，即入弧），其后面单链表为空。

b 的逆邻接点是 *a*，其存储下标为 0，将其放入 *b* 后面的单链表中。

c 的逆邻接点是 *a*、*b*，其存储下标为 0、1，按照头插法将其放入 *c* 后面的单链表中。

d 的逆邻接点是 *c*，其存储下标为 2，将其放入 *d* 后面的单链表中。

e 的逆邻接点是 *a*、*c*、*d*，其存储下标为 0、2、3，按照头插法（逆序）将其放入 *e* 后面的单链表中。

注意：有向图顶点的逆邻接点，只看该顶点的入边（入弧）。

有向图逆邻接表的特点如下。

1）如果有向图有 *n* 个顶点、*e* 条边，则顶点表有 *n* 个节点，邻接点表有 *e* 个节点。

2）顶点的入度为该顶点后面单链表中的节点数。

在图 7-42 中，顶点数 *n*=5，边数为 *e*=7，该图的邻接表（见图 7-43）中顶点表有 5 个顶点，邻接点表有 7 个节点。顶点 *a* 的入度为其后面单链表中的节点数 0，顶点 *c* 的入度为其后面单链表中的节点数 2。

2．邻接表的数据结构定义

邻接表用到 2 个数据结构。

1）顶点节点，包括顶点信息和指向第一个邻接点的指针，可用一维数组存储。

2）邻接点节点，包括邻接点的存储下标和指向下一个邻接点的指针。顶点 v_i 的所有邻接点构成一个单链表。

邻接点节点包含邻接点下标和指向下一个邻接点的指针，如图 7-44 所示。如果是网的邻接点，还需要增加一个权值域 *w*，如图 7-45 所示。

图 7-44 图的邻接点节点　　　图 7-45 网的邻接点节点

```
typedef struct AdjNode{ //定义邻接点类型
    int v; //邻接点下标
    struct AdjNode *next; //指向下一个邻接点
} AdjNode;
```

顶点节点包含顶点信息和指向第一个邻接点的指针，如图 7-46 所示。

图 7-46 顶点节点

```
typedef struct VexNode{ //定义顶点类型
    VexType data; // VexType 为顶点的数据类型，根据需要定义
    AdjNode *first; //指向第一个邻接点
}VexNode;
```

图的邻接表存储的结构体定义，如图 7-47 所示。

```
#define MaxVnum 100   //顶点数最大值
```

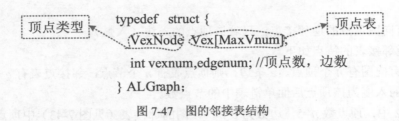

图 7-47　图的邻接表结构

3．邻接表的存储方法
算法步骤

1）输入顶点数和边数。

2）依次输入顶点信息，存储到顶点数组 Vex[]的 data 域中，Vex[]的 first 域置空。

3）依次输入每条边依附的两个顶点，如果是网，还需要输入该边的权值。

- 如果是无向图，输入两个顶点 a、b，查询 a、b 在顶点数组 *Vex*[]中的存储下标 *i*、*j*，创建一个新的邻接点 s，令 s->v=j; s->next=NULL；然后将 s 节点插入第 *i* 个顶点的第一个邻接点之前（头插法）。无向图中，a 到 b 有边，b 到 a 也有边，因此还需要创建一个新的邻接点 s2，令 s2->v=i; s2->next=NULL；然后将 s2 节点插入第 *j* 个顶点的第一个邻接点之前（头插法）。

- 如果是有向图，输入两个顶点 a、b，查询 a、b 在顶点数组 Vex[]中的存储下标 *i*、*j*，创建一个新的邻接点 s，令 s->v=j; s->next=NULL；然后将 s 节点插入第 *i* 个顶点的第一个邻接点之前（头插法）。

- 如果是无向网或有向网，则和无向图或有向图的处理方式一样，只是邻接点多了一个权值域而已。

完美图解

例如，一个有向图如图 7-48 所示，其邻接表的存储过程如下。

1）输入顶点数和边数。

5 7

结果：G.vexnum=5　G.edgenum=7

2）输入顶点信息，存入顶点表。

a b c d e

存储结果如图 7-49 所示。

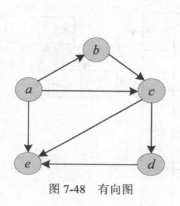

图 7-48 有向图

图 7-49 顶点表

3）依次输入每条边依附的两个顶点。

● 输入 *a b*

处理结果：在 Vex[]数组的 **data** 域中查找 *a*、*b* 的下标分别为 0、1，创建一个新的邻接点 *s*，令 s->v=1; s->next=NULL；如图 7-50 所示。然后将 *s* 节点插入第 0 个顶点的第一个邻接点之前（头插法），如图 7-51 所示。

图 7-50 新的邻接点 1

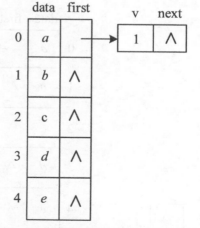

图 7-51 有向图的邻接表创建过程 1

- 输入 *a c*

处理结果：在 *Vex*[]数组的 **data** 域中查找 *a*、*c* 的下标分别为 0、2，创建一个新的邻接点 *s*，令 s->v=2; s->next=NULL; 如图 7-52 所示。然后将 *s* 节点插入第 0 个顶点的第一个邻接点之前（头插法），如图 7-53 所示。

图 7-52　新的邻接点 2

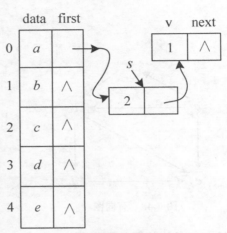

图 7-53　有向图的邻接表创建过程 2

- 输入 *a e*

处理结果：在 *Vex*[]数组的 **data** 域中查找 *a*、*e* 的下标分别为 0、4，创建一个新的邻接点 *s*，令 s->v=4; s->next=NULL; 如图 7-54 所示。然后将 *s* 节点插入第 0 个顶点的第一个邻接点之前（头插法），如图 7-55 所示。

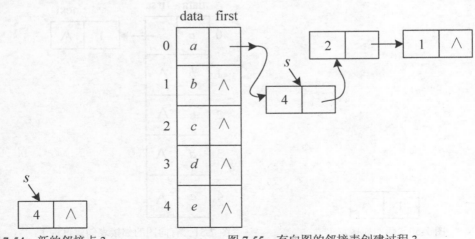

图 7-54　新的邻接点 3

图 7-55　有向图的邻接表创建过程 3

- 输入 $b\,c$

处理结果：在 *Vex*[]数组的 **data** 域中查找 b、c 的下标分别为 1、2，创建一个新的邻接点 s，令 s->v=2; s->next=NULL；如图 7-56 所示。然后将 s 节点插入第 1 个顶点的第一个邻接点之前（头插法），如图 7-57 所示。

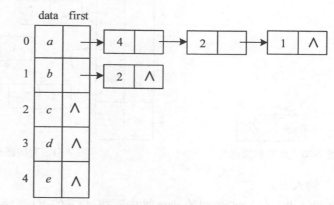

图 7-56　新的邻接点 4

图 7-57　有向图的邻接表创建过程 4

- 输入 $c\,d$

处理结果：在 *Vex*[]数组的 **data** 域中查找 c、d 的下标分别为 2、3，创建一个新的邻接点 s，令 s->v=3; s->next=NULL；如图 7-58 所示。然后将 s 节点插入第 2 个顶点的第一个邻接点之前（头插法），如图 7-59 所示。

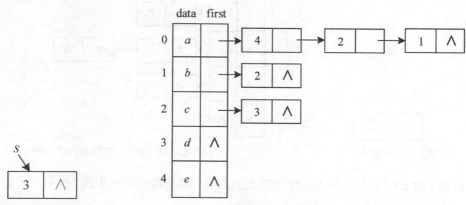

图 7-58　新的邻接点 5

图 7-59　有向图的邻接表创建过程 5

- 输入 $c\,e$

处理结果：在 *Vex*[]数组的 **data** 域中查找 c、e 的下标分别为 2、4，创建一个新的邻接点 s，令 s->v=4; s->next=NULL；如图 7-60 所示。然后将 s 节点插入第 2 个顶点的第一个邻接点之前（头插法），如图 7-61 所示。

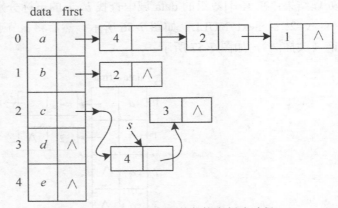

图 7-60 新的邻接点 6 　　　　　　　　　图 7-61 有向图的邻接表创建过程 6

- 输入 *d e*

处理结果：在 *Vex*[]数组的 **data** 域中查找 *d*、*e* 的下标分别为 3、4，创建一个新的邻接点 *s*，令 s->v=4; s->next=NULL; 如图 7-62 所示。然后将 *s* 节点插入第 3 个顶点的第一个邻接点之前（头插法），如图 7-63 所示。

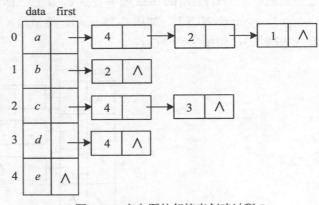

图 7-62 新的邻接点 7 　　　　　　　　　图 7-63 有向图的邻接表创建过程 7

注意：由于后输入的插入是在单链表的前面，因此输入顺序不同，建立的单链表也不同。

代码实现

```
void CreateALGraph(ALGraPh &G)//创建有向图邻接表
{
    int i,j;
    VexType u,v;
```

```
    cout<<"请输入顶点数和边数:"<<endl;
    cin>>G.vexnum>>G.edgenum;
    cout << "请输入顶点信息:"<<endl;
    for(i=0;i<G.vexnum;i++)//输入顶点信息,存入顶点信息数组
        cin>>G.Vex[i].data;
    for(i=0;i<G.vexnum;i++)
        G.Vex[i].first=NULL;
    cout<<"请依次输入每条边的两个顶点 u,v"<<endl;
    while(G.edgenum--)
    {
        cin>>u>>v;
        i=locatevex(G,u);//查找顶点 u 的存储下标
        j=locatevex(G,v);//查找顶点 v 的存储下标
        if(i!=-1&&j!=-1)
            insertedge(G,i,j);//插入该边,若无向图还需要插入一条边 insertedge(G,j,i)
    }
}
void insertedge(ALGraph &G,int i,int j)//插入一条边（头插法）
{
    AdjNode *s;
    s=new AdjNode;
    s->v=j;
    s->next=G.Vex[i].first;
    G.Vex[i].first=s;
}
```

4. 邻接表的优缺点

（1）优点

- 便于增删顶点。
- 便于访问所有邻接点。访问所有顶点的邻接点，时间复杂度为 $O(n+e)$。
- 空间复杂度低。顶点表占用 n 个空间，无向图的邻接点表占用 $n+2e$ 个空间，有向图的邻接点表占用 $n+e$ 个空间，总体空间复杂度为 $O(n+e)$，而邻接矩阵的空间复杂度为 $O(n^2)$，因此对于稀疏图可采用邻接表存储，对于稠密图可以采用邻接矩阵存储。

（2）缺点

- 不便于判断两顶点之间是否有边。要判断两顶点是否有边，需要遍历该顶点后面的邻接点链表。
- 不便于计算各顶点的度。在无向图邻接表中，顶点的度为该顶点后面单链表中的节点数；在有向图邻接表中，顶点的出度为该顶点后面单链表中的节点数，但求入度困难；在有向图逆邻接表中，顶点的入度为该顶点后面单链表中的节点数，但求出度困难。

虽然邻接表访问单个邻接点的效率不高，但是访问一个顶点的所有邻接点，仅需要访问该顶点后面的单链表即可，时间复杂度为该顶点的度 $O(d(v_i))$，而邻接矩阵访问一个顶点的所有邻接点，时间复杂度为 $O(n)$。总体上邻接表比邻接矩阵效率更高。

有向图邻接表求出度容易，而逆邻接表求入度容易，如果想快速求顶点的出度和出度，可以将邻接表和逆邻接表结合起来，采用十字链表存储。

7.2.3　十字链表

十字链表（Orthogonal List）是有向图的另一种链式存储结构。它结合了邻接表和逆邻接表的特性，可以快速访问出弧和入弧，得到出度和入度。十字链表也包含两部分：顶点节点和弧节点。顶点节点包括顶点信息和两个指针（分别指向第一个入弧和第一个出弧），弧节点包括两个数据域（弧尾、弧头）和两个指针域（分别指向同弧头和同弧尾的弧）。

例如，一个有向图如图 7-64 所示，其邻接表如图 7-65 所示。

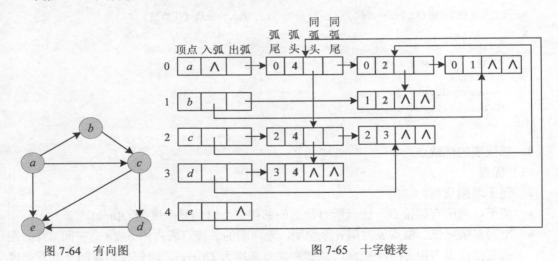

图 7-64　有向图　　　　　　图 7-65　十字链表

解释如下。

a 的出弧是 ab、ac、ae，弧尾弧头对应的存储下标为 01、02、04，逆序将出弧放入 a 后面的单链表中。

b 的出弧是 bc，弧尾弧头对应的存储下标为 12，将出弧放入 b 后面的单链表中。

c 的出弧是 cd、ce，弧尾弧头对应的存储下标为 23、24，逆序将出弧放入 c 后面的单链表中。

d 的出弧是 de，弧尾弧头对应的存储下标为 34，将出弧放入 d 后面的单链表中。

e 没有出弧，出弧域置空。

将弧头是 4 的 3 个弧用同弧头指针链接起来。

将弧头是 2 的 2 个弧用同弧头指针链接起来。

没有同弧头的节点其指针域置空。

a 没有入弧，入弧域置空。

b 的入弧是 01，将 b 的入弧指针指向 01 弧。

c 的入弧是 02、12，将 c 的入弧指针指向 02 弧即可，因为 02 弧的同弧头指针链接了 12 弧。

d 的入弧是 23，将 d 的入弧指针指向 23 弧。

e 的入弧是 04、24、34，将 e 的入弧指针指向 04 弧即可，因为 04 弧的同弧头指针链接了 24 弧，24 弧的同弧头指针链接了 34 弧。

有向图十字链表的数据结构定义如下。

十字链表也含两部分：弧节点和顶点节点。

（1）弧节点

弧节点包括两个数据域（弧尾、弧头）和两个指针域（分别指向同弧头和同弧尾的弧），如图 7-66 所示。

```
typedef struct arcNode{ //定义弧节点类型
    int tail; //弧尾下标
    int head; //弧头下标
    struct arcNode *hlink ;//指针，指向同弧头的弧
    struct arcNode *tlink ;//指针，指向同弧尾的弧
} arcNode;
```

（2）顶点节点

顶点节点包括顶点信息和两个指针（分别指向第一个入弧和第一个出弧），如图 7-67 所示。

图 7-66 弧节点

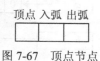

图 7-67 顶点节点

```
typedef struct vexNode{ //定义顶点类型
    VexType data; //顶点数据，VexType 为顶点的数据类型，根据需要定义
    arcNode *firstin; //指针，指向第一个入弧
    arcNode *firstout; //指针，指向第一个出弧
} vexNode;
```

有向图的十字链表存储的结构体定义，如图 7-68 所示。

```
#define MaxVnum 100    //顶点数最大值
```

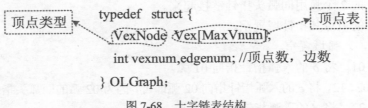

顶点类型 ← typedef struct {
　　　　　VexNode Vex[MaxVnum]; → 顶点表
　　　　　int vexnum,edgenum; //顶点数，边数
　　　　} OLGraph;

图 7-68　十字链表结构

十字链表虽然结构复杂一点，但创建十字链表的时间复杂度和邻接表相同。十字链表存储稀疏有向图，可以高效访问每个顶点的出弧和入弧，很容易得到顶点的出度和入度。

7.2.4　邻接多重表

邻接多重表（adjacency multilist）是无向图的另一种链式存储结构。邻接表的关注点是顶点，而邻接多重表的关注点是边，适合对边做访问标记、删除边等操作。邻接多重表类似十字链表，也包含两部分：顶点节点和边节点。顶点节点包括顶点信息和一个指针（指向第一个依附于该顶点的边），边节点包括两个数据域（顶点 i、顶点 j）和两个指针域（分别指向依附于 i、j 的下一条边）。如果需要标记是否被访问过，边节点还可以增加一个标志域。

例如，一个无向图如图 7-69 所示，其邻接多重表如图 7-70 所示。

图 7-69　无向图

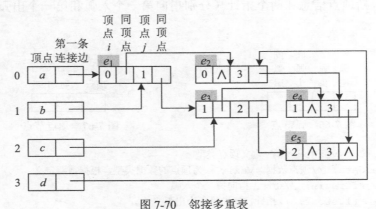

图 7-70　邻接多重表

解释如下。

a 的连接边是 ab、ad，对应的存储下标为 01（e_1 边）、03（e_2 边），第一条连接边指向

e_1，e_1 中与 0 顶点同顶点的指针指向 e_2 边。

　　b 的连接边是 ab、bc、bd，对应的存储下标为 01（e_1 边）、12（e_3 边）、13（e_4 边），第一条连接边指向 e_1，e_1 中与 1 顶点同顶点的指针指向 e_3；e_2 中与 3 顶点同顶点的指针指向 e_4；e_3 中与 1 顶点同顶点的指针指向 e_4。

　　c 的连接边是 bc、cd，对应的存储下标为 12（e_3 边）、23（e_5 边），第一条连接边指向 e_3，e_3 中与 2 顶点同顶点的指针指向 e_5。

　　d 的连接边是 ad、bd、cd，对应的存储下标为 03（e_2 边）、13（e_4 边）、23（e_5 边），第一条连接边指向 e_2，其他指针域置空。

　　无向图邻接多重表的数据结构定义如下。

　　邻接多重表也含两部分：边节点和顶点节点。

1. 边节点

　　边节点包括两个数据域（顶点 i 和顶点 j）和两个指针域（分别指向与 i 和 j 同顶点的边），如图 7-71 所示。

```
typedef struct edgeNode{ //定义边节点类型
    int i; //顶点下标
    int j; //顶点下标
    struct edgeNode *ilink ;//指针，指向与i同顶点的边
    struct edgeNode *jlink ;//指针，指向与j同顶点的边
} edgeNode;
```

2. 顶点节点

　　顶点节点包括顶点信息和一个指针（指向第一条连接边），如图 7-72 所示。

图 7-71　边节点

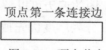

图 7-72　顶点节点

```
typedef struct vexNode{ //定义顶点类型
    VexType data; //顶点数据，VexType 为顶点的数据类型，根据需要定义
    adgeNode *firstedge; //指针，指向第一条连接边
} vexNode;
```

　　无向图的邻接多重表存储的结构体定义，如图 7-73 所示。

```
#define MaxVnum 100   //顶点数最大值
```

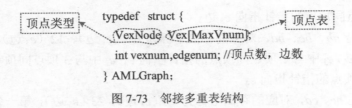

图 7-73　邻接多重表结构

图的 4 种存储方法优缺点及复杂性比较如表 7-1 所示。

表 7-1　图的 4 种存储方法比较

存储方法	实现方法	优点	缺点	空间复杂性
邻接矩阵	顺序存储	易判断顶点之间的关系 易求顶点的度	占用空间大	$O(n^2)$
邻接表	链式存储	节省空间 易求顶点的出度	不易判断两点之间关系 不易求顶点的入度	$O(n+e)$
十字链表	链式存储	空间相对较小 易求顶点的出度和入度	结构复杂	$O(n+e)$
邻接多重表	链式存储	节省空间 易判断顶点之间的关系	结构复杂	$O(n+e)$

因为十字链表和邻接多重表结构较复杂，在实际应用中，图的存储最常用的方法是邻接矩阵和邻接表。

7.3　图的遍历

图的遍历和树的遍历类似，是从图的某一顶点出发，按照某种搜索方式对图中所有顶点访问一次且仅一次。图的遍历可以解决很多搜索问题，在实际中应用非常广泛。图的遍历根据搜索方式的不同，分为广度优先搜索和深度优先搜索。

7.3.1　广度优先搜索

广度优先搜索（Breadth First Search，BFS），又称宽度优先搜索，是最常见的图搜索方法之一。广度优先搜索是从某个顶点（源点）出发，一次性访问所有未被访问的邻接点，再依次从这些访问过的邻接点出发……似水中涟漪，一层层地传播开来。如图 7-74 所示，广度优先遍历是按照广度优先搜索的方式对图进行遍历。

在图 7-74 中，假设源点为 1，从 1 出发访问 1 的邻接点 2、3，再从 2 出发访问 4，从 3

出发访问 5，从 4 出发访问 6，访问完毕，访问路径如图 7-75 所示。

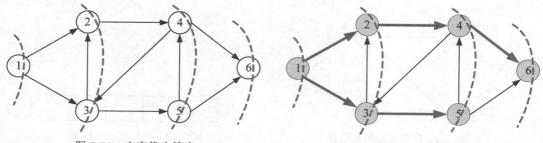

图 7-74　广度优先搜索　　　　　　图 7-75　广度优先搜索路径

广度优先遍历秘籍：**先被访问的顶点，其邻接点先被访问。**

根据广度优先遍历秘籍，先来先服务，可以借助于队列实现。每个节点访问一次且只访问一次，因此可以设置一个辅助数组 visited[i]=false，表示第 i 个顶点未访问；visited[i]=true，表示第 i 个顶点已访问。

算法步骤

1）初始化图中所有顶点未被访问，初始化一个空队列。

2）从图中的某个顶点 v 出发，访问 v 并标记已访问，将 v 入队。

3）如果队列非空，则继续执行，否则算法结束。

4）队头元素 v 出队，依次访问 v 的所有未被访问邻接点，标记已访问并入队，转向步骤 3）。

完美图解

例如，一个有向图如图 7-76 所示，其广度优先搜索遍历过程如下。

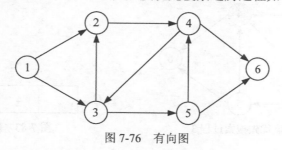

图 7-76　有向图

1）初始化所有的顶点未被访问，visited[i]=false，i=1, 2, 3, …, 6。初始化一个队列 Q，如图 7-77 所示。

图 7-77　队列（初始化）

2）从顶点 1 出发，访问 1 号顶点，标记已访问，visited[1]=true，1 号顶点入队，如图 7-78
和图 7-79 所示。

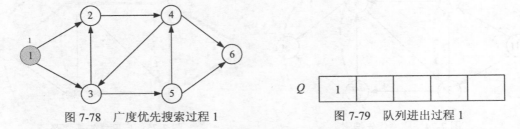

图 7-78　广度优先搜索过程 1　　　　图 7-79　队列进出过程 1

3）队头元素出队（1 号顶点），依次访问 1 的所有未被访问邻接点 2、3，标记已访问，
并入队。visited[2]=true，2 号顶点入队。visited[3]=true，3 号顶点入队，如图 7-80 和图 7-81
所示。

4）队头元素出队（2 号顶点），依次访问 2 的所有未被访问邻接点 4，标记已访问，并
入队。visited[4]=true，4 号顶点入队，如图 7-82 和图 7-83 所示。

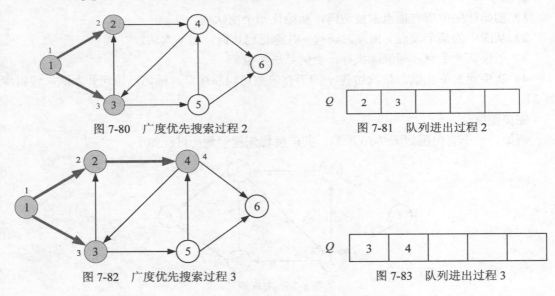

图 7-80　广度优先搜索过程 2　　　　图 7-81　队列进出过程 2

图 7-82　广度优先搜索过程 3　　　　图 7-83　队列进出过程 3

5）队头元素出队（3 号顶点），依次访问 3 的所有未被访问邻接点 5（3 的邻接点 2
已被访问），标记已访问，并入队。visited[5]=true，5 号顶点入队，如图 7-84 和图 7-85
所示。

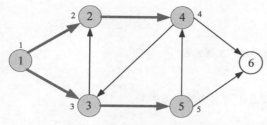

图 7-84　广度优先搜索过程 4

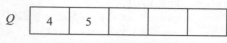

图 7-85　队列进出过程 4

6）队头元素出队（4 号顶点），依次访问 4 的所有未被访问邻接点 6（4 的邻接点 3 已被访问），标记已访问，并入队。visited[6]=true，6 号顶点入队，如图 7-86 和图 7-87 所示。

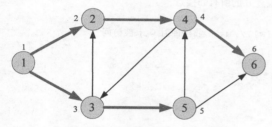

图 7-86　广度优先搜索过程 5

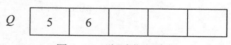

图 7-87　队列进出过程 5

7）队头元素出队（5 号顶点），依次访问 5 的所有未被访问邻接点，5 的邻接点 4、6 均已被访问，什么也不做。

8）队头元素出队（6 号顶点），依次访问 6 的所有未被访问邻接点，6 没有邻接点，什么也不做。

9）队列为空，算法结束。

广度优先遍历序列为：123456

广度优先遍历经过的顶点及边，称为广度优先生成树，简称 BFS 树，如图 7-88 所示。如果是非连通图，则每一个连通分量会产生一棵 BFS 树，合在一起称为 BFS 森林。

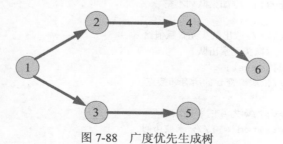

图 7-88　广度优先生成树

代码实现

（1）基于邻接矩阵的 BFS

```cpp
void BFS_AM(AMGraph G,int v)//基于邻接矩阵的广度优先遍历
{
    int u,w;
    queue<int>Q;  //创建一个普通队列(先进先出)，里面存放 int 类型
    cout<<G.Vex[v]<<"\t";
    visited[v]=true;
    Q.push(v);  //源点 v 入队
    while(!Q.empty())  //如果队列不空
    {
        u=Q.front();//取出队头元素赋值给 u
        Q.pop();  //队头元素出队
        for(w=0;w<G.vexnum;w++)//依次检查 u 的所有邻接点
        {
            if(G.Edge[u][w]&&!visited[w])//u、w 邻接而且 w 未被访问
            {
                cout<<G.Vex[w]<<"\t";
                visited[w]=true;
                Q.push(w);
            }
        }
    }
}
```

（2）基于邻接表的 BFS

```cpp
void BFS_AL(ALGraph G,int v)//基于邻接表的广度优先遍历
{
    int u,w;
    AdjNode *p;
    queue<int>Q;  //创建一个普通队列(先进先出)，里面存放 int 类型
    cout<<G.Vex[v].data<<"\t";
    visited[v]=true;
    Q.push(v);  //源点 v 入队
    while(!Q.empty())  //如果队列不空
    {
        u=Q.front();//取出队头元素赋值给 u
        Q.pop();  //队头元素出队
        p=G.Vex[u].first;
        while(p)//依次检查 u 的所有邻接点
        {
            w=p->v;//w 为 u 的邻接点
            if(!visited[w])//w 未被访问
            {
```

```
                    cout<<G.Vex[w].data<<"\t";
                    visited[w]=true;
                    Q.push(w);
                }
                p=p->next;
            }
        }
    }
```

（3）非连通图的 BFS

```
void BFS_AL(ALGraph G)//非连通图的广度优先遍历
{
    for(int i=0;i<G.vexnum;i++)//非连通图需要查漏点，检查未被访问的顶点
        if(!visited[i])//i 未被访问，以 i 为起点再次广度优先遍历
            BFS_AL(G,i);//基于邻接表，也可以替换为基于邻接矩阵 BFS_AM(G,i)
}
```

算法复杂度分析

广度优先搜索的过程实质上是对每个顶点搜索其邻接点的过程，图的存储方式不同，其算法复杂度也不同。

（1）基于邻接矩阵的 BFS 算法

查找每个顶点的邻接点需要 $O(n)$ 时间，一共 n 个顶点，总的时间复杂度为 $O(n^2)$。使用了一个辅助队列，最坏的情况下每个顶点入队一次，空间复杂度为 $O(n)$。

（2）基于邻接表的 BFS 算法

查找顶点 v_i 的邻接点需要 $O(d(v_i))$ 时间，$d(v_i)$ 为 v_i 的出度（无向图为度）。对有向图而言，所有顶点的出度之和等于边数 e；对无向图而言，所有顶点的度之和等于 $2e$。因此查找邻接点的时间复杂度为 $O(e)$，加上初始化时间 $O(n)$，总的时间复杂度为 $O(n+e)$。使用了一个辅助队列，最坏的情况下每个顶点入队一次，空间复杂度为 $O(n)$。

7.3.2 深度优先搜索

深度优先搜索（Depth First Search，DFS）也是最常见的图搜索方法之一。深度优先搜索沿着一条路径一直走下去，无法行进时，回退到刚刚访问的节点，似"不撞南墙不回头，不到黄河不死心"。深度优先遍历是按照深度优先搜索的方式对图进行遍历。

深度优先遍历秘籍：**后被访问的顶点，其邻接点先被访问。**

根据深度优先遍历秘籍，后来先服务，可以借助于栈实现。递归本身就是使用栈实现的，因此使用递归方法更方便。

算法步骤（递归）

1）初始化图中所有顶点未被访问。

2）从图中的某个顶点 v 出发，访问 v 并标记已访问。

3）依次检查 v 的所有邻接点 w，如果 w 未被访问，则从 w 出发进行深度优先遍历（递归调用，重复第 2 步和第 3 步。

算法步骤（非递归）

1）初始化图中所有顶点未被访问。

2）从图中的某个顶点 v 出发，访问 v 并标记已访问。

3）访问最近访问顶点的未被访问邻接点 w_1，再访问 w_1 的未被访问邻接点 w_2……直到当前顶点没有未被访问的邻接点时停止。

4）回退到最近访问过且有未被访问的邻接点的顶点，访问该顶点的未被访问的邻接点；

5）重复第 3 步和第 4 步，直到所有的顶点都被访问过。

深度优先遍历的递归算法和非递归算法虽然描述方式不同，但遍历的过程是一致的。

完美图解

例如，一个无向图如图 7-89 所示，其深度优先遍历过程如下。

1）初始化所有的顶点未被访问，visited[i]=false，i=1，2，3，…，8。

2）从顶点 1 出发，访问 1 号顶点，标记已访问，visited[1]=true，如图 7-90 所示。

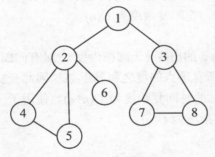

图 7-89 无向图

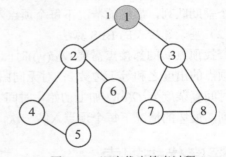

图 7-90 深度优先搜索过程 1

3）从 1 出发访问邻接点 2，然后从 2 出发访问 4，从 4 出发访问 5，从 5 出发没有未被访问的邻接点，如图 7-91 所示。

4）回退到刚刚访问的顶点 4，4 也没有未被访问的邻接点。回退到最近访问的顶点 2，从 2 出发访问下一个未被访问的邻接点 6，如图 7-92 所示。

5）从 6 出发没有未被访问的邻接点，回退到刚刚访问的顶点 2。2 没有未被访问的邻接点，回退到最近访问的顶点 1，如图 7-93 所示。

6）从 1 出发访问下一个未被访问的邻接点 3，从 3 出发访问 7，从 7 出发访问 8，从 8

出发没有未被访问的邻接点，如图 7-94 所示。

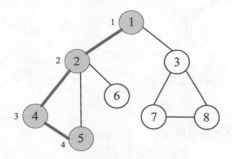

图 7-91 深度优先搜索过程 2

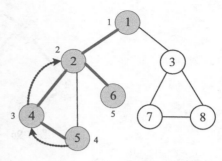

图 7-92 深度优先搜索过程 3

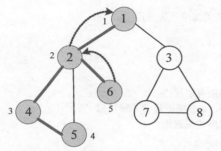

图 7-93 深度优先搜索过程 4

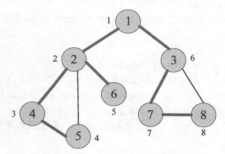

图 7-94 深度优先搜索过程 5

7）回退到刚刚访问的顶点 7，7 也没有未被访问的邻接点。回退到最近访问的顶点 3，3 也没有未被访问的邻接点。回退到最近访问的顶点 1，1 也没有未被访问的邻接点，遍历结束，访问路径如图 7-95 所示。

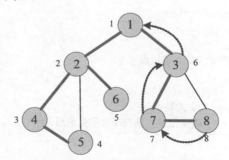

图 7-95 深度优先搜索过程 6

深度优先遍历序列：12456378。

深度优先遍历经过的顶点及边，称为深度优先生成树，简称 DFS 树，如图 7-96 所示。如果是非连通图，则每一个连通分量会产生一棵 DFS 树，合在一起称为 DFS 森林。

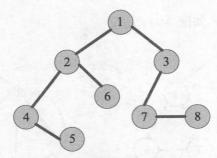

图 7-96　深度优先生成树

代码实现

(1) 基于邻接矩阵的 DFS

```
void DFS_AM(AMGraph G,int v)//基于邻接矩阵的深度优先遍历
{
    int w;
    cout<<G.Vex[v]<<"\t";
    visited[v]=true;
    for(w=0;w<G.vexnum;w++)//依次检查 v 的所有邻接点
        if(G.Edge[v][w]&&!visited[w])//v、w 邻接而且 w 未被访问
            DFS_AM(G,w);//从 w 顶点开始递归深度优先遍历
}
```

(2) 基于邻接表的 DFS

```
void DFS_AL(ALGraph G,int v)//基于邻接表的深度优先遍历
{
    int w;
    AdjNode *p;
    cout<<G.Vex[v].data<<"\t";
    visited[v]=true;
    p=G.Vex[v].first;
    while(p)//依次检查 v 的所有邻接点
    {
        w=p->v;//w 为 v 的邻接点
        if(!visited[w])//w 未被访问
            DFS_AL(G,w);//从 w 出发，递归深度优先遍历
        p=p->next;
    }
}
```

(3) 非连通图的 DFS

```
void DFS_AL(ALGraph G)//非连通图，基于邻接表的深度优先遍历
{
```

```
        for(int i=0;i<G.vexnum;i++)//非连通图需要查漏点，检查未被访问的顶点
            if(!visited[i])//i 未被访问，以 i 为起点再次广度优先遍历
                DFS_AL(G,i); //基于邻接表，也可以替换为基于邻接矩阵 DFS_AM(G,i)
    }
```

深度优先搜索的过程实质上是对每个顶点搜索其邻接点的过程，图的存储方式不同，其算法复杂度也不同。

（1）基于邻接矩阵的 DFS 算法。查找每个顶点的邻接点需要 $O(n)$ 时间，一共 n 个顶点，总的时间复杂度为 $O(n^2)$。使用了一个递归工作栈，空间复杂度为 $O(n)$。

（2）基于邻接表的 DFS 算法。查找顶点 v_i 的邻接点需要 $O(d(v_i))$ 时间，$d(v_i)$ 为 v_i 的出度（无向图为度）。对有向图而言，所有顶点的出度之和等于边数 e；对无向图而言，所有顶点的度之和等于 $2e$。因此查找邻接点的时间复杂度为 $O(e)$，加上初始化时间 $O(n)$，总的时间复杂度为 $O(n+e)$。使用了一个递归工作栈，空间复杂度为 $O(n)$。

需要注意的是，一个图的邻接矩阵是唯一的，因此基于邻接矩阵的 BFS 或 DFS 遍历序列也是唯一的。而图的邻接表不是唯一的，边的输入顺序不同，正序或逆序建表都会影响邻接表的邻接点顺序，因此基于邻接表的 BFS 或 DFS 遍历序列不是唯一的。

7.4 图的应用

在现实生活中，很多问题可以转化为图来解决。例如，计算地图中两地之间的最短路径、网络最小成本布线、工程进度控制等。本节介绍几个图的经典应用，包括最短路径、最小生成树、拓扑排序和关键路径。

7.4.1 单源最短路径——Dijkstra

给定有向带权图 $G=(V, E)$，其中每条边的权值是非负实数。此外，给定 V 中的一个顶点，称为源点。现在要计算从源点到其他各个顶点的最短路径长度。在带权图中，两个顶点的路径长度指它们之间的路径上各边的权值之和。

如何求源点到其他各顶点的最短路径呢？

迪科斯彻提出了著名的单源最短路径求解算法——Dijkstra 算法。艾兹格·W·迪科斯彻（Edsger Wybe Dijkstra），荷兰人，计算机科学家。他早年钻研物理及数学，后来转而研究计算学。他曾在 1972 年获得素有"计算机科学界的诺贝尔奖"之称的图灵奖，与 Donald Ervin Knuth 并称为我们这个时代最伟大的计算机科学家。

Dijkstra 算法是解决单源最短路径问题的贪心算法，它先求出长度最短的一条路径，再

参照该最短路径求出长度次短的一条路径，直到求出从源点到其他各个顶点的最短路径。

Dijkstra 算法的基本思想是首先假定源点为 u，顶点集合 V 被划分为两部分：集合 S 和 $V-S$。初始时 S 中仅含有源点 u，S 中的顶点到源点的最短路径已经确定，$V-S$ 中的顶点到源点的最短路径待定。从源点出发只经过 S 中的点到达 $V-S$ 中的点的路径为特殊路径，用数组 $dist[]$ 记录当前每个顶点所对应的最短特殊路径长度。

Dijkstra 算法采用的贪心策略是选择特殊路径长度最短的路径，将其连接的 $V-S$ 中的顶点加入集合 S，同时更新数组 $dist[]$。一旦 S 包含了所有顶点，$dist[]$ 就是从源点到所有其他顶点之间的最短路径长度。

算法步骤

1）**数据结构**。设置地图的带权邻接矩阵为 G.Edge[][]，即如果从源点 u 到顶点 i 有边，就令 G.Edge[u][i] 等于 <u, i> 的权值，否则 G.Edge[u][i]=∞（无穷大）；采用一维数组 $dist[i]$ 来记录从源点到 i 顶点的最短路径长度；采用一维数组 $p[i]$ 来记录最短路径上 i 顶点的前驱。

2）**初始化**。令集合 $S=\{u\}$，对于集合 $V-S$ 中的所有顶点 i，初始化 $dist[i]$=G.Edge[u][i]。如果源点 u 到顶点 i 有边相连，初始化 $p[i]=u$，否则 $p[i]=-1$。

3）**找最小**。在集合 $V-S$ 中依照贪心策略来寻找使得 $dist[j]$ 具有最小值的顶点 t，即 $dist[t]$=min（$dist[j]$ | j 属于 $V-S$ 集合），则顶点 t 就是集合 $V-S$ 中距离源点 u 最近的顶点。

4）**加入 S 战队**。将顶点 t 加入集合 S 中，同时更新 $V-S$。

5）**判结束**。如果集合 $V-S$ 为空，算法结束，否则转到第 6 步。

6）**借东风**。在第 3 步中已经找到了源点到 t 的最短路径，那么对集合 $V-S$ 中所有与顶点 t 相邻的顶点 j，都可以借助 t 走捷径。如果 $dist[j]>dist[t]+$G.Edge[t][j]，则 $dist[j]=dist[t]+$G.Edge[t][j]，记录顶点 j 的前驱为 t，有 $p[j]=t$，转到第 3 步。

由此可见，可求得从源点 u 到图 G 的其余各个顶点的最短路径及长度，也可通过数组 $p[]$ 逆向找到最短路径上经过的城市。

完美图解

现在有一个景点地图，如图 7-97 所示，假设从 1 号顶点出发，求到其他各个顶点的最短路径。

（1）数据结构

设置地图的带权邻接矩阵为 G.Edge[][]，即如果从顶点 i 到顶点 j 有边，则 G.Edge[i][j] 等于 <i, j> 的权值，否则 G.Edge[i][j]=∞（无穷大），如图 7-98 所示。

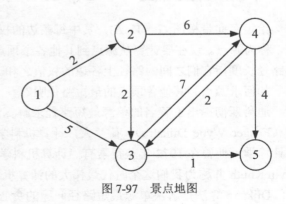

图 7-97 景点地图

（2）初始化

令集合 S={1}，V-S={2，3，4，5}，对于集合 V-S 中的所有顶点 x，初始化最短距离数组 $dist[i]$=G.Edge[1][i]，$dist[u]$=0，如图 7-99 所示。如果源点 1 到顶点 i 有边相连，初始化前驱数组 $p[i]$=1，否则 $p[i]$=−1，如图 7-100 所示。

$$\begin{bmatrix} \infty & 2 & 5 & \infty & \infty \\ \infty & \infty & 2 & 6 & \infty \\ \infty & \infty & \infty & 7 & 1 \\ \infty & \infty & 2 & \infty & 4 \\ \infty & \infty & \infty & \infty & \infty \end{bmatrix}$$

图 7-98 邻接矩阵 G.Edge[][]

图 7-99 最短距离数组 $dist[]$

（3）找最小

在集合 V-S={2，3，4，5}中，依照贪心策略来寻找 V-S 集合中 $dist[]$最小的顶点 t，如图 7-101 所示。

图 7-100 前驱数组 $p[]$

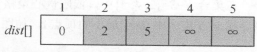

图 7-101 最短距离数组 $dist[]$找到最小值为 2，对应的节点 t=2

（4）加入 S 战队

将顶点 t=2 加入集合 S 中 S={1, 2}，同时更新 V-S={3, 4, 5}，如图 7-102 所示。

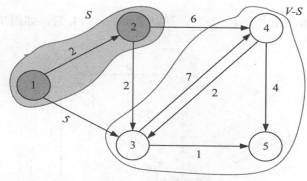

图 7-102 景点地图

（5）借东风

刚刚找到了源点到 t=2 的最短路径，那么对集合 V-S 中所有 t 的邻接点 j，都可以借助 t

走捷径。我们从图或邻接矩阵都可以看出，2 号节点的邻接点是 3 和 4 号节点，如图 7-103 所示。

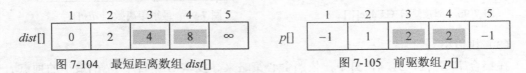

图 7-103 邻接矩阵 G.Edge[][]

先看 3 号节点能否借助 2 号走捷径：$dist[2]+G.Edge[2][3]=2+2=4$，而当前 $dist[3]=5>4$，因此可以走捷径即 2—3，更新 $dist[3]=4$，记录顶点 3 的前驱为 2，即 $p[3]=2$。

再看 4 号节点能否借助 2 号走捷径：如果 $dist[2]+G.Edge[2][4]=2+6=8$，而当前 $dist[4]=\infty>8$，因此可以走捷径即 2—4，更新 $dist[4]=8$，记录顶点 4 的前驱为 2，即 $p[4]=2$。

更新后如图 7-104 和图 7-105 所示。

	1	2	3	4	5
$dist[]$	0	2	4	8	∞

图 7-104 最短距离数组 $dist[]$

	1	2	3	4	5
$p[]$	−1	1	2	2	−1

图 7-105 前驱数组 $p[]$

（6）找最小

在集合 $V-S=\{3, 4, 5\}$ 中，依照贪心策略来寻找 $dist[]$ 具有最小值的顶点 t，依照贪心策略来寻找 $V-S$ 集合中 $dist[]$ 最小的顶点 t，如图 7-106 所示。

	1	2	3	4	5
$dist[]$	0	2	4	8	∞

图 7-106 最短距离数组 $dist[]$ 找到最小值为 4，对应的节点 $t=3$

（7）加入 S 战队

将顶点 $t=3$ 加入集合 S 中 $S=\{1, 2, 3\}$，同时更新 $V-S=\{4, 5\}$，如图 7-107 所示。

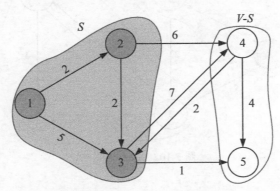

图 7-107 景点地图

（8）借东风

刚刚找到了源点到 $t=3$ 的最短路径，那么对集合 $V-S$ 中所有 t 的邻接点 j，都可以借助 t 走捷径。我们从图或邻接矩阵可以看出，3 号节点的邻接点是 4 号和 5 号节点。

先看 4 号节点能否借助 3 号走捷径：$dist[3]+G.Edge[3][4]=4+7=11$，而当前 $dist[4]=8<11$，比当前路径还长，因此不更新。

再看 5 号节点能否借助 3 号走捷径：$dist[3]+G.Edge[3][5]=4+1=5$，而当前 $dist[5]=\infty>5$，因此可以走捷径即 3—5，更新 $dist[5]=5$，记录顶点 5 的前驱为 3，即 $p[5]=3$。

更新后如图 7-108 和图 7-109 所示。

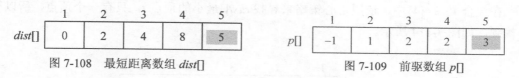

图 7-108　最短距离数组 $dist[]$　　图 7-109　前驱数组 $p[]$

（9）找最小

在集合 $V-S=\{4, 5\}$ 中，依照贪心策略来寻找 $V-S$ 集合中 $dist[]$ 最小的顶点 t，如图 7-110 所示。

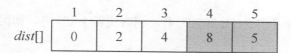

图 7-110　最短距离数组 $dist[]$ 找到最小值为 5，对应的节点 $t=5$

（10）加入 S 战队

将顶点 $t=5$ 加入集合 S 中 $S=\{1, 2, 3, 5\}$，同时更新 $V-S=\{4\}$，如图 7-111 所示。

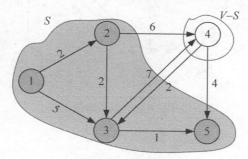

图 7-111　景点地图

（11）借东风

刚刚找到了源点到 $t=5$ 的最短路径，那么对集合 $V-S$ 中所有 t 的邻接点 j，都可以借助

t 走捷径。我们从图或邻接矩阵可以看出，5 号节点没有邻接点，因此不更新，如图 7-112
和图 7-113 所示。

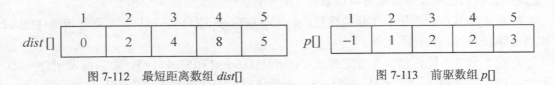

	1	2	3	4	5
$dist[]$	0	2	4	8	5

图 7-112　最短距离数组 $dist[]$

	1	2	3	4	5
$p[]$	−1	1	2	2	3

图 7-113　前驱数组 $p[]$

（12）找最小

在集合 $V-S=\{4\}$ 中，依照贪心策略来寻找 $dist[]$ 最小的顶点 t，只有一个顶点，所以很容
易找到，如图 7-114 所示。

	1	2	3	4	5
$dist[]$	0	2	4	8	5

图 7-114　最短距离数组 $dist[]$ 找到最小值为 8，对应的节点 $t=4$

（13）加入 S 战队

将顶点 t 加入集合 S 中 $S=\{1, 2, 3, 5, 4\}$，同时更新 $V-S=\{\ \}$，如图 7-115 所示。

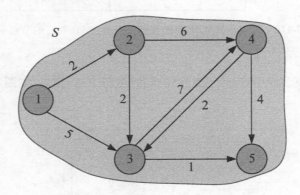

图 7-115　景点地图

（14）算法结束

$V-S=\{\ \}$ 为空时，算法停止。

由此，可求得从源点 u 到图 G 的其余各个顶点的最短路径及长度，也可通过前驱数组
$p[]$ 逆向找到最短路径上经过的城市，如图 7-116 所示。

图 7-116 前驱数组 p[]

例如，p[5]=3，即 5 的前驱是 3；p[3]=2，即 3 的前驱是 2；p[2]=1，即 2 的前驱是 1；p[1]=−1，1 没有前驱，那么从源点 1 到 5 的最短路径为 1—2—3—5。

代码实现

```
void Dijkstra(AMGraph G,int u)
{
    for(int i=0;i<G.vexnum;i++)//①初始化距离数组 dist[]和前驱数组 p[]
    {
     dist[i]=G.Edge[u][i]; //初始化源点 u 到其他各个顶点的最短路径长度
     flag[i]=false;
     if(dist[i]==INF)
       p[i]=-1; //源点 u 到该顶点的路径长度为无穷大，说明顶点 i 与源点 u 不相邻
     else
       p[i]=u; //说明顶点 i 与源点 u 相邻，设置顶点 i 的前驱 p[i]=u
    }
    dist[u]=0;
    flag[u]=true;     //初始时，集合 S 中只有一个元素：源点 u
    for(int i=0;i<G.vexnum; i++)//②找源点到每一个顶点的最短路径
    {
      int temp=INF,t=u;
      for(int j=0;j<G.vexnum; j++)  //③在集合 V-S 中寻找距离源点 u 最近的顶点 t
        if(!flag[j]&&dist[j]<temp)
        {
          t=j;
          temp=dist[j];
        }
      if(t==u) return ; //找不到 t，跳出循环
      flag[t]= true;      //否则，将 t 加入集合
      for(int j=0;j<G.vexnum;j++)//④更新与 t 相邻接的顶点到源点 u 的距离
        if(!flag[j]&&G.Edge[t][j]<INF) //!flag[j]表示 j 在 V-S 中
          if(dist[j]>(dist[t]+G.Edge[t][j]))
            {
              dist[j]=dist[t]+G.Edge[t][j] ;
              p[j]=t ;
            }
    }
}
```

想一想：因为我们在程序中使用 p[]数组记录了最短路径上每一个节点的前驱，因此除

了显示最短距离外，还可以显示最短路径上经过了哪些城市，可以增加一段程序逆向找到该最短路径上的城市序列。

```
void findpath(AMGraph G,VexType u)
{
  int x;
  stack<int>S;
  cout<<"源点为："<<u<<endl;
  for(int i=0;i<G.vexnum;i++)
  {
    x=p[i];
    if(x==-1&&u!=G.Vex[i])
    {
        cout<<"源点到其他各顶点最短路径为："<<u<<"--"<<G.Vex[i]<<"sorry,无路可达";
        cout<<endl;
        continue;
    }
    while(x!=-1)
    {
      S.push(x);
      x=p[x];
    }
    cout<<"源点到其他各顶点最短路径为：";
    while(!S.empty())
    {
      cout<<G.Vex[S.top()]<<"--";
      S.pop();
    }
    cout<<G.Vex[i]<<"      最短距离为："<<dist[i]<<endl;
  }
}
```

只需要在主函数末尾调用该函数，即可输出源点 u 到各个顶点的最短路径。

算法复杂度分析

（1）时间复杂度

在 Dijkstra 算法描述中，一共有 4 个 for 语句，第①个 for 语句的执行次数为 n，第②个 for 语句里面嵌套了两个 for 语句③、④，它们的执行次数均为 n，对算法的运行时间贡献最大。当外层循环标号为 1 时，③、④语句在内层循环的控制下均执行 n 次，外层循环②从 1～ n。因此，该语句的执行次数为 $n×n= n^2$，算法的时间复杂度为 $O(n^2)$。

（2）空间复杂度

由以上算法可以得出，实现该算法所需要的辅助空间包含为数组 *flag*，变量 *i*、*j*、*t* 和 *temp*

所分配的空间，因此空间复杂度为 $O(n)$。

算法优化

1）优先队列优化。for 语句③是在集合 V-S 中寻找距离源点 u 最近的顶点 t，如果穷举需要 $O(n)$ 时间，③语句的时间复杂度为 $O(n^2)$。如果采用优先队列（见后面高级应用章节），则找一个最近顶点需要 $O(\log n)$ 时间，③语句的时间复杂度为 $O(n\log n)$。

2）采用邻接表存储。for 语句④松弛操作，如果采用邻接矩阵存储图，每次需要执行 n 次，④语句的时间复杂度为 $O(n^2)$。而如果采用邻接表存储，则每次执行 t 顶点的度数 x，每个顶点的度数之和为边数 e，④语句的时间复杂度为 $O(e)$。对于稀疏图，$O(e)$ 要比 $O(n^2)$ 小。

7.4.2 各顶点之间最短路径——Floyd

Dijkstra 算法是求源点到其他各个顶点的最短路径，如果求解任意两个顶点的最短路径，则需要以每个顶点为源点，重复调用 n 次 Dijkstra 算法。其实完全没必要这么麻烦，下面介绍的 Floyd 算法可以求解任意两个顶点的最短路径。Floyd 算法又称为插点法，其算法核心是在顶点 i 到顶点 j 之间，插入顶点 k，看是否能够缩短 i 和 j 之间距离（松弛操作）。

算法步骤

1）**数据结构**。设置地图的带权邻接矩阵为 G.Edge[][]，即如果从顶点 i 到顶点 j 有边，就让 G.Edge[i][j]=$<i, j>$ 的权值，否则 G.Edge[i][j]=∞（无穷大）；采用两个辅助数组：最短距离数组 dist[i][j]，记录从 i 到 j 顶点的最短路径长度；前驱数组 p[i][j]，记录从 i 到 j 顶点的最短路径上 j 顶点的前驱。

2）**初始化**。初始化 dist[i][j]= G.Edge[i][j]，如果顶点 i 到顶点 j 有边相连，初始化 p[i][j]=i，否则 p[i][j]=−1。

3）**插点**。其实就是在 i、j 之间插入顶点 k，看是否能够缩短 i 和 j 之间距离（松弛操作）。如果 dist[i][j]>dist[i][k]+dist[k][j]，则 dist[i][j]=dist[i][k]+dist[k][j]，记录顶点 j 的前驱为 p[i][j]=p[k][j]。

完美图解

现在有一个景点地图，如图 7-117 所示，求各个顶点之间的最短路径。

（1）数据结构

设置地图的带权邻接矩阵为 G.Edge[][]，即如果从顶点 i 到顶点 j 有边，就让 G.Edge[i][j]=$<i, j>$ 的权值，当 $i=j$ 时，G.Edge[i][i]=0，否则 G.Edge[i][j]=∞（无穷大），如图 7-118 所示。

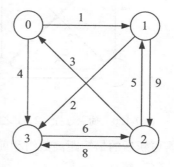

图 7-117 景点地图

（2）初始化

初始化最短距离数组 $dist[i][j]$= $G.Edge[i][j]$，如果顶点 i 到顶点 j 有边相连，初始化前驱数组 $p[i][j]$=i，否则 $p[i][j]$=-1。初始化后的 $dist[][]$ 和 $p[][]$，如图 7-119 所示。

$$\begin{bmatrix} 0 & 1 & \infty & 4 \\ \infty & 0 & 9 & 2 \\ 3 & 5 & 0 & 8 \\ \infty & \infty & 6 & 0 \end{bmatrix}$$

$$dist[i][j]=\begin{bmatrix} 0 & 1 & \infty & 4 \\ \infty & 0 & 9 & 2 \\ 3 & 5 & 0 & 8 \\ \infty & \infty & 6 & 0 \end{bmatrix}$$

$$p[i][j]=\begin{bmatrix} -1 & 0 & -1 & 0 \\ -1 & -1 & 1 & 1 \\ 2 & 2 & -1 & 2 \\ -1 & -1 & 3 & -1 \end{bmatrix}$$

图 7-118 邻接矩阵 $G.Edge[][]$ 图 7-119 最短距离数组和前驱数组

（3）插点（k=0）

其实就是借顶点 0 更新最短距离。如果 $dist[i][j]$>$dist[i][0]$+$dist[0][j]$，则 $dist[i][j]$=$dist[i][0]$+$dist[0][j]$，记录顶点 j 的前驱为：$p[i][j]$= $p[0][j]$。

谁可以借顶点 0 呢？

看顶点 0 的入边，2—0，也就是说顶点 2 可以借 0 点，更新 2 到其他顶点的最短距离。（程序中不知道谁可以借 0 点，穷举所有顶点是否可以借 0 点。）

$dist[2][1]$：$dist[2][1]$=5 > $dist[2][0]$+$dist[0][1]$=4，则更新 $dist[2][1]$=4，$p[2][1]$=0，如图 7-120 所示。

$dist[2][3]$：$dist[2][3]$=8 > $dist[2][0]$+$dist[0][3]$=7，则更新 $dist[2][3]$=7，$p[2][3]$=0，如图 7-121 所示。

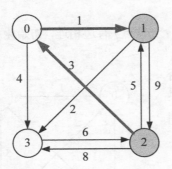 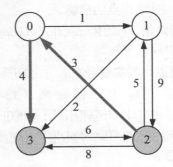

图 7-120 插点过程（2、1 之间插 0 点）   图 7-121 插点过程（2、3 之间插 0 点）

更新后的最短距离数组和前驱数组，如图 7-122 所示。

（4）插点（k=1）

大家一起借顶点 1 更新最短距离。谁可以借顶点 1 呢？

$$dist[i][j] = \begin{bmatrix} 0 & 1 & \infty & 4 \\ \infty & 0 & 9 & 2 \\ 3 & 4 & 0 & 7 \\ \infty & \infty & 6 & 0 \end{bmatrix} \qquad p[i][j] = \begin{bmatrix} -1 & 0 & -1 & 0 \\ -1 & -1 & 1 & 1 \\ 2 & 0 & -1 & 0 \\ -1 & -1 & 3 & -1 \end{bmatrix}$$

图 7-122　最短距离数组和前驱数组

看顶点 1 的入边，顶点 0、2 都可以借 1 点，更新其到其他顶点的最短距离。

$dist[0][2]$：$dist[0][2]=\infty > dist[0][1]+dist[1][2]=10$，则更新 $dist[0][2]=10$，$p[0][2]=1$，如图 7-123 所示。

$dist[0][3]$：$dist[0][3]=4 > dist[0][1]+dist[1][3]=3$，则更新 $dist[0][3]=3$，$p[0][3]=1$，如图 7-124 所示。

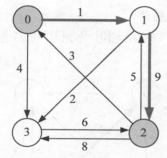
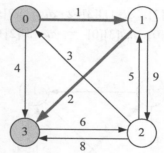

图 7-123　插点过程（0、2 之间插 1 点）　　图 7-124　插点过程（0、3 之间插 1 点）

$dist[2][0]$：$dist[2][0]=3 < dist[2][1]+dist[1][0]=\infty$，不更新。

$dist[2][3]$：$dist[2][3]=8 > dist[2][1]+dist[1][3]=6$，则更新 $dist[0][2]=6$，$p[2][3]=1$，如图 7-125 所示。

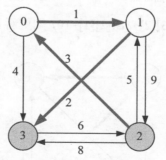

图 7-125　插点过程（2、3 之间插 1 点）

更新后的最短距离数组和前驱数组，如图 7-126 所示。

$$dist[i][j] = \begin{bmatrix} 0 & 1 & 10 & 3 \\ \infty & 0 & 9 & 2 \\ 3 & 4 & 0 & 6 \\ \infty & \infty & 6 & 0 \end{bmatrix} \qquad p[i][j] = \begin{bmatrix} -1 & 0 & 1 & 1 \\ -1 & -1 & 1 & 1 \\ 2 & 0 & -1 & 1 \\ -1 & -1 & 3 & -1 \end{bmatrix}$$

图 7-126　最短距离数组和前驱数组

（5）插点（k=2）

大家一起借顶点 2 更新最短距离。谁可以借顶点 2 呢？

看顶点 2 的入边，顶点 1、3 都可以借 2 点，更新其到其他顶点的最短距离。

$dist[1][0]$：$dist[1][0]=\infty > dist[1][2]+dist[2][0]=12$，则更新 $dist[1][0]=12$，$p[1][0]=2$，如图 7-127 所示。

$dist[1][3]$：$dist[1][3]=2 < dist[1][2]+dist[2][3]=15$，不更新。

$dist[3][0]$：$dist[3][0]=\infty > dist[3][2]+dist[2][1]=9$，则更新 $dist[3][0]=9$，$p[3][0]=2$，如图 7-128 所示。

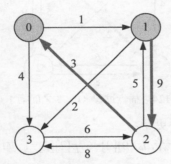

图 7-127　插点过程（1、0 之间插 2 点）

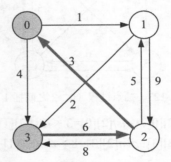

图 7-128　插点过程（3、0 之间插 2 点）

$dist[3][1]$：$dist[3][1]=\infty > dist[3][2]+dist[2][1]=10$，则更新 $dist[3][1]=10$，$p[3][1]=p[2][1]=0$，如图 7-129 所示。

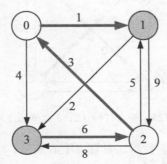

图 7-129　插点过程（3、1 之间插 2 点）

更新后的最短距离数组和前驱数组，如图 7-130 所示。

$$dist[i][j]=\begin{bmatrix} 0 & 1 & 10 & 3 \\ 12 & 0 & 9 & 2 \\ 3 & 4 & 0 & 6 \\ 9 & 10 & 6 & 0 \end{bmatrix} \qquad p[i][j]=\begin{bmatrix} -1 & 0 & 1 & 1 \\ 2 & -1 & 1 & 1 \\ 2 & 0 & -1 & 1 \\ 2 & 0 & 3 & -1 \end{bmatrix}$$

图 7-130　最短距离数组和前驱数组

（6）插点（$k=3$）

大家一起借顶点 3 更新最短距离。谁可以借顶点 2 呢？

看顶点 3 的入边，顶点 0、1、2 都可以借 3 点，更新其到其他顶点的最短距离。

$dist[0][1]$：$dist[0][1]=1 < dist[0][3]+dist[3][1]=13$，不更新。

$dist[0][2]$：$dist[0][2]=10 > dist[0][3]+dist[3][2]=9$，则更新 $dist[0][2]=9$，$p[0][2]=3$，如图 7-131 所示。

$dist[1][0]$：$dist[1][0]=12 > dist[1][3]+dist[3][0]=11$，则更新 $dist[1][0]=11$，$p[1][0]=p[3][0]=2$，如图 7-132 所示。

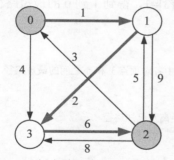

图 7-131　插点过程（0、2 之间插 3 点）

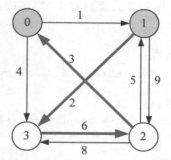

图 7-132　插点过程（1、0 之间插 3 点）

$dist[1][2]$：$dist[1][2]=9 > dist[1][3]+dist[3][2]=8$，则更新 $dist[1][2]=8$，$p[1][2]=3$，如图 7-133 所示。

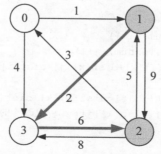

图 7-133　插点过程（1、2 之间插 3 点）

$dist[2][0]$: $dist[2][0]=3 < dist[2][3]+dist[3][0]=15$,不更新。

$dist[2][1]$: $dist[2][1]=4 < dist[2][3]+dist[3][1]=16$,不更新。

更新后的最短距离数组和前驱数组,如图 7-134 所示。

$$dist[i][j] = \begin{bmatrix} 0 & 1 & 9 & 3 \\ 11 & 0 & 8 & 2 \\ 3 & 4 & 0 & 6 \\ 9 & 10 & 6 & 0 \end{bmatrix} \qquad p[i][j] = \begin{bmatrix} -1 & 0 & 3 & 1 \\ 2 & -1 & 3 & 1 \\ 2 & 0 & -1 & 1 \\ 2 & 0 & 3 & -1 \end{bmatrix}$$

图 7-134 最短距离数组和前驱数组

(7)插点结束

$dist[][]$ 数组即为各顶点之间的最短距离,如果想找顶点 i 到顶点 j 的最短路径,可以根据前驱数组 $p[][]$ 获得。例如,求 1 到 2 的最短路径,首先读取 $p[1][2]=3$,说明顶点 2 的前驱为 3;继续向前找,读取 $p[1][3]=1$,说明 3 的前驱为 1,得到 1 到 2 的最短路径为 1—3—2。求 1 到 0 的最短路径,首先读取 $p[1][0]=2$,说明顶点 0 的前驱为 2;继续向前找,读取 $p[1][2]=3$,说明 2 的前驱为 3;继续向前找,读取 $p[1][3]=1$,得到 1 到 0 的最短路径为 1—3—2—0。

代码实现

```
void Floyd(AMGraph G) //用 Floyd 算法求有向网 G 中各对顶点 i 和 j 之间的最短路径
{
    int i,j,k;
    for(i=0;i<G.vexnum;i++)//各对节点之间初始距离及已知路径
      for(j=0;j<G.vexnum;j++)
      {
          dist[i][j]=G.Edge[i][j];
          if(dist[i][j]<INF && i!=j)
            p[i][j]=i;        //如果 i 和 j 之间有弧,则将 j 的前驱置为 i
          else p[i][j]=-1;    //如果 i 和 j 之间无弧,则将 j 的前驱置为-1
      }
    for(k=0;k<G.vexnum; k++)
      for(i=0;i<G.vexnum; i++)
          for(j=0;j<G.vexnum; j++)
              if(dist[i][k]+dist[k][j]<dist[i][j])//从 i 经 k 到 j 的一条路径更短
              {
                  dist[i][j]=dist[i][k]+dist[k][j]; //更新 dist[i][j]
                  p[i][j]=p[k][j];  //更改 j 的前驱为 k
              }
}
```

算法复杂度分析

（1）时间复杂度

3 层 for 语句循环，时间复杂度为 $O(n^3)$。

（2）空间复杂度

采用两个辅助数组——最短距离数组 $dist[i][j]$ 和前驱数组 $p[i][j]$，因此空间复杂度为 $O(n^2)$。

尽管 Floyd 算法的时间复杂度为 $O(n^3)$，但其代码简单，对于中等输入规模来说，仍然相当有效。如果用 Dijkstra 算法求解各个顶点之间的最短路径，则需要以每个顶点为源点调用一次，一共调用 n 次，其总的时间复杂度也为 $O(n^3)$。特别注意的是，Dijkstra 算法无法处理处理带负权值边的图，Floyd 算法可以处理带负权值边的图，但是不允许图中包含负圈（权值为负的圈）。有兴趣的读者还可以学习其他两个解决负权值边的最短路径算法——Bellman-Ford 和 SPFA 算法。

7.4.3 最小生成树——prim

校园网是为学校师生提供资源共享、信息交流和协同工作的计算机网络，是一个宽带、具有交互功能且专业性很强的局域网络。如果一所学校包括多个专业学科及部门，也可以形成多个局域网络，并通过有线或无线方式连接起来。原来的网络系统只局限于学院、图书馆为单位的局域网，不能形成集中管理以及各种资源的共享，个别院校还远离大学本部，这些情况严重地阻碍了该校的网络化需求。现在需要设计网络电缆布线，将各个单位连通起来，如何设计布线使费用最少呢？

该问题用无向连通图 $G=(V, E)$ 来表示通信网络，V 表示顶点集，E 表示边集。把各个单位抽象为图中的顶点；顶点与顶点之间的边，表示单位之间的通信网络；边的权值表示布线的费用。如果两个节点没有连线，代表这两个单位之间不能布线，费用为无穷大，如图 7-135 所示。

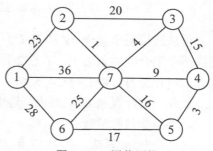

图 7-135 通信网络

那么我们如何设计网络电缆布线，将各个单位连通起来，并使费用最少呢？

对于 n 个顶点的连通图，只需 $n-1$ 条边就可以使这个图连通，$n-1$ 条边要想保证图连通，就必须不含回路，所以我们只需要找出 $n-1$ 条权值最小且无回路的边即可。

需要说明几个概念。

- **子图**：从原图中选中一些顶点和边组成的图，称为原图的子图。
- **生成子图**：选中一些边和所有顶点组成的图，称为原图的生成子图。
- **生成树**：如果生成子图恰好是一棵树，则称为生成树。

- **最小生成树**：权值之和最小的生成树，则称为最小生成树。

本题就是最小生成树求解问题。

找出 $n-1$ 条权值最小的边很容易，那么怎么保证无回路呢？

如果在一个图中深度搜索或广度搜索有没有回路，是一件繁重的工作。有一个很好的办法——**集合避圈法**。在生成树的过程中，我们把已经在生成树中的节点看作一个集合，把剩下的节点看作另一个集合，从连接两个集合的边中选择一条权值最小的边即可。

首先任选一个节点，例如 1 号节点，把它放在集合 U 中，$U=\{1\}$，那么剩下的节点即 $V-U=\{2, 3, 4, 5, 6, 7\}$，V 是图的所有顶点集合。如图 7-136 所示。

现在只需看看连接两个集合（V 和 $V-U$）的边中，哪一条边权值最小，把那条权值最小的边关联的节点加入 U 集合。从图 7-136 可以看出，连接两个集合的 3 条边中，1—2 的边权值最小，选中它，把 2 号节点加入 U 集合 $U=\{1, 2\}$，$V-U=\{3, 4, 5, 6, 7\}$。

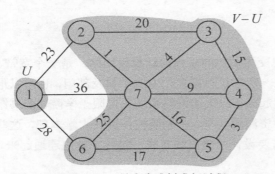

图 7-136 最小生成树求解过程

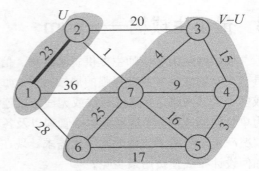

图 7-137 最小生成树求解过程

再从连接两个集合（V 和 $V-U$）的边中选择一条权值最小的边。从图 7-137 中可以看出，连接两个集合的 4 条边中，节点 2 到节点 7 的边权值最小，选中此条边，把 7 号节点加入 U 集合 $U=\{1, 2, 7\}$，$V-U=\{3, 4, 5, 6\}$。

如此下去，直到 $U=V$ 结束，选中的边和所有的节点组成的图就是最小生成树。

是不是非常简单？

这就是 Prim 算法，在 1957 年由 Robert C. Prim 发现的。那么如何用算法来实现呢？

首先，令 $U=\{u_0\}$，$u_0 \in V$，$TE=\{\}$。u_0 可以是任何一个节点，因为最小生成树包含所有节点，所以从哪个节点出发都可以得到最小生成树，且不影响最终结果。TE 为选中的边集。

然后，做如下**贪心选择**。

选取连接 U 和 $V-U$ 的所有边中的最短边，即满足条件 $i \in U$，$j \in V-U$，且边 (i, j) 是连接 U 和 $V-U$ 的所有边中的最短边，即该边的权值最小。

最后，将顶点 j 加入集合 U，边 (i, j) 加入 TE。继续上面的贪心选择一直进行到 $U=V$

为止，此时，选取到的所有边恰好构成图 G 的一棵最小生成树 T。

算法步骤

1）确定合适的数据结构。设置带权邻接矩阵 C 存储图 G，如果图 G 中存在边 (u, v)，令 $C[u][v]$ 等于边 (u, v) 上的权值，否则，$C[u][v]=\infty$；bool 数组 $s[]$，如果 $s[i]=$true，说明顶点 i 已加入集合 U。

注意：这里为了方便，仅仅使用一个二维数组表示图的邻接矩阵，输入时直接输入顶点的下标即可（下标从 1 开始）。

如图 7-138 所示，直观地看图很容易找出 U 集合到 $V-U$ 集合的边中哪条边是最小的，但是程序中如果穷举这些边，再找最小值就太麻烦了，那怎么办呢？

可以通过设置两个数组巧妙地解决这个问题，$closest[j]$ 表示 $V-U$ 中的顶点 j 到集合 U 中的最邻近点，$lowcost[j]$ 表示 $V-U$ 中的顶点 j 到集合 U 中的最邻近点的边值，即边 $(j, closest[j])$ 的权值。

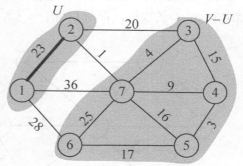

图 7-138 最小生成树求解过程

例如，在图 7-138 中，7 号节点到 U 集合中的最邻近点是 2，$closest[7]=2$，如图 7-139 所示。7 号节点到最邻近点 2 的边值为 1，即边 $(2, 7)$ 的权值，记为 $lowcost[7]=1$，如图 7-140 所示。

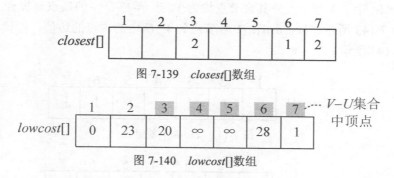

图 7-139 *closest*[]数组

图 7-140 *lowcost*[]数组

只需要在 $V-U$ 集合中找 $lowcost[]$ 值最小的顶点即可。

2）初始化。令集合 $U=\{u_0\}$，$u_0 \in V$，并初始化数组 $closest[]$、$lowcost[]$ 和 $s[]$。

3）在 $V-U$ 集合中找 $lowcost$ 值最小的顶点 t，即 $lowcost[t]=\min\{lowcost[j]|j \in V-U\}$，满足该公式的顶点 t 就是集合 $V-U$ 中连接集合 U 的最邻近点。

4）将顶点 t 加入集合 U。

5）如果集合 $V-U$ 为空，算法结束，否则，转第 6 步。

6）对集合 $V-U$ 中的所有顶点 j，更新其 $lowcost[]$ 和 $closest[]$。更新公式：if（$C[t][j] < lowcost[j]$）{$lowcost[j] = C[t][j]$; $closest[j] = t$; }，转第 3 步。

按照上述步骤，最终可以得到一棵权值之和最小的生成树。

完美图解

设 $G=(V, E)$ 是无向连通带权图，如图 7-141 所示。

1）数据结构。设置地图的带权邻接矩阵为 $C[][]$，即如果从顶点 i 到顶点 j 有边，就让 $C[i][j]=<i, j>$ 的权值，否则 $C[i][j]=\infty$（无穷大），如图 7-142 所示。

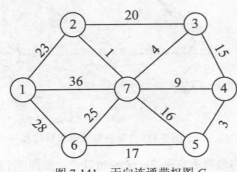

$$\begin{bmatrix} \infty & 23 & \infty & \infty & \infty & 28 & 36 \\ 23 & \infty & 20 & \infty & \infty & \infty & 1 \\ \infty & 20 & \infty & 15 & \infty & \infty & 4 \\ \infty & \infty & 15 & \infty & 3 & \infty & 9 \\ \infty & \infty & \infty & 3 & \infty & 17 & 16 \\ 28 & \infty & \infty & \infty & 17 & \infty & 25 \\ 36 & 1 & 4 & 9 & 16 & 25 & \infty \end{bmatrix}$$

图 7-141　无向连通带权图 G　　　　　图 7-142　邻接矩阵 $C[][]$

2）初始化。假设 $u_0=1$，令集合 $U=\{1\}$，$V-U=\{2, 3, 4, 5, 6, 7\}$，$TE=\{\}$，$s[1]=$true；初始化数组 $closest[]$：除了 1 号节点外其余节点均为 1，表示 $V-U$ 中的顶点到集合 U 的最临近点均为 1，如图 7-143 所示。$lowcost[]$：1 号节点到 $V-U$ 中的顶点的边值，即读取邻接矩阵第 1 行，如图 7-144 所示。

图 7-143　$closest[]$ 数组

图 7-144　$lowcost[]$ 数组

初始化后如图 7-145 所示。

3）找最小。在集合 $V-U=\{2, 3, 4, 5, 6, 7\}$ 中，依照贪心策略寻找 $V-U$ 集合中 $lowcost$ 最

小的顶点 t，如图 7-146 所示。

找到最小值为 23，对应的节点 $t=2$。

选中的边和节点如图 7-147 所示。

4）加入 U 战队。将顶点 t 加入集合 $U=\{1, 2\}$，同时更新 $V-U=\{3, 4, 5, 6, 7\}$。

5）更新。刚刚找到了到 U 集合的最邻近点 $t=2$，那么对 t 在集合 $V-U$ 中每一个邻接点 j，都可以借助 t 更新。从图或邻接矩阵可以看出，2 号节点的邻接点是 3 和 7 号节点：

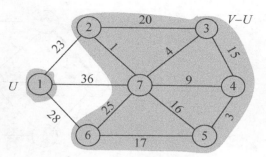

图 7-145　最小生成树求解过程

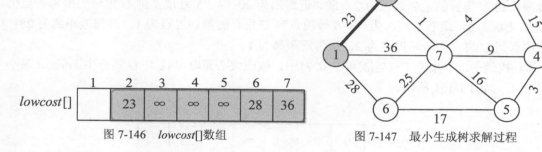

图 7-146　lowcost[]数组

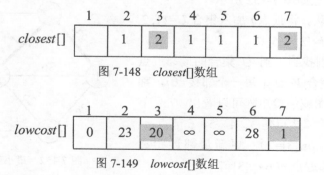

图 7-147　最小生成树求解过程

$C[2][3]=20<lowcost[3]=\infty$，更新最邻近距离 $lowcost[3]=20$，最邻近点 $closest[3]=2$；
$C[2][7]=1<lowcost[7]=36$，更新最邻近距离 $lowcost[7]=1$，最邻近点 $closest[7]=2$；
更新后的 $closest[j]$ 和 $lowcost[j]$ 数组如图 7-148 和图 7-149 所示。

	1	2	3	4	5	6	7
closest[]		1	2	1	1	1	2

图 7-148　closest[]数组

	1	2	3	4	5	6	7
lowcost[]	0	23	20	∞	∞	28	1

图 7-149　lowcost[]数组

更新后如图 7-150 所示。

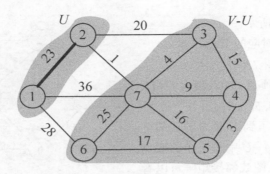

图 7-150　最小生成树求解过程

closest[*j*]和 *lowcost*[*j*]分别表示 *V*−*U* 集合中顶点 *j* 到 *U* 集合的最邻近顶点和最邻近距离。3 号顶点到 *U* 集合的最邻近点为 2，最邻近距离为 20；4、5 号顶点到 *U* 集合的最邻近点仍为初始化状态 1，最邻近距离为∞；6 号顶点到 *U* 集合的最邻近点为 1，最邻近距离为 28；7 号顶点到 *U* 集合的最邻近点为 2，最邻近距离为 1。

6）找最小。在集合 *V*−*U*={3, 4, 5, 6, 7}中，依照贪心策略寻找 *V*−*U* 集合中 *lowcost* 最小的顶点 *t*，如图 7-151 所示。

	1	2	3	4	5	6	7
lowcost[]	0	23	20	∞	∞	28	1

图 7-151　*lowcost*[]数组

找到最小值为 1，对应的节点 *t*=7。

选中的边和节点如图 7-152 所示。

7）加入 *U* 战队。将顶点 *t* 加入集合 *U*={1, 2, 7}，同时更新 *V*−*U*={3, 4, 5, 6}。

8）更新。刚刚找到了到 *U* 集合的最邻近点 *t*=7，那么对 *t* 在集合 *V*−*U* 中每一个邻接点 *j*，都可以借 *t* 更新。从图或邻接矩阵可以看出，7 号节点在集合 *V*−*U* 中的邻接点是 3、4、5、6 节点：

C[7][3]=4<*lowcost*[3]=20，更新最邻近距离 *lowcost*[3]=4，最邻近点 *closest*[3]=7；

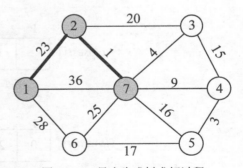

图 7-152　最小生成树求解过程

C[7][4]=9<*lowcost*[4]=∞，更新最邻近距离 *lowcost*[4]=9，最邻近点 *closest*[4]=7；

C[7][5]=16<*lowcost*[5]=∞，更新最邻近距离 *lowcost*[5]=16，最邻近点 *closest*[5]=7；

C[7][6]=25<*lowcost*[6]=28，更新最邻近距离 *lowcost*[6]=25，最邻近点 *closest*[6]=7。

更新后的 *closest[j]* 和 *lowcost[j]* 数组如图 7-153 和图 7-154 所示。

图 7-153 *closest[]* 数组

图 7-154 *lowcost[]* 数组

更新后如图 7-155 所示。

closest[j] 和 *lowcost[j]* 分别表示 $V-U$ 集合中顶点 j 到 U 集合的最邻近顶点和最邻近距离。3号顶点到 U 集合的最邻近点为 7，最邻近距离为 4；4 号顶点到 U 集合的最邻近点为 7，最邻近距离为 9；5 号顶点到 U 集合的最邻近点为 7，最邻近距离为 16；6 号顶点到 U 集合的最邻近点为 7，最邻近距离为 25。

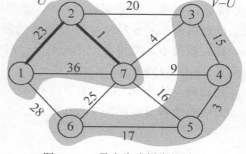

图 7-155 最小生成树求解过程

9）找最小。在集合 $V-U=\{3, 4, 5, 6\}$ 中，依照贪心策略寻找 $V-U$ 集合中 *lowcost* 最小的顶点 t，如图 7-156 所示。

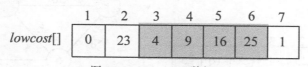

图 7-156 *lowcost[]* 数组

找到最小值为 4，对应的节点 $t=3$。

选中的边和节点如图 7-157 所示。

10）加入 U 战队。将顶点 t 加入集合 $U=\{1, 2, 3, 7\}$，同时更新 $V-U=\{4, 5, 6\}$。

11）更新。刚刚找到了到 U 集合的最邻近点 $t=3$，那么对 t 在集合 $V-U$ 中每一个邻接点 j，都可以借助 t 更新。我们从图或邻接矩阵可以看出，3 号节点在集合 $V-U$ 中的邻接点是 4 号节点。

$C[3][4]=15 > lowcost[4]=9$，不更新。

closest[j] 和 *lowcost[j]* 数组不改变。

更新后如图 7-158 所示。

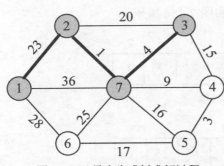
图 7-157　最小生成树求解过程

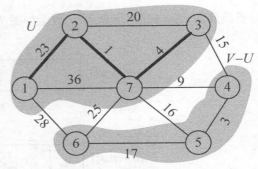
图 7-158　最小生成树求解过程

closest[*j*]和 *lowcost*[*j*]分别表示 *V−U* 集合中顶点 *j* 到 *U* 集合的最邻近顶点和最邻近距离。4 号顶点到 *U* 集合的最邻近点为 7，最邻近距离为 9；5 号顶点到 *U* 集合的最邻近点为 7，最邻近距离为 16；6 号顶点到 *U* 集合的最邻近点为 7，最邻近距离为 25。

12）找最小。在集合 *V−U*={4，5，6}中，依照贪心策略寻找 *V−U* 集合中 *lowcost* 最小的顶点 *t*，如图 7-159 所示。

找到最小值为 9，对应的节点 *t*=4。

选中的边和节点如图 7-160 所示。

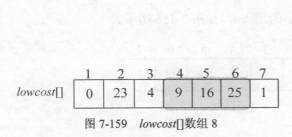

	1	2	3	4	5	6	7
lowcost[]	0	23	4	9	16	25	1

图 7-159　*lowcost*[]数组 8

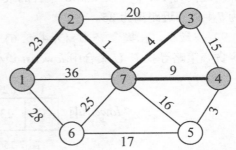
图 7-160　最小生成树求解过程

13）加入 *U* 战队。将顶点 *t* 加入集合 *U*={1，2，3，4，7}，同时更新 *V−U*={5，6}。

14）更新。刚刚找到了到 *U* 集合的最邻近点 *t*=4，那么对 *t* 在集合 *V−U* 中每一个邻接点 *j*，都可以借助 *t* 更新。从图或邻接矩阵可以看出，4 号节点在集合 *V−U* 中的邻接点是 5 号节点：

C[4][5]=3<*lowcost*[5]=16，更新最邻近距离 *lowcost*[5]=3，最邻近点 *closest*[5]=4。

更新后的 *closest*[*j*]和 *lowcost*[*j*]数组如图 7-161 和图 7-162 所示。

图 7-161　closest[] 数组

图 7-162　lowcost[] 数组

更新后如图 7-163 所示。

closest[*j*]和 *lowcost*[*j*]分别表示 *V–U* 集合中顶点 *j* 到 *U* 集合的最邻近顶点和最邻近距离。5 号顶点到 *U* 集合的最邻近点为 4，最邻近距离为 3；6 号顶点到 *U* 集合的最邻近点为 7，最邻近距离为 25。

15）找最小。在集合 *V–U*={5，6}中，依照贪心策略寻找 *V–U* 集合中 *lowcost* 最小的顶点 *t*，如图 7-164 所示。

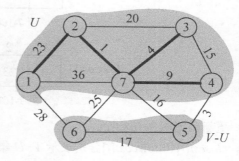

图 7-163　最小生成树求解过程

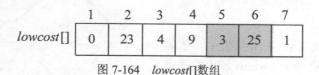

图 7-164　*lowcost*[] 数组

找到最小值为 3，对应的节点 *t*=5。

选中的边和节点如图 7-165 所示。

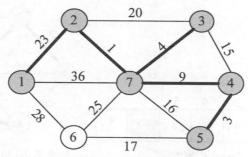

图 7-165　最小生成树求解过程

16）加入 U 战队。将顶点 t 加入集合 $U=\{1, 2, 3, 4, 5, 7\}$，同时更新 $V-U=\{6\}$。

17）更新。刚刚找到了到 U 集合的最邻近点 $t=5$，那么对 t 在集合 $V-U$ 中每一个邻接点 j，都可以借助 t 更新。从图或邻接矩阵可以看出，5 号节点在集合 $V-U$ 中的邻接点是 6 号节点：

$C[5][6]=17<lowcost[6]=25$，更新最邻近距离 $lowcost[6]=17$，最邻近点 $closest[6]=5$。
更新后的 $closest[j]$ 和 $lowcost[j]$ 数组如图 7-166 和图 7-167 所示。

	1	2	3	4	5	6	7
$closest[]$		1	7	7	4	5	2

图 7-166　$closest[]$ 数组

	1	2	3	4	5	6	7
$lowcost[]$	0	23	4	9	3	17	1

图 7-167　$lowcost[]$ 数组

更新后如图 7-168 所示。

$closest[j]$ 和 $lowcost[j]$ 分别表示 $V-U$ 集合中顶点 j 到 U 集合的最邻近顶点和最邻近距离。6 号顶点到 U 集合的最邻近点为 5，最邻近距离为 17。

18）找最小。在集合 $V-U=\{6\}$ 中，依照贪心策略寻找 $V-U$ 集合中 $lowcost$ 最小的顶点 t，如图 7-169 所示。

找到最小值为 17，对应的节点 $t=6$ 选中的边和节点如图 7-170 所示。

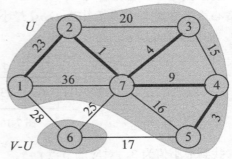

图 7-168　最小生成树求解过程

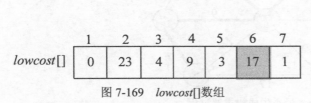

	1	2	3	4	5	6	7
$lowcost[]$	0	23	4	9	3	17	1

图 7-169　$lowcost[]$ 数组

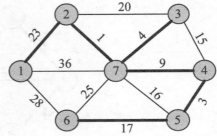

图 7-170　最小生成树求解过程

19）加入 U 战队。将顶点 t 加入集合 $U=\{1, 2, 3, 4, 5, 6, 7\}$，同时更新 $V-U=\{\}$。

20）更新。刚刚找到了到 *U* 集合的最邻近点 *t*=6，那么对 *t* 在集合 *V*−*U* 中每一个邻接点 *j*，都可以借 *t* 更新。从图 7-170 可以看出，6 号节点在集合 *V*−*U* 中无邻接点，因为 *V*−*U*={}。*closest*[*j*]和 *lowcost*[*j*]数组如图 7-171 和图 7-172 所示。

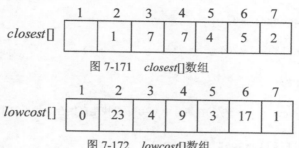

	1	2	3	4	5	6	7
closest[]		1	7	7	4	5	2

图 7-171 *closest*[]数组

	1	2	3	4	5	6	7
lowcost[]	0	23	4	9	3	17	1

图 7-172 *lowcost*[]数组

得到的最小生成树如图 7-173 所示。

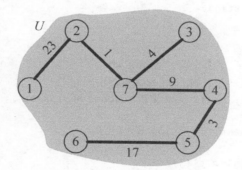

图 7-173 最小生成树

最小生成树权值之和为 57，即把 *lowcost*[]数组中的值加起来。

代码实现

```
void Prim(int n, int u0, int c[N][N])
{    //顶点个数 n、开始顶点 u0、带权邻接矩阵 c[n][n]
     //如果 s[i]=true,说明顶点 i 已加入最小生成树
     //的顶点集合 U；否则顶点 i 属于集合 V-U
     //将最后的相关的最小权值传递到数组 lowcost
   s[u0]=true; //初始时，集合中 U 只有一个元素，即顶点 u0
   int i;
   int j;
   for(i=1; i<=n; i++)//①初始化
   {
       if(i!=u0)
       {
```

```
            lowcost[i]=c[u0][i];
            closest[i]=u0;
            s[i]=false;
        }
        else
            lowcost[i]=0;
    }
for(i=1; i<=n; i++)  //②
{
    int temp=INF;
    int t=u0;
    for(j=1; j<=n; j++)  //③在集合中 V-U 中寻找距离集合 U 最近的顶点 t
    {
        if((!s[j])&&(lowcost[j]<temp))
        {
            t=j;
            temp=lowcost[j];
        }
    }
    if(t==u0)
        break;          //找不到 t，跳出循环
    s[t]=true;          //否则，将 t 加入集合 U
    for(j=1; j<=n; j++)    //④更新 lowcost 和 closest
    {
        if((!s[j])&&(c[t][j]<lowcost[j]))
        {
            lowcost[j]=c[t][j];
            closest[j]=t;
        }
    }
}
}
```

算法复杂度分析

（1）时间复杂度

在 Prim(int n, int u0, int c[N][N])算法中，一共有 4 个 for 语句，第①个 for 语句的执行次数为 n，第②个 for 语句里面嵌套了两个 for 语句③、④，它们的执行次数均为 n，对算法的运行时间贡献最大。当外层循环标号为 1 时，③、④语句在内层循环的控制下均执行 n 次，外层循环②从 1~n，因此，该语句的执行次数为 $n \times n = n^2$，算法的时间复杂度为 $O(n^2)$。

（2）空间复杂度

算法所需要的辅助空间包含 i、j、*lowcost*[]、*closest*[]、*s*[]，算法的空间复杂度是 $O(n)$。

7.4.4　最小生成树——kruskal

构造最小生成树还有一种算法——Kruskal 算法：设 $G=(V, E)$ 是无向连通带权图，$V=\{1, 2, \cdots, n\}$；设最小生成树 $T=(V, TE)$，该树的初始状态为只有 n 个顶点而无边的非连通图 $T=(V, \{\})$，Kruskal 算法将这 n 个顶点看成是 n 个孤立的连通分支。它首先将所有的边按权值从小到大排序，然后只要 T 中选中的边数不到 $n-1$，就做如下的贪心选择：在边集 E 中选取权值最小的边 (i,j)，如果将边 (i,j) 加入集合 TE 中不产生回路（圈），则将边 (i,j) 加入边集 TE 中，即用边 (i,j) 将这两个连通分支合并连接成一个连通分支；否则继续选择下一条最短边。把边 (i, j) 从集合 E 中删去。继续上面的贪心选择，直到 T 中所有顶点都在同一个连通分支上为止。此时，选取到的 $n-1$ 条边恰好构成 G 的一棵最小生成树 T。

那么，怎样判断加入某条边后图 T 会不会出现回路呢？

该算法对于手工计算十分方便，因为用肉眼可以很容易看到挑选哪些边能够避免构成回路（避圈法），但使用计算机程序来实现时，还需要一种机制来进行判断。Kruskal 算法用了一个非常聪明的方法，即集合避圈：如果所选择加入的边的起点和终点都在 T 的集合中，那么就可以断定一定会形成回路（圈）。其实就是我们前面提到的"避圈法"：边的两个节点不能属于同一集合。

算法步骤

1）初始化。将图 G 的边集 E 中的所有边按权值从小到大排序，边集 $TE=\{\}$，把每个顶点都初始化为一个孤立的分支，即一个顶点对应一个集合。

2）在 E 中寻找权值最小的边 (i, j)。

3）如果顶点 i 和 j 位于两个不同连通分支，则将边 (i, j) 加入边集 TE，并执行合并操作，将两个连通分支进行合并。

4）将边 (i, j) 从集合 E 中删去，即 $E=E-\{(i, j)\}$。

5）如果选取边数小于 $n-1$，转第 2 步；否则，算法结束，生成最小生成树 T。

完美图解

设 $G=(V, E)$ 是无向连通带权图，如图 7-174 所示。

1）初始化。将图 G 的边集 E 中的所有边按权值从小到大排序，如图 7-175 所示。

边集初始化为空集，$TE=\{\}$，把每个节点都初始化为

一个孤立的分支，即一个顶点对应一个集合，集合号为该节点的序号，如图 7-176 所示。

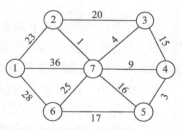

图 7-174　无向连通带权图 G

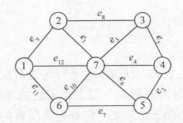

图 7-175　按边权值排序后的图 G

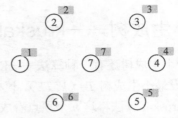

图 7-176　每个节点初始化集合号

2）找最小。在 E 中寻找权值最小的边 $e_1(2,7)$，边值为 1。

3）合并。节点 2 和节点 7 的集合号不同，即属于两个不同连通分支，则将边（2, 7）加入边集 TE，执行合并操作（将两个连通分支所有节点合并为一个集合）；假设把小的集合号赋值给大的集合号，那么 7 号节点的集合号也改为 2，如图 7-177 所示。

4）找最小。在 E 中寻找权值最小的边 $e_2(4,5)$，边值为 3。

5）合并。节点 4 和节点 5 集合号不同，即属于两个不同连通分支，则将边（4, 5）加入边集 TE，执行合并操作将两个连通分支所有节点合并为一个集合；假设我们把小的集合号赋值给大的集合号，那么 5 号节点的集合号也改为 4，如图 7-178 所示。

6）找最小。在 E 中寻找权值最小的边 $e_3(3,7)$，边值为 4。

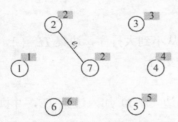

图 7-177　最小生成树求解过程

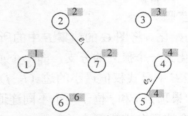

图 7-178　最小生成树求解过程

7）合并。节点 3 和节点 7 集合号不同，即属于两个不同连通分支，则将边(3, 7)加入边集 TE，执行合并操作将两个连通分支所有节点合并为一个集合；假设我们把小的集合号赋值给大的集合号，那么 3 号节点的集合号也改为 2，如图 7-179 所示。

8）找最小。在 E 中寻找权值最小的边 $e_4(4,7)$，边值为 9。

9）合并。节点 4 和节点 7 集合号不同，即属于两个不同连通分支，则将边(4, 7)加入边集 TE，执行合并操作将两个连通分支所有节点合并为一个集合；假设我们把小的集合号赋值给大的集合号，那么 4、5 号节点的集合号都改为 2，如图 7-180 所示。

10）找最小。在 E 中寻找权值最小的边 $e_5(3,4)$，边值为 15。

11）合并。节点 3 和节点 4 集合号相同，属于同一连通分支，不能选择，否则会形成回路。

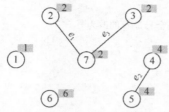

图 7-179 最小生成树求解过程

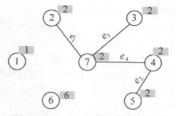

图 7-180 最小生成树求解过程

12）找最小。在 E 中寻找权值最小的边 $e_6(5, 7)$，边值为 16。

13）合并。节点 5 和节点 7 集合号相同，属于同一连通分支，不能选择，否则会形成回路。

14）找最小。在 E 中寻找权值最小的边 $e_7(5, 6)$，边值为 17。

15）合并。节点 5 和节点 6 集合号不同，即属于两个不同连通分支，则将边(5, 6)加入边集 TE，执行合并操作将两个连通分支所有节点合并为一个集合；假设我们把小的集合号赋值给大的集合号，那么 6 号节点的集合号都改为 2，如图 7-181 所示。

16）找最小。在 E 中寻找权值最小的边 $e_8(2, 3)$，边值为 20。

17）合并。节点 2 和节点 3 集合号相同，属于同一连通分支，不能选择，否则会形成回路。

18）找最小。在 E 中寻找权值最小的边 $e_9(1, 2)$，边值为 23。

19）合并。节点 1 和节点 2 集合号不同，即属于两个不同连通分支，则将边(1, 2)加入边集 TE，执行合并操作将两个连通分支所有节点合并为一个集合；假设我们把小的集合号赋值给大的集合号，那么 2、3、4、5、6、7 号节点的集合号都改为 1，如图 7-182 所示。

20）选中的各边和所有的顶点就是最小生成树，各边权值之和就是最小生成树的代价。

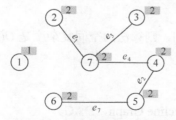

图 7-181 最小生成树求解过程

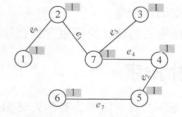

图 7-182 最小生成树

代码实现

```
int Merge(int a, int b)
{
    int p=nodeset[a];
    int q=nodeset[b];
```

```
        if(p==q) return 0;
        for(int i=1;i<=n;i++)//检查所有节点,把集合号是q的改为p
        {
           if(nodeset[i]==q)
               nodeset[i]=p;//a的集合号赋值给b集合号
        }
        return 1;
    }
    int Kruskal(int n)
    {
        int ans=0;
        for(int i=0;i<m;i++)
            if(Merge(e[i].u, e[i].v))
            {
                ans+=e[i].w;
                n--;
                if(n==1)
                    return ans;
            }
        return 0;
    }
```

算法复杂度分析

（1）时间复杂度

算法中，需要对边进行排序，若使用快速排序，执行次数为 $eloge$，算法的时间复杂度为 $O(eloge)$。而合并集合需要 $n-1$ 次合并，每次为 $O(n)$，合并集合的时间复杂度为 $O(n^2)$。如果使用并查集可以优化合并集合的时间（并查集将在 10.1 节中进行讲解）。总的时间复杂度为 $O(eloge)$。

（2）空间复杂度

算法所需要的辅助空间包含集合号数组 $nodeset[n]$，则算法的空间复杂度是 $O(n)$。

7.4.5 拓扑排序

一个无环的有向图称为**有向无环图**（Directed Acycline Graph，DAG）。

有向无环图是描述一个工程、计划、生产、系统等流程的有效工具。一个大工程可分为若干个子工程（活动），活动之间通常有一定的约束，例如先做什么活动、后做什么活动。

用顶点表示活动，用弧表示活动之间的优先关系的有向图，称为顶点表示活动的网（Activity On Vertex Network），简称 **AOV 网**。

在 AOV 网中，若从顶点 i 到顶点 j 之间存在一条有向路径，称顶点 i 是顶点 j 的前驱，

或者称顶点 j 是顶点 i 的后继。若 $<i,j>$ 是图中的弧，则称顶点 i 是顶点 j 的直接前驱，顶点 j 是顶点 i 的直接后驱。

AOV 网中的弧表示活动之间存在的制约关系。例如，计算机专业的学生必须完成一系列规定的基础课和专业课才能毕业。学生按照怎样的顺序来学习这些课程呢？这个问题可以被看成一个大的工程，其活动就是学习每一门课程。这些课程编号、名称与先修课程如表 7-2 所示。

表 7-2 课程编号、名称与先修课程

课程编号	课程名称	先修课程
C_0	程序设计基础	无
C_1	数据结构	C_0，C_2
C_2	离散数学	C_0
C_3	高级程序设计	C_0，C_5
C_4	数值分析	C_2，C_3，C_5
C_5	高等数学	无

如果用顶点表示课程，弧表示先修关系，若课程 i 是课程 j 的先修课程，则用弧 $<i,j>$ 表示，课程之间的关系如图 7-183 所示。

AOV 网中是不允许有环的，否则会出现自己是自己的前驱，陷入死循环。怎么判断 AOV 网中是否有环呢？一个检测的办法是对有向图的顶点进行拓扑排序。如果 AOV 网中所有的顶点都在拓扑序列中，则 AOV 网中必定无环。

拓扑排序是指将 AOV 网中的顶点排成一个线性序列，该序列必须满足：若从顶点 i 到顶点 j 有一条路径，则该序列中顶点 i 一定在顶点 j 之前。

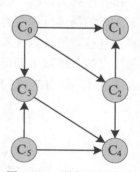

图 7-183 课程之间关系

如果进行拓扑排序呢？

拓扑排序的基本思想如下。

1）选择一个无前驱的顶点并输出。

2）从图中删除该顶点和该顶点的所有发出边。

3）重复第 1 步和第 2 步，直到不存在无前驱的顶点。

4）如果输出的顶点数小于 AOV 网中的顶点数，则说明网中有环，否则输出的序列即拓扑序列。

拓扑排序并不是唯一的，例如，在图 7-184 中，顶点 C_0 和 C_5 都无前驱，先输出哪一个都可以，如果先输出 C_0，则删除 C_0 和 C_0 的所有发出边，如图 7-184（a）所示。此时 C_2 和 C_5 都无前驱，如果输出 C_5，则删除 C_5 和 C_5 的所有发出边，如图 7-184（b）所示。此时 C_2 和 C_3 都无前驱，如果输出 C_3，则删除 C_3 和 C_3 的所有发出边，如图 7-184（c）所示。此时 C_2 无前驱，如果输出 C_2，则删除 C_2 和 C_2 的所有发出边，如图 7-184（d）所示。此时 C_1 和 C_4 都无前驱，输出并删除即可。

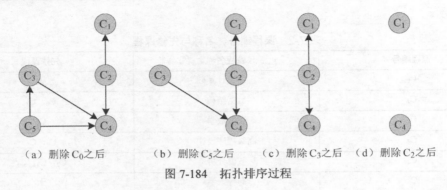

（a）删除 C_0 之后　　　（b）删除 C_5 之后　　（c）删除 C_3 之后　　（d）删除 C_2 之后

图 7-184　拓扑排序过程

拓扑序列为：C_0，C_5，C_3，C_2，C_1，C_4。

上述的描述过程中有删除顶点和边的操作，实际上，完全没必要真的删除顶点和边。可以将没有前驱的顶点（入度为 0）暂存到栈中，输出时出栈即表示删除。边的删除只需要将其邻接点的入度减 1 即可。例如在图中，删除 C_0 的所有发出边，相当于将 C_3、C_2、C_1 顶点的入度减 1，如图 7-185 所示。

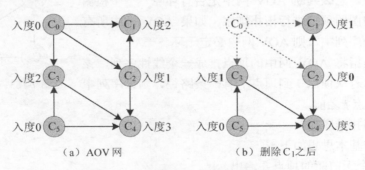

（a）AOV 网　　　　　　　　　（b）删除 C_1 之后

图 7-185　拓扑排序（删除顶点和边）

算法步骤

1）求出各顶点的入度，存入数组 *indegree*[] 中，并将入度为 0 的顶点入栈 S。

2）如果栈不空，则重复执行以下操作：

- 栈顶元素 *i* 出栈，并保存到拓扑序列数组 *topo*[] 中；

- 顶点 i 的所有邻接点入度减 1，如果减 1 后入度为 0，立即入栈 S。

3）如果输出的顶点数小于 AOV 网中的顶点数，则说明网中有环，否则输出拓扑序列。

完美图解

例如，一个 AOV 网如图 7-186 所示，其拓扑排序的过程如下。

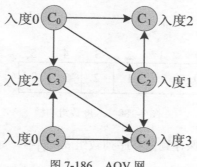

图 7-186 AOV 网

因为删除顶点 i 时，要将顶点 i 的所有邻接点入度减 1，访问一个顶点的所有邻接点，使用邻接表存储需要时间复杂度为该顶点的度，邻接矩阵需要 $O(n)$，因此采用邻接表存储，如图 7-187 所示。

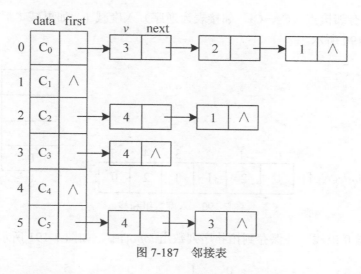

图 7-187 邻接表

邻接表访问邻接点容易，计算入度难，因此为了计算顶点的入度，在创建邻接表的同时，再创建一个逆邻接表，根据逆邻接表轻松计算各顶点的入度。读者可以动手试一试，画出图 7-186 所示的逆邻接表，计算各顶点的入度。或者输入边时，直接计算入队，例如输入边 12，则令 $indegree[2]$++。

1）求出各顶点的入度（遍历逆邻接表即可），存入数组 *indegree*[]中，并将入度为 0 的顶点入栈 *S*，如图 7-188 所示。

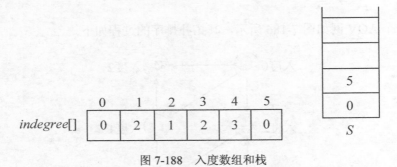

图 7-188　入度数组和栈

2）栈顶元素 5 出栈，并保存到拓扑序列数组 *topo*[]中，如图 7-189 所示。

	0	1	2	3	4	5
topo[]	5					

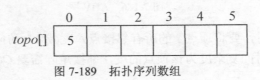

图 7-189　拓扑序列数组

顶点 5 的所有邻接点（C_4、C_3，邻接表为逆序）入度减 1，如果减 1 后入度为 0，立即入栈 S，如图 7-190 所示。

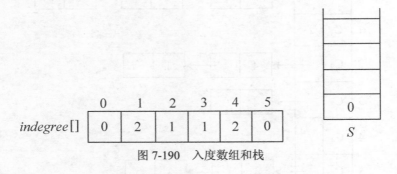

图 7-190　入度数组和栈

3）栈顶元素 0 出栈，并保存到拓扑序列数组 *topo*[]中，如图 7-191 所示。

	0	1	2	3	4	5
topo[]	5	0				

图 7-191　拓扑序列数组

顶点 0 的所有邻接点（C_3、C_2、C_1）入度减 1，如果减 1 后入度为 0，立即入栈 S，如图 7-192 所示。

图 7-192　入度数组和栈

4）栈顶元素 2 出栈，并保存到拓扑序列数组 *topo*[]中，如图 7-193 所示。

图 7-193　拓扑序列数组

顶点 2 的所有邻接点（C_4、C_1）入度减 1，如果减 1 后入度为 0，立即入栈 S，如图 7-194 所示。

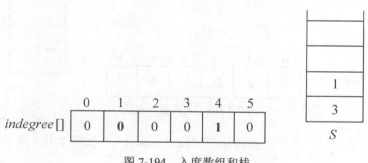

图 7-194　入度数组和栈

5）栈顶元素 1 出栈，并保存到拓扑序列数组 *topo*[]中，如图 7-195 所示。

	0	1	2	3	4	5
topo[]	5	0	2	1		

图 7-195　拓扑序列数组

顶点 1 没有邻接点，什么也不做，栈如图 7-196 所示。

图 7-196　入度数组和栈

6）栈顶元素 3 出栈，并保存到拓扑序列数组 *topo*[] 中，如图 7-197 所示。

图 7-197　拓扑序列数组

顶点 3 的邻接点 C_4 入度减 1，减 1 后入度为 0，立即入栈 S，如图 7-198 所示。

图 7-198　入度数组和栈

7）栈顶元素 4 出栈，并保存到拓扑序列数组 *topo*[] 中，如图 7-199 所示。

	0	1	2	3	4	5
topo[]	5	0	2	1	3	4

图 7-199　拓扑序列数组

顶点 4 的没有邻接点什么也不做。

8）栈空，算法停止。输出顶点个数等于 AOV 网中的顶点个数，输出拓扑排序序列，如图 7-200 所示。

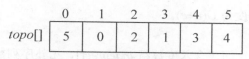

图 7-200　拓扑序列数组

代码实现

```cpp
bool TopologicalSort(ALGraph G, int topo[])//拓扑排序
{
    //有向图 G 采用邻接表存储结构
    //若 G 无回路，则生成 G 的一个拓扑序列 topo[]，并返回 true，否则 false
    int i,m;
    stack<int>S;          //初始化一个栈 S，需要引入头文件#include<stack>
    FindInDegree(G);     //求出各顶点的入度存入数组 indegree[]中
    for(i=0;i<G.vexnum;i++)
        if(!indegree[i])//入度为 0 者进栈
            S.push(i);
    m=0;                 //对输出顶点计数，初始为 0
    while(!S.empty())//栈 S 非空
    {
        i=S.top();        //取栈顶顶点 i
        S.pop();          //栈顶顶点 i 出栈
        topo[m]=i;        //将 i 保存在拓扑序列数组 topo 中
        m++;              //对输出顶点计数
        AdjNode *p=G.Vex[i].first;   //p 指向 i 的第一个邻接点
        while(p)  //i 的所有邻接点入度减 1
        {
            int k=p->v;               //k 为 i 的邻接点
            --indegree[k];            //i 的每个邻接点的入度减 1
            if(indegree[k]==0)        //若入度减为 0，则入栈
            S.push(k);
            p=p->next;                //p 指向顶点 i 的下一个邻接节点
        }
    }
    if(m<G.vexnum)//该有向图有回路
        return false;
    else
        return true;
}
```

算法复杂度分析

（1）时间复杂度

求有向图中各顶点的入度需要遍历邻接表，算法的时间复杂度为 $O(e)$。度数为 0 的顶点入栈的时间复杂度为 $O(n)$，若有向图无环，每个顶点出栈后其邻接点入度减 1，时间复杂度

为 $O(e)$。总的时间复杂度为 $O(n+e)$。

（2）空间复杂度

算法所需要的辅助空间包含入度数组 *indegree*[]、拓扑序列数组 *topo*[]、栈 S，则算法的空间复杂度是 $O(n)$。

7.4.6 关键路径

AOV 网可以反映活动之间的先后制约关系，但在实际工程中，有时活动不仅有先后顺序，还有持续时间，即必须经过多长时间该活动才可以完成。这时需要另外一种网络——AOE（Activity On Edge）网，即边表示活动的网。AOE 网是一个带权的有向无环图，顶点表示事件，弧表示活动，弧上的权值表示活动持续的时间。

例如，有一个包含 6 个事件、8 个活动的工程，如图 7-201 所示。V_0、V_5 分别代表工程的开始（源点）和结束（汇点），a_0、a_2 完成后，V_1 才可以开始，V_1 完成后，a_3、a_4 才可以开始。

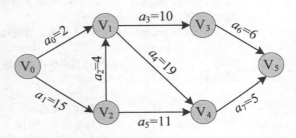

图 7-201　AOE 网

在实际工程应用中，通常需要解决两个问题：

1）估算完成整个工程至少需要多少时间；

2）判断哪些活动是关键活动，即如果该活动耽搁会影响整个工程进度。

在 AOE 网中，从源点到汇点的带权路径长度最大的路径称为**关键路径**，关键路径上的活动称为**关键活动**。

如何确定关键路径呢？

首先要清楚 4 个问题：事件的最早发生时间、最迟发生时间，活动的最早发生时间、最迟发生时间。

（1）事件 V_i 的最早发生时间 $ve[i]$

事件 V_i 的最早发生时间是从源点到 V_i 的最大路径长度。很多人不理解，为什么最早发生时间是最大路径长度？举例说明，小明妈妈一边炒菜，一边熬粥，炒菜需要 20 分钟，熬粥需要 30 分钟，最早什么时间开饭？肯定是最长的时间啊。

因为进入事件 V_i 的所有入边活动都已完成，V_i 才可以开始，因此可以根据事件的拓扑顺序从源点向汇点递推，求解事件的最早发生事件。

初始化源点的最早发生时间为 0，即 $ve[0]=0$。

V_i 的最早发生时间考查入边，取弧尾 ve+入边权值的最大值，如图 7-202 所示。

其中，T 为以 V_i 为弧头的弧集合，即 V_i 的入边集合。

例如，一个 AOE 网中，已经求出 V_1、V_2、V_4 这 3 个顶点的 ve 值，求 V_5 的 ve 值。如图 7-203 所示。

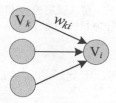

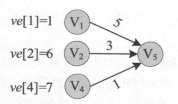

图 7-202　求 ve 值（考查入边）
$ve[i]=\max\{ve[k]+w_{ki}\}$，$<V_k,V_i>\in T$

图 7-203　求 V_5 的 ve 值（考查 V_5 的入边）
$ve[5]=\max\{ve[1]+5，ve[2]+3，ve[4]+1\}=9$

（2）事件 V_i 的最迟发生时间 $vl[i]$

事件 V_i 的最迟发生时间不能影响其所有后继的最迟发生时间。V_i 的最迟发生时间不能大于其后继 V_k 的最迟发生时间减去活动 $<V_i, V_k>$ 的持续时间。

因此可以根据事件的逆拓扑顺序从汇点向源点递推，求解事件的最迟发生事件。

初始化汇点的最迟发生时间为汇点的最早发生时间，即 $vl[n-1]=ve[n-1]$。

V_i 的最迟发生时间考查出边，取弧头 vl–出边权值的最小值，如图 7-204 所示。

其中，T 为以 V_i 为弧尾的弧集合，即 V_i 的出边集合。

例如，一个 AOE 网中，已经求出 V_5、V_6 两个顶点的 vl 值，求 V_3 的 vl 值，如图 7-205 所示。

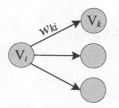

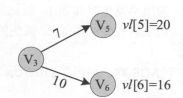

图 7-204　求 vl 值（考查出边）
$vl[i]=\min\{vl[k]-w_{ki}\}$，$<V_k, V_i>\in T$

图 7-205　求 V_3 的 vl 值（考查 V_3 的出边）
$vl[3]=\min\{vl[5]-7，vl[6]-10\}=6$

（3）活动 $a_i=<V_j, V_k>$ 的最早发生时间 $e[i]$

只要事件 V_j 发生了，活动 a_i 就可以开始，因此活动 a_i 的最早发生时间等于事件 V_j 的最早发生时间。

即 a_i 的最早发生时间为其弧尾的最早发生时间，如图 7-206 所示。

$e[i]=ve[j]$

例如，一个 AOE 网中，已经求出 V_3 顶点的 ve 值，求 a_4 的 e 值。如图 7-207 所示。

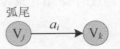

图 7-206　求 e 值（弧尾的 ve 值）

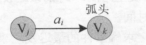

图 7-207　求 a_4 的 e 值（弧尾的 ve 值）

$$e[4]=ve[3]=3$$

（4）活动 $a_i=<V_j, V_k>$ 的最迟发生时间 $l[i]$

活动 a_i 的最迟开始时间不能耽误事件 V_k 的最迟开始时间，因此活动 a_i 的最迟开始时间等于事件 V_k 的最迟开始时间减去活动 a_i 的持续时间 w_{jk}。

即活动 a_i 的最迟发生时间等于弧头的最迟发生时间减去边值，如图 7-208 所示。

$l[i]= vl[k] -w_{jk}$

例如，一个 AOE 网中，已经求出 V_5 顶点的 vl 值，求 a_4 的 l 值，如图 7-209 所示。

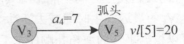

图 7-208　求 l 值（弧头的 vl 值－边值）　　　图 7-209　求 l 值（弧头的 vl 值－边值）

$l[4]= vl[5] -7=20-7=13$

求解秘籍

1）事件 V_i 的最早发生时间 $ve[i]$：考查入边，弧尾 ve+入边权值的最大值。

2）事件 V_i 的最迟发生时间 $vl[i]$：考查出边，弧头 vl－出边权值的最小值。

3）活动 a_i 的最早发生时间 $e[i]$：弧尾的最早发生时间。

4）活动 a_i 的最迟发生时间 $l[i]$：弧头的最迟发生时间减去边值。

完美图解

例如，一个 AOE 网，如图 7-210 所示。

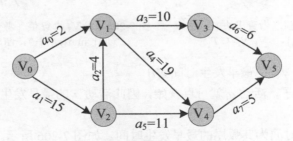

图 7-210　AOE 网

1）首先求拓扑排序序列，保存在 *topo*[]数组中，如图 7-211 所示。

	0	1	2	3	4	5
topo[]	0	2	1	3	4	5

图 7-211 拓扑序列数组

2）按照拓扑排序序列（0，2，1，3，4，5），从前向后求解每个顶点的最早发生时间 *ve*[]。考查入边，弧尾 *ve*+入边权值的最大值。

```
ve[0]=0;
ve[2]=ve[0]+15=15;
```

V_1 有两个入边，弧尾 *ve*+入边权值，取最大值，如图 7-212 所示。

```
ve[1]=max{ve[2]+4,ve[0]+2}=19;
ve[3]=ve[1]+10=29;
```

V_4 有两个入边，弧尾 *ve*+入边权值，取最大值，如图 7-213 所示。

```
ve[4]=max{ve[2]+11,ve[1]+19}=38;
```

V_5 有两个入边，弧尾 *ve*+入边权值，取最大值，如图 7-214 所示。

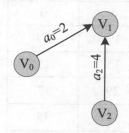

图 7-212 求 V_1 的 *ve* 值（考查 V_1 的入边）

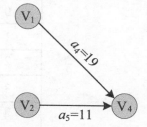

图 7-213 求 V_4 的 *ve* 值（考查 V_4 的入边）

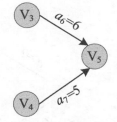

图 7-214 求 V_5 的 *ve* 值（考查 V_5 的入边）

```
ve[5]=max{ve[4]+5,ve[3]+6}=43;
```

3）按照逆拓扑顺序（5，4，3，1，2，0），从后向前求解每个顶点的最迟发生时间 *vl*[]。初始化汇点的最迟发生时间为汇点的最早发生时间，即 *vl*[*n*-1]=*ve*[*n*-1]。其他顶点考查出边，弧头 *vl*-出边权值的最小值。

```
vl[5]=ve[5]=43;
vl[4]=vl[5]-5=38;
vl[3]=vl[5]-6=37;
```

V_1 有两个出边，弧头 *vl*-出边权值，取最小值，如图 7-215 所示。

```
vl[1]=min{vl[4]-19, vl[3]-10}=19;
```

V_2 有两个出边，弧头 vl–出边权值，取最小值，如图 7-216 所示。

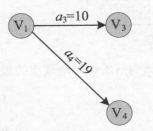

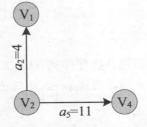

图 7-215　求 V_1 的 vl 值（考查 V_1 的出边）　　图 7-216　求 V_2 的 vl 值（考查 V_2 的出边）

```
vl[2]= min{vl[4]-11, vl[1]-4}=15;
```

V_0 有两个出边，弧头 vl–出边权值，取最小值，如图 7-217 所示。

```
vl[0]=min{vl[2]-15, vl[1]-2}=0;
```

求解完毕后，事件的最早发生时间和最迟发生时间如图 7-218 所示。

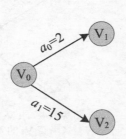

事件	$ve[i]$	$vl[i]$
0	0	0
1	19	19
2	15	15
3	29	37
4	38	38
5	43	43

图 7-217　求 V_0 的 vl 值（考查 V_0 的出边）　　图 7-218　事件的最早发生时间和最迟发生时间

4）计算活动的最早开始时间和最迟开始时间。活动 a_i 的最早发生时间 $e[i]$ 等于弧尾的最早发生时间。活动 a_i 的最迟发生时间 $l[i]$ 等于弧头的最迟发生时间减去边值。

```
活动 a0=<V0,V1>：e[0]=ve[0]=0; l[0]=vl[1]-2=17;
活动 a1=<V0,V2>：e[1]=ve[0]=0; l[1]=vl[2]-15=0;
活动 a2=<V2,V1>：e[2]=ve[2]=15; l[2]=vl[1]-4=15;
活动 a3=<V1,V3>：e[3]=ve[1]=19; l[3]=vl[3]-10=27;
活动 a4=<V1,V4>：e[4]=ve[1]=19; l[4]=vl[4]-19=19;
活动 a5=<V2,V4>：e[5]=ve[2]=15; l[5]=vl[4]-11=27;
```

活动 $a_6=<V_3,V_5>$：e[6]=ve[3]=29；l[6]=vl[5]-6=37；
活动 $a_7=<V_4,V_5>$：e[7]=ve[4]=38；l[7]=vl[5]-5=38；

如果活动的最早发生时间等于最迟发生时间，则该活动为关键活动，如图 7-219 所示。

活动	$e[i]$	$l[i]$	关键活动
a_0	0	17	
a_1	0	0	√
a_2	15	15	√
a_3	19	27	
a_4	19	19	√
a_5	15	27	
a_6	28	37	
a_7	38	38	√

图 7-219　关键活动

5）关键活动组成从源点到汇点的路径为关键路径（V_0, V_2, V_1, V_4, V_5），如图 7-220 所示。

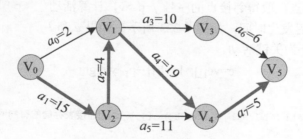

图 7-220　AOE 网（关键活动）

算法步骤

1）利用拓扑排序算法，将拓扑排序结果保存在 *topo*[]数组中。

2）将每个事件的最早发生时间初始化为 0，即 $v[i]=0$，$i=0, 1, \cdots, n-1$。

3）根据拓扑顺序从前向后依次求每个事件的最早发生时间，循环执行以下操作。

- 取出拓扑序列中的顶点 k，$k=topo[i]$，$i=0, 1, \cdots, n-1$。
- 用指针 p 依次指向 k 的每个邻接点，取得邻接点的序号 $j=$p->v，更新顶点 j 的最早发生时间 $ve[j]$，即

$$\text{if(ve[j]<ve[k]+p->weight)} \quad \text{ve[j]=ve[k]+p->weight}$$

相当于求弧尾 ve+ 入边的最大值，如图 7-221 所示。

这里的程序处理并不是一下子考查所有入边，但效果是一样的，想一想，为什么？

4）将每个事件的最迟发生事件 $vl[i]$ 初始化汇点的最早发生时间，即 $vl[i]=ve[n-1]$。

5）按照逆拓扑顺序从后向前，求解每个事件的最迟发生时间，循环执行以下操作。

- 取出**逆拓扑序列**中的序号 k，$k=topo[i]$，$i=n-1, \cdots, 1, 0$。
- 用指针 p 依次指向 k 的每个邻接点，取得邻接点的序号 $j=p->v$，更新顶点 k 的最迟发生时间 $vl[k]$，即

$$\text{if(vl[k]>vl[j] -p->weight)} \quad \text{vl[k]=vl[j] -p->weight}$$

相当于求弧头 vl- 出边的最小值，如图 7-222 所示。

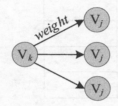

图 7-221 求 ve 值

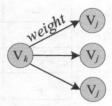

图 7-222 求 vl 值

6）判断活动是否为关键活动。对每个顶点 i，用指针 p 依次指向 i 的每个邻接点，取得邻接点的序号 $j=p->v$，计算活动 $<V_i, V_j>$ 的最早和最迟发生时间，如图 7-223 所示。如果 e 和 l 相等，则活动 $<V_i, V_j>$ 为关键活动。

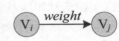

图 7-223 求 e 和 l 值

$$e=ve[i]; \quad l=vl[j] -p->weight$$

代码实现

```
bool CriticalPath(ALGraph G,int topo[])//G 为邻接表存储的有向网，输出 G 的关键活动
{
    int n,i,k,j,e,l;
    if(!TopologicalSort(G,topo))
        cout<<"该图有环，无拓扑序列！"<<endl;
    n=G.vexnum;                    //n 为顶点个数
    for(i=0;i<n;i++)               //给每个事件的最早发生时间置初值 0
        ve[i]=0;
    //按拓扑次序求每个事件的最早发生时间
    for(i=0;i<n; i++)
    {
        k=topo[i];                  //取得拓扑序列中的顶点序号 k
        AdjNode *p=G.Vex[k].first;  //p 指向 k 的第一个邻接顶点
        while(p!=NULL)
```

```
        {                          //依次更新 k 的所有邻接顶点的最早发生时间
            j=p->v;                        //j 为邻接顶点的序号
            if(ve[j]<ve[k]+p->weight)      //更新顶点 j 的最早发生时间 ve[j]
                ve[j]=ve[k]+p->weight;
            p=p->next;                     //p 指向 k 的下一个邻接顶点
        }
    }
    for(i=0;i<n;i++)               //给每个事件的最迟发生时间置初值 ve[n-1]
        vl[i]=ve[n-1];
    //按逆拓扑次序求每个事件的最迟发生时间
    for(i=n-1;i>=0;i--)
    {
        k=topo[i];                 //取得逆拓扑序列中的顶点序号 k
        AdjNode *p=G.Vex[k].first; //p 指向 k 的第一个邻接顶点
        while(p!=NULL)
        {
                                   //根据 k 的邻接点,更新 k 的最迟发生时间
            j=p->v;                //j 为邻接顶点的序号
            if(vl[k]>vl[j]-p->weight)  //更新顶点 k 的最迟发生时间 vl[k]
                vl[k]=vl[j]-p->weight;
            p=p->next;             //p 指向 k 的下一个邻接顶点
        }
    }
    //判断每一活动是否为关键活动
    cout<<"关键活动路径为:";
    for(i=0;i<n; i++)              //每次循环针对 vi 为活动开始点的所有活动
    {
        AdjNode *p=G.Vex[i].first; //p 指向 i 的第一个邻接顶点
        while(p!=NULL)
        {
            j=p->v;               //j 为 i 的邻接顶点的序号
            e=ve[i];              //计算活动<vi, vj>的最早开始时间 e
            l=vl[j]-p->weight;    //计算活动<vi, vj>的最迟开始时间 l
            if(e==l)              //若为关键活动,则输出<vi, vj>
                cout<<"<"<<G.Vex[i].data<<","<<G.Vex[j].data<<">    ";
            p=p->next;            //p 指向 i 的下一个邻接顶点
        }
    }
    return true;
}
```

算法复杂度分析

（1）时间复杂度

求事件的最早和最迟发生时间，以及活动的最早和最迟发生时间都要对所有顶点及邻接

点进行检查，因此求关键路径算法的时间复杂度为 $O(n+e)$。

（2）空间复杂度

算法所需要的辅助空间包含拓扑排序算法中的入度数组 $indegree[]$、拓扑序列数组 $topo[]$、栈 S，关键路径算法中的 $ve[]$、$vl[]$、$e[]$、$l[]$，则算法的空间复杂度是 $O(n+e)$。

7.5 图学习秘籍

1. 本章内容小结

本章主要讲述图的基本概念和存储方式，重点讲解图的遍历及应用，具体内容如图 7-224 和图 7-225 所示。

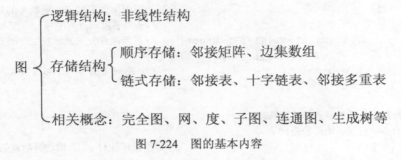

图 7-224 图的基本内容

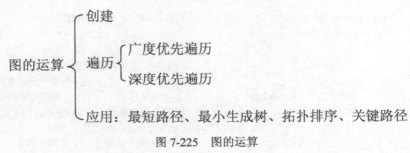

图 7-225 图的运算

2. 图的存储结构

（1）邻接矩阵

- 在无向图中，如果 v_i 到 v_j 有边，则邻接矩阵 $M[i][j]=M[j][i]=1$，否则 $M[i][j]=0$。

$$M[i][j]=\begin{cases}1,若(v_i,v_j)\in E\\0,其他\end{cases}$$

- 在有向图中，如果 v_i 到 v_j 有边，则邻接矩阵 $M[i][j]=1$，否则 $M[i][j]=0$。

$$M[i][j]=\begin{cases}1,若\langle v_i,v_j\rangle\in E\\0,其他\end{cases}$$

注意：尖括号$\langle v_i,v_j\rangle$表示有序对，圆括号(v_i,v_j)表示无序对。

- 网是带权图，需要存储边的权值，则邻接矩阵表示为：

$$M[i][j]=\begin{cases}w_{ij},若(v_i,v_j)\in E或\langle v_i,v_j\rangle\in E\\\infty,其他\end{cases}$$

（2）邻接表

邻接表是图的一种链式存储方法。邻接表包含两部分：顶点和邻接点。顶点包括顶点信息和指向第一个邻接点的指针，邻接点包括邻接点的存储下标和指向下一个邻接点的指针。顶点v_i的所有邻接点构成一个单链表。

1）无向图邻接表的特点：

- 如果无向图有n个顶点、e条边，则顶点表有n个节点，邻接点表有$2e$个节点；
- 顶点的度为该顶点后面单链表中的节点数。

2）有向图邻接表的特点：

- 如果有向图有n个顶点、e条边，则顶点表有n个节点，邻接点表有e个节点；
- 顶点的出度为该顶点后面单链表中的节点数。

（3）十字链表

十字链表是有向图的另一种链式存储结构。它结合了邻接表和逆邻接表的特性，可以快速访问出弧和入弧，得到出度和入度。十字链表也包含两部分：顶点节点和弧节点。顶点节点包括顶点信息和两个指针（分别指向第一个入弧和第一个出弧），弧节点包括两个数据域（弧尾、弧头）和两个指针域（分别指向同弧头和同弧尾的弧）。

（4）邻接多重表

邻接多重表（Adjacency Multilist）是无向图的另一种链式存储结构。邻接表的关注点是顶点，而邻接多重表的关注点是边，适合对边做访问标记、删除边等操作。邻接多重表类似十字链表，也包含两部分：顶点节点和边节点。顶点节点包括顶点信息和一个指针（指向第一个依附于该顶点的边），边节点包括两个数据域（顶点i、顶点j）和两个指针域（分别指向依附于i、j的下一条边）。

3. 图的遍历

- 广度优先搜索（BFS），又称为宽度优先搜索，是最常见的图搜索方法之一。广度优先搜索是从某个顶点（源点）出发，一次性访问所有未被访问的邻接点，再依次从这些访问过邻接点出发。

广度优先遍历秘籍：**先被访问的顶点，其邻接点先被访问。**

- 深度优先搜索（DFS）也是最常见的图搜索方法之一。深度优先搜索沿着一条路径一直走下去，无法行进时，回退到刚刚访问的节点。

深度优先遍历秘籍：**后被访问的顶点，其邻接点先被访问。**

4．图的应用

（1）最短路径

- Dijkstra 算法是解决单源最短路径问题的贪心算法，它先求出长度最短的一条路径，再参照该最短路径求出长度次短的一条路径，直到求出从源点到其他各个顶点的最短路径。
- Floyd 算法又称为插点法，其算法核心是在顶点 i 到顶点 j 之间，插入顶点 k，看是否能够缩短 i 和 j 之间的距离（松弛操作）。

（2）最小生成树

- Prim 算法：选取连接 U 和 $V-U$ 的所有边中的最短边，即满足条件 $i \in U$，$j \in V-U$，且边（i，j）是连接 U 和 $V-U$ 的所有边中的最短边，即该边的权值最小。然后，将顶点 j 加入集合 U，边（i，j）加入 TE。继续上面的贪心选择，一直进行到 $U=V$ 为止，此时，选取到的 $n-1$ 条边恰好构成图 G 的一棵最小生成树 T。
- Kruskal 算法：将这 n 个顶点看成是 n 个孤立的连通分支。它首先将所有的边按权值从小到大排序，然后只要 T 中选中的边数不到 $n-1$，就做如下的贪心选择：在边集 E 中选取权值最小的边（i，j），如果将边（i，j）加入集合 TE 中不产生回路（圈），则将边（i，j）加入边集 TE 中，即用边（i，j）将这两个连通分支合并连接成一个连通分支；否则继续选择下一条最短边。把边（i，j）从集合 E 中删去。继续上面的贪心选择，直到 T 中所有顶点都在同一个连通分支上为止。此时，选取到的 $n-1$ 条边恰好构成 G 的一棵最小生成树 T。

（3）拓扑排序

拓扑排序是指将 AOV 网中的顶点排成一个线性序列，该序列必须满足：若从顶点 i 到顶点 j 有一条路径，则该序列中顶点 i 一定在顶点 j 之前。

（4）关键路径

在 AOE 网中，从源点到汇点的带权路径长度最大的路径称为**关键路径**。关键路径上的活动称为**关键活动**。

求解秘籍

1）事件 V_i 的最早发生时间 $ve[i]$：考查入边，弧尾 ve+入边权值的最大值。

2）事件 V_i 的最迟发生时间 $vl[i]$：考查出边，弧头 vl-出边权值的最小值。

3）活动 a_i 的最早发生时间 $e[i]$：弧尾的最早发生时间。

4）活动 a_i 的最迟发生时间 $l[i]$：弧头的最迟发生时间减去边值。

Chapter

8

查找

查找（Search），又称为搜索，指从数据表中找出符合特定条件的记录。如今我们处在信息爆炸的大数据时代，如何从海量信息中快速找到需要的信息，这就需要查找技术。如果有什么不懂的或要查询的，都会上网搜索一下，查找是最常见的应用之一。

查找算法的性能和下面几个因素有关：

1）算法；

2）数据规模；

3）待查关键字在数据表中的位置；

4）查找的频率。

一般采用平均查找长度（Average Search Length，ASL）来衡量一个查找算法的好坏，分为查找成功的平均查找长度和查找失败的平均查找长度。平均查找长度的计算公式如下。

$$ASL = \sum_{i=1}^{n} p_i c_i$$

其中，n 为数据规模，p_i 为查找第 i 个记录的概率，c_i 为查找第 i 个记录所需要的关键字比较次数。

根据在查找过程中是否对表有修改操作，分为静态查找和动态查找。根据数据结构不同又分为线性表查找、树表查找和散列表查找。散列表查找是一种比较特殊的查找技术。

8.1 线性表查找

线性表的查找非常简单，如果线性表无序，则采用顺序查找；如果线性表有序，则采用折半查找。

8.1.1 顺序查找

顺序查找是最简单的查找方式，以暴力穷举的方式依次将表中的关键字与待查找关键字比较。

算法步骤

1）将记录存储在数组 $r[0..n-1]$ 中，待查找关键字存储在 x 中。

2）依次将 $r[i]$（$i=0, \cdots, n-1$）与 x 比较，比较成功则返回 i，否则返回 0。

完美图解

例如，序列 {8, 12, 5, 16, 55, 24, 20, 18, 36, 6, 50}，用顺序查找法查找 55。

1）初始状态，将序列存储在数组 $r[0..10]$ 中，$x=55$。

2）将 x 与 $r[0]$ 比较，$x \neq r[0]$，则继续比较下一个，如图 8-1 所示。

图 8-1　顺序查找过程 1

3）将 x 与 $r[1]$ 比较，$x \neq r[1]$，则继续比较下一个，如图 8-2 所示。

图 8-2　顺序查找过程 2

4）将 x 与 $r[2]$ 比较，$x \neq r[2]$，则继续比较下一个，如图 8-3 所示。

图 8-3　顺序查找过程 3

5）将 x 与 $r[3]$ 比较，$x \neq r[3]$，则继续比较下一个，如图 8-4 所示。

图 8-4　顺序查找过程 4

6）将 x 与 $r[4]$ 比较，$x = r[4]$，查找成功，返回位置下标 4，如图 8-5 所示。

图 8-5　顺序查找过程 5

代码实现

```
int SqSearch(int r[],int n,int x)//顺序查找
{
    for(int i=0;i<n;i++) //要判断 i 是否超过范围 n
        if(r[i]==x) //r[i]和 x 比较
            return i;//返回下标
    return -1;
}
```

算法复杂度分析

（1）时间复杂度

顺序查找最好的情况是一次查找成功，最坏的情况是 n 次查找成功。

假设查找每个关键字的概率均等，即查找概率 $p_i=1/n$，查找第 i 个关键字需要比较 i 次成功，则查找成功的平均查找长度如下。

$$ASL = \sum_{i=1}^{n} p_i c_i = \sum_{i=1}^{n} \frac{i}{n} = \frac{1}{n} \sum_{i=1}^{n} i = \frac{n+1}{2}$$

如果查找的关键字不存在，则每次都会比较 n 次，时间复杂度也为 $O(n)$。

（2）空间复杂度

算法只使用了一个辅助变量 i，空间复杂度为 $O(1)$。

但是从上述算法可以看出，每次除了关键字比较，还要判断是否超过表长，可以设置哨兵优化该算法。将记录存储在数组 $r[1..n]$ 中，$r[0]$ 空间不使用，将待查找关键字 x 放入 $r[0]$ 中，从最后一个关键字开始向前比较，循环结束返回 i 即可。当返回值 $i=0$ 时，说明查找失败。

算法优化

```
int SqSearch2(int r2[],int n,int x)//顺序查找优化算法
{
    int i;
    r2[0]=x;//待查找元素放入 r[0]，作为监视哨
    for(i=n;r2[i]!=x;i--);//不需要判断 i 是否超过范围
    return i;
}
```

优化后的算法虽然在时间复杂度数量级上没有改变，仍然是 $O(n)$，但是比较次数减少了一半，不需要每次判断 i 是否超过范围。

顺序查找就是暴力穷举，数据量很大时，查找效率很低。

8.1.2 折半查找

猜数游戏：一天晚上，我们在家里看电视，某大型娱乐节目在玩猜数游戏。主持人在女

嘉宾的手心上写一个 10 以内的整数，让女嘉宾的老公猜是多少，而女嘉宾只能提示大了，还是小了，并且只有 3 次机会。

主持人悄悄地在美女手心写了一个 8。

老公："2。"

老婆："小了。"

老公："3。"

老婆："小了。"

老公："10。"

老婆："天啊，怎么还有这么笨的人。"

那么，你有没有办法以最快的速度猜出来呢？

从问题描述来看，如果是 n 个数，那么最坏的情况是要猜 n 次才能成功。其实完全没有必要一个一个地猜，因为这些数是有序的，可以使用折半查找的策略，每次和中间的元素比较。如果比中间元素小，则在前半部分查找；如果比中间元素大，则去后半部分查找。这种方法称为二分查找或折半查找，也称为二分搜索技术。

例如，给定 n 个元素序列，这些元素是有序的（假定为升序），从序列中查找元素 x。

用一维数组 $S[]$ 存储该有序序列，设变量 low 和 $high$ 表示查找范围的下界和上界，$middle$ 表示查找范围的中间位置，x 为特定的查找元素。

算法步骤

1）初始化。令 $low=0$，即指向有序数组 $S[]$ 的第一个元素；$high=n-1$，即指向有序数组 $S[]$ 的最后一个元素。

2）判定 $low \leqslant high$ 是否成立，如果成立，转向第 3 步，否则，算法结束。

3）$middle=(low+high)/2$，即指向查找范围的中间元素。

4）判断 x 与 $S[middle]$ 的关系。如果 $x=S[middle]$，则搜索成功，算法结束；如果 $x>S[middle]$，则令 $low=middle+1$；否则令 $high=middle-1$，转向第 2 步。

完美图解

例如，在有序序列（5, 8, 15, 17, 25, 30, 34, 39, 45, 52, 60）中查找元素 17。

1）数据结构。用一维数组 $S[]$ 存储该有序序列，$x=17$，如图 8-6 所示。

图 8-6 $S[]$ 数组

2）初始化。$low=0$，$high=10$，计算 $middle=(low+high)/2=5$，如图 8-7 所示。

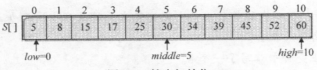

图 8-7 搜索初始化

3）将 x 与 S[middle]比较。x=17<S[middle]=30，在序列的前半部分查找，令 high=middle-1，搜索的范围缩小到子问题 S[0..middle-1]，如图 8-8 所示。

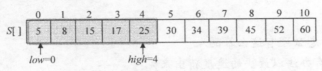

图 8-8 搜索过程

4）计算 middle=(low+high)/2=2，如图 8-9 所示。

图 8-9 搜索过程

5）将 x 与 S[middle]比较。x=17>S[middle]=15，在序列的后半部分查找，令 low=middle+1，搜索的范围缩小到子问题 S[middle+1..high]，如图 8-10 所示。

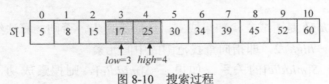

图 8-10 搜索过程

6）计算 middle=(low+high)/2=3，如图 8-11 所示。

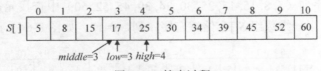

图 8-11 搜索过程

7）将 x 与 S[middle]比较。x=S[middle]=17，查找成功，算法结束。

代码实现

用 BinarySearch(int n, int s[], int x)函数实现折半查找算法，其中 n 为元素个数，s[]为有

序数组，*x* 为待查找元素。*low* 指向数组的第一个元素，*high* 指向数组的最后一个元素。如果 *low*≤*high*，*middle*=(*low*+*high*)/2，即指向查找范围的中间元素。如果 *x*=*S*[*middle*]，搜索成功，算法结束；如果 *x*>*S*[*middle*]，则令 *low*=*middle*+1，去后半部分搜索；否则令 *high*=*middle*−1，去前半部分搜索。

（1）非递归算法

```
int BinarySearch(int s[],int n,int x)//二分查找非递归算法
{
    int low=0,high=n-1;   //low 指向有序数组的第一个元素，high 指向有序数组的最后一个元素
    while(low<=high)
    {
        int middle=(low+high)/2;   //middle 为查找范围的中间值
        if(x==s[middle])    //x 等于查找范围的中间值，算法结束
            return middle;
        else if(x>s[middle]) //x 大于查找范围的中间元素，则从左半部分查找
                low=middle+1;
            else                //x 小于查找范围的中间元素，则从右半部分查找
                high=middle-1;
    }
    return -1;
}
```

（2）递归算法

因为递归有自调用问题，因此需要增加两个参数 *low* 和 *high* 来标记搜索范围的开始和结束。

```
int recursionBS (int s[],int x,int low,int high) //二分查找递归算法
{
    //low 指向数组的第一个元素，high 指向数组的最后一个元素
    if(low>high)                //递归结束条件
        return -1;
    int middle=(low+high)/2;   //计算 middle(查找范围的中间位置)
    if(x==s[middle])            //x 等于 s[middle]，查找成功，算法结束
        return middle;
    else if(x<s[middle])        //x 小于 s[middle]，则从前半部分查找
            return recursionBS(s,x,low,middle-1);
        else                    //x 大于 s[middle]，则从后半部分查找
            return recursionBS(s,x,middle+1,high);
}
```

算法复杂度分析

（1）时间复杂度

对于二分查找算法，时间复杂度怎么计算呢？如果用 $T(n)$ 来表示 n 个有序元素的二分查

找算法的时间复杂度，那么：

- 当 $n=1$ 时，需要一次比较，$T(n)=O(1)$。
- 当 $n>1$ 时，待查找元素和中间位置元素比较，需要 $O(1)$ 时间。如果比较不成功，那么需要在前半部分或后半部分搜索，问题的规模缩小了一半，时间复杂度变为 $T(n/2)$。

$$T(n) = \begin{cases} O(1) & , \quad n=1 \\ T(n/2)+O(1), & n>1 \end{cases}$$

- 当 $n>1$ 时，可以递推求解如下。

$$\begin{aligned} T(n) &= T(n/2) + O(1) \\ &= T(n/2^2) + 2O(1) \\ &= T(n/2^3) + 3O(1) \\ &\quad\cdots\cdots \\ &= T(n/2^x) + xO(1) \end{aligned}$$

递推最终的规模为 1，令 $n=2^x$，则 $x=\log n$。

$$\begin{aligned} T(n) &= T(1) + \log n O(1) \\ &= O(1) + \log n O(1) \\ &= O(\log n) \end{aligned}$$

二分查找的非递归算法和递归算法查找的方法是一样的，时间复杂度相同，均为 $O(\log n)$。

（2）空间复杂度

二分查找的非递归算法中，变量占用了一些辅助空间，这些辅助空间都是常数阶的，因此空间复杂度为 $O(1)$。

对于二分查找的递归算法，除了使用一些变量外，递归调用还需要使用栈来实现，空间复杂度怎么计算呢？

在递归算法中，每一次递归调用都需要一个栈空间存储，那么我们只需要看看有多少次调用。假设原问题的规模为 n，那么第一次递归就分为两个规模为 $n/2$ 的子问题，这两个子问题并不是每个都执行，只会执行其中之一。因为和中间值比较后，要么去前半部分查找，要么去后半部分查找；再把规模为 $n/2$ 的子问题继续划分为两个规模为 $n/4$ 的子问题，选择其一；继续分治下去，最坏的情况会分治到只剩下一个数值，那么算法执行的节点数就是从树根到叶子所经过的节点，每一层执行一个，直到最后一层，如图 8-12 所示。

递归调用最终的规模为 1，即 $n/2^x=1$，则 $x=\log n$。假设阴影部分是搜索经过的路径，则一共经过了 $\log n$ 个节点，也就是说递归调用了 $\log n$ 次。递归算法使用的栈空间为递归树的深度，因此二分查找递归算法的空间复杂度为 $O(\log n)$。

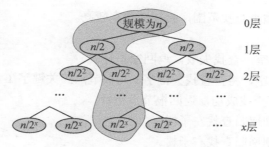

图 8-12 二分查找递归树

8.2 树表查找

线性表的顺序查找最坏和平均情况需要 $O(n)$ 时间，二分查找需要 $O(\log n)$ 时间，但是二分查找的前提是线性表必须是有序的，如果无序则二分查找是没有意义的。顺序查找和二分查找适合静态查找，如果在查找过程中有插入、删除等修改操作，则最坏和平均情况下都需要 $O(n)$ 时间。是否存在一种数据结构和算法，既可以高效率地查找，又可以高效率地动态修改？将二分查找策略与二叉树结合起来，实现二叉查找树结构，可以在最坏的情况下使得单次修改和查找在 $O(\log n)$ 时间内完成。

8.2.1 二叉查找树

二叉查找树（Binary Search Tree，BST），又称为二叉搜索树、二叉排序树，是一种对查找和排序都有用的特殊二叉树。

二叉查找树或是空树，或是满足如下性质的二叉树。

1）若其左子树非空，则左子树上所有节点的值均小于根节点的值。

2）若其右子树非空，则右子树上所有节点的值均大于根节点的值。

3）其左右子树本身又各是一棵二叉查找树。

二叉查找树的特性：左子树<根<右子树，即二叉查找树的中序遍历是一个递增序列。例如，一棵二叉查找树，其中序遍历投影序列如图 8-13 所示。

1. 二叉查找树的查找

因为二叉查找树的中序遍历有序性，所以查找

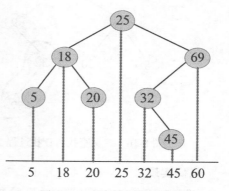

图 8-13 中序遍历投影序列

和二分查找类似，每次缩小查找范围，查找的效率较高。

算法步骤

1）若二叉查找树为空，查找失败，返回空指针。

2）若二叉查找树非空，将待查找关键字 *x* 与根节点的关键字 T->data 比较：

- 若 *x*==T->data，查找成功，返回根节点指针；
- 若 *x*<T->data，则递归查找左子树；
- 若 *x*>T->data，则递归查找右子树。

完美图解

例如，一棵二叉查找树，如图 8-14 所示，查找关键字 32。

1）32 与二叉查找树的树根 25 比较，32>25，则在右子树中查找，如图 8-15 所示。

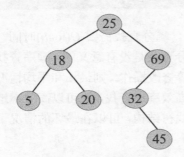

图 8-14　二叉查找树

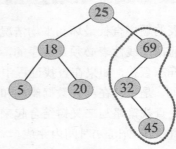

图 8-15　二叉查找树查找过程 1

2）32 与右子树的树根 69 比较，32<69，则在左子树中查找，如图 8-16 所示。

3）32 与左子树的树根 32 比较，相等，查找成功，返回该节点指针，如图 8-17 所示。

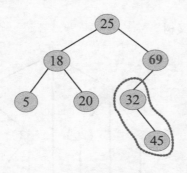

图 8-16　二叉查找树查找过程 2

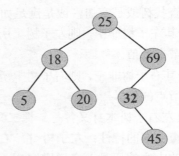

图 8-17　二叉查找树查找过程 3

代码实现

```
BSTree SearchBST(BSTree T,ElemType key)//二叉排序树的递归查找
{
```

```
    //若查找成功，则返回指向该数据元素节点的指针，否则返回空指针
    if((!T)||key==T->data)
        return T;
    else if(key<T->data)
            return SearchBST(T->lchild,key);//在左子树中查找
        else
            return SearchBST(T->rchild,key);//在右子树中查找
}
```

算法复杂度分析

（1）时间复杂度

二叉查找树的查找时间复杂度和树的形态有关，可分为最好情况、最坏情况和平均情况分析。

- 最好情况下，二叉查找树的形态和二分查找的判定树相似，如图 8-18 所示。每次查找可以缩小一半的搜索范围，查找路径最多从根到叶子，比较次数最多为树的高度 $\log n$，最好情况的平均查找长度为 $O(\log n)$。

- 最坏情况下，二叉查找树的形态为单支树，即只有左子树或只有右子树，如图 8-19 所示。每次查找的搜索范围缩小为 $n-1$，退化为顺序查找，最坏情况的平均查找的长度为 $O(n)$。

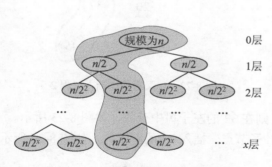

图 8-18　二叉查找树（最好情况）

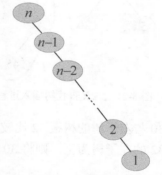

图 8-19　二叉查找树（最坏情况）

- n 个节点的二叉查找树有 $n!$ 棵（有的形态相同），可以证明，在平均情况下，二叉查找树的平均查找长度也为 $O(\log n)$。

（2）空间复杂度

空间复杂度为 $O(1)$。

2．二叉查找树的插入

因为二叉查找树的中序遍历有序性，首先要查找待插入关键字的插入位置，当查找不成

功时，将待插入关键字作为新的叶子节点插入到最后一个查找节点的左孩子或右孩子。

算法步骤

1）若二叉查找树为空，创建一个新的节点 s，将待插入关键字放入新节点的数据域，s 节点作为根节点，左右子树均为空。

2）若二叉查找树非空，将待查找关键字 x 与根节点的关键字 T->data 比较：

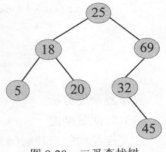

图 8-20　二叉查找树

- 若 x<T->data，则将 x 插入左子树；
- 若 x>T->data，则将 x 插入右子树。

完美图解

例如，一棵二叉查找树，如图 8-20 所示，插入关键字 30。

1）30 与树根 25 比较，30>25，则在 25 的右子树中查找，如图 8-21 所示。

2）30 与右子树的树根 69 比较，30<69，则在 69 的左子树中查找，如图 8-22 所示。

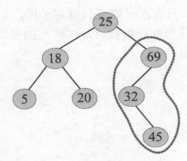

图 8-21　二叉查找树插入过程 1

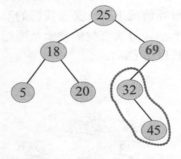

图 8-22　二叉查找树插入过程 2

3）30 与左子树的树根 32 比较，30<32，则在 32 的左子树中查找，如图 8-23 所示。

4）32 的左子树为空，则将 30 作为新的叶子节点，插入 32 的左子树，如图 8-24 所示。

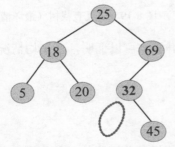

图 8-23　二叉查找树插入过程 3

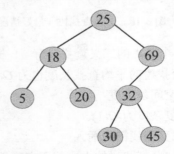

图 8-24　二叉查找树插入过程 4

代码实现

```
void InsertBST(BSTree &T,ElemType e)//二叉排序树的插入
{
    //当二叉排序树T中不存在关键字等于e的数据元素时，则插入该元素
    if(!T)
    {
        BSTree S=new BSTNode;      //生成新节点
        S->data=e;                 //新节点S的数据域置为e
        S->lchild=S->rchild=NULL;//新节点S作为叶子节点
        T=S;                       //把新节点S链接到已找到的插入位置
    }
    else if(e<T->data)
            InsertBST(T->lchild,e );//插入左子树
        else if(e>T->data)
            InsertBST(T->rchild,e);//插入右子树
}
```

算法复杂度分析

二叉查找树的插入需要先查找插入位置，插入本身只需要常数时间，但查找插入位置的时间复杂度为 $O(\log n)$。

3. 二叉查找树的创建

二叉查找树的创建可以从空树开始，按照输入关键字的顺序依次进行插入操作，最终得到一棵二叉查找树。

算法步骤

1）初始化二叉查找树为空树，T=NULL。

2）输入一个关键字 x，将 x 插入二叉查找树 T 中。

3）重复第 2 步，直到关键字输入完毕。

完美图解

例如，依次输入关键字（25, 69, 18, 5, 32, 45, 20），创建一棵二叉查找树。

1）输入 25，二叉查找树初始化为空，所以 25 作为树根，左右子树为空，如图 8-25 所示。

2）输入 69，插入二叉查找树中。首先和树根 25 比较，比 25 大，到右子树查找，右子树为空，插入 25 的右子树位置，如图 8-26 所示。

25

图 8-25　二叉查找树创建过程 1

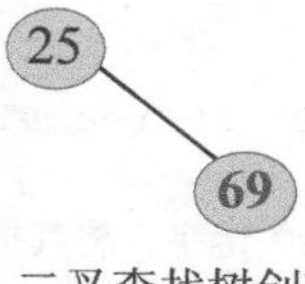

图 8-26　二叉查找树创建过程 2

3）输入 18，插入二叉查找树中。首先和树根 25 比较，比 25 小，到左子树查找，左子

树为空，插入到 25 的左子树位置，如图 8-27 所示。

4）输入 5，插入二叉查找树中。首先和树根 25 比较，比 25 小，到左子树查找；和树根 18 比较，比 18 小，到左子树查找，左子树为空，插入 18 的左子树位置，如图 8-28 所示。

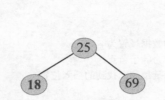

图 8-27　二叉查找树创建过程 3

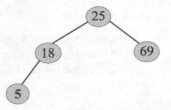

图 8-28　二叉查找树创建过程 4

5）输入 32，插入二叉查找树中。首先和树根 25 比较，比 25 大，到右子树查找；和树根 69 比较，比 69 小，到左子树查找，左子树为空，插入 69 的左子树位置，如图 8-29 所示。

6）输入 45，插入二叉查找树中。首先和树根 25 比较，比 25 大，到右子树查找；和树根 69 比较，比 69 小，到左子树查找；和树根 32 比较，比 32 大，到右子树查找，右子树为空，插入 32 的右子树位置，如图 8-30 所示。

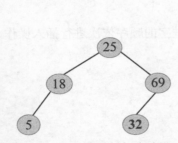

图 8-29　二叉查找树创建过程 5

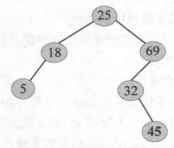

图 8-30　二叉查找树创建过程 6

7）输入 20，插入二叉查找树中。首先和树根 25 比较，比 25 小，到左子树查找；和树根 18 比较，比 18 大，到右子树查找，右子树为空，插入 18 的右子树位置，如图 8-31 所示。

代码实现

```
void CreateBST(BSTree &T)//二叉排序树的创建
{
    //依次读入关键字，将其插入二叉排序树 T 中
    T=NULL;
    ElemType e;
```

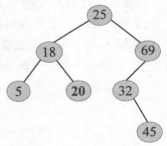

图 8-31　二叉查找树创建过程 7

```
        cin>>e;
        while(e!=ENDFLAG)//ENDFLAG 为自定义常量，作为输入结束标志
        {
            InsertBST(T,e);   //插入二叉排序树 T 中
            cin>>e;
        }
    }
```

算法复杂度分析

二叉查找树的创建，需要 n 次插入，每次需要 $O(\log n)$ 时间，因此创建二叉查找树的时间复杂度为 $O(n\log n)$。相当于把一个无序序列转换为一个有序序列的排序过程。实质上，创建二叉查找树的过程和快速排序一样，根节点相当于快速排序中的基准元素。左右两部分划分的情况取决于基准元素，创建二叉查找树时，输入序列的次序不同，创建的二叉查找树是不同的。最好的情况如图 8-18 所示，最坏的情况如图 8-19 所示。

4．二叉查找树的删除

首先要在二叉查找树中找到待删除的节点，然后执行删除操作。假设指针 p 指向待删除节点，指针 f 指向 p 的双亲节点。根据待删除节点所在位置的不同，删除操作处理方法也不同，可分为 3 种情况。

（1）被删除节点左子树为空

如果被删除节点左子树为空，则令其右子树**子承父业**代替其位置即可。例如，在二叉查找树中删除 P 节点，如图 8-32 所示。

（2）被删除节点右子树为空

如果被删除节点右子树为空，则令其左子树**子承父业**代替其位置即可，如图 8-33 所示。

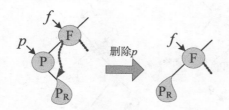

图 8-32　二叉查找树删除（左子树空）

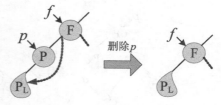

图 8-33　二叉查找树删除（右子树空）

（3）被删除节点左右子树均不空

如果被删除节点的左子树和右子树均不空，则没办法再使用子承父业的方法了。根据二叉查找树的中序有序性，删除该节点时，可以用其直接前驱（或直接后继）代替其位置，然后删除其直接前驱（或直接后继）即可。那么中序遍历序列中，一个节点的直接前驱（或直接后继）是哪个节点呢？

直接前驱：中序遍历中，节点 p 的直接前驱为其左子树的最右节点。即沿着 p 的左子树一直访问其右子树，直到没有右子树，就找到了最右节点，如图 8-34（a）所示。s 指向 p 的直接前驱，q 指向 s 的双亲。

直接后继：中序遍历中，节点 p 的直接后继为其右子树的最左节点，如图 8-34（b）所示。s 指向 p 的直接后继，q 指向 s 的双亲。

（a）直接前驱　　　　　　（b）直接后继

图 8-34　二叉查找树删除（左右子树非空）

以 p 的直接前驱 s 代替 p 为例，相当于令 s 节点的数据赋值给 p 节点，即 s 代替 p。然后删除 s 节点即可，因为 s 为最右节点，它没有右子树，删除后，左子树子承父业代替 s，如图 8-35 所示。

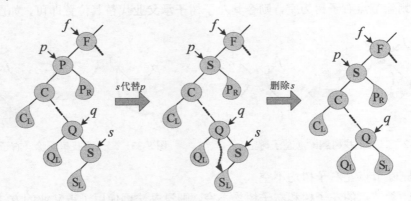

图 8-35　二叉查找树删除（左右子树非空）

例如，在二叉查找树中删除 24。首先查找到 24 的位置 p，然后找到 p 的直接前驱 s（22）节点，令 22 赋值给 p 的数据域，删除 s 节点，删除过程如图 8-36 所示。

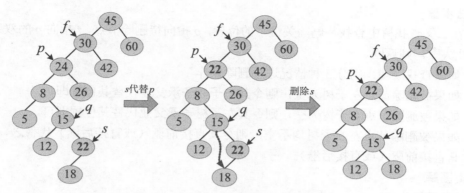

图 8-36 二叉查找树删除（删除 24）

删除节点之后是不是仍然满足二叉查找树的中序遍历有序性？

需要注意的是，有一种特殊情况，即 p 的左孩子没有右子树，s 就是其左子树的最右节点（直接前驱），即 s 代替 p，然后删除 s 节点即可，因为 s 为最右节点没有右子树，删除后，左子树子承父业代替 s，如图 8-37 所示。

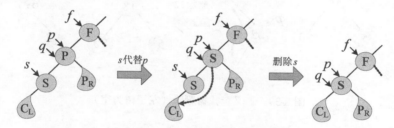

图 8-37 二叉查找树删除（特殊情况）

例如，在二叉查找树中删除 20，删除过程如图 8-38 所示。

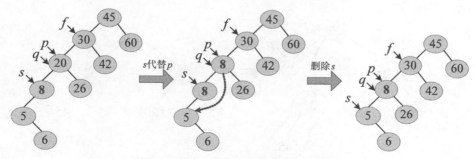

图 8-38 二叉查找树删除（删除 20）

算法步骤

1) 在二叉查找树中查找待删除关键字的位置，p 指向待删除节点，f 指向 p 的双亲节点，如果查找失败，则返回。

2) 如果查找成功，则分 3 种情况进行删除操作。

- 如果被删除节点左子树为空，则令其右子树**子承父业**代替其位置即可。
- 如果被删除节点右子树为空，则令其左子树**子承父业**代替其位置即可。
- 如果被删除节点左右子树均不空，则令其直接前驱（或直接后继）代替之，再删除其直接前驱（或直接后继）。

完美图解

（1）左子树为空

在二叉查找树中删除 32，首先查找到 32 所在的位置，判断其左子树为空，则令其右子树子承父业代替其位置，删除过程如图 8-39 所示。

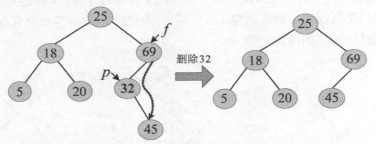

图 8-39　二叉查找树删除（左子树为空）

（2）右子树为空

在二叉查找树中删除 69，首先查找到 69 所在的位置，判断其右子树为空，则令其左子树子承父业代替其位置，删除过程如图 8-40 所示。

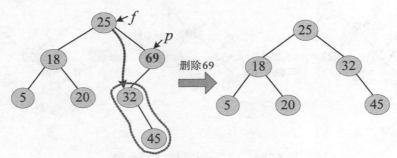

图 8-40　二叉查找树删除（右子树为空）

（3）左右子树均不空

在二叉查找树中删除 25，首先查找到 25 所在的位置，判断其左右子树均不空，则令其直接前驱（左子树最右节点 20）代替之，再删除其直接前驱 20 即可。删除 20 时，其左子树子承父业，删除过程如图 8-41 所示。

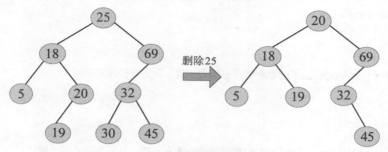

图 8-41 二叉查找树删除（左右子树非空）

代码实现

```
void DeleteBST(BSTree &T,char key)
{
    //从二叉排序树 T 中删除关键字等于 key 的节点
    BSTree p=T;
    BSTree f=NULL;
    BSTree q,s;
    if(!T) return; //树为空则返回
    while(p)//查找
    {
        if(p->data==key) break;   //找到关键字等于 key 的节点 p，结束循环
        f=p;                      //f 为 p 的双亲
        if(p->data>key)
            p=p->lchild; //在 p 的左子树中继续查找
        else
            p=p->rchild; //在 p 的右子树中继续查找
    }
    if(!p) return; //找不到被删节点则返回
    //3 种情况：p 左右子树均不空、无右子树、无左子树
    if((p->lchild)&&(p->rchild))//被删节点 p 左右子树均不空
    {
        q=p;
        s=p->lchild;
        while(s->rchild)//在 p 的左子树中查找 p 的前驱节点 s，即最右下节点
        {
            q=s;
            s=s->rchild;
```

```
        }
        p->data=s->data;   //s 的值赋值给被删节点 p,然后删除 s 节点
        if(q!=p)
            q->rchild=s->lchild; //重接 q 的右子树
        else
            q->lchild=s->lchild; //重接 q 的左子树
        delete s;
    }
    else
    {
        if(!p->rchild)//被删节点 p 无右子树,只需重接其左子树
        {
            q=p;
            p=p->lchild;
        }
        else if(!p->lchild)//被删节点 p 无左子树,只需重接其右子树
        {
            q=p;
            p=p->rchild;
        }
        /*将 p 所指的子树挂接到其双亲节点 f 相应的位置*/
        if(!f)
            T=p;   //被删节点为根节点
        else if(q==f->lchild)
                f->lchild=p;//挂接到 f 的左子树位置
            else
                f->rchild=p;//挂接到 f 的右子树位置
        delete q;
    }
}
```

算法复杂度分析

二叉查找树的删除,主要是查找的过程,需要 $O(\log n)$ 时间。删除的过程中,如果需要找被删节点的前驱,也需要 $O(\log n)$ 时间,二叉查找树的删除时间复杂度为 $O(\log n)$。

8.2.2 平衡二叉查找树

(1) 树高与性能的关系

二叉查找树的查找、插入、删除的时间复杂度均为 $O(\log n)$,但这是在期望的情况下,最好情况和最坏情况差别较大。

在最好情况下,二叉查找树的形态和二分查找的判定树相似,如图 8-42 所示。每次查找可以缩小一半的搜索范围,查找最多从根到叶子,比较次数为树的高度 $\log n$。

在最坏情况下，二叉查找树的形态为单支树，即只有左子树或只有右子树，如图 8-43 所示。每次查找的搜索范围缩小为 $n-1$，退化为顺序查找，查找最多从根到叶子，比较次数为树的高度 n。

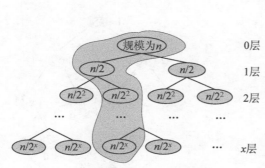

图 8-42　二叉查找树（最好情况）

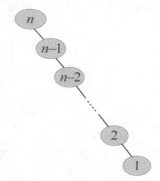

图 8-43　二叉查找树（最坏情况）

二叉查找树的查找、插入、删除的时间复杂度均线性正比于二叉查找树的高度，高度越小，效率越高。也就是说，二叉查找树的性能主要取决于二叉查找树的高度。

如何降低树的高度呢？

（2）理想平衡与适度平衡

首先分析最好情况下，每次一分为二，左右子树的节点数均为 $n/2$，左右子树的高度也一样，也就是说如果把左右子树放到天平上，是平衡的，如图 8-44 所示。

在理想的状态下，树的高度为 $\log n$，左右子树的高度一样，称为理想平衡。但是理想平衡需要大量时间调整平衡以维护其严格的平衡性。

如果可以适度放松平衡的标准，大致平衡就可以了，称为适度平衡。本节介绍的平衡二叉查找树，第 10 章介绍的红黑树都属于适度平衡。

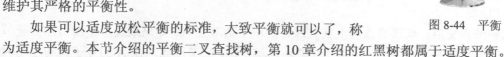

图 8-44　平衡

1. 平衡二叉树

平衡二叉查找树（Balanced Binary Search Tree，BBST），简称平衡二叉树，由苏联数学家 Adelson-Velskii 和 Landis 提出，所以又称为 AVL 树。

平衡二叉树或者为空树，或者为具有以下性质的平衡二叉树：

1）左右子树高度差的绝对值不超过 1；

2）左右子树也是平衡二叉树。

节点左右子树的高度之差称为平衡因子。二叉查找树中，每个节点的平衡因子绝对值不超过 1 即为平衡二叉树。例如，一棵平衡二叉树及其平衡因子，如图 8-45 所示。

那么在这棵平衡二叉树中插入 20，结果会怎样？如图 8-46 所示，插入 20 之后，从该叶子到树根路径上的所有节点，平衡因子都有可能改变，出现不平衡，有可能有多个节点平衡因子绝对值超过 1。从新插入节点向上，找离新插入节点最近的不平衡节点，以该节点为根的子树称为最小不平衡子树。只需要将最小不平衡子树调整为平衡二叉树即可，其他节点不变。

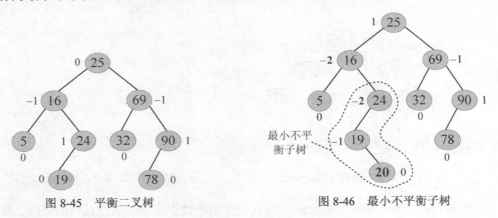

图 8-45　平衡二叉树　　　　　　图 8-46　最小不平衡子树

平衡二叉树除了适度平衡性，还具有局部性：

1）单次插入、删除后，至多有 $O(1)$ 处出现不平衡；

2）总可以在 $O(\log n)$ 时间内，使这 $O(1)$ 处不平衡重新调整为平衡。

平衡二叉树在动态修改后出现的不平衡，只需要局部（最小不平衡子树）调平衡即可，不需要调整整棵树。

那么如何局部调平衡呢？

2．调整平衡的方法

以插入操作为例，调整平衡可以分为 4 种情况：LL 型、RR 型、LR 型、RL 型。

（1）LL 型

插入新节点 x 后，从该节点向上找到最近的不平衡节点 A。如果最近不平衡节点到新节点的路径前两个都是左子树 L，即为 LL 型。也就是说，x 节点插入在 A 的左子树的左子树中，A 的左子树因插入新节点高度增加，造成 A 的平衡因子由 1 增为 2，失去平衡。需要进行 LL 旋转（顺时针）调整平衡。

LL 旋转：A 顺时针旋转到 B 的右子树，B 原来的右子树 T_3 被抛弃，A 旋转后正好左子树空闲，这个被抛弃的子树 T_3 放到 A 左子树即可，如图 8-47 所示。

每一次旋转，总有一个子树被抛弃，一个指针空闲，它们正好配对。旋转之后，是否平衡呢？旋转之后，A、B 两个节点的左右子树高度之差均为 0，满足平衡条件，C 的左右子树未变，仍然平衡。

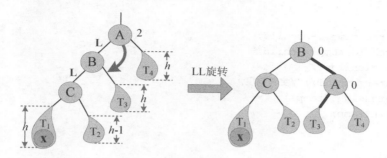

图 8-47　平衡二叉树 LL 旋转

```
AVLTree LL_Rotation(AVLTree &T)//LL 旋转
{
    AVLTree temp=T->lchild;//T 为指向不平衡节点的指针
    T->lchild=temp->rchild;
    temp->rchild=T;
    updateHeight(T);//更新高度
    updateHeight(temp);
    return temp;
}
```

（2）RR 型

插入新节点 x 后，从该节点向上找到最近的不平衡节点 A，如果最近不平衡节点到新节点的路径前两个都是右子树 R，即为 RR 型。需要进行 RR 旋转（逆时针）调整平衡。

RR 旋转：A 逆时针旋转到 B 的左子树，B 原来的左子树 T_2 被抛弃，A 旋转后正好右子树空闲，这个被抛弃的子树 T_2 放到 A 右子树即可。如图 8-48 所示。

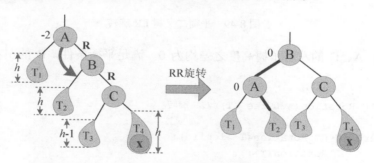

图 8-48　平衡二叉树 RR 旋转

旋转之后，A、B 的左右子树高度之差均为 0，满足平衡条件，C 的左右子树未变，仍然平衡。

```
AVLTree RR_Rotation(AVLTree &T)//RR 旋转
```

```
{
    AVLTree temp=T->rchild;
    T->rchild=temp->lchild;
    temp->lchild=T;
    updateHeight(T);//更新高度
    updateHeight(temp);
    return temp;
}
```

（3）LR 型

插入新节点 x 后，从该节点向上找到最近的不平衡节点 A，如果最近不平衡节点到新节点的路径前两个依次是左子树 L、右子树 R，即为 LR 型。

LR 旋转：分两次旋转，首先，C 逆时针旋转到 A、B 之间，C 原来的左子树 T_2 被抛弃，B 正好右子树空闲，这个被抛弃的子树 T_2 放到 B 右子树。这时已经转变为 LL 型，做 LL 旋转即可，如图 8-49 所示。实际上，也可以看作 C 固定不动，B 做 RR 旋转，然后再做 LL 旋转即可。

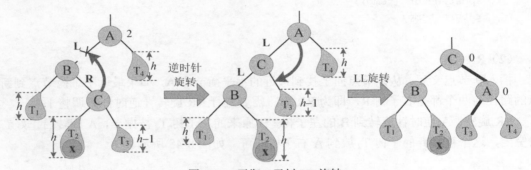

图 8-49　平衡二叉树 LR 旋转

旋转之后，A、C 的左右子树高度之差均为 0，满足平衡条件，B 的左右子树未变，仍然平衡。

```
AVLTree LR_Rotation(AVLTree &T)//LR 旋转
{
    T->lchild=RR_Rotation(T->lchild);
    return LL_Rotation(T);
}
```

（4）RL 型

插入新节点 x 后，从该节点向上找到最近的不平衡节点 A，如果最近不平衡节点到新节点的路径前依次是右子树 R、左子树 L，即为 RL 型。

RL 旋转：分两次旋转，首先，C 顺时针旋转到 A、B 之间，C 原来的右子树 T_3 被抛弃，B 正好左子树空闲，这个被抛弃的子树 T_3 放到 B 左子树。这时已经转变为 RR 型，做 RR 旋转即可，如图 8-50 所示。实际上，也可以看作 C 固定不动，B 做 LL 旋转，然后再做 RR 旋转即可。

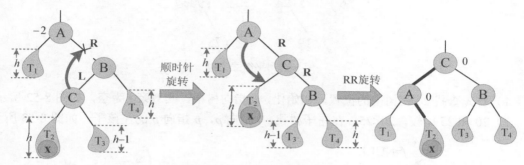

图 8-50 平衡二叉树 RL 旋转

旋转之后，A、C 的左右子树高度之差均为 0，满足平衡条件，B 的左右子树未变，仍然平衡。

```
AVLTree RL_Rotation(AVLTree &T)//RL 旋转
{
    T->rchild=LL_Rotation(T->rchild);
    return RR_Rotation(T);
}
```

3. 平衡二叉树的插入

在平衡二叉树上插入新的数据元素 x，首先查找其插入位置。查找过程中，用 p 指针记录当前节点，f 指针记录 p 的双亲，其算法描述如下。

算法步骤

1）在平衡二叉树查找 x，如果查找成功，则什么也不做，返回 p；如果查找失败，则执行插入操作。

2）创建一个新节点 p 存储 x，该节点的双亲为 f，高度为 1。

3）从新节点之父 f 出发，向上寻找最近的不平衡节点。逐层检查各代祖先节点，如果平衡，则更新其高度，继续向上寻找；如果不平衡，则判断失衡类型（沿着高度大的子树判断，刚插入新节点的子树必然高度大），并做相应的调整，返回 p。

完美图解

例如，一棵平衡二叉树，如图 8-51 所示，在该树中插入元素 20。（其中，节点旁标记以该节点为根的子树的高度。）

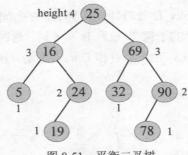

图 8-51　平衡二叉树

1）首先查找 20 在树中的位置，初始化，p 指向树根，其双亲 f 为空，如图 8-52 所示。

2）20 和 25 比较，20<25，在左子树找，f 指向 p，p 指向 p 的左孩子，如图 8-53 所示。

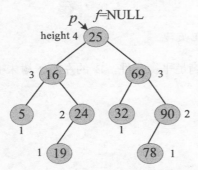

图 8-52　平衡二叉树查找过程 1

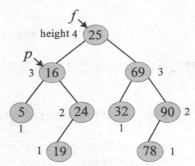

图 8-53　平衡二叉树查找过程 2

3）20 和 16 比较，20>16，在右子树找，f 指向 p，p 指向 p 的右孩子，如图 8-54 所示。

4）20 和 24 比较，20<24，在左子树找，f 指向 p，p 指向 p 的左孩子，如图 8-55 所示。

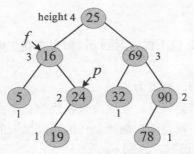

图 8-54　平衡二叉树查找过程 3

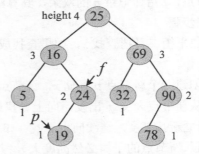

图 8-55　平衡二叉树查找过程 4

5）20 和 19 比较，20>19，在右子树找，f 指向 p，p 指向 p 的右孩子，如图 8-56 所示。

6）此时 p 为空，查找失败，可以将新节点插入此处，新节点的高度为 1，双亲为 f。如

图 8-57 所示。

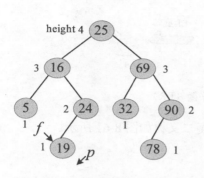

图 8-56 平衡二叉树查找过程 5

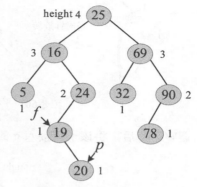

图 8-57 平衡二叉树（插入 20）

7）从新节点之父 f 开始，逐层向上检查祖先是否失衡，若未失衡，更新其高度；若失衡判断其失衡类型，调整平衡。初始化 g 指向 f，检查 g 的左右子树之差为−1，g 未失衡，更新其高度 2（左右子树的高度最大值加 1），如图 8-58 所示。

8）继续向上检查，g 指向 g 的双亲，检查发现 g 的左右子树高度之差为 2，失衡。用 g、u、v 三个指针记录三代节点（从失衡节点沿着高度大的方向向下找三代），如图 8-59 所示。

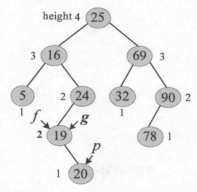

图 8-58 平衡二叉树（向上检查不平衡）

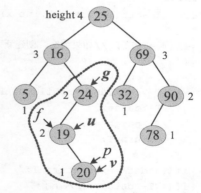

图 8-59 平衡二叉树（向上检查不平衡）

9）将 g 为根的最小不平衡子树调平衡即可。判断失衡类型为 LR 型，先令 20 顺时针旋转到 19、24 之间，然后 24 顺时针旋转即可，更新 19、20、24 三个节点的高度，如图 8-60 所示。

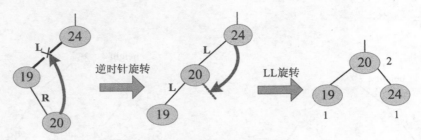

图 8-60 平衡二叉树调平衡（LR）

10）调整平衡后，将该子树接入 g 的双亲，平衡二叉树如图 8-61 所示。

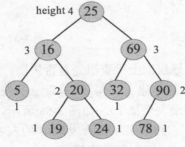

图 8-61 平衡二叉树

代码实现

```
AVLTree Insert(AVLTree &T,int x)
{
    if(T==NULL) //如果为空，创建新节点
    {
        T=new AVLNode;
        T->lchild=T->rchild=NULL;
        T->data=x;
        T->height=1;
        return T;
    }
    if(T->data==x) return T;//查找成功，什么也不做，查找失败时才插入
    if(x<T->data)//插入左子树
    {
        T->lchild=Insert(T->lchild,x);//注意插入后将结果挂接到T->lchild
        if(Height(T->lchild)-Height(T->rchild)==2)//插入后看是否平衡，如果不平衡
显然是插入的那一边高度大
        {                                    //沿着高度大的那条路径判断
            if(x<T->lchild->data)//判断是LL还是LR,即lchild的lchild 或rchild
                T=LL_Rotation(T);
            else
```

```
                    T=LR_Rotation(T);
            }
    }
    else//插入右子树
    {
            T->rchild=Insert(T->rchild,x);
            if(Height(T->rchild)-Height(T->lchild)==2)
            {
                if(x>T->rchild->data)
                    T=RR_Rotation(T);
                else
                    T=RL_Rotation(T);
            }
    }
    updateHeight(T);
    return T;
}
```

4. 平衡二叉树的创建

平衡二叉树的创建和二叉查找树的创建类似，只是插入操作多了调平衡而已。可以从空树开始，按照输入关键字的顺序依次进行插入操作，最终得到一棵平衡二叉树。

算法步骤

1）初始化平衡二叉树为空树，T=NULL。

2）输入一个关键字 x，将 x 插入平衡二叉树 T 中。

3）重复第 2 步，直到关键字输入完毕。

完美图解

例如，依次输入关键字（25, 18, 5, 10, 15, 17），创建一棵二叉查找树。

1）输入 25，平衡二叉树初始化为空，所以 25 作为树根，左右子树为空，如图 8-62 所示。

2）输入 18，插入平衡二叉树中。首先和树根 25 比较，比 25 小，到左子树查找，左子树为空，插入此位置，检查祖先未发现失衡，如图 8-63 所示。

图 8-62 平衡二叉树创建过程 1　　　　　图 8-63 平衡二叉树创建过程 2

3）输入 5，插入平衡二叉树中。首先和树根 25 比较，比 25 小，到左子树查找；比 18 小，到左子树查找，左子树为空，插入到此位置。25 节点失衡，从不平衡节点到新节点路径前两个是 LL，做 LL 型旋转调平衡，如图 8-64 所示。

4）输入 10，插入平衡二叉树中。首先和树根 18 比较，比 18 小，到左子树查找；和树根 5 比较，比 5 大，到右子树查找，右子树为空，插入此位置，检查祖先未发现失衡，如图 8-65 所示。

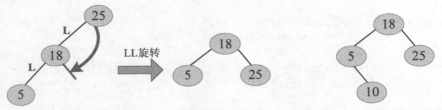

图 8-64　平衡二叉树创建过程 3　　　　　图 8-65　平衡二叉树创建过程 4

5）输入 15，插入平衡二叉树中。首先和树根 18 比较，比 18 小，到左子树查找；和树根 5 比较，比 5 大，到右子树查找；和树根 10 比较，比 10 大，到右子树查找，右子树为空，插入此位置。5 节点失衡，从不平衡节点到新节点路径前两个是 RR，做 RR 型旋转调平衡，如图 8-66 所示。

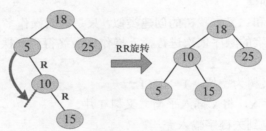

图 8-66　平衡二叉树创建过程 5

6）输入 17，插入平衡二叉树中。经查找之后（过程省略），插入 15 的右子树位置。18 节点失衡，从不平衡节点到新节点路径前两个是 LR，做 LR 型旋转调平衡，如图 8-67 所示。

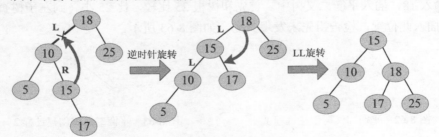

图 8-67　平衡二叉树创建过程 6

代码实现

```
AVLTree CreateAVL(AVLTree &T)
```

```
{
    int n,x;
    cin>>n;
    for(int i=0;i<n;i++)
    {
        cin>>x;
        T=Insert(T,x);
    }
    return T;
}
```

5．平衡二叉树的删除

平衡二叉树的插入只需要从插入节点之父向上检查，发现不平衡立即调整，一次调平衡即可。而删除操作则需要一直从删除节点之父向上检查，发现不平衡立即调整，然后继续向上检查，检查到树根为止。

算法步骤

1）在平衡二叉树查找 x，如果查找失败，则返回；如果查找成功，则执行删除操作（同二叉查找树的删除）。

2）从实际被删除节点之父 g 出发（当被删节点有左右子树时，令其直接前驱（或直接后继）代替其位置，删除其直接前驱，实际被删节点为其直接前驱（或直接后继）），向上寻找最近的不平衡节点。逐层检查各代祖先节点，如果平衡，则更新其高度，继续向上寻找；如果不平衡，则判断失衡类型（沿着高度大的子树判断），并做相应的调整。

3）继续向上检查，一直到树根。

完美图解

例如，一棵二叉平衡树，如图 8-68 所示，删除 16。

1）16 为叶子，直接删除即可，如图 8-69 所示。

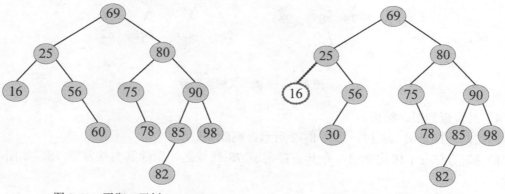

图 8-68　平衡二叉树　　　　图 8-69　平衡二叉树删除

2）指针 g 指向实际被删除节点 16 之父 25，检查是否失衡，25 节点失衡，用 g、u、v 记录失衡三代节点（从失衡节点沿着高度大的子树向下找三代），判断为 RL 型，进行 RL 旋转调平衡，如图 8-70 所示。

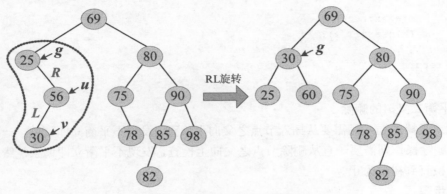

图 8-70   平衡二叉树调平衡

3）继续向上检查，指针 g 指向 g 的双亲 69，检查是否失衡，69 节点失衡，用 g、u、v 记录失衡三代节点（从失衡节点沿着高度大的子树向下找三代），判断为 RR 型，进行 RR 旋转调平衡，如图 8-71 所示。

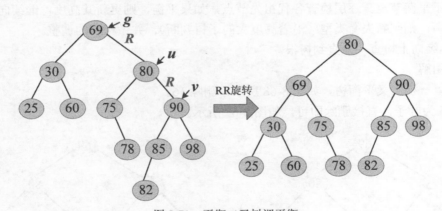

图 8-71   平衡二叉树调平衡

4）已检查到根，结束。

例如，一棵平衡二叉树，如图 8-72 所示，删除 80。

1）80 的左右子树均非空，令其直接前驱 78 代替之，删除其直接前驱 78，如图 8-73 所示。

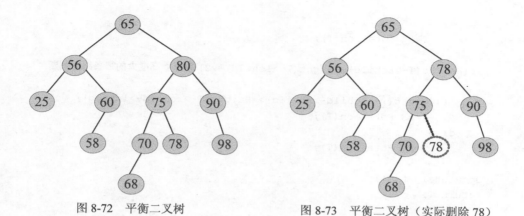

图 8-72 平衡二叉树　　　　　图 8-73 平衡二叉树（实际删除 78）

2）指针 g 指向实际被删除节点 78 之父 75，检查是否失衡，75 节点失衡，用 g、u、v 记录失衡三代节点（从失衡节点沿着高度大的子树向下找三代），判断为 LL 型，进行 LL 旋转调平衡，如图 8-74 所示。

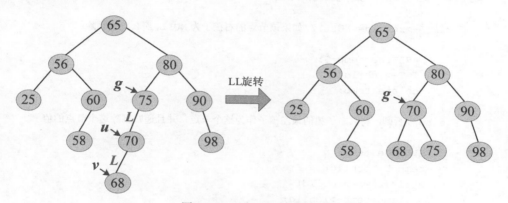

图 8-74 平衡二叉树调平衡

3）指针 g 指向 g 的双亲 80，检查是否失衡，一直检查到根，结束。

注意：从实际被删节点之父开始检查是否失衡，一直检查到根。

代码实现

```
AVLTree adjust(AVLTree &T)//删除节点后，需要判断是否还是平衡，如果不平衡，就要调整
{
    if(T==NULL) return NULL;
    if(Height(T->lchild)-Height(T->rchild)==2)//沿着高度大的那条路径判断
    {
        if(Height(T->lchild->lchild)>=Height(T->lchild->rchild))
            T=LL_Rotation(T);
```

```
            else
                T=LR_Rotation(T);
        }
        if(Height(T->rchild)-Height(T->lchild)==2)//沿着高度大的那条路径判断
        {
            if(Height(T->rchild->rchild)>=Height(T->rchild->lchild))
                T=RR_Rotation(T);
            else
                T=RL_Rotation(T);
        }
        updateHeight(T);
        return T;
}

AVLTree Delete(AVLTree &T,int x)
{
    if(T==NULL) return NULL;
    if(T->data==x)//如果找到删除节点
    {
        if(T->rchild==NULL)//如果该节点的右孩子为NULL,那么直接删除
        {
            AVLTree temp=T;
            T=T->lchild;
            delete temp;
        }
        else//否则，将其右子树的最左孩子作为这个节点,并且递归删除这个节点的值
        {
            AVLTree temp;
            temp=T->rchild;
            while(temp->lchild)
                temp=temp->lchild;
            T->data=temp->data;
            T->rchild=Delete(T->rchild,T->data);
            updateHeight(T);
        }
        return T;
    }
    if(T->data>x)//调节删除节点后可能涉及的节点
        T->lchild=Delete(T->lchild,x);
    if(T->data<x)
        T->rchild=Delete(T->rchild,x);
    updateHeight(T);
    if(T->lchild)
        T->lchild=adjust(T->lchild);
```

```
        if(T->rchild)
            T->rchild=adjust(T->rchild);
        if(T)  T=adjust(T);
        return T;
    }
```

8.3 散列表的查找

线性表和树表的查找都是通过比较关键字的方法，查找的效率取决于关键字的比较次数。有没有一种查找方法可以不进行关键字比较，直接找到目标？

散列表是根据关键字直接进行访问的数据结构。散列表通过散列函数将关键字映射到存储地址，建立了关键字和存储地址之间的一种直接映射关系。这里的存储地址可以是数组下标、索引、内存地址等。

例如，关键字 key=(17, 24, 48, 25)，散列函数 H(key)=key%5，散列函数将关键字映射到存储地址下标，将关键字存储到散列表的对应位置，如图 8-75 所示。

在图 8-75 中，如果要查找 48，就可以通过散列函数得到其存储地址，直接找到该关键字。散列表查找的时间复杂度与表中的元素个数无关。理想情况下，散列表查找的时间复杂度为 $O(1)$。但是，散列函数可能会把两个或两个以上

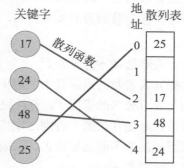

图 8-75 散列函数映射

的关键字映射到同一地址，发生"冲突"，这种发生冲突的不同关键字称为同义词。例如，13 通过散列函数计算的映射地址也是 3，与 48 的映射地址相同，13 和 48 为同义词。因此，设计散列函数时应尽量减少冲突，如果冲突无法避免，则需要设计处理冲突的方法。

下面将从散列函数、处理冲突的方法和查找性能 3 个方面讲解。

8.3.1 散列函数

散列函数（Hash function），又称为哈希函数，是将关键字映射到存储地址的函数。记为 hash(key)=Addr。设计散列函数时需要遵循以下 2 个原则。

1）散列函数要尽可能简单，能够快速计算出任一关键字的散列地址。

2）散列函数映射的地址应均匀分布整个地址空间，避免聚集，以减少冲突。

散列函数设计原则简化为 4 字箴言：**简单、均匀**。

常见的散列函数如下。

（1）直接定址法

直接取关键字的某个线性函数作为散列函数，散列函数形式如下。

$$hash(key)=a×key+b$$

其中，a、b 为常数。

适用于事先知道关键字，关键字集合不是很大且连续性较好。关键字如果不连续，则有大量空位，造成空间浪费。

例如，学生的学号 {601001, 601002, 601005, …, 601045}，那么可以设计散列函数为：

$$H(key)= key-601000$$

这样可以将学生的学号直接映射到存储地址下标，符合简单均匀的原则。

（2）除留余数法

除留余数法是一种最简单、最常用的构造散列函数的方法，并且不需要求事先知道关键字的分布。假定散列表的表长为 m，取一个不大于表长的最大素数 p，则设计散列函数为：

$$hash(key)= key\%p$$

为什么要选择 p 为素数？

选择 p 为素数的原因是为了避免冲突。因为在实际应用中，数据往往具有某种周期性，若周期与 p 有公共的素因子，则冲突的概率将急剧上升。例如，手表中的齿轮，两个交合齿轮的齿数最好是互质的，否则出现齿轮磨损绞断的概率很大。因此，发生冲突的概率随着 p 所含素因子的增多而迅速增大，素因子越多，冲突越多。

（3）随机数法

随机可以让关键字分布更均匀一些，因此可以将关键字随机化，再使用除留余数法得到存储地址。散列函数为：

$$hash(key)= rand(key)\%p$$

其中，rand() 为 C、C++语言中的随机函数，rand(n) 表示求 0~$n-1$ 的随机数。p 的取值和除留余数法相同。

（4）数字分析法

数字分析法根据每个数字在各个位上的出现频率，选择均匀分布的若干位，作为散列地址。该方法适用于已知关键字集合，通过观察和分析得到。

例如，一个关键字集合，如图 8-76 所示。第 1、2 位的数字完全相同，不需要考虑，4、7、8 位的数字只有个别不同，而 3、5、6 位的数字均匀分布，可以将 3、5、6 位的数字作为散列地址，或者将 3、5、6 位的数字求和后作为散列地址。

```
6   0   ②   5   ③   ⑥   1   9
6   0   ③   5   ②   ④   3   0
6   0   ⑨   1   ⑤   ④   1   9
6   0   ④   5   ④   ②   2   9
6   0   ⑦   5   ⓪   ⓪   1   9
6   0   ②   5   ⑧   ①   1   9
```

图 8-76 数字分析法

（5）平方取中法

对关键字平方后，按散列表大小，取中间的若干位作为散列地址（平方后截取）。这种方法适用于事先不知道关键字的分布且关键字的位数不是很大的情况。

例：散列地址为 3 位，则关键字 10123 的散列地址为 475：

$$10123^2 = 102475129$$

（6）折叠法

将关键字从左到右分割成位数相等的几部分，将这几部分叠加求和，取后几位作为散列地址。这种方法适用于关键字位数很多，事先不知道关键字的分布的情况。折叠法分为移位折叠和边界折叠两种。移位折叠是将分割后的每一个部分的最低位对齐，然后相加求和；边界折叠如同折纸，将相邻部分沿边界来回折叠，然后对齐相加。

例：假设关键字为 4 5 2 0 7 3 3 7 9 6 0 3，散列地址为 3 位。因为散列地址为 3 位，因此将关键字每 3 位划分一块，叠加后将进位舍去，移位叠加得到的散列地址为 324，边界叠加得到的散列地址为 648，如图 8-77 所示。

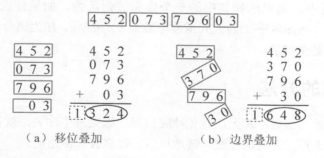

（a）移位叠加   （b）边界叠加

图 8-77 折叠法

（7）基数转换法

例如，将十进制数转换为其他的进制表示，如 345 的九进制表示为 423。另外散列函数大多是基于整数的，如果关键字是浮点数，可以将关键字乘以 M 并四舍五入得到整数，再使用散列函数,或者将关键字表示为二进制数后再使用散列函数;如果关键字是字符,可以将字符转换 R 进制的整数,然后再使用散列函数。

例如,字符串 str="asabasarcsar…"中有 5 种字符,字符串的长度不超过 10^6,求这个字符串中有多少个长度为 3 的不同子串。

1)首先按字符串顺序统计出 5 种字符(不需要遍历整个串,得到 5 种字符即可),将其与数字对应:

a—0

s—1

b—2

r—3

c—4

2)然后将所有长度为 3 的子串取出来,根据字符与数字的对应关系,将其转换为 5 进制数,转换后放入 hash[]数组。hash[]数组为布尔数组,初始化为 0,表示未统计该子串。

"asa": $0×5^2+1×5^1+0×5^0=5$,hash[5]=1,计数 count=1。

"sab": $1×5^2+0×5^1+2×5^0=27$,hash[27]=1,计数 count=2。

"aba": $0×5^2+2×5^1+0×5^0=10$,hash[10]=1,计数 count=3。

"bas": $2×5^2+0×5^1+1×5^0=51$,hash[51]=1,计数 count=4。

"asa": $0×5^2+1×5^1+0×5^0=5$,hash[5]已为 1,表示该子串已统计过,不计数。

……

(8)全域散列法

如果对关键字了解不多,可以使用全域散列法。即将多种备选的散列函数放在一个集合 H 中,在实际应用中,随机选择其中的一个作为散列函数。如果任意两个不同的关键字 $key1 \neq key2$,hash(key1)=hash(key2)的散列函数个数最多为$|H|/m$,$|H|$为集合中散列函数的个数,m 为表长,则称 H 是全域的。

8.3.2 处理冲突的方法

无论如何设计散列函数,都无法避免冲突问题。如果发生冲突,就需要进行冲突处理。冲突处理方法分为 3 种:开发地址法、链地址法、建立公共溢出区。

1. 开放地址法

开放地址法是在线性存储空间上的解决方案,也称为闭散列。当发生冲突时,采用冲突处理方法在线性存储空间上探测其他的位置。

$$hash'(key)=(hash(key)+d_i)\%m$$

其中，hash(*key*)为原散列函数，hash'(*key*)为探测函数，d_i 为增量序列，m 为表长。

根据增量序列的不同，开放地址法又分为线性探测法、二次探测法、随机探测法、再散列法。

（1）线性探测法

线性探测法是最简单的开发地址法，线性探测的增量序列如下

$$d_i=1, \cdots, m-1$$

例如，一组关键字(14, 36, 42, 38, 40, 15, 19, 12, 51, 65, 34, 25)，若表长为 15，散列函数为 hash(*key*)=*key*%13，采用线性探测法处理冲突，构造该散列表。

完美图解

按照关键字顺序，根据散列函数计算散列地址，如果该地址空间为空，则直接放入，如果该地址空间已存有数据，则采用线性探测法处理冲突。

1）hash(14)=14%13=1，将 14 放入 1 号空间（下标为 1）；

hash(36)=36%13=10，将 36 放入 10 号空间；

hash(42)=42%13=3，将 42 放入 3 号空间；

hash(38)=38%13=12，将 38 放入 12 号空间。

如图 8-78 所示。

散列地址	0	1	2	3	4	5	6	7	8	9	10	11	12	13	14
关键字		14		42							36		38		
比较次数		1		1							1		1		

图 8-78 散列表

2）hash(40)=40%13=1，1 号空间已存储数据，采用线性探测处理冲突。

$$\text{hash}'(40)=(\text{hash}(40)+d_i)\%m, \quad d_i=1, \cdots, m-1$$

$d_1=1$：hash'(40)=(1+1)%15=2，2 号空间为空，将 40 放入 2 号空间。

即 hash(40)=40%13=1→2，如图 8-79 所示。

散列地址	0	1	2	3	4	5	6	7	8	9	10	11	12	13	14
关键字		14	40	42							36		38		
比较次数		1	2	1							1		1		

图 8-79 散列表

3）hash(15)=15%13=2，2 号空间已存储数据，发生冲突，采用线性探测处理冲突。

$$hash'(15)=(hash(15)+d_i)\%m, \quad d_i=1, \cdots, m-1$$

$d_1=1$：hash'(15)=(2+1)%15=3，3 号空间已存数据，继续线性探测。

$d_2=2$：hash'(15)=(2+2)%15=4，4 号空间为空，将 15 放入 4 号空间。

即 hash(15)=15%13=2→3→4，如图 8-80 所示。

散列地址	0	1	2	3	4	5	6	7	8	9	10	11	12	13	14
关键字		14	40	42	15						36		38		
比较次数		1	2	1	3						1		1		

图 8-80 散列表

4）hash(19)=19%13=6，将 19 放入 6 号空间。

hash(12)=12%13=12，12 号空间已存储数据，采用线性探测处理冲突。

$$hash'(12)=(hash(12)+d_i)\%m, \quad d_i=1, \cdots, m-1$$

$d_1=1$：hash'(12)=(12+1)%15=13，13 号空间为空，将 12 放入 13 号空间。

即 hash(12)=12%13=12→13，如图 8-81 所示。

散列地址	0	1	2	3	4	5	6	7	8	9	10	11	12	13	14
关键字		14	40	42	15		19				36		38	12	
比较次数		1	2	1	3		1				1		1	2	

图 8-81 散列表

5）hash(51)=51%13=12，12 号空间已存储数据，采用线性探测处理冲突。

$$hash'(51)=(hash(51)+d_i)\%m, \quad d_i=1, \cdots, m-1$$

$d_1=1$：hash'(51)=(12+1)%15=13，13 号空间已存数据，继续线性探测。

$d_2=2$：hash'(51)=(12+2)%15=14，14 号空间为空，将 51 放入 14 号空间。

即 hash(51)=51%13=12→13→14，如图 8-82 所示。

散列地址	0	1	2	3	4	5	6	7	8	9	10	11	12	13	14
关键字		14	40	42	15		19				36		38	12	51
比较次数		1	2	1	3		1				1		1	2	3

图 8-82 散列表

6）hash(65)=65%13=0，将 65 放入 0 号空间。

hash(34)=34%13=8，将 34 放入 8 号空间。

hash(25)=12%13=12，12 号空间已存储数据，采用线性探测处理冲突。

$$hash'(25)=(hash(25)+d_i)\%m, \quad d_i=1, \cdots, m-1$$

$d_1=1$：hash'(25)=(12+1)%15=13，13 号空间已存数据，继续线性探测。

$d_2=2$：hash'(25)=(12+2)%15=14，14 号空间已存数据，继续线性探测。

$d_3=3$：hash'(25)=(12+3)%15=0，0 号空间已存数据，继续线性探测。

$d_4=4$：hash'(25)=(12+4)%15=1，1 号空间已存数据，继续线性探测。

$d_5=5$：hash'(25)=(12+5)%15=2，2 号空间已存数据，继续线性探测。

$d_6=6$：hash'(25)=(12+6)%15=3，3 号空间已存数据，继续线性探测。

$d_7=7$：hash'(25)=(12+7)%15=4，4 号空间已存数据，继续线性探测。

$d_8=8$：hash'(25)=(12+8)%15=5，5 号空间为空，将 25 放入 5 号空间。

即 hash(25)=25%13=12→13→14→0→1→2→3→4→5，如图 8-83 所示。

散列地址	0	1	2	3	4	5	6	7	8	9	10	11	12	13	14
关键字	65	14	40	42	15	25	19		34		36		38	12	51
比较次数	1	1	2	1	3	9	1		1		1		1	2	3

图 8-83　散列表

注意：线性探测法很简单，只要有空间，就一定能够探测到位置。但是，在处理冲突的过程中，会出现非同义词之间对同一个散列地址争夺的现象，称为"堆积"。例如，图 8-83 中的 25 和 38 是同义词，25 和 12、51、65、14、40、42、15 均非同义词，却探测了 9 次才找到合适的位置，堆积大大地降低了查找效率。

性能分析

- 查找成功的平均查找长度。

假设查找的概率均等（12 个关键字，每个关键字查找概率为 1/12），查找成功的平均查找长度等于所有关键字查找成功的比较次数 c_i 乘以查找概率 p_i 之和。

$$ASL_{succ} = \sum_{i=1}^{n} p_i c_i$$

从图 8-83 中可以看出，1 次比较成功的有 7 个，2 次比较成功的有 2 个，3 次比较成功的有 2 个，9 次比较成功的有 1 个，乘以查找概率求和，因为查找概率均为 1/12，也可以理解为比较次数求和后除以关键字个数 12。其查找成功的平均查找长度如下：

$$ASL_{succ}=(1\times7+2\times2+3\times2+9)/12=4/3$$

- 查找失败的平均查找长度。

本题中散列函数为 hash(key)=key%13，计算得到的散列地址为 0, 1, …, 12，一共有 13 种情况。那么就有 13 种失败的情况，查找失败的平均查找长度等于所有关键字查找失败的比较次数 c_i 乘以查找概率 p_i 之和。

$$ASL_{unsucc} = \sum_{i=1}^{n} p_i c_i$$

当 hash(key)=0 时，如果该空间为空，则比较 1 次即可确定查找失败；如果该空间非空，关键字又不相等，则继续按照线性探测向后查找，直到遇到空时，才确定查找失败，计算比较次数。类似地，hash(key)= 1, …, 12 时也如此计算。

本题的散列表如图 8-84 所示。

散列地址	0	1	2	3	4	5	6	7	8	9	10	11	12	13	14
关键字	65	14	40	42	15	25	19		34		36		38	12	51
比较次数	1	1	2	1	3	9	1		1		1		1	2	3

图 8-84　散列表

hash(key)=0：从该位置向后一直比较到 7 时空，比较 8 次。

hash(key)=1：从该位置向后一直比较到 7 时空，比较 7 次。

hash(key)=2：从该位置向后一直比较到 7 时空，比较 6 次。

hash(key)=3：从该位置向后一直比较到 7 时空，比较 5 次。

hash(key)=4：从该位置向后一直比较到 7 时空，比较 4 次。

hash(key)=5：从该位置向后一直比较到 7 时空，比较 3 次。

hash(key)=6：从该位置向后一直比较到 7 时空，比较 2 次。

hash(key)=7：该位置空，比较 1 次。

hash(key)=8：从该位置向后一直比较到 9 时空，比较 2 次。

hash(key)=9：该位置空，比较 1 次。

hash(key)=10：从该位置向后一直比较到 11 时空，比较 2 次。

hash(key)=11：该位置空，比较 1 次。

hash(key)=12：从该位置向后比较到表尾，再从表头开始向后比较（像循环队列一样），一直比较到 7 时空，比较 11 次。

假设查找失败的概率均等（13 种失败情况，每种情况的概率为 1/13），查找失败的平均查找长度等于所有关键字的查找失败的比较次数乘以概率之和。其查找失败的平均查找长度为：

$$ASL_{unsucc}=(1\times3+2\times3+3+4+5+6+7+8+11)/13=53/13$$

代码实现

```
int H(int key)//散列函数
{
    return key%13;
}


int Linedetect(int HT[],int H0,int key,int &cnt)
{
    int Hi;
    for(int i=1;i<m;++i)
    {
        cnt++;
        Hi=(H0+i)%m;  //按照线性探测法计算下一个散列地址 Hi
        if(HT[Hi]==NULLKEY)
            return Hi;   //若单元 Hi 为空，则所查元素不存在
        else if(HT[Hi]==key)
            return Hi;  //若单元 Hi 中元素的关键字为 key
    }
    return -1;
}


bool InsertHash(int HT[],int key)
{
    int H0=H(key);        //根据散列函数 H（key）计算散列地址
    int Hi=-1,cnt=1;
    if(HT[H0]==NULLKEY)
    {
        HC[H0]=1;          //统计比较次数
        HT[H0]=key;        //若单元 H0 为空，放入
        return 1;
    }
    else
    {
        Hi=Linedetect(HT,H0,key,cnt);//线性探测
        //Hi=Seconddetect(HT,H0,key,cnt);//二次探测
        if((Hi!=-1)&&(HT[Hi]==NULLKEY))
        {
            HC[Hi]=cnt;
            HT[Hi]=key;//若单元 Hi 为空，放入
            return 1;
        }
    }
    return 0;
```

```
    }

int SearchHash(int HT[],int key)
{
    //在散列表 HT 中查找关键字为 key 的元素，若查找成功，返回散列表的单元标号，否则返回-1
    int H0=H(key); //根据散列函数 H（key）计算散列地址
    int Hi,cnt=1;
    if(HT[H0]==NULLKEY)//若单元 H0 为空，则所查元素不存在
        return -1;
    else if(HT[H0]==key)//若单元 H0 中元素的关键字为 key，则查找成功
        {
            cout<<"查找成功，比较次数："<<cnt<<endl;
            return H0;
        }
    else
        {
            Hi=Linedetect(HT,H0,key,cnt);
            if(HT[Hi]==key)//若单元 Hi 中元素的关键字为 key，则查找成功
            {
                cout<<"查找成功，比较次数："<<cnt<<endl;
                return Hi;
            }
            else
                return -1;    //若单元 Hi 为空，则所查元素不存在
        }
}
```

（2）二次探测法

二次探测法采用前后跳跃式探测的方法，发生冲突时，向后 1 位探测，向前 1 位探测，向后 2^2 位探测，向前 2^2 位探测……跳跃式探测，避免堆积。

二次探测的增量序列为如下。

$$d_i=1^2, -1^2, 2^2, -2^2, \cdots, k^2, -k^2(k \leqslant m/2)$$

例如，一组关键字（14，36，42，38，40，15，19，12，51，65，34，25），若表长为 15，散列函数为 hash(*key*)=*key*%13，采用二次探测法处理冲突，构造该散列表。

完美图解

按照关键字顺序，根据散列函数计算散列地址，如果该地址空间为空，则直接放入，如果该地址空间已存有数据，则采用线性探测法处理冲突。

1）hash(14)=14%13=1，将 14 放入 1 号空间（下标为 1）。

hash(36)=36%13=10，将 36 放入 10 号空间。

hash(42)=42%13=3，将 42 放入 3 号空间。

hash(38)=38%13=12，将 38 放入 12 号空间。

如图 8-85 所示。

散列地址	0	1	2	3	4	5	6	7	8	9	10	11	12	13	14
关键字		14		42							36		38		
比较次数		1		1							1		1		

图 8-85　散列表

2）hash(40)=40%13=1，1 号空间已存储数据，采用二次探测处理冲突。

$$hash'(40)=(hash(40)+d_i)\%m，d_i=1^2,-1^2,2^2,-2^2,\cdots,k^2,-k^2（k\leqslant m/2）$$

$d_1=1^2$：hash'(40)=(1+1^2)%15=2，2 号空间为空，将 40 放入 2 号空间。

即 hash(40)=40%13=1→2，如图 8-86 所示。

散列地址	0	1	2	3	4	5	6	7	8	9	10	11	12	13	14
关键字		14	40	42							36		38		
比较次数		1	2	1							1		1		

图 8-86　散列表

3）hash(15)=15%13=2，2 号空间已存储数据，发生冲突，采用二次探测处理冲突。

$$hash'(15)=(hash(15)+d_i)\%m，d_i=1^2,-1^2,2^2,-2^2,\cdots,k^2,-k^2（k\leqslant m/2）$$

$d_1=1^2$：hash'(15)=(2+1^2)%15=3，3 号空间已存数据，继续二次探测。

$d_2=-1^2$：hash'(15)=(2-1^2)%15=1，1 号空间已存数据，继续二次探测。

$d_3=2^2$：hash'(15)=(2+2^2)%15=6，6 号空间为空，将 15 放入 6 号空间。

即 hash(15)=15%13=2→3→1→6，如图 8-87 所示。

散列地址	0	1	2	3	4	5	6	7	8	9	10	11	12	13	14
关键字		14	40	42			15				36		38		
比较次数		1	2	1			4				1		1		

图 8-87　散列表

4）hash(19)=19%13=6，6 号空间已存储数据，采用二探测处理冲突。

$d_1=1^2$：hash'(19)=(6+1^2)%15=7，7 号空间为空，将 19 放入 7 号空间。

即 hash(19)=19%13=6→7。

hash(12)=12%13=12，12 号空间已存储数据，采用二次探测处理冲突。

$d_1=1^2$：hash'(12)=(12+1^2)%15=13，13 号空间为空，将 12 放入 13 号空间。

即 hash(12)=12%13=12→13，如图 8-88 所示。

散列地址	0	1	2	3	4	5	6	7	8	9	10	11	12	13	14
关键字		14	40	42			15	19			36		38	12	
比较次数		1	2	1			4	2			1		1	2	

图 8-88　散列表

5）hash(51)=51%13=12，12 号空间已存储数据，采用二次探测处理冲突。

$d_1=1^2$：hash'(51)=(12+1^2)%15=13，13 号空间已存数据，继续二次探测。

$d_2=-1^2$：hash'(51)=(12-1^2)%15=11，11 号空间为空，将 51 放入 11 号空间。

即 hash(51)=51%13=12→13→11，如图 8-89 所示。

散列地址	0	1	2	3	4	5	6	7	8	9	10	11	12	13	14
关键字		14	40	42			15	19			36	51	38	12	
比较次数		1	2	1			4	2			1	3	1	2	

图 8-89　散列表

6）hash(65)=65%13=0，将 65 放入 0 号空间。

hash(34)=34%13=8，将 34 放入 8 号空间，如图 8-90 所示。

散列地址	0	1	2	3	4	5	6	7	8	9	10	11	12	13	14
关键字	65	14	40	42			15	19	34		36	51	38	12	
比较次数	1	1	2	1			4	2	1		1	3	1	2	

图 8-90　散列表

7）hash(25)=25%13=12，12 号空间已存储数据，采用二探测处理冲突。

注意：二次探测过程中如果二次探测地址为负值，则加上表长即可。

$d_1=1^2$：hash'(25)=(12+1^2)%15=13，已存数据，继续二次探测。

$d_2=-1^2$：hash'(25)=(12-1^2)%15=11，已存数据，继续二次探测。

$d_3=2^2$：hash'(25)=(12+2^2)%15=1，已存数据，继续二次探测。

$d_4=-2^2$：hash'(25)=(12-2^2)%15=8，已存数据，继续二次探测。

$d_5=3^2$：hash′(25)=(12+3^2)%15=6，已存数据，继续二次探测。

$d_6=-4^2$：hash′(25)=(12−3^2)%15=3，已存数据，继续二次探测。

$d_7=4^2$：hash′(25)=(12+4^2)%15=13，已存数据，继续二次探测。

$d_8=-4^2$：hash′(25)=(12−4^2)%15=−4，−4+15=11，已存数据，继续二次探测。

$d_9=5^2$：hash′(25)=(12+5^2)%15=7，已存数据，继续二次探测。

$d_{10}=-5^2$：hash′(25)=(12−5^2)%15=−13，−13+15=2，已存数据，继续二次探测。

$d_{11}=6^2$：hash′(25)=(12+6^2)%15=3，已存数据，继续二次探测。

$d_{12}=-6^2$：hash′(25)=(12−6^2)%15=−9，−9+15=6，已存数据，继续二次探测。

$d_{13}=7^2$：hash′(25)=(12+7^2)%15=1，已存数据，继续二次探测。

$d_{14}=-7^2$：hash′(25)=(12−7^2)%15=−7，−7+15=8，已存数据，继续二次探测。

即 12→13→11→1→8→6→3→13→11→7→2→3→6→1→8。

已探测到$(m/2)^2$，还没找到位置，探测结束，存储失败，此时仍有 4 个空间，却探测失败。

注意：二次探测法是跳跃式探测，效率较高，但是会出现明明有空间却探测不到的情况，因而存储失败，而线性探测只要有空间就一定能够探测成功。

代码实现

```
int Seconddetect(int HT[],int H0,int key,int &cnt)
{
    int Hi;
    for(int i=1;i<=m/2;++i)
    {
        int i1=i*i;
        int i2=-i1;
        cnt++;
        Hi=(H0+i1)%m; //按照线性探测法计算下一个散列地址 Hi
        if(HT[Hi]==NULLKEY)//若单元 Hi 为空，则所查元素不存在
            return Hi;
        else if(HT[Hi]==key)//若单元 Hi 中元素的关键字为 key
            return Hi;
        cnt++;
        Hi=(H0+i2)%m; //按照线性探测法计算下一个散列地址 Hi
        if(Hi<0)
            Hi+=m;
        if(HT[Hi]==NULLKEY)//若单元 Hi 为空，则所查元素不存在
            return Hi;
        else if(HT[Hi]==key)//若单元 Hi 中元素的关键字为 key
            return Hi;
    }
    return -1;
}
```

```
    }
```

（3）随机探测法

随机探测法采用伪随机数进行探测，利用随机化避免堆积。随机探测的增量序列为：

$$d_i = 伪随机序列$$

（4）再散列法

当通过散列函数得到的地址发生冲突时，再利用第二个散列函数处理，称为双散列法。再散列法的增量序列为：

$$d_i = hash_2(key)$$

注意：开放地址法处理冲突时，不能随便删除表中的元素，若删除元素会截断其他后续元素的查找，因为在查找过程中，遇到空就会返回查找失败，因此若要删除一个元素，可以做一个删除标记，标记其已被删除。

2．链地址法

链地址法又称为拉链法。如果不同关键字通过散列函数映射到同一地址，这些关键字为同义词，将所有的同义词存储在一个线性链表中。查找、插入、删除操作主要在这个链表中进行，拉链法适用于经常进行插入、删除的情况。

例如，一组关键字（14, 36, 42, 38, 40, 15, 19, 12, 51, 65, 34, 25），若表长为 15，散列函数为 hash(key)=key%13，采用链地址法处理冲突，构造该散列表。

完美图解

按照关键字顺序，根据散列函数计算散列地址，如果该地址空间为空，则直接放入；如果该地址空间已存有数据，则采用链地址法处理冲突。

hash(14)=14%13=1，放入 1 号空间后面的单链表中。

hash(36)=36%13=10，放入 10 号空间后面的单链表中。

hash(42)=42%13=3，放入 3 号空间后面的单链表中。

hash(38)=38%13=12，放入 12 号空间后面的单链表中。

hash(40)=40%13=1，放入 1 号空间后面的单链表中。

hash(15)=15%13=2，放入 2 号空间后面的单链表中。

hash(19)=19%13=6，放入 6 号空间后面的单链表中。

hash(12)=12%13=12，放入 12 号空间后面的单链表中。

hash(51)=51%13=12，放入 12 号空间后面的单链表中。

hash(65)=65%13=0，放入 0 号空间后面的单链表中。

hash(34)=34%13=8，放入 8 号空间后面的单链表中。

hash(25)=25%13=12，放入 12 号空间后面的单链表中。

如图 8-91 所示。

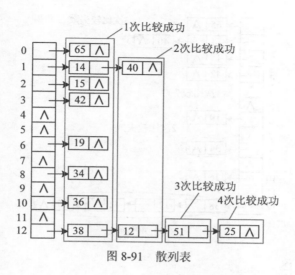

图 8-91　散列表

性能分析

（1）查找成功的平均查找长度

假设查找的概率均等（12 个关键字，每个关键字查找概率为 1/12），查找成功的平均查找长度等于所有关键字的比较次数乘以查找概率之和。

从图 8-91 中可以看出，1 次比较成功的有 8 个，2 次比较成功的有 2 个，3 次比较成功的有 1 个，4 次比较成功的有 1 个。其查找成功的平均查找长度为：

$$ASL_{succ}=(1\times8+2\times2+3+4)/12=19/12$$

（2）查找失败的平均查找长度

本题中散列函数为 hash(key)=key%13，计算得到的散列地址为 0, 1, …, 12，一共有 13 种情况。

假设查找失败的概率均等（13 种失败情况，每种情况的概率为 1/13），查找失败的平均查找长度等于所有关键字的查找失败的比较次数乘以概率之和。

当 hash(key)=0 时，如果该空间为空，则比较 1 次即可确定查找失败；如果该空间非空，则在其后面的单链表中查找，直到空时，确定查找失败。如果单链表中有两个节点，则需要比较 3 次才能确定查找失败。类似地，hash(key)= 1, …, 12 时也如此计算，如图 8-92 所示。

在图 8-92 中，5 个空，比较 1 次失败；6 个含有 1 个节点，比较 2 次失败；1 个含有 2 个节点，比较 3 次失败；1 个含有 4 个节点，比较 5 次失败。其查找失败的平均查找长度为：

$$ASL_{unsucc}=(1×5+2×6+3+5)/13=25/13$$

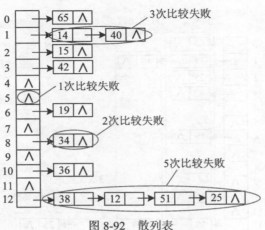

图 8-92　散列表

3．建立公共溢出区

除了以上处理冲突的方法之外，也可以建立一个公共溢出区，发生冲突时，将关键字放入公共溢出区中。查找时，先根据待查找关键字的散列地址，在散列表中查找，如果为空，则查找失败；如果非空且关键字不相等，则到公共溢出区中查找；如果仍未找到，则查找失败。

8.3.3　散列查找及性能分析

散列表虽然建立了关键字和存储位置之间的直接映像，但冲突不可避免。在散列表的查找过程中，有的关键字可以通过直接定址 1 次比较找到，有的关键字可能仍然需要和若干个关键字比较，查找不同关键字的比较次数不同，因此散列表的查找效率通过平均查找长度衡量。其查找效率取决于 3 个因素，即散列函数、装填因子和处理冲突的方法。

1．散列函数

衡量散列函数好坏的标准是：简单、均匀。即散列函数计算简单，可以将关键字均匀地映射到散列表中，避免大量关键字聚集在一个地方，发生冲突的可能性就小。

2．装填因子

散列表的装填因子如下：

$$\alpha = \frac{表中填入的记录数}{散列表的长度}$$

装填因子反映散列表的装满程度，α 越小，发生冲突的可能性越小；反之，α 越大，发生冲突的可能性越大。例如，表中填入的记录数为 12，表长为 15，则装填因子 α=12/15=0.8；如果装入的记录数为 3，则装填因子 α=3/15=0.2。表长为 15 的情况下，只装入 3 个记录，那么发生冲突的可能性大大降低。但是装填因子过小，也会造成空间浪费。

3．处理冲突的方法

散列表处理冲突的方法不同，其平均查找长度的数学期望也不同，如表 8-1 所示。

表 8-1 处理冲突方法比较

处理冲突方法 \ 平均查找长度	查找成功	查找失败
线性探测法	$\frac{1}{2}\left(1+\frac{1}{1-\alpha}\right)$	$\frac{1}{2}\left(1+\frac{1}{(1-\alpha)^2}\right)$
二次探测法	$-\frac{1}{\alpha}\ln(1+\alpha)$	$\frac{1}{1-\alpha}$
链地址法	$1+\frac{\alpha}{2}$	$\alpha+e^{-\alpha}$

表 8-1 中查找成功和查找失败的平均查找长度是数学期望下的值，从数学期望结果可以看出，散列表的平均查找长度与装填因子有关，而与关键字个数无关。不管关键字个数 n 有多大，都可以选择一个合适的装填因子，将平均查找长度限定在一个可接受的范围内。

注意：针对具体的关键字序列，其查找成功和查找失败的平均查找长度不可以用此数学期望公式计算。

平均查找长度计算方法如下。

在查找概率均等的前提下，通过以下公式计算查找成功和查找失败的平均查找长度。

查找成功的平均查找长度为：

$$ASLsucc=\frac{1}{n}\sum_{i=1}^{n}c_i$$

其中，n 为关键字个数，c_i 为第 i 个关键字查找成功时所需的比较次数。

查找失败的平均查找长度为：

$$ASLunsucc=\frac{1}{r}\sum_{i=1}^{n}c_i$$

其中，r 为散列函数映射地址的个数，c_i 为映射地址为 i 时查找失败的比较次数。

例如：hash(key)=key mod 13，那么散列函数的映射地址为 0~12，一共 13 个，r=13。计算查找失败的比较次数时，不管时线性探测、二次探测、还是链地址，遇到空才会停止，空也算作一次比较。

8.4 查找学习秘籍

1．本章内容小结
查找分为线性表的查找、树表的查找和散列表的查找，如图 8-93 所示。

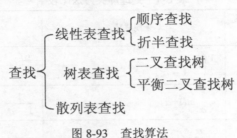

图 8-93　查找算法

2．各种查找算法的比较
1）顺序查找（无序，顺序、链式存储均可）查找和插入效率均为 $O(n)$。

2）二分查找（有序，顺序存储）查找效率为 $O(\log n)$，插入的效率为 $O(n)$。

3）二叉查找树查找和插入效率平均为 $O(\log n)$，可以进行高效地查找和插入操作。但是二叉查找树最坏的情况下查找和插入的效率为 $O(n)$，因此引入"平衡"。

4）平衡二叉查找树，其最坏和平均情况下查找和插入的效率均为 $O(\log n)$。

5）散列表能够快速地查找和插入常见数据类型的数据，对其他数据类型需要相应的转换。其查找和插入的效率与处理冲突的方法有关，不同的冲突处理方法效率不同。

各种查找算法的比较如表 8-2 所示。

表 8-2　查找算法比较

查找算法　　性能分析	查找效率	插入效率	是否支持有序性操作
顺序查找	$O(n)$	$O(n)$	否
二分查找	$O(\log n)$	$O(n)$	是
二叉查找树	$O(\log n)$	$O(\log n)$	是
平衡二叉查找树	$O(\log n)$	$O(\log n)$	是
散列表	—	—	否

Chapter

9

排序

排序是日常生活中经常用到的，例如考试排名、招聘选拔、轻重缓急事务安排等。排序也是计算机程序设计中的重要操作，它将一个无序的序列，按照关键字排列为一个有序的序列。

1. 有序性

有序通常分为非递增和非递减，这是比较专业的术语。递增一般是指严格的递增，即后一个元素必须比前一个元素大，不允许相等。那么非递增呢？非递增是指后一个元素必须比前一个元素小，允许相等。其实，非递增就是允许元素相等的递减，同理，非递减就是允许元素相等的递增。

排序是按照关键字进行排列的，一个记录（元素）如果包含多个关键字，就需要指明按照哪个关键字排序。如图 9-1 所示，排序时需要指明按学号排序，还是按成绩排序。

学号	姓名	班级	成绩
140684032	刘星	1402	86
140695016	李丽	1401	69
140684029	王斌	1402	72
140684023	赵云	1401	95
140684010	李冰	1402	72

图 9-1　学生成绩表

一个记录通常可以包含多个关键字，本书为了重点讲述排序算法，以一个记录只包含一个整数型关键字为例。

2. 稳定性

当排序的关键字值相等时，如按成绩排序，如图 9-1 所示，王斌和李冰的成绩都是 72，排序前王斌在李冰的前面，排序后仍然保持王斌在李冰的前面，那么该排序方法是稳定的；如果排序后，王斌在李冰的后面了，那么该排序方法是不稳定的。排序的稳定性是指当关键字相等时，排序前后的位置变化。

3. 内部排序和外部排序

内部排序是数据记录在内存中进行排序。外部排序是因排序的数据很大，内存一次不能容纳全部的排序记录，在排序过程中需要访问外存。

4. 内部排序算法的分类

内部排序算法根据主要操作又分为插入排序、交换排序、选择排序、归并排序、分配排序五大类，如图 9-2 所示。

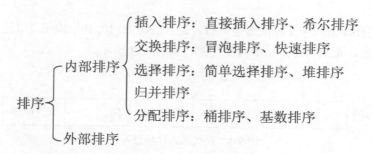

图 9-2　内部排序

本书主要讲述内部排序算法，如对外部排序感兴趣可以参考其他资料。

9.1　插入排序

插入排序的思想是每次将一个待排序的记录，按其关键字大小插入已经排好序的数据序列中，保持数据序列仍然有序。将待排序记录插入有序序列的过程中，需要查找插入位置。根据查找方法不同，分为直接插入排序、希尔排序。

9.1.1　直接插入排序

直接插入排序是最简单的排序方法，每次将一个待排序的记录，插入已经排好序的数据序列中，得到一个新的长度增 1 的有序表，如图 9-3 所示。

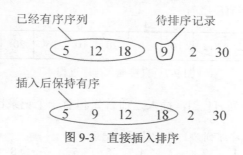

图 9-3　直接插入排序

算法步骤

1）设待排序的记录存储在数组 $r[1..n]$ 中，可以把第一个记录 $r[1]$ 看作一个有序序列。

2）依次将 $r[i]$（$i=2$，…，n）插入已经排好序的序列 $r[1..i-1]$ 中，并保持有序性。

完美图解

例如，利用直接插入排序算法对序列{12, 2, 16, 30, 28, 10, 16*, 20, 6, 18}进行非递减排序。

1）初始状态，把 $r[1]$ 看作一个有序序列，如图 9-4 所示。

图 9-4 直接插入排序过程 1

2）将 $r[2]$ 插入有序序列 $r[1]$，插入之前首先和前一个记录比较，如图 9-5 所示。

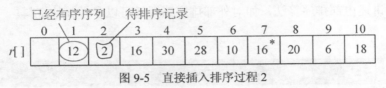

图 9-5 直接插入排序过程 2

- $r[2]<r[1]$，则将 $r[2]$ 暂存到 $r[0]$ 中，$r[1]$ 后移一位，如图 9-6 所示。

图 9-6 直接插入排序过程 3

- 然后将 $r[0]$ 中的记录放入 $r[1]$，得到一个有序序列 $r[1..2]$，如图 9-7 所示。

图 9-7 直接插入排序过程 4

3）将 $r[3]$ 插入有序序列 $r[1..2]$，插入之前首先和前一个记录比较，如图 9-8 所示。

图 9-8 直接插入排序过程 5

- $r[3]>r[2]$，则什么都不做，得到有序序列 $r[1..3]$。

4）将 $r[4]$ 插入有序序列 $r[1..3]$，插入之前首先和前一个记录比较，如图 9-9 所示。

图 9-9 直接插入排序过程 6

- $r[4]>r[3]$，则什么都不做，得到有序序列 $r[1..4]$。

5）将 $r[5]$ 插入有序序列 $r[1..4]$，插入之前首先和前一个记录比较，如图 9-10 所示。

图 9-10 直接插入排序过程 7

- $r[5]<r[4]$，则将 $r[5]$ 暂存到 $r[0]$ 中，$r[4]$ 后移一位，如图 9-11 所示。

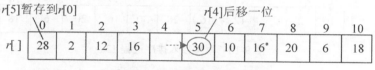

图 9-11 直接插入排序过程 8

- $r[3]<r[0]$，无须移动，将 $r[0]$ 中的记录放入 $r[4]$，得到一个有序序列 $r[1..5]$，如图 9-12 所示。

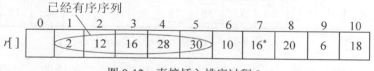

图 9-12 直接插入排序过程 9

6）将 $r[6]$ 插入有序序列 $r[1..5]$，插入之前首先和前一个记录比较，如图 9-13 所示。

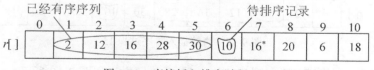

图 9-13 直接插入排序过程 10

- $r[6]<r[5]$，则将 $r[6]$ 暂存到 $r[0]$ 中，$r[5]$ 后移一位，如图 9-14 所示。

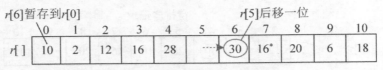

图 9-14 直接插入排序过程 11

- $r[4]>r[0]$，$r[4]$ 后移一位，如图 9-15 所示。

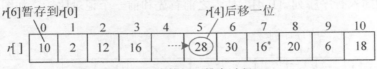

图 9-15 直接插入排序过程 12

- $r[3]>r[0]$，$r[3]$ 后移一位，$r[2]>r[0]$，$r[2]$ 后移一位，如图 9-16 所示。

图 9-16 直接插入排序过程 13

- $r[1]<r[0]$，无须移动，将 $r[0]$ 中的记录放入 $r[2]$，得到一个有序序列 $r[1..6]$，如图 9-17 所示。

图 9-17 直接插入排序过程 14

7）将 $r[7]$ 插入有序序列 $r[1..6]$，插入之前首先和前一个记录比较，如图 9-18 所示。

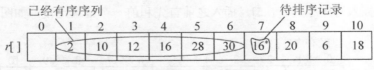

图 9-18 直接插入排序过程 15

- $r[7]<r[6]$，则将 $r[7]$ 暂存到 $r[0]$ 中，$r[6]$ 后移一位，如图 9-19 所示。

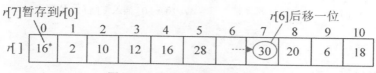

图 9-19　直接插入排序过程 16

- $r[5]>r[0]$，$r[5]$后移一位，如图 9-20 所示。

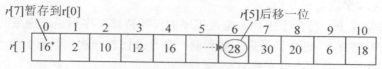

图 9-20　直接插入排序过程 17

- $r[4]\leqslant r[0]$，无须移动，将 $r[0]$中的记录放入 $r[5]$，得到一个有序序列 $r[1..7]$，如图 9-21 所示。

图 9-21　直接插入排序过程 18

8）剩余元素采用同样的方法插入前面的有序序列，直到所有元素插入完毕，得到一个有序序列，如图 9-22 所示。

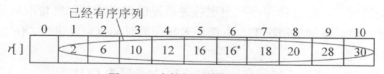

图 9-22　直接插入排序过程 19

代码实现

```
void StraightInsertSort(int r[],int n)    //直接插入排序
{
    int i,j;
    for(i=2;i<=n;i++)    //r[i]插入有序子表
        if(r[i]<r[i-1])  //r[i]和前一个元素 r[i-1]比较
        {
            r[0]=r[i];       //r[i]暂存到 r[0]中, r[0]有监视哨的作用
            r[i]=r[i-1];           //r[i-1]后移一位
            for(j=i-2;r[j]>r[0];j--) //从后向前寻找插入位置,逐个后移, 直到找到插入位置
                r[j+1]=r[j];          //r[j]后移一位
```

```
            r[j+1]=r[0];                    //将 r[0]插入 r[j+1]位置
        }
    }
```

算法复杂度分析

（1）时间复杂度

直接插入排序根据待排序序列的不同，找插入位置的时间复杂度是不同的，可分为最好情况、最坏情况和平均情况分析。

- 在最好情况下，待排序序列本身是正序的（如待排序序列是非递减的，题目要求也是非递减排序），每个记录只需要和前一个记录比较一次，不小于前一个记录，则什么都不用做，总的比较次数为：

$$\sum_{i=2}^{n} 1 = n - 1$$

在最好情况下，直接插入排序的时间复杂度为 $O(n)$。

- 在最坏情况下，待排序序列本身是逆序的（如待排序序列是非递增的，题目要求是非递减排序），每个记录都需要比较 i 次，包括和前 $i-1$ 记录比较，并和哨兵 $r[0]$ 比较，总的比较次数为：

$$\sum_{i=2}^{n} i = \frac{(n+2)(n-1)}{2}$$

在最坏情况下，直接插入排序的时间复杂度为 $O(n^2)$。

- 在平均情况下，若待排序序列出现各种情况的概率均等，则可取最好情况和最坏情况的平均值。在平均情况下，直接插入排序的时间复杂度也为 $O(n^2)$。

（2）空间复杂度

直接插入排序使用了一个辅助空间 $r[0]$，空间复杂度为 $O(1)$。

（3）稳定性

直接插入排序时，已经有序的序列中的记录比待排序记录大时才向后移动，和待排序记录相等时不向后移动，因此两个相等的记录在排序前后的位置顺序是不变的。例如，上例中排序前 16 在 16^* 之前，排序后 16 仍在 16^* 之前。因此直接插入排序是稳定的排序方法。

直接插入排序每次将待排序记录插入一个有序序列，在有序序列中查找待排序记录的插入位置时，折半查找的方法比顺序查找效率更高。采用折半查找插入位置的插入排序称为折半插入排序，有兴趣的读者可以自己动手试试。

9.1.2 希尔排序

在直接插入排序中，如果待排序序列的记录个数比较少，而且基本有序，则排序的效率较高。1959 年，Donald Shell 从"减少记录个数"和"基本有序"两个方面对直接插入排序进行了改进，提出了希尔排序算法。

希尔排序又称"缩小增量排序"，将待排序记录按下标的一定增量分组（减少记录个数），对每组记录使用直接插入排序算法排序（达到基本有序）；随着增量逐渐减少，每组包含的关键词越来越多，当增量减至 1 时，整个序列基本有序，再对全部记录进行一次直接插入排序。

算法步骤

1）设待排序的记录存储在数组 $r[1..n]$ 中，增量序列为 $\{d_1, d_2, \cdots, d_t\}$，$n>d_1>d_2>\cdots>d_t=1$。

2）第一趟取增量 d_1，所有间隔为 d_1 的记录分在一组，对每组记录进行直接插入排序。

3）第二趟取增量 d_2，所有间隔为 d_2 的记录分在一组，对每组记录进行直接插入排序。

4）依次进行下去，直到所取增量 $d_t=1$，所有记录在一组中进行直接插入排序。

完美图解

例如，利用希尔排序算法对序列 $\{12, 2, 16, 30, 28, 10, 16^*, 6, 20, 18\}$ 进行非递减排序。

1）初始状态，假设增量序列为 $\{5, 3, 1\}$。

2）第一趟排序取增量 $d_1=5$，所有间隔为 5 的记录分在一组，分组后如图 9-23 所示。

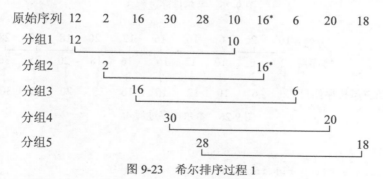

图 9-23　希尔排序过程 1

对每组进行直接插入排序，生成第一趟排序结果，如图 9-24 所示。

3）第二趟排序取增量 $d_2=3$，所有间隔为 3 的记录分在一组，对每组进行直接插入排序，生成第二趟排序结果，如图 9-25 所示。

4）第三趟排序取增量 $d_3=1$，所有间隔为 1 的记录分在一组，对每组进行直接插入排序，生成第三趟排序结果，如图 9-26 所示。

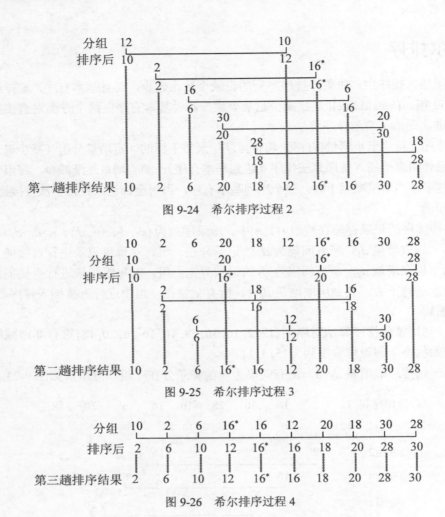

图 9-24 希尔排序过程 2

图 9-25 希尔排序过程 3

图 9-26 希尔排序过程 4

代码实现

```
void ShellInsert(int r[],int n,int dk)    //希尔排序
{
    int i,j;
    for(i=dk+1;i<=n;i++)          //r[i]插入有序子表
        if(r[i]<r[i-dk])          //r[i]和前一个元素 r[i-dk]比较
        {
            r[0]=r[i];                       //r[i]暂存到 r[0]中,r[0]有监视哨的作用
            for(j=i-dk;j>0&&r[j]>r[0];j-=dk) //从后向前寻找插入位置,逐个后移
            r[j+dk]=r[j];          //r[j]后移 dk 位
            r[j+dk]=r[0];         //将 r[0]插入 r[j+dk]的位置
```

```
        }
    }
    void ShellSort(int r[],int n,int dt[],int t)  //按增量序列dt[0..t-1]希尔排序
    {
        for(int k=0;k<t;k++)
        {
            ShellInsert(r,n,dt[k]);      //一趟增量为dt[k]的希尔插入排序
        }
    }
```

算法复杂度分析

（1）时间复杂度

希尔排序的时间复杂度和增量序列有关，不同的增量序列其时间复杂度不同。遗憾的是，到目前为止还没有人证明哪一种是最好的增量序列。大量的实验结果表明，当 n 在某个特定范围内，希尔排序的时间复杂度约为 $O(n^{1.3})$，希尔排序时间复杂度的下界是 $O(n\log n)$，最坏情况下的时间复杂度为 $O(n^2)$。希尔排序没有快速排序算法快，但是比 $O(n^2)$ 复杂度的算法快得多。

（2）空间复杂度

希尔排序在分组进行直接插入排序时使用了一个辅助空间 $r[0]$，空间复杂度为 $O(1)$。

（3）稳定性

直接插入排序算法本身是稳定的，但是希尔排序在不同的分组中进行直接插入排序，相同的元素可能在各自的分组中移动，因此两个相等的记录在排序前后的位置顺序有可能会改变。例如，上例中排序前 16 在 16* 之前，排序后 16 在 16* 之后，因此希尔排序是**不稳定**的排序方法。

9.2 交换排序

交换的意思是根据两个关键字值的比较结果，不满足次序要求时交换位置。冒泡排序和快速排序是典型的交换排序算法，其中快速排序是目前最快的排序算法。

9.2.1 冒泡排序

冒泡排序是一种最简单的交换排序算法，通过两两比较关键字，如果逆序就交换，使关键字大的记录像泡泡一样冒出来放在尾部。重复执行若干次冒泡排序，最终得到有序序列。

算法步骤

1）设待排序的记录存储在数组 $r[1..n]$ 中，首先第一个记录和第二个记录关键字比较，若逆序则交换；然后第二个记录和第三个记录关键字比较……依次类推，直到第 $n-1$ 个记录和第 n 个记录关键字比较完毕为止。第一趟排序结束，关键字最大的记录在最后一个位置。

2）第二趟排序，对前 $n-1$ 个元素进行冒泡排序，关键字次大的记录在 $n-1$ 位置。

3）重复上述过程，直到某一趟排序中没有进行交换记录为止，说明序列已经有序。

完美图解

例如，利用冒泡排序算法对序列 $\{12, 2, 16, 30, 28, 10, 16^*, 6, 20, 18\}$ 进行非递减排序。

1）第一趟排序，两两比较，如果逆序则交换，如图 9-27 所示。

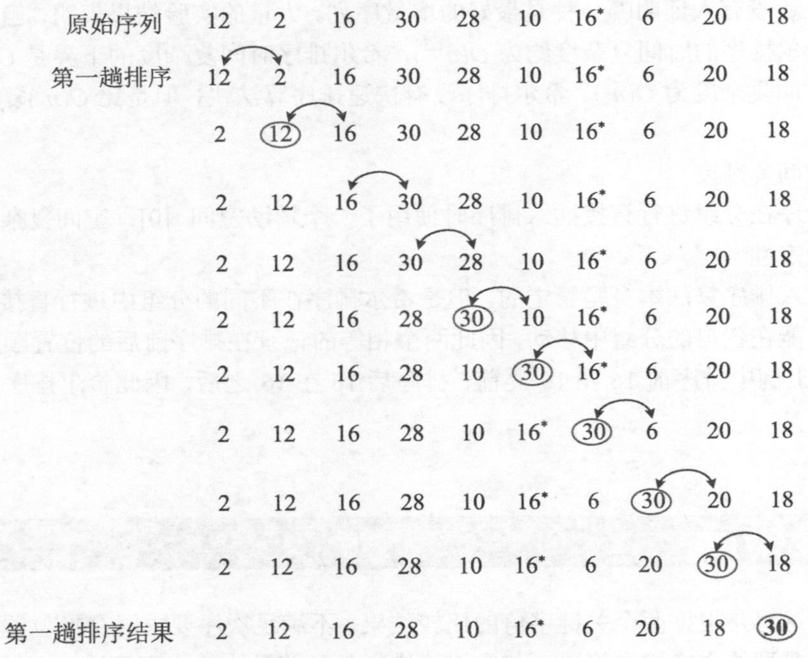

原始序列	12	2	16	30	28	10	16*	6	20	18
第一趟排序	12	2	16	30	28	10	16*	6	20	18
	2	12	16	30	28	10	16*	6	20	18
	2	12	16	30	28	10	16*	6	20	18
	2	12	16	30	28	10	16*	6	20	18
	2	12	16	28	30	10	16*	6	20	18
	2	12	16	28	10	30	16*	6	20	18
	2	12	16	28	10	16*	30	6	20	18
	2	12	16	28	10	16*	6	30	20	18
	2	12	16	28	10	16*	6	20	30	18
第一趟排序结果	2	12	16	28	10	16*	6	20	18	30

图 9-27 交换排序过程 1

经过第一趟排序后，最大的记录已经冒泡到最后一个位置，第二趟排序不需要再参加。

2）第二趟排序，两两比较，如果逆序则交换，如图 9-28 所示。

| 第一趟排序结果 | 2 | 12 | 16 | 28 | 10 | 16* | 6 | 20 | 18 | **30** |

第二趟排序

2　12　16　28　10　16*　6　20　18

2　12　16　28　10　16*　6　20　18

2　12　16　28　10　16*　6　20　18

2　12　16　⑱28　10　16*　6　20　18

2　12　16　10　㉘　16*　6　20　18

2　12　16　10　16*　㉘　6　20　18

2　12　16　10　16*　6　㉘　20　18

2　12　16　10　16*　6　20　㉘　18

第二趟排序结果　2　12　16　10　16*　6　20　18　㉘

图 9-28　交换排序过程 2

3）继续进行冒泡排序，当某一趟排序无交换时停止，全部冒泡排序结果如图 9-29 所示。

第一趟排序结果　2　12　16　28　10　16*　6　20　18　㉚

第二趟排序结果　2　12　16　10　16*　6　20　18　㉘

第三趟排序结果　2　12　10　16　6　16*　18　⑳

第四趟排序结果　2　10　12　6　16　16*　⑱

第五趟排序结果　2　10　6　12　16　⑯

第六趟排序结果　2　6　10　12　⑯

第七趟排序结果　2　6　10　12

图 9-29　交换排序过程 3

代码实现

```
void BubbleSort(int r[],int n) //冒泡排序
{
    int i,j,temp;
    bool flag;
    i=n-1;
    flag=true;
    while(i>0&&flag)
```

```
    {
        flag=false;
        for(j=0;j<i;j++)  //进行一趟排序
            if(r[j]>r[j+1])
            {
                flag=true;
                temp=r[j];  //交换两个记录
                r[j]=r[j+1];
                r[j+1]=temp;
            }
        i--;
    }
}
```

算法复杂度分析

（1）时间复杂度

冒泡排序的时间复杂度和初始序列有关，可分为最好情况、最坏情况和平均情况。

- 在最好情况下，待排序序列本身是正序的（如待排序序列是非递减的，题目要求也是非递减排序），只需要一趟排序，$n-1$ 次比较，无交换记录。在最好情况下，冒泡排序时间复杂度为 $O(n)$。
- 在最坏情况下，待排序序列本身是逆序的（如待排序序列是非递增的，题目要求是非递减排序），需要 $n-1$ 趟排序，每趟排序 $i-1$ 次比较，总的比较次数为：

$$\sum_{i=n}^{2}(i-1)=\frac{n(n-1)}{2}$$

在最坏情况下，冒泡排序的时间复杂度为 $O(n^2)$。

- 在平均情况下，若待排序序列出现各种情况的概率均等，则可取最好情况和最坏情况的平均值。在平均情况下，冒泡排序的时间复杂度也为 $O(n^2)$。

（2）空间复杂度

冒泡排序使用了一些辅助空间，即 i、j、temp、flag，空间复杂度为 $O(1)$。

（3）稳定性

冒泡排序是**稳定**的排序方法。

9.2.2 快速排序

冒泡排序的缺点是移动记录次数较多，因此算法性能较差。有人做过实验，如果对 10^5 个数据进行排序，冒泡排序需要 8 174ms，而快速排序只需要 3.634ms！

快速排序（Quicksort）是比较快速的排序方法。快速排序由 C. A. R. Hoare 在 1962 年提出。它的基本思想是通过一组排序将要排序的数据分割成独立的两部分，其中一部分的所有数据都比另外一部分的所有数据小，然后再按此方法对这两部分数据分别进行快速排序，整个排序过程可以递归进行，以此使所有数据变成有序序列。

快速排序算法是基于分治策略的，其算法思想如下。

1）分解：先从数列中取出一个元素作为基准元素。以基准元素为标准，将序列分解为两个子序列，使小于或等于基准元素的子序列在左侧，使大于基准元素的子序列在右侧。

2）治理：对两个子序列进行快速排序。

3）合并：将排好序的两个子序列合并在一起，得到原问题的解。

设当前待排序的序列为 $R[low:high]$，其中 $low \leq high$，如果序列的规模足够小（只有一个元素），则完成排序，否则分 3 步处理，其处理过程如下。

1）分解：在 $R[low: high]$ 中选定一个元素 $R[pivot]$，以此为标准将要排序的序列划分为两个序列：$R[low:pivot-1]$ 和 $R[pivot+1:high]$，并使序列 $R[low:pivot-1]$ 中所有元素小于等于 $R[pivot]$，序列 $R[pivot+1:high]$ 中所有元素均大于 $R[pivot]$。此时基准元素已经位于正确的位置，它无须参加后面的排序，如图 9-30 所示。

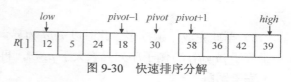

图 9-30　快速排序分解

2）治理：对于两个子序列 $R[low:pivot-1]$ 和 $R[pivot+1:high]$，分别通过递归调用进行快速排序。

3）合并：由于对 $R[low:pivot-1]$ 和 $R[pivot+1:high]$ 的排序是原地进行的，所以在 $R[low:pivot-1]$ 和 $R[pivot+1:high]$ 都已经排好序后，合并步骤无须做什么，序列 $R[low:high]$ 就已经排好序了。

如何分解是一个难题，因为如果基准元素选取不当，有可能分解成规模为 0 和 $n-1$ 的两个子序列，这样快速排序就退化为冒泡排序了。

例如，序列（30, 24, 5, 58, 18, 36, 12, 42, 39），第一次选取 5 作为基准元素，分解后，如图 9-31 所示。

第二次选取 12 作为基准元素，分解后如图 9-32 所示。

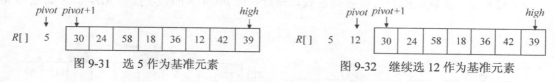

图 9-31　选 5 作为基准元素　　　　　图 9-32　继续选 12 作为基准元素

是不是有点像冒泡了？这样做的效率是最差的，最理想的状态是把序列分解为两个规模相当的子序列，那么怎么选择基准元素呢？一般来说，基准元素选取有以下几种方法。

- 取第一个元素。
- 取最后一个元素。
- 取中间位置元素。
- 取第一个、最后一个、中间位置元素三者之中位数。
- 取第一个和最后一个之间位置的随机数 k（$low \leqslant k \leqslant high$），选 $R[k]$ 做基准元素。

目前并没有明确的方法说哪一种基准元素选取方案最好，在此以选取第一个元素做基准为例，说明快速排序的执行过程。

算法步骤

1）首先取数组的第一个元素作为基准元素 $pivot=R[low]$，$i=low$，$j=high$。

2）从右向左扫描，找小于等于 $pivot$ 的数，如果找到，则 $R[i]$ 和 $R[j]$ 交换，i++。

3）从左向右扫描，找大于 $pivot$ 的数，如果找到，则 $R[i]$ 和 $R[j]$ 交换，j--。

4）重复第 2 步和第 3 步，直到 i 和 j 重合，返回该位置 $mid=i$，该位置的数正好是 $pivot$ 元素。

5）至此完成一趟排序。此时以 mid 为界，将原序列分为两个子序列，左侧子序列元素小于等于 $pivot$，右侧子序列元素大于 $pivot$，再分别对这两个子序列进行快速排序。

完美图解

假设当前待排序的序列为 $R[low:high]$，其中 $low \leqslant high$。

以序列（30, 24, 5, 58, 18, 36, 12, 42, 39）为例，演示快速排序过程。

1）初始化。$i=low$，$j=high$，$pivot=R[low]=30$，如图 9-33 所示。

2）向左走。从数组的右边位置向左找，一直找小于等于 $pivot$ 的数，找到 $R[j]=12$，如图 9-34 所示。

图 9-33　快速排序初始化

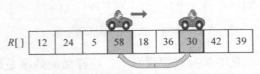

图 9-34　快速排序过程（交换元素）

$R[i]$ 和 $R[j]$ 交换，i++，如图 9-35 所示。

3）向右走。从数组的左边位置向右找，一直找比 $pivot$ 大的数，找到 $R[i]=58$，如图 9-36 所示。

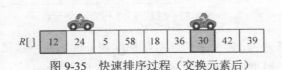

图 9-35　快速排序过程（交换元素后）

图 9-36　快速排序过程（交换元素）

$R[i]$ 和 $R[j]$ 交换，$j--$，如图 9-37 所示。

4）向左走。从数组的右边位置向左找，一直找小于等于 *pivot* 的数，找到 $R[j]$=18，如图 9-38 所示。

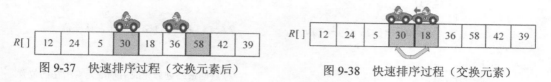

图 9-37　快速排序过程（交换元素后）　　　　图 9-38　快速排序过程（交换元素）

$R[i]$ 和 $R[j]$ 交换，$i++$，如图 9-39 所示。

5）向右走。从数组的左边位置向右找，一直找比 *pivot* 大的数，这时 $i=j$，第一轮排序结束，返回 i 的位置，$mid=i$，如图 9-40 所示。

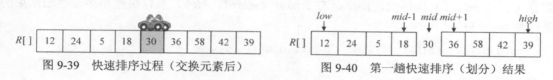

图 9-39　快速排序过程（交换元素后）　　　图 9-40　第一趟快速排序（划分）结果

至此完成一趟排序。此时以 *mid* 为界，将原序列分为两个子序列，左侧子序列小于等于 *pivot*，右侧子序列大于 *pivot*。

再分别对这两个子序列（12, 24, 5, 18）和（36, 58, 42, 39）进行快速排序。

大家动手写一写吧！

代码实现

（1）划分函数

编写划分函数对原序列进行分解，将其分解为两个子序列，以基准元素 *pivot* 为界，左侧子序列小于等于 *pivot*，右侧子序列大于 *pivot*。先从右向左扫描，找小于等于 *pivot* 的数，找到后两者交换（r[i] 和 r[j] 交换后 i++）；再从左向右扫描，找比基准元素大的数，找到后两者交换（r[i] 和 r[j] 交换后 j--）。扫描交替进行，直到 i=j 停止，返回划分的中间位置 i。

```
int Partition(int r[],int low,int high)    //划分函数
{
    int i=low,j=high,pivot=r[low];          //基准元素
    while(i<j)
    {
        while(i<j&&r[j]>pivot)
            j--;                            //向左扫描
        if(i<j)
        {
```

```
            swap(r[i++],r[j]);              //r[i]和r[j]交换后i右移一位
        }
        while(i<j&&r[i]<=pivot)
            i++;                            //向右扫描
        if(i<j)
        {
            swap(r[i],r[j--]);              //r[i]和r[j]交换后j左移一位
        }
    }
    return i;                               //返回最终划分完成后基准元素所在的位置
}
```

（2）快速排序递归算法

首先对原序列执行划分，得到划分的中间位置 *mid*。然后以中间位置为界，分别对左半部分（*low*，*mid*–1）执行快速排序，右半部分（*mid*+1，*high*）执行快速排序。递归结束的条件是 *low*≥*high*。

```
void QuickSort(int R[],int low,int high){
    int mid;
    if(low<high)
    {
        mid=Partition(R,low,high);          //返回基准元素位置
        QuickSort(R,low,mid-1);             //左区间递归快速排序
        QuickSort(R,mid+1,high);            //右区间递归快速排序
    }
}
```

算法复杂度分析

（1）最好情况

● 时间复杂度

1）分解：划分函数 *Partition* 需要扫描每个元素，每次扫描的元素个数不超过 *n*，因此时间复杂度为 $O(n)$。

2）治理：在最理想的情况下，每次划分将问题分解为两个规模为 *n*/2 的子问题，递归求解两个规模为 *n*/2 的子问题，所需时间为 $2T(n/2)$，如图 9-41 所示。

3）合并：因为是原地排序，合并操作不需要时间，如图 9-42 所示。

所以总运行时间为：

$$T(n)=\begin{cases} O(1) & , \ n=1 \\ 2T(n/2)+O(n), & n>1 \end{cases}$$

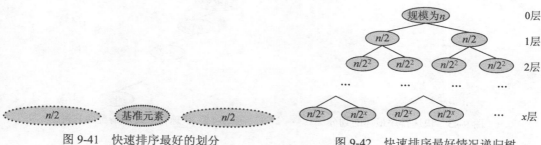

图 9-41　快速排序最好的划分　　　　图 9-42　快速排序最好情况递归树

当 $n>1$ 时，可以递推求解：

$$
\begin{aligned}
T(n) &= 2T(n/2) + O(n) \\
&= 2(2T(n/4) + O(n/2)) + O(n) \\
&= 4T(n/4) + 2O(n) \\
&= 8T(n/8) + 3O(n) \\
&\cdots\cdots \\
&= 2^x T(n/2^x) + xO(n)
\end{aligned}
$$

递推最终的规模为 1，令 $n=2^x$，则 $x=\log n$，那么

$$
\begin{aligned}
T(n) &= nT(1) + \log n O(n) \\
&= n + \log n O(n) \\
&= O(n\log n)
\end{aligned}
$$

快速排序算法最好的时间复杂度为 $O(n\log n)$。

- 空间复杂度

程序中变量占用了一些辅助空间，这些辅助空间都是常数阶的，递归调用所使用的栈空间为递归树的深度 $\log n$，空间复杂度为 $O(\log n)$。

（2）最坏情况

- 时间复杂度

1）分解：划分函数 *Partition* 需要扫描每个元素，每次扫描的元素个数不超过 n，因此时间复杂度为 $O(n)$。

2）治理：在最坏的情况下，每次划分将问题分解后，基准元素的左侧（或者右侧）没有元素，基准元素的另一侧为 1 个规模为 $n-1$ 的子问题，递归求解这个规模为 $n-1$ 的子问题，所需时间为 $T(n-1)$，如图 9-43 所示。

3）合并：因为是原地排序，合并操作不需要时间复杂度，如图 9-44 所示。

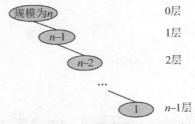

图 9-43 快速排序最坏的划分   图 9-44 快速排序最坏情况递归树

所以总运行时间为：

$$T(n) = \begin{cases} O(1) & , \quad n = 1 \\ T(n-1) + O(n), & n > 1 \end{cases}$$

当 $n>1$ 时，可以递推求解：

$$\begin{aligned} T(n) &= T(n-1) + O(n) \\ &= T(n-2) + O(n-1) + O(n) \\ &= T(n-3) + O(n-2) + O(n-1) + O(n) \\ &\quad \cdots\cdots \\ &= T(1) + O(2) + \cdots + O(n-1) + O(n) \\ &= O(1) + O(2) + \cdots + O(n-1) + O(n) \\ &= O(n(n+1)/2) \end{aligned}$$

快速排序算法最坏的时间复杂度为 $O(n^2)$。

- 空间复杂度

程序中变量占用了一些辅助空间，这些辅助空间都是常数阶的，递归调用所使用的栈空间为递归树的深度 n，空间复杂度为 $O(n)$。

（3）平均情况

- 时间复杂度

假设我们划分后基准元素的位置在第 k （k=1，2，…，n）个，如图 9-45 所示。

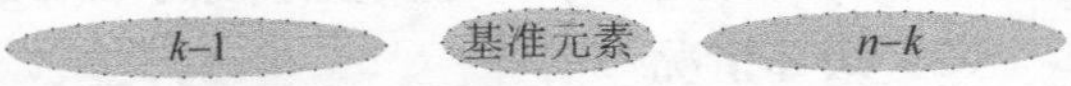

图 9-45 快速排序平均情况的划分

则：

$$\begin{aligned} T(n) &= \frac{1}{n}\sum_{k=1}^{n}(T(n-k) + T(k-1)) + O(n) \\ &= \frac{1}{n}(T(n-1) + T(0) + T(n-2) + T(1) + \cdots + T(1) + T(n-2) + T(0) + T(n-1)) + O(n) \\ &= \frac{2}{n}\sum_{k=1}^{n-1}T(k) + O(n) \end{aligned}$$

由归纳法可以得出，$T(n)$的数量级也为$O(n\log n)$。快速排序算法平均情况下，时间复杂度为$O(n\log n)$。

- 空间复杂度

程序中变量占用了一些辅助空间，这些辅助空间都是常数阶的，递归调用所使用的栈空间是$O(\log n)$，空间复杂度为$O(\log n)$。

（4）稳定性

因为前后两个方向扫描并交换，相等的两个元素有可能出现排序前后位置不一致的情况，所以快速排序是不稳定的排序方法。

算法改进

从上述算法可以看出，每次交换都是在和基准元素进行交换，实际上没必要这样做，我们的目的就是想把原序列分成以基准元素为界的两个子序列，左侧子序列小于等于基准元素，右侧子序列大于基准元素。有很多方法可以实现，可以从右向左扫描，找小于等于$pivot$的数$R[j]$；然后从左向右扫描，找大于$pivot$的数$R[i]$，让$R[i]$和$R[j]$交换，一直交替进行，直到i和j碰头为止，这时将基准元素与$R[i]$交换即可。这样就完成了一次划分过程，但交换元素的个数少了很多。

假设当前待排序的序列为$R[low: high]$，其中$low \leqslant high$。

1）首先取数组的第一个元素作为基准元素$pivot=R[low]$，$i=low$，$j=high$。

2）从右向左扫描，找小于等于$pivot$的数$R[i]$。

3）从左向右扫描，找大于$pivot$的数$R[j]$。

4）$R[i]$和$R[j]$交换，$i++$，$j--$。

5）重复第2步~第4步，直到i和j相等。如果$R[i]$大于$pivot$，则$R[i-1]$和基准元素$R[low]$交换，返回该位置$mid=i-1$；否则，$R[i]$和基准元素$R[low]$交换，返回该位置$mid=i$，该位置的数正好是基准元素。

至此完成一趟排序。此时以mid为界，将原数据分为两个子序列，左侧子序列元素小于等于$pivot$，右侧子序列元素大于$pivot$。

然后分别对这两个子序列进行快速排序。

以序列（30, 24, 5, 58, 18, 36, 12, 42, 39）为例。

1）初始化。$i=low$，$j=high$，$pivot=R[low]=30$，如图9-46所示。

2）向左走。从数组的右边位置向左找，一直找小于等于$pivot$的数，找到$R[j]=12$，如图9-47所示。

图 9-46 快速排序初始化

图 9-47 快速排序过程（向左走）

3）向右走。从数组的左边位置向右找，一直找比 *pivot* 大的数，找到 $R[i]$=58，如图 9-48 所示。

4）$R[i]$和 $R[j]$交换，$i++$，$j--$，如图 9-49 所示。

图 9-48 快速排序过程（向右走）

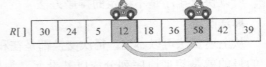

图 9-49 快速排序过程（交换元素）

5）向左走。从数组的右边位置向左找，一直找小于等于 *pivot* 的数，找到 $R[j]$=18，如图 9-50 所示。

6）向右走。从数组的左边位置向右找，一直找比 *pivot* 大的数，这时 $i=j$，停止，如图 9-51 所示。

图 9-50 快速排序过程（向左走）

图 9-51 快速排序过程（向右走）

7）$R[i]$和 $R[low]$交换，返回 i 的位置，$mid=i$，第一轮排序结束，如图 9-52 所示。

至此完成一轮排序。此时以 mid 为界，将原数据分为两个子序列，左侧子序列都比 *pivot* 小，右侧子序列都比 *pivot* 大，如图 9-53 所示。

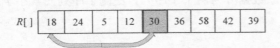

图 9-52 快速排序过程（$R[i]$和 $R[low]$交换）

图 9-53 快速排序第一次划分结果

8）再分别对这两个子序列（18, 24, 5, 12）和（36, 58, 42, 39）进行快速排序。

相比之下，上述的方法比传统的每次和基准元素交换的方法更加快速高效！

快速排序改进算法：

```
int Partition2(int r[],int low,int high)//划分函数
{
    int i=low,j=high,pivot=r[low];//基准元素
```

```
        while(i<j)
        {
                while(i<j&&r[j]>pivot) j--;//向左扫描
                while(i<j&&r[i]<=pivot) i++;//向右扫描
                if(i<j)
                {
                        swap(r[i++],r[j--]);//r[i]和r[j]交换，交换后i++, j--
                }
        }
        if(r[i]>pivot)
        {
                swap(r[i-1],r[low]);//r[i-1]和r[low]交换
                return i-1;//返回最终划分完成后基准元素所在的位置
        }
        swap(r[i],r[low]);//r[i]和r[low]交换
        return i;//返回最终划分完成后基准元素所在的位置
}
```

改进的快速排序算法虽然没有降低快速排序算法时间复杂度的数量级，但交换次数减少了，速度更快。

9.3 选择排序

冒泡排序通过两两比较并交换每次冒出一个最大的"泡泡"放在最后，而选择排序是从待排序记录中选择一个最小的放在最前面，只不过找最小记录的方法和冒泡排序不同。选择排序包括简单选择排序和堆排序。

9.3.1 简单选择排序

简单选择排序又称为直接选择排序，是一种最简单的选择排序算法，每次从待排序序列中选择一个最小的放在最前面。

算法步骤

1）设待排序的记录存储在数组 $r[1..n]$ 中，首先从 $r[1..n]$ 中选择一个关键字最小的记录 $r[k]$，$r[k]$ 与 $r[1]$ 交换。

2）第二趟排序，从 $r[2..n]$ 中选择一个关键字最小的记录 $r[k]$，$r[k]$ 与 $r[2]$ 交换。

3）重复上述过程，经过 $n-1$ 趟排序，得到有序序列。

完美图解

例如，利用简单选择排序算法对序列 $\{12, 2, 16, 30, 28, 20, 16^*, 6, 10, 18\}$ 进行非递减

排序。

1）第一趟排序，从待排序序列中找到最小关键字 2，和第一个记录交换，如图 9-54 所示。

第一趟排序结果 ② 12   16   30   28   20   16*   6   10   18

图 9-54 简单选择排序过程 1

2）第二趟排序，从待排序序列中找到最小关键字 6，和第二个记录交换，如图 9-55 所示。

第二趟排序结果 ⑥ 16   30   28   20   16*   12   10   18

图 9-55 简单选择排序过程 2

3）继续进行简单选择排序，全部排序结果如图 9-56 所示。

第一趟排序结果 ② 12   16   30   28   20   16*   6   10   18
第二趟排序结果 ⑥ 16   30   28   20   16*   12   10   18
第三趟排序结果   ⑩ 30   28   20   16*   12   16   18
第四趟排序结果   ⑫ 28   20   16*   30   16   18
第五趟排序结果   ⑯* 20   28   30   16   18
第六趟排序结果   ⑯ 28   30   20   18
第七趟排序结果   ⑱ 30   20   28
第八趟排序结果   ⑳ 30   28
第九趟排序结果   ㉘ 30

图 9-56 简单选择排序过程 3

注意：每次选择一个最小的记录和最前面的记录交换，其他元素没动，和冒泡排序不同，冒泡排序是通过两两交换的方法将最大的记录交换到最后面。

代码实现

```
void SimpleSelectSort(int r[],int n) //简单选择排序
{
    int i,j,k,temp;
    for(i=0;i<n-1;i++)//n-1 趟排序
    {
        k=i;
        for(j=i+1;j<n;j++)//找最小值
            if(r[j]<r[k])
```

```
            k=j;    //记录最小值下标
        if(k!=i)
        {
            temp=r[i];// r[i]与r[k]交换
            r[i]=r[k];
            r[k]=temp;
        }
    }
}
```

算法复杂度分析

（1）时间复杂度

简单选择排序需要 $n-1$ 趟排序，每趟排序 $n-i$ 次比较，总的比较次数为：

$$\sum_{i=1}^{n-1}(n-i)=\frac{n(n-1)}{2}$$

简单选择排序的时间复杂度为 $O(n^2)$。

（2）空间复杂度

简单选择排序在交换时使用了一个辅助空间 temp，空间复杂度也为 $O(1)$。

（3）稳定性

从上面实例中也看出，16 和 16* 排序前后的位置是相反的，因此简单选择排序是**不稳定**的排序方法。

9.3.2　堆排序

堆排序是一种树形选择排序算法。简单选择排序算法每次选择一个关键字最小的记录需要 $O(n)$ 的时间，而堆排序选择一个关键字最小的记录只需要 $O(\log n)$ 的时间。

堆可以看作一棵完全二叉树的顺序存储结构。在这棵完全二叉树中，如果每一个节点的值都大于等于左右孩子的值，称为最大堆（大顶堆）。如果每一个节点的值都小于等于左右孩子的值，称为最小堆（小顶堆）。

例如，一个数据元素序列如图 9-57 所示，其对应的完全二叉树如图 9-58 所示，该完全二叉树满足最大堆的定义。

	1	2	3	4	5	6	7	8	9	10
r[]	30	28	20	16	18	2	16*	6	10	12

图 9-57　数据元素序列

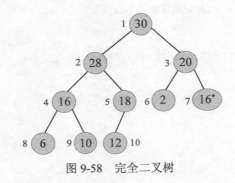

图 9-58 完全二叉树

根据完全二叉树的性质，如果一个节点的下标为 i，其左孩子下标为 $2i$，其右孩子下标为 $2i+1$，其双亲的下标为 $i/2$。且具有 n 个节点的完全二叉树的深度为 $\lfloor \log_2 n \rfloor + 1$。

堆排序充分利用堆顶记录最大（最小）的性质进行排序，每次将堆顶记录交换到最后，剩余记录调整为堆即可。

算法步骤

1）构建初始堆。

2）堆顶和最后一个记录交换，即 $r[1]$ 和 $r[n]$ 交换，将 $r[1..n-1]$ 重新调整为堆。

3）堆顶和最后一个记录交换，即 $r[1]$ 和 $r[n-1]$ 交换，将 $r[1..n-2]$ 重新调整为堆。

4）循环 $n-1$ 次，得到一个有序序列。

因为构建初始堆需要反复调整为堆，所以先说明如何调整堆，然后再讲解如何构建初始堆，进行堆排序。

完美图解

（1）调整堆（下沉）

例如，图 9-58 所示的最大堆，堆排序时首先将堆顶 30 和最后一个记录 12 交换，如图 9-59 所示。

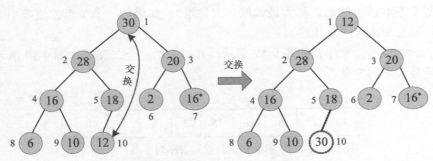

图 9-59 堆顶和最后一个记录交换

交换后除了堆顶之外，其他节点都满足最大堆的定义，只需要将堆顶执行"下沉"操作，即可调整为堆。

"**下沉**"**操作**：堆顶与左右孩子比较，如果比孩子大，则已调整为堆；如果比孩子小，则与较大的孩子交换；交换到新的位置后，继续向下比较，从根节点一直比较到叶子。

堆顶"下沉"过程如下。

* 堆顶 12 和两个孩子 28、20 比较，如果比孩子小，则与较大的孩子 28 交换。
* 12 再和两个孩子 16、18 比较，如果比孩子小，则与较大的孩子 18 交换。
* 已经比较到叶子停止，已调整为堆，如图 9-60 所示。

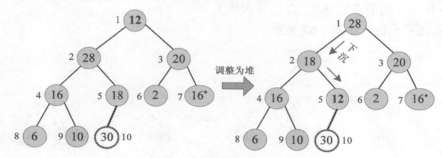

图 9-60 堆顶下沉过程

调整堆的过程就是堆顶从根到叶子"下沉"的过程。

代码实现

```
void Sink(int k,int n)//下沉操作
{
    while(2*k<=n)//如果有左孩子，k 的左孩子为 2k,右孩子为 2k+1
    {
        int j=2*k;//j 指向左孩子
        if(j<n&&r[j]<r[j+1])//如果有右孩子,且左孩子比右孩子小
            j++;      //j 指向右孩子
        if(r[k]>=r[j])//比"较大的孩子"大
            break;      //已满足堆
        else
            swap(r[k],r[j]);//与较大的孩子交换
        k=j;//k 指向交换后的新位置，继续向下比较，一直下沉到叶子
    }
}
```

（2）构建初始堆

例如，对无序序列{12,16,2,30,28,20,16*,6, 10,18}构建初始堆（最大堆）。

构建初始堆过程：首先按照完全二叉树的顺序构建一棵完全二叉树，然后从最后一个分

支节点 $n/2$ 开始调整堆，依次将序号为 $n/2-1$，$n/2-2$，…，1 的节点执行下沉操作调整为堆。

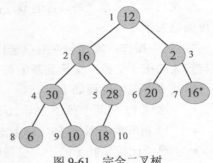

1）首先将无序序列按照完全二叉树的顺序构建一棵完全二叉树，如图 9-61 所示。

2）从最后一个分支节点 $n/2=5$ 开始调整堆，28 比其孩子 18 大，不需要交换。

3）下标为 4 的节点调整堆，30 比其两个孩子 6、10 都大，不需要交换。

4）下标为 3 的节点调整堆，2 比其大孩子 20 小，与较大孩子交换，如图 9-62 所示。

图 9-61　完全二叉树

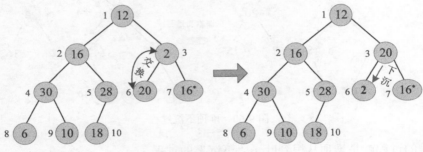

图 9-62　调整堆过程 1

5）序号为 2 的节点调整堆，16 比其大孩子 30 小，与较大孩子交换，如图 9-63 所示。

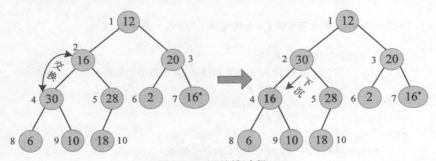

图 9-63　调整堆过程 2

16 交换到新位置后继续比较，16 比其两个孩子 6、10 都大，不需要交换，比较到叶子停止。

6）序号为 1 的节点调整堆，12 比其大孩子 30 小，与较大孩子交换，如图 9-64 所示。

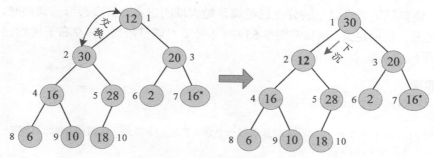

图 9-64　调整堆过程 3

　　12 交换到新位置后继续下沉，12 比其大孩子 28 小，与较大孩子交换，如图 9-65 所示。

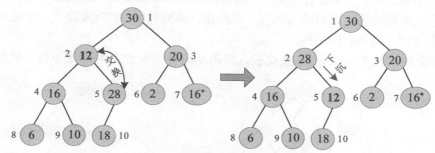

图 9-65　调整堆过程 4

　　12 交换到新位置后继续下沉，12 比其孩子 18 小，与较大孩子交换，下沉到叶子停止。如图 9-66 所示。

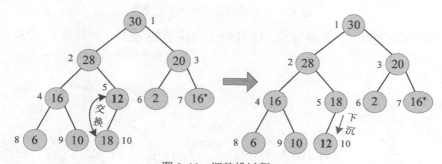

图 9-66　调整堆过程 5

　　思考：构建初始堆为什么要从最后一个分支节点开始到 1 号节点逆序调整堆？

　　因为调整堆的前提是除了堆顶之外，其他节点都满足最大堆的定义，只需要堆顶 "下沉" 操作即可。叶子节点没有孩子，可以认为已满足最大堆的定义，从最后一个分支节点开始调整堆，调整后该节点以下的分支已经满足最大堆的定义，其双亲节点调整时，其左右子树均已满足最大堆的定义。例如在图 9-63 中，2 号节点调整堆时，其左右子树均已调整为堆，只需要堆顶下沉即可。

代码实现

```
void CreatHeap(int n)//构建初始堆
{
    for(int i=n/2;i>0;i--)//从最后一个分支节点n/2开始下沉调整为堆，直到第一个节点
        Sink(i,n);
}
```

（3）堆排序

构建初始堆之后，开始进行堆排序。因为最大堆的堆顶是最大的记录，可以将堆顶交换到最后一个元素的位置，然后堆顶执行下沉操作，调整 r[1..n−1] 为堆即可。重复此过程，直到剩余一个节点，得到有序序列。

1）堆顶 30 和最后一个记录 12 交换，如图 9-67 所示。然后将堆顶下沉，调整为堆。

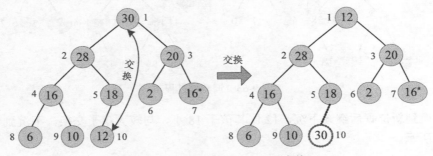

图 9-67　堆顶和最后一个记录交换

堆顶从根下沉到叶子，调整为堆。12 和较大的孩子 28 交换，然后和 18 交换，如图 9-68 所示。

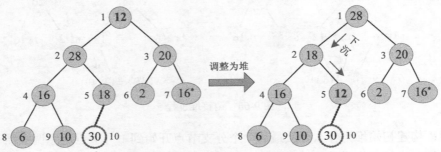

图 9-68　调整堆（堆顶下沉）

2）堆顶 28 和最后一个记录 10 交换，然后将堆顶下沉，调整为堆，如图 9-69 所示。

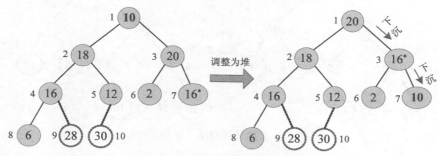

图 9-69　交换后调整堆（堆顶下沉）

3）堆顶 20 和最后一个记录 6 交换，然后将堆顶下沉，调整为堆，如图 9-70 所示。

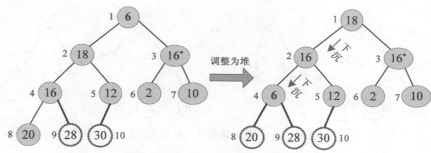

图 9-70　交换后调整堆（堆顶下沉）

4）堆顶 18 和最后一个记录 10 交换，然后将堆顶下沉，调整为堆，如图 9-71 所示。

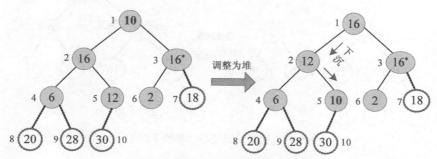

图 9-71　交换后调整堆（堆顶下沉）

5）堆顶 16 和最后一个记录 2 交换，然后将堆顶下沉，调整为堆，如图 9-72 所示。

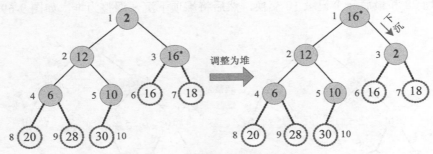

图 9-72　交换后调整堆（堆顶下沉）

6）堆顶 16* 和最后一个记录 10 交换，然后将堆顶下沉，调整为堆，如图 9-73 所示。

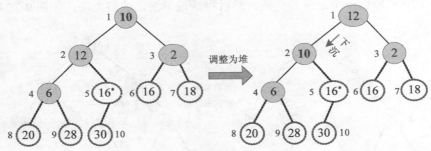

图 9-73　交换后调整堆（堆顶下沉）

7）堆顶 12 和最后一个记录 6 交换，然后将堆顶下沉，调整为堆，如图 9-74 所示。

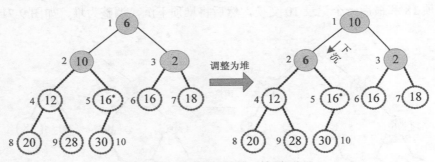

图 9-74　交换后调整堆（堆顶下沉）

8）堆顶 10 和最后一个记录 2 交换，然后将堆顶下沉，调整为堆，如图 9-75 所示。

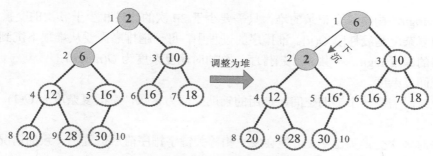

图 9-75 交换后调整堆（堆顶下沉）

9）堆顶 6 和最后一个记录 2 交换，只剩一个节点，堆排序结束，如图 9-76 所示。

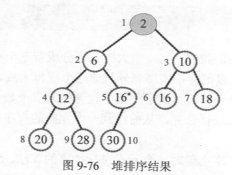

图 9-76 堆排序结果

10）按序号读取数据，即得到有序序列{2, 6, 10, 12, 16*, 16, 18, 20, 28, 30}。

代码实现

```
void HeapSort(int n)//堆排序
{
    CreatHeap(n);//构建初始堆
    while(n>1)
    {
        swap(r[1],r[n--]);//堆顶和最后一个记录交换，交换后 n 减 1
        Sink(1,n);//堆顶下沉
    }
}
```

算法复杂度分析

（1）时间复杂度

堆排序的运行时间主要耗费在构建初始堆和反复调整堆上。构建初始堆需要从最后一个分支节点（$n/2$）到第一个节点进行下沉操作，下沉操作最多达到树的深度 $\log n$，因此构建初始堆的时间复杂度上界是 $O(n\log n)$。实际上这是一个比较大的上界，大多数分支节点的下

沉操作少于 $\log n$，构建 n 个记录的堆，只需要少于 $2n$ 次的比较和少于 n 次的交换，构建初始堆的时间复杂度是线性阶 $O(n)$。堆排序的过程中，每一趟排序需要从堆顶下沉到叶子，下沉操作为树的深度 $\log n$，一共 $n-1$ 趟排序，总的时间复杂度为 $O(n\log n)$。

（2）空间复杂度

交换记录时需要一个辅助空间，使用的辅助空间为常数，空间复杂度为 $O(1)$。

（3）稳定性

堆排序时多次交换关键字，可能会发生相等关键字排序前后位置不一致的情况，因此堆排序是**不稳定**的排序方法。

9.4 合并排序

合并排序就是采用分治的策略，将一个大的问题分成若干个小问题，先解决小问题，再通过小问题解决大问题。可以把待排序序列分解成两个规模大致相等的子序列。如果不易解决，再将得到的子序列继续分解，直到子序列中包含的元素个数为 1。因为单个元素的序列本身是有序的，此时便可以进行合并，从而得到一个完整的有序序列。

算法设计

合并排序是采用分治策略实现对 n 个元素进行排序的算法，是分治法的一个典型应用和完美体现。它是一种平衡、简单的二分分治策略，算法步骤如下。

1）分解——将待排序序列分成规模大致相等的两个子序列。

2）治理——对两个子序列进行合并排序。

3）合并——将排好序的有序子序列进行合并，得到最终的有序序列。

完美图解

给定一个序列（42, 15, 20, 6, 8, 38, 50, 12），进行合并排序，如图 9-77 所示。

从图 9-77 可以看出，首先将待排序元素分成大小大致相同的两个子序列，接着再把子序列分成大小大致相同的两个子序列，如此下去，直到分解成一个元素停止，这时含有一个元素的子序列都是有序的。然后执行合并操作，将两个有序的子序列合并为一个有序序列，如此下去，直到所有的元素都合并为一个有序序列。

合久必分，分久必合！合并排序就是这个策略。

（1）合并操作

为了进行合并，引入一个辅助合并函数 $Merge(A, low, mid, high)$，该函数将排好序的两个子序列 $A[low:mid]$ 和 $A[mid+1:high]$ 进行合并。其中，low 和 $high$ 代表待合并的两个子序列在数组中的下界和上界，mid 代表下界和上界的中间位置，如图 9-78 所示。

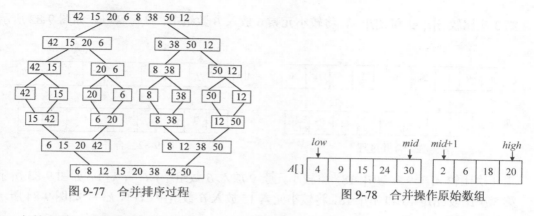

图 9-77 合并排序过程

图 9-78 合并操作原始数组

合并方法：设置 3 个工作指针 i、j、k（整型数）和一个辅助数组 $B[]$。其中，i 和 j 分别指向两个待排序子序列中当前待比较的元素，k 指向辅助数组 $B[]$ 中待放置元素的位置。比较 $A[i]$ 和 $A[j]$，将较小的赋值给 $B[k]$，同时相应的指针向后移动。如此反复，直到所有元素处理完毕。最后把辅助数组 B 中排好序的元素复制到 A 数组中，如图 9-79 所示。

```
int *B=new int[high-low+1];//申请一个辅助数组B[]
int i=low,j=mid+1,k=0;
```

现在，我们比较 $A[i]$ 和 $A[j]$，将较小的元素放入 B 数组中，相应的指针向后移动，直到 $i>mid$ 或者 $j>high$ 时结束。

```
while(i<=mid&&j<=high)//按从小到大顺序存放到辅助数组B[]中
{
    if(A[i]<=A[j])
        B[k++]=A[i++];
    else
        B[k++]=A[j++];
}
```

第 1 次比较 $A[i]=4$ 和 $A[j]=2$，将较小元素 2 放入 B 数组中，$j++$，$k++$，如图 9-80 所示。

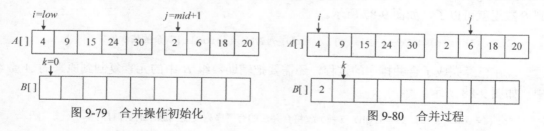

图 9-79 合并操作初始化

图 9-80 合并过程

第 2 次比较 $A[i]=4$ 和 $A[j]=6$，将较小元素 4 放入 B 数组中，$i++$，$k++$，如图 9-81 所示。

第 3 次比较 $A[i]=9$ 和 $A[j]=6$，将较小元素 6 放入 B 数组中，j++，k++，如图 9-82 所示。

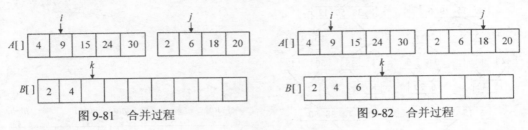

图 9-81　合并过程　　　　　　　　　　　图 9-82　合并过程

第 4 次比较 $A[i]=9$ 和 $A[j]=18$，将较小元素 9 放入 B 数组中，i++，k++，如图 9-83 所示。
第 5 次比较 $A[i]=15$ 和 $A[j]=18$，将较小元素 15 放入 B 数组中，i++，k++，如图 9-84 所示。

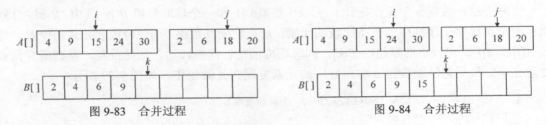

图 9-83　合并过程　　　　　　　　　　　图 9-84　合并过程

第 6 次比较 $A[i]=24$ 和 $A[j]=18$，将较小元素 18 放入 B 数组中，j++，k++，如图 9-85 所示。
第 7 次比较 $A[i]=24$ 和 $A[j]=20$，将较小元素 20 放入 B 数组中，j++，k++，如图 9-86 所示。

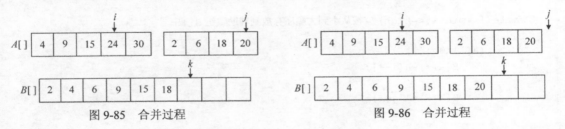

图 9-85　合并过程　　　　　　　　　　　图 9-86　合并过程

此时，$j>high$，while 循环结束，但 A 数组还有元素（$i \leqslant mid$）怎么办呢？直接将其放置到 B 数组就可以了，如图 9-87 所示。

```
while(i<=mid) B[k++]=A[i++];//对子序列A[low:middle]剩余的依次处理
```

现在已经完成了合并排序的过程，还需要把辅助数组 B 中的元素复制到原来的 A 数组中，如图 9-88 所示。

```
for(i=low, k=0; i<=high; i++)//将合并后的有序序列复制到原来的A[]序列
    A[i]=B[k++];
```

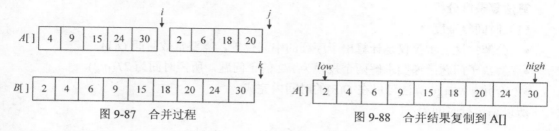

<table>
</table>

图 9-87   合并过程

图 9-88   合并结果复制到 A[]

代码实现

```
void Merge(int A[], int low, int mid, int high) //完整的合并程序
{
  int *B=new int[high-low+1];//申请一个辅助数组
  int i=low, j=mid+1, k=0;
  while(i<=mid&&j<=high)
  {//按从小到大存放到辅助数组B[]中
    if(A[i]<=A[j])
        B[k++]=A[i++];
    else
        B[k++]=A[j++];
  }
  while(i<=mid) B[k++]=A[i++];      //对子序列A[low:middle]剩余的依次处理
  while(j<=high) B[k++]=A[j++];     //对子序列A[middle+1:high]剩余的依次处理
  for(i=low, k=0; i<=high; i++)     //将合并后的序列复制到原来的A[]序列
    A[i]=B[k++];
  delete []B;
}
```

（2）递归形式的合并排序算法

将序列分为两个子序列，然后对子序列进行递归排序，再把两个已排好序的子序列合并成一个有序的序列。

代码实现

```
void MergeSort(int A[], int low, int high) //合并排序
{
  if(low < high)
  {
    int mid = (low+high)/2;
    MergeSort(A, low, mid);          //对A[low:mid]中的元素合并排序
    MergeSort(A, mid+1, high);       //对A[mid+1:high]中的元素合并排序
    Merge(A, low, mid, high);        //合并操作
  }
}
```

算法复杂度分析

（1）时间复杂度

- 分解：这一步仅仅是计算出子序列的中间位置，需要常数时间 $O(1)$。
- 解决子问题：递归求解两个规模为 $n/2$ 的子问题，所需时间为 $2T(n/2)$。
- 合并：Merge 算法可以在 $O(n)$ 的时间内完成。

所以总运行时间为：

$$T(n) = \begin{cases} O(1) &, \quad n=1 \\ 2T(n/2) + O(n), & n > 1 \end{cases}$$

当 $n>1$ 时，可以递推求解：

$$\begin{aligned} T(n) &= 2T(n/2) + O(n) \\ &= 2(2T(n/4) + O(n/2)) + O(n) \\ &= 4T(n/4) + 2O(n) \\ &= 8T(n/8) + 3O(n) \\ &\quad \cdots\cdots \\ &= 2^x T(n/2^x) + xO(n) \end{aligned}$$

递推最终的规模为 1，令 $n = 2^x$，则 $x = \log n$，那么

$$\begin{aligned} T(n) &= nT(1) + \log n O(n) \\ &= n + \log n O(n) \\ &= O(n \log n) \end{aligned}$$

合并排序算法的时间复杂度为 $O(n\log n)$。

（2）空间复杂度

程序中变量占用了一些辅助空间，这些辅助空间都是常数阶的，每调用一次 *Merge()*，会分配一个适当大小的缓冲区，且在退出时释放。最多分配大小为 n，所以空间复杂度为 $O(n)$。递归调用所使用的栈空间是 $O(\log n)$，想一想为什么？

合并排序递归树如图 9-89 所示。

递归调用时占用的栈空间是递归树的深度，$n=2^x$，则 $x=\log n$，递归树的深度为 $\log n$。

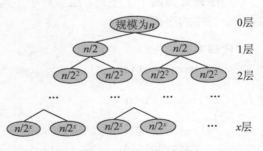

图 9-89　合并排序递归树

9.5 分配排序

分配排序不需要比较关键字的大小，根据关键字各位上的值，进行若干趟"分配"和"收集"实现排序。

9.5.1 桶排序

桶排序将待排序序列划分成若干个区间，每个区间可形象地看作一个桶，如果桶中的记录多于一个则使用较快的排序方法进行排序，把每个桶中的记录收集起来，最终得到有序序列。

完美图解

例如，有 10 个学生的成绩（68, 75, 54, 70, 83, 48, 80, 12, 75*, 92），对该成绩序列进行桶排序。

1）分配。学生成绩在 0～100，可以划分为 10 个桶，即 0～9，10～19，20～39，…，90～100，将学生成绩依次放入桶中，如图 9-90 所示。

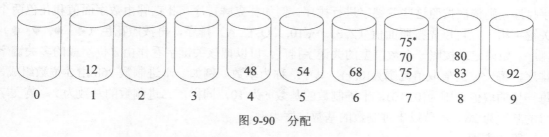

图 9-90 分配

2）排序。利用比较先进的排序算法对每个桶内的数据进行排序。如果桶内多于一个记录，可以使用前面章节的排序算法进行排序，例如插入排序，第 7 个桶排序后为 70、75、75*，第 8 个桶排序后为 80、83，如图 9-91 所示。

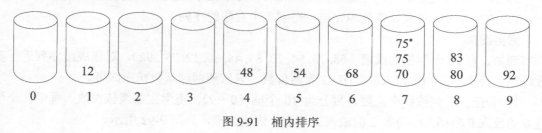

图 9-91 桶内排序

3）收集。将每个桶内的记录依次收集起来，得到一个有序的序列（12, 48, 54, 68, 70, 75, 75*, 80, 83, 92）。

桶排序需要注意如下几个问题。

1）桶排序的数据最好是均匀分布的。如果有 10 个学生成绩都在 90 分以上，那么 10 个记录都会分配在一个桶内，桶排序就退化成了一般的排序。理想的情况下，当数据均匀分布，桶的数量 m 足够大时，那么每个桶内最多只有一个记录，不需要再进行排序，只需要 $O(n)$ 的时间将所有记录分配到桶中，再用 $O(n)$ 的时间收集起来即可，桶排序的时间复杂度可以达到 $O(n)$。但是这样做空间复杂度较大，是以空间换时间的做法。

2）桶排序针对不同的数据选择的划分方法是不同的。例如序列（2, 56, 1278, 685, 70, 7570, 22529, 580, 7, 82），可以按照位数划分桶：1 位数，2 位数，3 位数，4 位数，5 位数。

3）桶内排序时使用的比较排序算法也有可能不同。可以使用直接插入排序，也可以使用快速排序。

因此这里不再给出桶排序算法的实现代码，了解其算法思想即可。

9.5.2 基数排序

基数排序可以看作桶排序的扩展，它是一种多关键字排序算法。如果记录按照多个关键字排序，则依次按照这些关键字进行排序。例如扑克牌排序，扑克牌由数字面值和花色两个关键字组成，可以先按照面值（2, 3, …, 10, J, Q, K, A）排序，再按照花色（♣, ♦, ♥, ♠）排序。如果记录按照一个数值型的关键字排序，可以把该关键字看作由 d 位组成的多关键字排序，每一位的值取值范围为 $[0, r)$，其中 r 称为基数。例如，十进制数 268 由 3 位数组成，每一位的取值范围为 $[0, 10)$，十进制数的基数 r 为 10，同样，二进制数的基数为 2，英文字母的基数为 26。本节以十进制数的基数排序为例。

算法步骤

1）求出待排序序列中最大关键字的位数 d，然后从低位到高位进行基数排序。

2）按个位将关键字依次分配到桶中，然后将每个桶中的数据依次收集起来。

3）按十位将关键字依次分配到桶中，然后将每个桶中的数据依次收集起来。

4）依次下去，直到 d 位处理完毕，得到一个有序的序列。

完美图解

例如，有 10 个学生的成绩（68, 75, 54, 70, 83, 48, 80, 12, 75*, 92），对该成绩序列进行基数排序。待排序序列中最大关键字 92 为两位数，只需要两趟基数排序即可。

1）分配。首先按照个位数，划分为 10 个桶（0～9），将学生成绩**依次**放入桶中，个位是 0 的放入 0 号桶，个位是 2 的放入 2 号桶，依次类推，如图 9-92 所示。

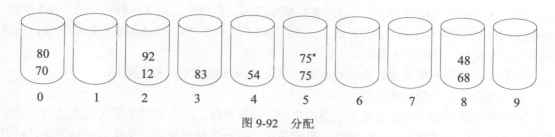

图 9-92 分配

2）收集。将每个桶内的记录**依次**收集起来，得到一个序列（70, 80, 12, 92, 83, 54, 75, 75*, 68, 48）。

3）分配。再按照十位数，划分为 10 个桶（0～9），将学生成绩依次放入桶中，如图 9-93 所示。

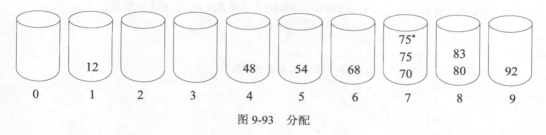

图 9-93 分配

4）收集。将每个桶内的记录依次收集起来，得到一个序列（12, 48, 54, 68, 70, 75, 75*, 80, 83, 92）。待排序数据都是两位数，只有两个关键字，排序完毕，得到一个有序序列。

讨论：分配和收集时为什么要"**依次**"放入和收集？如果不是"**依次**"会怎么样？

举个最简单的例子，例如对（82, 62, 65, 85）进行基数排序，首先按照个位划分到 2 号和 5 号桶中，如图 9-94 所示。

收集桶中的数据，（62, 82, 85, 65），再按照十位划分到 6 号和 8 号桶中，如图 9-95 所示。

图 9-94 分配   图 9-95 分配

收集桶中的数据，（65, 62, 85, 82），排序结束并不是一个有序的序列，为什么？

第一次分配放入桶中时，2 号桶没有按顺序放入，在原始关键字序列中，82 在 62 前面，但是放入 2 号桶时，82 在 62 的后面了（见图 9-95），收集时 5 号桶也没有依次收集。同样在第二次分配和收集时也是如此。

如果不是按顺序依次进行分配和收集，则无法保证排序结果的正确性。

如何保证依次分配和收集呢？

一个非常简单的方法就是队列，先进先出，依次进行。因此可以采用队列保持桶中数据的进出顺序，保证排序结果的正确性。也就是说，每一个桶内使用一个队列存储数据，可以使用顺序队列或链式队列。

代码实现

```
int Maxbit(int A[], int n)//求待排序序列最大元素位数
{
    int maxvalue=A[0],digits=0;//初始化最大元素为A[0],最大位数为0
    for(int i=1;i<n;i++)  //找到序列中最大元素
        if(A[i]>maxvalue)
            maxvalue=A[i];
    while(maxvalue!=0)//分解得到最大元素的位数
    {
        digits++;
        maxvalue/=10;
    }
    return digits;
}

int Bitnumber(int x,int bit)//求x第bit位上的数字,例如238第2位上的数字为3
{
    int temp=1;
    for(int i=1;i<bit;i++)
        temp*=10;
    return (x/temp)%10;
}

void RadixSort(int A[], int n)//基数排序
{
    int i,j,k,bit,maxbit;
    maxbit=Maxbit(A,n);//求最大元素位数
    cout<<maxbit<<endl;
    int **B =new int *[10];//分配空间
    for(i=0;i<10;i++)
        B[i]=new int[n+1];
    for(i=0;i<10;i++)
        B[i][0]=0;//统计第i个桶的元素个数
```

```
//从个位到高位，对不同的位数进行桶排序
for(bit=1;bit<=maxbit;bit++)
{
    for(j=0;j<n;j++)//分配
    {
        int num=Bitnumber(A[j],bit);//取 A[j]第 bit 位上的数字
        int index=++B[num][0];
        B[num][index]=A[j];
    }
    for(i=0,j=0;i<10;i++)//收集
    {
        for(k=1;k<=B[i][0];k++)
            A[j++]=B[i][k];
        B[i][0]=0;//收集后元素个数置零
    }
}
for(int i=0;i<10;i++)//释放空间
    delete []B[i];
delete B;
}
```

算法复杂度分析

（1）时间复杂度

基数排序需要进行 d 趟排序，每一趟排序包含分配和收集两个操作，分配需要 $O(n)$时间。收集操作如果使用顺序队列也需要 $O(n)$时间，如果使用链式队列则只需要将 r 个链队首尾相连即可，需要 $O(r)$时间，总的时间复杂度为 $O(d(n+r))$。

（2）空间复杂度

如果使用顺序队列，需要 r 个大小为 n 的队列，空间复杂度为 $O(rn)$。如果使用链式队列，则需要额外的指针域，空间复杂度为 $O(n+r)$。

（3）稳定性

基数排序是按关键字出现的顺序依次进行的，是**稳定**的排序方法。

9.6 排序学习秘籍

1. 本章内容小结

内部排序算法根据主要操作分为插入排序、交换排序、选择排序、归并排序、分配排序五大类，如图 9-96 所示。

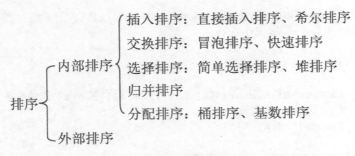

图 9-96　排序算法

2. 排序算法的性能比较

表 9-1　排序算法性能

性能 排序算法	时间复杂度			空间复杂度	稳定性
	最好情况	最坏情况	平均情况		
插入排序	$O(n)$	$O(n^2)$	$O(n^2)$	$O(1)$	稳定
冒泡排序	$O(n)$	$O(n^2)$	$O(n^2)$	$O(1)$	稳定
选择排序	$O(n^2)$	$O(n^2)$	$O(n^2)$	$O(1)$	不稳定
希尔排序	—	—	$O(n^{1.3})$	$O(1)$	不稳定
堆排序	$O(n\log n)$	$O(n\log n)$	$O(n\log n)$	$O(1)$	不稳定
快速排序	$O(n\log n)$	$O(n^2)$	$O(n\log n)$	$O(\log n)$	不稳定
归并排序	$O(n\log n)$	$O(n\log n)$	$O(n\log n)$	$O(n)$	稳定
桶排序	$O(n)$	$O(n^2)$	$O(n^2)$	$O(m+n)$	稳定
基数排序	$O(d(n+r))$	$O(d(n+r))$	$O(d(n+r))$	$O(rd)$	稳定

　　从表 9-1 中可以看出，选择排序、希尔排序、堆排序、快速排序是不稳定的。虽然从时间复杂度的数量级上看，堆排序、快速排序、归并排序的平均时间复杂度都是 $O(n\log n)$，但是在实际运行中，尤其是数据量较大时，还是有很大区别的。有人做过实验，对各种排序算法效率做了对比（单位：ms），如表 9-2 所示。

表 9-2　排序算法效率

数据规模 排序算法	10	10^2	10^3	10^4	10^5	10^6
冒泡排序	0.000 276	0.005 643	0.545	61	8 174	549 432
选择排序	0.000 237	0.006 438	0.488	47	4 717	478 694
插入排序	0.000 258	0.008 619	0.764	56	5 145	515 621
希尔排序（增量3）	0.000 522	0.003 372	0.036	0.518	4.152	61

续表

数据规模 排序算法	10	10^2	10^3	10^4	10^5	10^6
堆排序	0.000 450	0.002 991	0.041	0.531	6.506	79
归并排序	0.000 723	0.006 225	0.066	0.561	5.48	70
快速排序	0.000 291	0.003 051	0.030	0.311	3.634	39
基数排序（进制 100）	0.005 181	0.021	0.165	1.65	11.428	117
基数排序（进制 1000）	0.016 134	0.026	0.139	1.264	8.394	89

从表 9-2 中可以看出，快速排序的速度是比较快的，C++语言中 sort 函数就是使用的快速排序。

3．排序算法选择

一般来讲，快速排序是最快的，因此大多采用快速排序。但是如果数据量特别大，超过百万条记录，快速排序使用递归实现可能会发生栈溢出，这时可以考虑使用堆排序。插入排序尽管时间复杂度是 $O(n^2)$，但算法简单，对少量记录排序也十分有效，如果记录基本有序，则可以选择插入排序或冒泡排序。如果问题对稳定性有要求，则必须选择稳定的算法，注意选择排序、希尔排序、堆排序、快速排序是不稳定的。

4．排序算法应用场景

（1）排名

在实际应用中，会经常用到排名，例如竞赛成绩排名，投票计数排名，搜索结果排名，推荐系统排名，Top k 等。

（2）搜索

最常见的应用是找最值（最大值、最小值）、中位数、第 k 小，等等。

如果对一个序列反复求最小值（或最大值），则可以考虑使用排序或优先队列。

- 对于静态数据，即数据在处理过程中无增加、删除、改变的情况，可以使用排序。例如 Kruskal 算法求最小生成树，每次选择权值最小的边，需要多次选择时，则可以先排序，再依次选择即可。因为每次选择权值最小的边时间复杂度为 $O(n)$，如果选择 n 次，总的时间复杂度为 $O(n^2)$，而先排序再选择最小值，则只需要排序算法的时间复杂度 $O(n\log n)$。

- 对于动态数据，即数据在处理中有可能增加、删除、改变的情况，可以使用优先队列（用堆实现，见 10.2 节）。例如 Dijkstra 算法求最短路径，每次选择一个最短路径，选择后其他路径长度有可能松弛更新，如果再次排序，时间复杂度更高，而使用优先队列，每次选择一个最小值只需要 $O(\log n)$ 的时间，如果顺序选择一个最小值则需要 $O(n)$ 的时间。哈夫曼编码也是如此。在哈夫曼树生成的过程中，每次选择两个最小值，生成一棵新树，新树的树根权值等于两个最小值之和，增加到序列中，数据有增加的情况也不便再次排序，使用优先队列即可快速解决。

（3）找出重复元素

怎么知道一个序列中是否有重复元素？有多少重复元素？重复多少次？排序很容易解决这个问题。

（4）运筹学

例如作业调度问题、零件加工顺序问题，需要按照某种策略，决策先执行什么，后执行什么。

高级数据结构

本章介绍几种高级数据结构，包括并查集、优先队列、B-树、B+树、红黑树。并查集可用于集合合并、查找最近公共祖先等；优先队列可用于带有优先级的队列处理、找最小（最大）值等；B-树主要用于大规模数据的分级存储搜索，将内存的"高速度"和外存的"大容量"结合起来，提高搜索效率；B+树是 B-树的扩展，适用于文件索引系统；红黑树属于"适度平衡"的二叉搜索树，其统计性能更好，不需要频繁调平衡，任何不平衡都可以在 3 次旋转之内解决，且插入、删除等操作效率较高。

10.1 并查集

若某个家族人员过于庞大，要判断两个人是否是亲戚，确实很不容易。根据某个亲戚关系图，现在任意给出两个人，判断其是否具有亲戚关系。规定：x 和 y 是亲戚，y 和 z 是亲戚，那么 x 和 z 也是亲戚。如果 x 和 y 是亲戚，那么 x 的亲戚都是 y 的亲戚，y 的亲戚也都是 x 的亲戚。

那么如何很快判断两个人是否是亲戚呢？

可以使用并查集快速判断两人是否有亲戚关系。并查集是一种树形数据结构，用于处理一些不相交集合的合并及查询问题。

算法步骤

1）初始化。把每个点所在集合初始化为其自身。

2）查找。查找两个元素所在的集合，即找祖宗。

注意：查找时，采用递归的方法找其祖宗，祖宗集合号等于本身时停止。在回归时，把当前节点到祖宗路径上的所有节点统一为祖宗的集合号。

3）合并。如果两个元素的集合号不同，将两个元素合并为一个集合。

注意：合并时只需要把一个元素的祖宗集合号改为另一个元素的祖宗集合号。"擒贼先擒王"，只改祖宗即可！

完美图解

假设现在有 7 个人，通过输入亲戚关系图（9 个亲戚关系分别为：2—7, 4—5, 3—7, 4—7, 3—4, 5—7, 5—6, 2—3, 1—5），判断两个人是否有亲戚关系。

1）初始化。把每个人的集合号初始化为其自身编号，如图 10-1 和图 10-2 所示。

2）输入亲戚关系 2 和 7。

3）查找。查找 2 所在的集合号为 2，7 所在的集合号为 7。

4）合并。两个元素集合号不同，将两个元素合并为一个集合。在此约定把小的集合号赋值给大的集合号，因此修改 $father[7]=2$，如图 10-3 和图 10-4 所示。

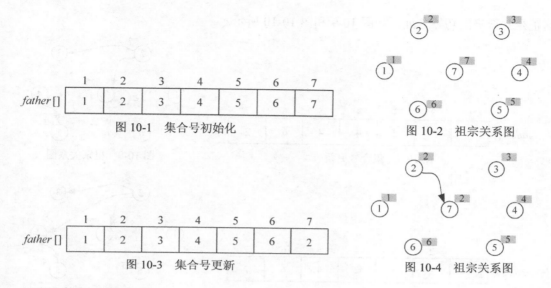

图 10-1 集合号初始化

图 10-2 祖宗关系图

图 10-3 集合号更新

图 10-4 祖宗关系图

5）输入亲戚关系 4 和 5。

6）查找。查找 4 所在的集合号为 4，5 所在的集合号为 5。

7）合并。两个元素集合号不同，将两个元素合并为一个集合。在此约定把小的集合号赋值给大的集合号，因此修改 *father*[5]=4，如图 10-5 和图 10-6 所示。

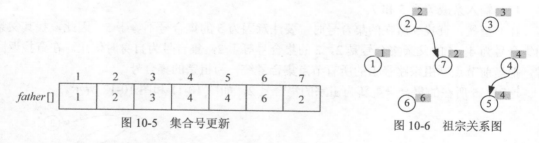

图 10-5 集合号更新

图 10-6 祖宗关系图

8）输入亲戚关系 3 和 7。

9）查找。查找 3 所在的集合号为 3，7 所在的集合号为 2。

10）合并。两个元素集合号不同，将两个元素合并为一个集合。在此约定把小的集合号赋值给大的集合号，因此修改 *father*[3]=2，如图 10-7 和图 10-8 所示。

11）输入亲戚关系 4 和 7。

12）查找。查找 4 的祖宗，4 的集合号为 4，7 所在的集合号为 2。

13）合并。两个元素集合号不同，将两个元素合并为一个集合。在此约定把小的集合号赋值给大的集合号。因此修改 *father*[4]=2。"擒贼先擒王"，只改祖宗即可！集合号为 4 的有两个节点，在此只需要修改 4 的祖宗即可，并不需要把集合号为 4 的所有节点都检索一遍，这正是并查集的巧妙之处，如图 10-9 和图 10-10 所示。

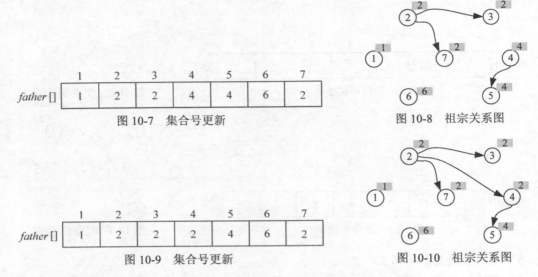

	1	2	3	4	5	6	7
father []	1	2	2	4	4	6	2

图 10-7   集合号更新

图 10-8   祖宗关系图

	1	2	3	4	5	6	7
father []	1	2	2	2	4	6	2

图 10-9   集合号更新

图 10-10   祖宗关系图

14）输入亲戚关系 3 和 4。

15）查找。查找 3 所在的集合号为 2，4 所在的集合号为 2。

16）合并。两个元素集合号相同，什么也不做。

17）输入亲戚关系 5 和 7。

18）查找。查找 5 所在的集合号时，要注意因为 5 的集合号不等于 5，因此，找其父亲的集合号为 4，4 的父亲集合号是 2，2 的集合号等于 2，集合号为自身时停止。在查找返回时，把当前节点到祖宗路径上的所有节点集合号统一为祖宗的集合号。

这时，5 所在的集合号更新为祖宗的集合号 2，如图 10-11 和图 10-12 所示。

	1	2	3	4	5	6	7
father []	1	2	2	2	2	6	2

图 10-11   集合号更新

图 10-12   祖宗关系图

7 所在的集合号为 2。

19）合并。两个元素集合号相同，什么也不做。

20）输入亲戚关系 5 和 6。

21）查找。查找 5 所在的集合号为 2，6 所在的集合号为 6。

22）合并。两个元素集合号不同，将两个元素合并为一个集合。在此约定把小的集合号赋值给大的集合号，因此修改 $father[6]=2$，如图 10-13 和图 10-14 所示。

图 10-13　集合号更新

图 10-14　祖宗关系图

23）输入亲戚关系 2 和 3。

24）查找。查找 2 所在的集合号为 2，3 所在的集合号为 2。

25）合并。两个元素集合号相同，什么也不做。

26）输入亲戚关系 1 和 5。

27）查找。查找 1 所在的集合号为 1，5 所在的集合号为 2，2 所在的集合号为 2，因此 5 的祖宗为 2。

两个元素集合号不同，将两个元素合并为一个集合。在此约定把小的集合号赋值给大的集合号，因此将 5 的祖宗 2 号节点的集合号改为 1 即可，即修改 $father[2]=1$，如图 10-15 和图 10-16 所示。"擒贼先擒王"，只修改祖宗集合号即可。

图 10-15　集合号更新

图 10-16　祖宗关系图

假设到此为止，亲戚关系图已经输入完毕。

我们可以看到 3、4、5、6、7 这些节点集合号并没有改为 1，这样真的可以吗？

1）如果要判断现在有几个家族（集合），只需要统计有几个集合号和下标相同。图 10-15 中只有 1 的集合号和下标相同，说明现在只有一个集合。

2）如果要判断两个人是否有亲戚关系（是不是属于同一个集合），只需要看这两个人的祖宗是否相同。

例如，要判断 5 和 2 是不是亲戚关系。

1）先查找 5 的祖宗，5 的父亲是 2，2 的父亲是 1，1 的父亲是 1，搜索停止。找祖宗的过程中，5 到其祖宗 1 这条路径上所有的节点集合号都更新为 1。

2）再查找 2 的祖宗，2 的父亲是 1，1 的父亲是 1，搜索停止。2 到其祖宗 1 这条路径上所有的节点集合号都更新为 1。

3）5 和 2 的集合号都为 1，所以 5 和 2 是亲戚关系。

代码实现

```
void Init(int n)//初始化
{
    for(int i=1;i<=n;i++)
        father[i]=i;
}

int Find(int x)//找祖宗
{
    if(x!=father[x])
        father[x]=Find(father[x]);
    return father[x];
}

int Merge(int a,int b)//合并集合
{
    int p=Find(a);//找 a 的祖宗 p
    int q=Find(b); //找 b 的祖宗 q
    if(p==q) return 0;
    if(p>q)
        father[p]=q;//小的赋值给大的集合号
    else
        father[q]=p;
    return 1;
}
```

算法复杂度分析

如果有 n 个节点、e 条边（关系），每一条边（u, v）进行集合合并时，都要查找 u 和 v 的祖宗，查找的路径从当前节点一直到根节点。n 个节点组成的树，平均情况下树的高度为 $\log n$，因此并查集中，合并集合的时间复杂度为 $O(e\log n)$。

10.2 优先队列

在算法设计中，经常用到从序列找一个最小值（或最大值）的操作，例如最短路径、哈

夫曼编码等都需要找最小值。如果从序列中顺序查找最小值（或最大值）需要 $O(n)$ 的时间，而使用优先队列找最小值（或最大值）则只需要 $O(\log n)$ 的时间。

优先队列是利用堆来实现的，堆可以看作一棵完全二叉树的顺序存储结构。在这棵完全二叉树中，如果每一个节点的值都大于等于左右孩子的值，则称之为最大堆。如果每一个节点的值都小于等于左右孩子的值，则称之为最小堆。

例如，一个数据元素序列，如图 10-17 所示，其对应的完全二叉树如图 10-18 所示，该完全二叉树满足最大堆的定义。

	1	2	3	4	5	6	7	8	9	10
r[ ]	30	28	20	16	18	2	16*	6	10	12

图 10-17　数据元素序列

根据完全二叉树的性质，如果一个节点的下标为 i，则其左孩子下标为 $2i$，其右孩子下标为 $2i+1$，其双亲的下标为 $i/2$。且具有 n 个节点的完全二叉树的深度为 $\lfloor \log_2 n \rfloor +1$。

普通的队列是先进先出的，而优先队列与普通队列不同，每次出队时按照优先级顺序出队。例如，最小值（或最大值）出队，优先队列中的记录存储满足堆的定义。优先队列除了构建初始堆之外，有出队和入队两种常用的操作。

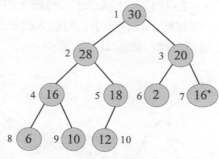

图 10-18　完全二叉树

算法步骤

1）构建初始堆。

2）出队：堆顶出队，最后一个记录代替堆顶的位置，重新调整为堆。

3）入队：新记录放入最后一个记录之后，重新调整为堆。

10.2.1　出队

完美图解

例如，一个最大堆，如图 10-18 所示。出队时，堆顶 30 出队，最后一个记录 12 代替堆顶，如图 10-19 所示。

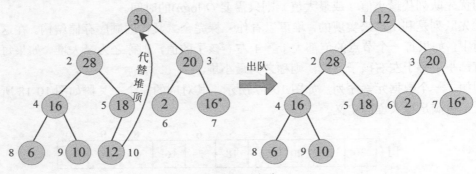

图 10-19　出队

出队后，除了堆顶之外，其他节点都满足最大堆的定义，只需要将堆顶执行"下沉"操作，即可调整为堆。

"下沉"：堆顶与左右孩子比较，如果比孩子大，则已调整为堆；如果比孩子小，则与较大的孩子交换，交换到新的位置后，继续向下比较，从根节点一直比较到叶子。

堆顶"下沉"过程如下。

1）堆顶 12 和两个孩子 28、20 比较，比孩子小，与较大的孩子 28 交换。

2）12 再和两个孩子 16、18 比较，比孩子小，与较大的孩子 18 交换。

3）比较到叶子停止，已调整为堆，如图 10-20 所示。

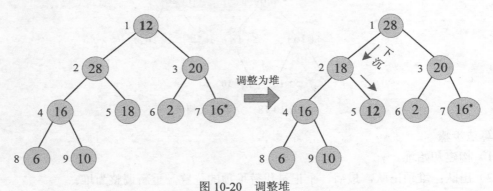

图 10-20　调整堆

调整堆的过程就是堆顶从根"下沉"到叶子的过程。

代码实现

```
void Sink(int k,int n)//下沉操作
{
    while(2*k<=n)//如果有左孩子, k 的左孩子为 2k,右孩子为 2k+1
```

```
    {
        int j=2*k;//j 指向左孩子
        if(j<n&&r[j]<r[j+1])//如果有右孩子,且左孩子比右孩子小
            j++;    //j 指向右孩子
        if(r[k]>=r[j])//比"较大的孩子"大
            break;    //已满足堆
        else
            swap(r[k],r[j]);//与较大的孩子交换
        k=j;//k 指向交换后的新位置,继续向下比较,一直"下沉"到叶子
    }
}

void pop(int n)//出队
{
    cout<<r[1]<<endl;//输出堆顶
    r[1]=r[n--];//最后一个元素代替堆顶, n 减 1
    Sink(1,n);//堆顶下沉操作
}
```

10.2.2 入队

完美图解

例如,一个最大堆,如图 10-18 所示。入队时,将新元素放入最后一个记录之后,例如 29 入队,放入 12 的后面,如图 10-21 所示。

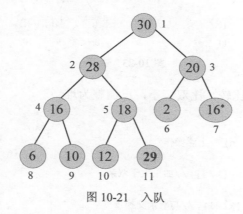

图 10-21 入队

入队后除了新入队记录之外,其他节点都满足最大堆的定义,只需要将新记录执行"上浮"操作,即可调整为堆。

"上浮":新记录与其双亲比较,如果小于等于双亲,则已调整为堆;如果比双亲大,则与双亲交换,交换到新的位置后,继续向上比较,从叶子一直比较到根。

新记录"上浮"过程如下。

1）新记录 29 和其双亲 18 比较，比双亲大，与双亲交换，如图 10-22 所示。

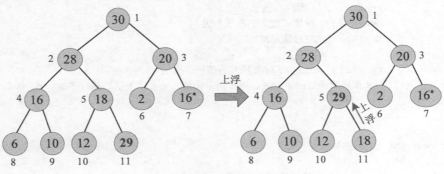

图 10-22 上浮

2）29 再和其双亲 28 比较，比双亲大，与双亲交换，如图 10-23 所示。

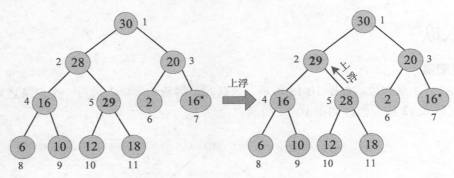

图 10-23 上浮

3）29 再和其双亲 30 比较，比双亲小，已调整为堆。

代码实现

```
void Swim(int k,int n)//上浮操作
{
    while(k>1&&r[k]>r[k/2])//如果大于双亲
    {
        swap(r[k],r[k/2]);//与双亲交换
        k=k/2;//k 指向交换后的新位置，继续向上比较，一直上浮到根
    }
}

void push(int n,int x)//入队
```

```
        {
            r[++n]=x;//n 加 1 后，将新元素放入尾部
            Swim(n);//最后一个元素上浮操作
        }
```

10.2.3 构建初始堆

完美图解

例如，对无序序列{12, 16, 2, 30, 28, 20, 16*, 6, 10, 18}构建初始堆（最大堆）。

构建初始堆过程：首先按照完全二叉树的顺序构建一棵完全二叉树，然后从最后一个分支节点 $n/2$ 开始调整堆，依次将序号为 $n/2-1$, $n/2-2$, $\cdots$, 1 的节点执行下沉操作，调整为堆。

1）首先将无序序列按照完全二叉树的顺序构建完全二叉树，如图 10-24 所示。

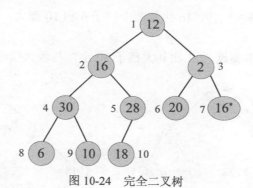

图 10-24 完全二叉树

2）从最后一个分支节点 $n/2=5$ 开始调整堆，28 比其孩子 18 大，不需要交换。

3）下标为 4 的节点调整堆，30 比其两个孩子 6 和 10 都大，不需要交换。

4）下标为 3 的节点调整堆，2 比其大孩子 20 小，与较大孩子交换，如图 10-25 所示。

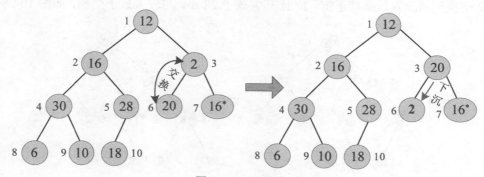

图 10-25 调整堆

5）序号为 2 的节点调整堆，16 比其大孩子 30 小，与较大孩子交换，如图 10-26 所示。

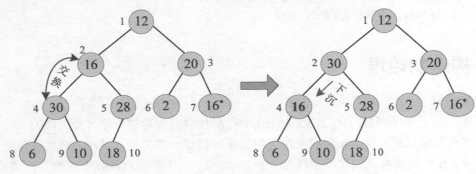

图 10-26 调整堆

16 交换到新位置后继续比较，16 比其两个孩子 6 和 10 都大，不需要交换，比较到叶子停止。

6）序号为 1 的节点调整堆，12 比其大孩子 30 小，与较大孩子交换，如图 10-27 所示。

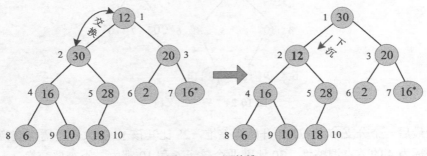

图 10-27 调整堆

12 交换到新位置后继续下沉，12 比其大孩子 28 小，与较大孩子交换，如图 10-28 所示。

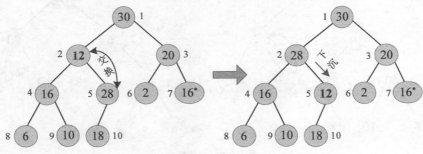

图 10-28 调整堆

12 交换到新位置后继续下沉，12 比其孩子 18 小，与较大孩子交换，下沉到叶子停止，如图 10-29 所示。

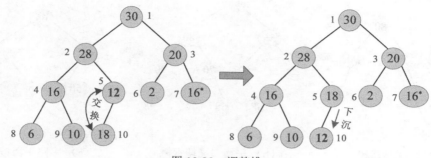

图 10-29 调整堆

代码实现

```
void CreatHeap(int n)//构建初始堆
{
    for(int i=n/2;i>0;i--)//从最后一个分支节点 n/2 开始下沉调整为堆，直到第一个节点
        Sink(i,n);
}
```

算法复杂度分析

优先队列是利用堆实现的一种特殊队列。堆是按照完全二叉树顺序存储的，具有 n 个节点的完全二叉树的深度为 $\lfloor \log_2 n \rfloor +1$。出队时，堆顶元素出队，最后一个元素代替堆顶，新的堆顶从根下沉到叶子，最多达到树的深度，时间复杂度为 $O(\log n)$；入队时，新元素从叶子上浮到根，最多达到树的深度，时间复杂度也为 $O(\log n)$。优先队列的入队和出队操作间复杂度均为 $O(\log n)$，因此在 n 个元素的优先队列中找一个最小值（或最大值）的时间复杂度为 $O(\log n)$。想找到一个最大值就用最大堆，想找到一个最小值就用最小堆。

10.3 B-树

二叉搜索树的搜索效率和树高成正比关系，通过减少二叉搜索树的高度，可以提高搜索效率。平衡二叉树可以减少树高，但是仍然不够彻底，因为每个节点只含有一个关键字，树高仍然为 $O(\log n)$，能否继续压缩树高，使其更加扁平化呢？

如果一个节点不限于存储一个关键字，就可以包含多个关键字和多个子树，既保持二叉搜索树的特性，又具有平衡性，这样的搜索树称为多路平衡搜索树，如图 10-30 所示。平衡二叉搜索树比普通的二叉搜索树高低，而多路平衡搜索树的树高更低，更加扁平化，搜索的效率更高。

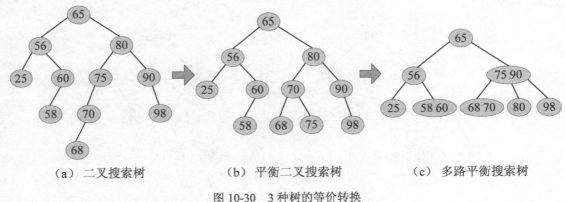

| （a）二叉搜索树 | （b）平衡二叉搜索树 | （c）多路平衡搜索树 |

图 10-30 3 种树的等价转换

那么是不是越扁平就越好呢？再压缩下去，就变成一个包含所有节点的树根了！

事实上并非如此，多路平衡搜索树主要用于大规模数据的分级存储搜索，将内存的"高速度"和外存的"大容量"结合起来，提高搜索效率。众所周知，内存的访问速度是很快的，而外存的访问速度则慢 5～6 个数量级。数据规模巨大时，无法全部放入内存，数据全集往往放在外存中，如果频繁地访问外存，则搜索的效率降低。如何减少外存操作呢？

外存访问时，访问一个数据和访问一段连续存储的数据，时间差别不大。因此可以用"大节点"代替多个单个节点，一个"大节点"包含多个连续存储的数据，它们作为一个整体，进行一次外存访问。将这个"大节点"调入内存后，再进行多次内存操作，例如顺序查找或折半查找。与外存访问相比，内存操作的成本很小。

一个"大节点"到底包含多少个数据元素合适呢？主要取决于不同外存的批量访问特性。例如，可以根据磁盘扇区的容量和数据元素的大小计算出一个"大节点"包含的数据元素个数。若一个"大节点"包含 255 个数据元素，那么每次查找 1G 个数据元素需要 4～5 次外存访问，而如果使用平衡二叉搜索树（AVL 树），则每次查找需要 30 次外存访问。

多路平衡搜索树，又称为 B-树，或者 B 树。一棵 m 阶 B-树，或为空树，或满足以下特性。

1）每个节点最多有 m 棵子树。

2）根节点至少有两棵子树。

3）内部节点（除根和叶子之外的节点）至少有 $\lceil m/2 \rceil$ 棵子树。

4）终端节点（叶子）在同一层上，并且不带信息（空指针），通常称为失败节点。

5）非终端节点的关键字个数比子树个数少 1。

也就是说，根节点至少有一个关键字和两棵子树，其他非终端节点关键字个数范围为 $[\lceil m/2 \rceil -1，m-1]$，子树个数范围为 $[\lceil m/2 \rceil，m]$。

例如，3 阶 B-树，其内部节点的子树个数 $2 \leq k \leq 3$，所以又称为 2-3 树。也就是说，每个节点有 1～2 个关键字、2～3 棵子树，所有的叶子都在最后一层，如图 10-31 所示。

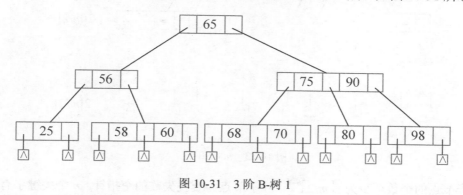

图 10-31　3 阶 B-树 1

为了简化其画法，省去最后一层空指针，直接将图 10-31 简化为最紧凑的形式，如图 10-32 所示。

B-树具有**平衡**、**有序**、**多路**的特点。在 B-树中，所有的叶子都在最后一层，因此左右子树的高差为 0，体现了平衡的特性。B-树具有中序有序的特性，即左子树<根<右子树。多路是指可以有多个分支，m 阶 B-树中的节点最多可以有 m 个分支，所以称为 m 路平衡搜索树。

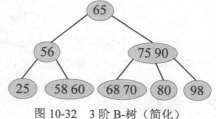

图 10-32　3 阶 B-树（简化）

查找、插入、删除操作与树高成正比关系，因此先分析树高，然后详解 B-树的查找、插入、删除等基本操作。

10.3.1　树高与性能

一棵含有 n 个关键字的 m 阶 B-树最大高度是多少呢？

首先要看每层至少有多少个节点，因为节点越少，高度越大。根据定义，根节点至少有两棵子树，那么第二层至少有 2 个节点，除了根之外，每个非叶子节点至少有 $\lceil m/2 \rceil$ 棵子树，每个子树对应一个节点，因此第三层至少有 $2 \lceil m/2 \rceil$ 个节点……依次类推，第 $h+1$ 层至少有 $2 \lceil m/2 \rceil^{h-1}$ 个节点。如图 10-33 所示。

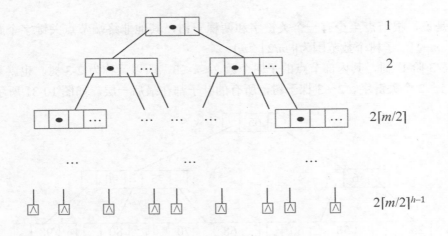

图 10-33 *m* 阶 B-树

叶子节点的个数至少为 $2\lceil m/2 \rceil^{h-1}$，叶子节点为查找失败的空指针，*n* 个关键字有 *n*+1 种查找失败的情况，即：

$$n+1 \geqslant 2\lceil m/2 \rceil^{h-1}$$

$$h \leqslant \log_{\lceil m/2 \rceil}((n+1)/2)+1 = O(\log_m n)$$

一棵含有 *n* 个关键字的 *m* 阶 B-树最大高度为 $O(\log_m n)$。后面分析 B-树的查找、插入、删除等基本操作的时间复杂度时可以利用该结果。

10.3.2 查找

B-树的查找和二叉搜索树的查找类似，不同的是需要从外存调入节点，然后在节点内查找（一个节点可能包含多个关键字）。

首先将根节点作为当前节点，在当前节点的关键字中查找目标，若查找成功，则返回。否则通过判断进入下一层的节点，若该节点不是叶子（空指针），则将其从外存调入内存作为当前节点，重复查找过程。在任何时刻，通常只有当前节点在内存中，其他节点放在外存中，需要时才会调入内存。

完美图解

例如，一棵 3 阶 B-树，如图 10-34 所示，在该树中查找 80。

1）首先，80 和根节点 65 比较，80>65，转向根节点的第二个分支；

2）和 75 比较，80>75，和 90 比较，80<90，转

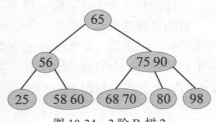

图 10-34 3 阶 B-树 2

向该节点的第二个分支；

3）和 80 比较，查找成功。

算法复杂度分析

B-树的查找时间包括将节点从外存调入内存和在内存中当前节点查找两个方面。节点间的跳转作为一次外存访问，节点内的查找作为多次内存操作，因为外存和内存操作时间相差巨大，因此节点内的内存操作忽略不计，只需要考察在查找的过程中访问了多少个节点即可。查找最多从根访问到叶子，即树的高度 $O(\log_m n)$，含有 n 个关键字的 m 阶 B-树，因此 m 阶 B-树查找的时间复杂度为 $O(\log_m n)$。

10.3.3 插入

进行插入操作时，首先要在 B-树中查找合适的插入位置。因为关键字不允许重复，如果查找成功，则不进行插入操作，返回。如果查找失败，则将关键字插入到失败节点的双亲节点中。例如，在一棵 3 阶 B-树中插入 59，首先查找位置，59 大于 58 小于 60，而 58 和 60 之间的子树为空指针，查找失败，将 59 插入该位置，如图 10-35 所示。

上溢

但是 m 阶 B-树每个节点的关键字个数不能超过 $m-1$，插入关键字后，如果仍然满足此条件，那么插入操作完成。如果插入后，关键字个数为 m（超过了 $m-1$），则发生上溢。需要进行分裂操作解除上溢，使该节点及整棵树重新满足 m 阶 B-树的条件。

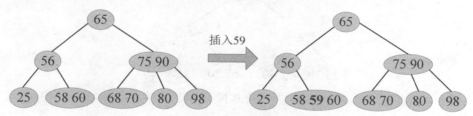

图 10-35　3 阶 B-树的插入

刚刚发生上溢的节点 V，插入之前满足条件（关键字个数小于等于 $m-1$），插入之后大于 $m-1$，因此 V 节点现在恰好有 m 个关键字。将该关键字**分裂**操作：取 V 节点中间的关键字 $k_s(s=m/2)$，将 k_s 上升到其父节点 P，左右两部分作为 k_s 的左右孩子，如图 10-36 所示。

分裂操作将上溢节点的中间关键字 k_s 上升到其父节点，如果其父节点这时也发生上溢，则继续分裂操作，一直向上传递，最远到达树根。

k_s 上升到其父节点 P 后，可分为 3 种情况。

1）P 节点未发生上溢，修复完成。

2）P 节点发生上溢，执行分裂操作，一直向上传递，在到达树根前不再发生上溢，或到达树根但树根未发生上溢，修复完成。

3）特殊情况下，上溢一直传递到树根，树根也发生上溢，那么将树根分裂，根节点的中间关键字分裂成为新的树根，修复完成，此时树的高度增1。

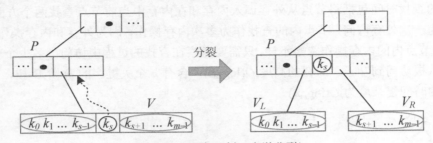

图 10-36　*m* 阶 B-树（上溢分裂）

完美图解

图解 3 阶 B-树的插入操作，包括未发生上溢以及发生上溢的 3 种情况处理。

1）在一棵 3 阶 B-树中插入 30，未发生上溢（节点关键字个数不超过 2），直接插入即可，如图 10-37 所示。

2）在一棵 3 阶 B-树中插入 59，发生上溢（节点关键字个数超过 2），执行分裂操作，中间关键字上升到其父节点，父节点未发生上溢，修复完成，如图 10-38 所示。

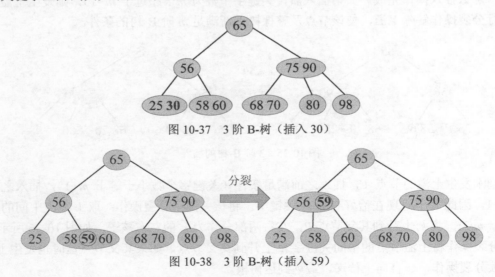

图 10-37　3 阶 B-树（插入 30）

图 10-38　3 阶 B-树（插入 59）

3）在一棵 3 阶 B-树中插入 73，发生上溢（节点关键字个数超过 2），执行分裂操作，中间关键字 70 上升到其父节点，如图 10-39 所示。

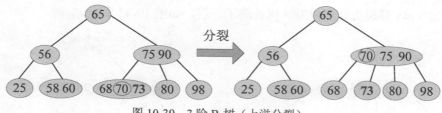

图 10-39　3 阶 B-树（上溢分裂）

也发生上溢，继续分裂，中间关键字 75 上升到其父节点，父节点未发生上溢，修复完成，如图 10-40 所示。

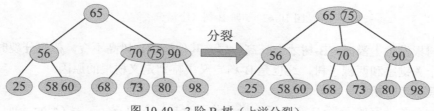

图 10-40　3 阶 B-树（上溢分裂）

4）在一棵 3 阶 B-树中插入 32，发生上溢（节点关键字个数超过 2），执行分裂操作，中间关键字 37 上升到其父节点，如图 10-41 所示。

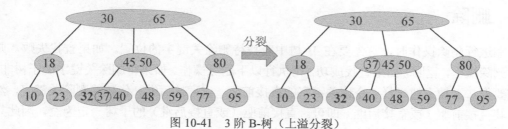

图 10-41　3 阶 B-树（上溢分裂）

也发生上溢，继续分裂，中间关键字 45 上升到其父节点，如图 10-42 所示。

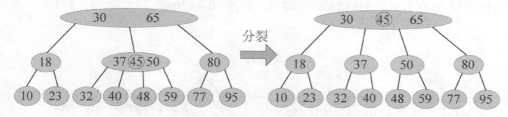

图 10-42　3 阶 B-树（上溢分裂）

也发生上溢，此时是树根发生上溢，无父节点，分裂时不能将中间关键字上升到父节点，将中间关键字 45 分裂为新的树根，树长高了一层，如图 10-43 所示。

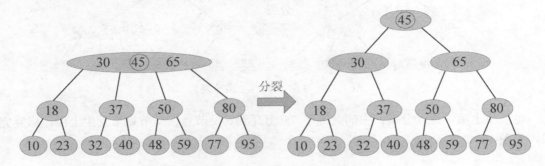

图 10-43　3 阶 B-树（上溢分裂）

只有树根发生上溢时，B-树才会长高一层，其他情况，树高不变。树根分裂时，新的树根只有一个关键字和两棵子树，这也是 B-树定义中特别定义树根的原因。

算法复杂度分析

含有 n 个关键字的 m 阶 B-树，插入操作除了查找插入位置（需要 $O(\log_m n)$ 时间）之外，如果发生上溢，需要分裂操作，分裂操作不会超过树的高度 $O(\log_m n)$，因此插入操作的时间复杂度为 $O(\log_m n)$。

10.3.4　删除

在进行删除操作时，首先要在 B-树中查找待删除关键字的位置。如果查找失败，则不进行删除操作，返回。如果查找成功，则执行以下删除操作。如果待删除关键字的子树非空，则需要像二叉搜索树一样，令该关键字的直接前驱（或直接后继）代替待删除关键字，然后删除其直接前驱（或直接后继）即可。直接前驱（或直接后继）的子树一定为空，因此只需要处理待删除关键字的子树为空的情况即可。

例如，在一棵 3 阶 B-树中删除 75，首先查找 75 位置，75 所在节点的子树非空，则令 75 的直接前驱 70 代替之，然后删除 70 即可，如图 10-44 所示。

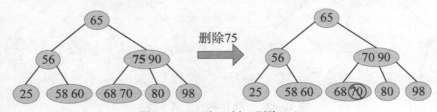

图 10-44　3 阶 B-树（删除 75）

如果要删除 65 呢？删除 90 会怎样？动手试一试。

下溢

m 阶 B-树中，除根之外，所有非终端节点的关键字个数不能少于 $\lceil m/2 \rceil - 1$，删除关键字后，如果仍然满足此条件，那么删除操作完成。如果删除后，关键字个数为 $\lceil m/2 \rceil - 2$（少于 $\lceil m/2 \rceil - 1$），则发生下溢。需要相关操作解除下溢，使该节点及整棵树重新满足 m 阶 B-树的条件。

考查下溢节点 V 的左右兄弟，下溢处理分为 3 种情况：左借、右借、合并。

1）V 的左兄弟至少包含 $\lceil m/2 \rceil$ 个关键字（左借）。

因为除根之外，非终端节点的关键字个数不能少于 $\lceil m/2 \rceil - 1$，而 V 的左兄弟至少包含 $\lceil m/2 \rceil$ 个关键字，"借"走一个也没事。那么怎么借呢？

上溢节点向父节点"借"一个关键字 y，父节点再向 V 的左兄弟"借"一个关键字 x，下溢解除，如图 10-45 所示。其中，x 为 V 的左兄弟 L 中的最大关键字，父节点 P 中关键字 y 的左右孩子为 L、V。

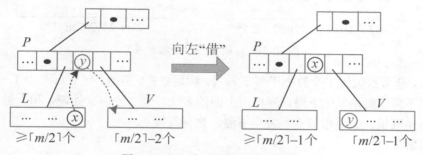

图 10-45　m 阶 B-树（下溢左借）

2）V 的右兄弟至少包含 $\lceil m/2 \rceil$ 个关键字（右借）。

如果 V 的左兄弟关键字不足 $\lceil m/2 \rceil$ 个，无法借出，而右兄弟至少包含 $\lceil m/2 \rceil$ 个关键字，"借"走一个也没事，那么向右兄弟"借"一个节点。

上溢节点向父节点"借"一个节点 y，父节点再向 V 的右兄弟"借"一个节点 x，下溢解除，如图 10-46 所示。其中，x 为 V 的右兄弟 R 中的最小关键字，父节点 P 中关键字 y 的左右孩子为 V、R。

3）V 的左、右兄弟包含的关键字均不足 $\lceil m/2 \rceil$ 个（合并）。

而 V 的左右兄弟包含的关键字不足 $\lceil m/2 \rceil$ 个，都刚好满足条件（$\lceil m/2 \rceil - 1$ 个），无法再"借"出。如果有左兄弟，可令 y 下移到 L 和 V 之间，将 L、V 两个节点合并得到一个新的节点。P 节点中关键字 y 和指向 V 的指针删除，如图 10-47 所示。如果没有左兄弟，则与右兄弟合并，左右兄弟不可能同时不存在。

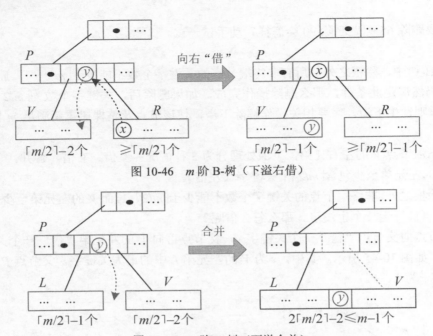

图 10-46   m 阶 B-树（下溢右借）

图 10-47   m 阶 B-树（下溢合并）

合并后，新节点关键字个数小于等于 m−1，满足条件。但是，父节点 P 少了一个关键字，有可能发生下溢。如果发生下溢，同样用上面的方法，分 3 种情况处理，和上溢一样，下溢可能一直传递到根。如果根节点也发生下溢，则树高减 1。

完美图解

图解 3 阶 B 树的删除操作，包括未发生下溢以及发生下溢的 3 种情况处理。

1）无下溢。在一棵 3 阶 B-树中删除 65，首先查找 65 位置，65 所在的节点子树非空，则令 65 的直接前驱 60 代替之，然后删除 60 即可。删除后未发生下溢（节点关键字个数不少于 1），删除成功，如图 10-48 所示。

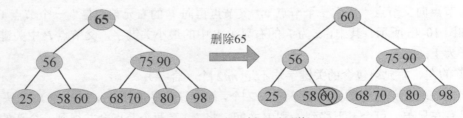

图 10-48   3 阶 B-树（无下溢）

2）左借。在一棵 3 阶 B-树中删除 90，首先查找 90 位置，90 所在的节点子树非空，则令 90 的直接前驱 80 代替之，然后删除 80 即可。删除 80 后，该节点没有关键字，发生下溢（节点关键字个数少于 1），需要处理下溢，如图 10-49 所示。

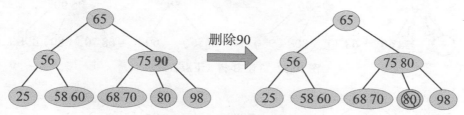

图 10-49　3 阶 B-树（发生下溢）

发生下溢节点的左兄弟有两个关键字，借出一个仍满足最低要求。因此父节点中的 75 下来，左兄弟的最大关键字 70 上去，下溢解除，如图 10-50 所示。

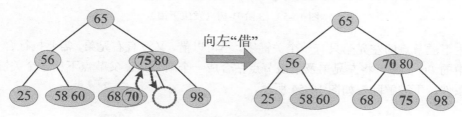

图 10-50　3 阶 B-树（下溢左借）

3）右借。在一棵 3 阶 B-树中删除 25，首先查找 25 位置，25 所在的节点子树为空，直接删除即可。删除 25 后，该节点没有关键字，发生下溢（节点关键字个数少于 1），需要处理下溢，如图 10-51 所示。

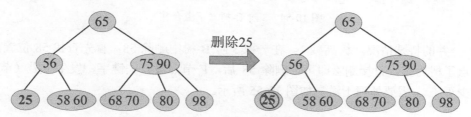

图 10-51　3 阶 B-树（发生下溢）

发生下溢节点没有左兄弟，其右兄弟有两个关键字，借出一个仍满足最低要求。因此父节点中的 56 下来，右兄弟的最小关键字 58 上去，下溢解除，如图 10-52 所示。

4）合并。在一棵 3 阶 B-树中删除 98，首先查找 98 位置，98 所在的节点子树为空，直接删除即可。删除 98 后，该节点没有关键字，发生下溢（节点关键字个数少于 1），需要处理下溢，如图 10-53 所示。

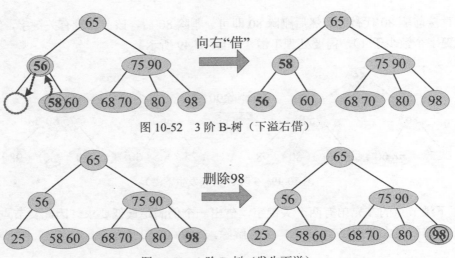

图 10-52　3 阶 B-树（下溢右借）

图 10-53　3 阶 B-树（发生下溢）

发生下溢节点的左兄弟只有一个关键字，不可以借，又没有右兄弟，需要执行合并操作。父节点中的 90 下来，将左兄弟及下溢节点粘合成一个新节点，父节点下移一个关键字后仍然满足条件，下溢解除，如图 10-54 所示。

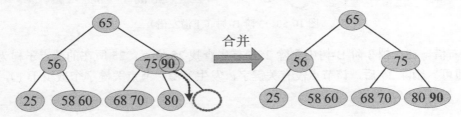

图 10-54　3 阶 B-树（下溢合并）

5）合并的特殊情况，树高减 1。在一棵 3 阶 B-树中删除 58，首先查找 58 位置，58 所在的节点子树为空，直接删除即可。删除 58 后，V 节点没有关键字，发生下溢（节点关键字个数少于 1），需要处理下溢，如图 10-55 所示。

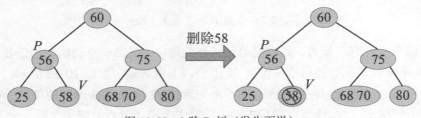

图 10-55　3 阶 B-树（发生下溢）

V 的左兄弟只有一个关键字，不可以借，又没有右兄弟，需要执行合并操作。父节点 P 中的 56 下移到 V 的左兄弟及 V 节点之间，合并成一个新节点，如图 10-56 所示。

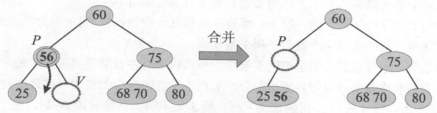

图 10-56　3 阶 B-树（下溢合并）

父节点 P 下移一个关键字后发生下溢（节点关键字个数少于 1），继续处理下溢。P 节点没有左兄弟，右兄弟只有一个关键字，不可以借，需要合并操作。P 的父节点下移一个关键字到 P 和 P 的右兄弟之间，合并为一个新节点，如图 10-57 所示。

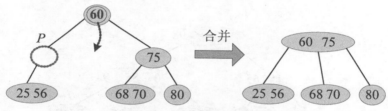

图 10-57　3 阶 B-树（下溢合并）

注意：当树根关键字下移后，没有关键字了，删除树根，树高减 1。
算法复杂度分析
含有 n 个关键字的 m 阶 B-树，删除操作除了查找待删除关键字位置（需要 $O(\log_m n)$ 时间）之外，删除后如果发生下溢，需要左借、右借或合并操作，合并操作不会超过树的高度 $O(\log_m n)$，因此，删除操作的时间复杂度为 $O(\log_m n)$。

含有 10 亿个节点的 3 阶 B-树的高度仅在 19～30 之间，最多需要访问 30 个节点就能够在 10 亿个键中进行任何查找、插入和删除操作，这个速度是相当惊人的！

10.4　B+树

B+树是 B-树的变种，更适用于文件索引系统。从严格定义上讲，B+树已经不属于树，因为叶子之间有连接，树是不允许同层节点有连接的。

一棵 m 阶 B+树，或为空树，或满足以下特性。

1）每个节点最多有 *m* 棵子树。

2）根节点至少有两棵子树。

3）内部节点（除根和叶子之外的节点）至少有⌈*m*/2⌉棵子树。

4）终端节点（叶子）在同一层上，并且不带信息（空指针），通常称为失败节点。

5）非终端节点的关键字个数与子树个数相同。

6）倒数第二层节点包含了全部的关键字，节点内部有序且节点间按升序顺序链接。

7）所有的非终端节点只作为索引部分，节点中仅含子树中的最大（或最小）关键字。

从定义上看，前 4 条和 B-树的定义一样，后 3 条不同。一棵 *m* 阶 B+树，根节点至少有两个关键字，其他非终端节点关键字个数范围为[⌈*m*/2⌉, *m*]，关键字个数等于子树个数，而 B-树关键字个数比子树个数少一个。

例如，一棵 3 阶 B+树，其内部节点的子树个数 2≤*k*≤3，关键字个数也是 2≤*n*≤3，如图 10-58 所示。一般有两个指针，一个指向树根，一个指向倒数第二层关键字最小的节点。

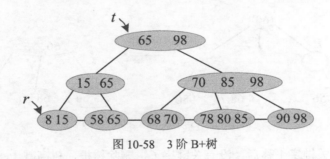

图 10-58　3 阶 B+树

从图 10-58 中可以看出，最后一层内部节点就是一个分块的顺序链表，父节点记录了子节点的最大关键字。

10.4.1　查找

B+树支持两种方式的查找，可以利用 *t* 指针从树根向下索引查找，也可以利用 *r* 指针从最小关键字向后顺序查找。尽管如此，仍不建议顺序查找，因为其时间复杂度为 $O(n)$，而索引查找效率要高得多。

若从树根向下查找，则首先在根节点中查找，然后在子树中查找，即使查找成功，也会继续向下，直到最后一层。也就是说，每次查找都要走一条从树根到叶子的路径，时间复杂度为树高 $O(\log_m n)$。

完美图解

例如，在一棵 3 阶 B+树中查找 70，首先和 65 比较，70>65；再和 98 比较，70<98，到

98 的左分支查找；和 70 比较，相等，继续到 70 的左分支查找；和 68 比较，70>68，继续
比较，找到 70，查找成功，如图 10-59 所示。

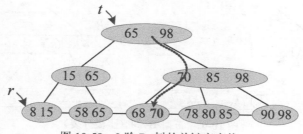

图 10-59   3 阶 B+树的关键字查找

B+树不仅支持单个关键字查找，还支持范围查找。例如，查找范围在[a, b]之间的关键
字，首先查找 a 所在的位置，从根到最后一层，查找等于或大于 a 的关键字。如果找到，则
继续在 a 所在的节点查找；如果未发现大于 b 的关键字，就可以沿着该节点的最后一个指针
查找下一个节点，直到找到一个等于或大于 b 的关键字停止。

例如，在一棵 3 阶 B+树中查找[60, 80]之间的关键字，首先查找 60 所在的位置，从根到
最后一层，查找等于或大于 60 的关键字，未找到 60，则找到比它大的关键字 65；继续在该
节点查找，在下下个节点找到了等于 80 的关键字，查找成功，如图 10-60 所示。

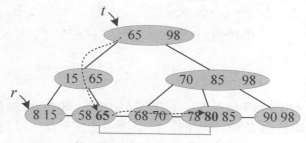

图 10-60   3 阶 B+树的范围查找

10.4.2   插入

m 阶 B+树仅在最后一层节点插入，因为除了最后一层节点，其他非终端节点都表示索
引。又因为 m 阶 B+树的关键字个数要求不超过 m，如果插入后节点的关键字个数超过 m，
则发生上溢，需要分裂操作。只不过分裂时，和 B-树的分裂不同，上升到父节点的关键字，
子节点中仍然保留。

刚刚发生上溢的节点 V，插入之前满足条件（关键字个数小于等于 m），插入之后大于 m，

因此 V 节点现在恰好有 $m+1$ 个关键字。将该关键字进行**分裂**操作：取 V 节点中间的关键字 k_s（$s=m+1/2$），将 k_s 上升到其父节点 P，左右两部分作为 k_s 的左右孩子，如图 10-61 所示。

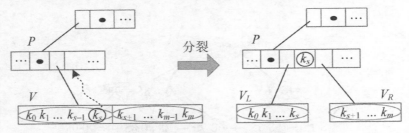

图 10-61　m 阶 B+树（上溢分裂）

中间关键字上升到父节点后，需要检查父节点是否发生上溢，如果发生上溢，则继续分裂，一直向上传递，最远到达树根。如果根节点发生上溢，则需要做以下特殊处理。

树根分裂操作需要分裂的两个子节点的最大关键字一起上升，生成一个新的节点作为新树根，此时树高增 1，如图 10-62 所示。

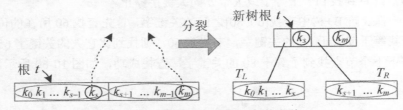

图 10-62　m 阶 B+树（树根上溢分裂）

完美图解

（1）未发生上溢

例如，在一棵 3 阶 B+树中插入 60，首先和 65 比较，60<65，到 65 的左分支查找；和 15 比较，60>15；继续和 65 比较，60<65，到 65 的左分支查找；和 58 比较，60>58；继续和 65 比较，60<65，到 65 的左分支查找，该分支为空，查找失败。将 60 插入 65 之前，插入后未发生上溢，插入成功，如图 10-63 所示。

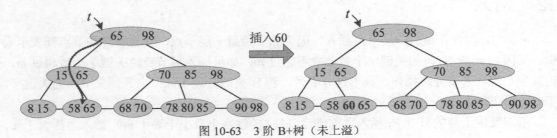

图 10-63　3 阶 B+树（未上溢）

（2）发生上溢

在一棵 3 阶 B+树中插入 82，首先通过查找将 82 插入 85 之前，发生上溢，需要分裂操作，如图 10-64 所示。

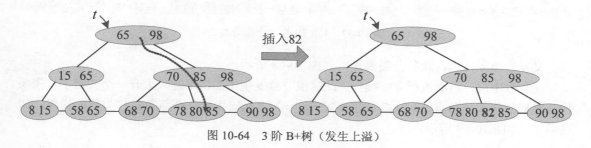

图 10-64　3 阶 B+树（发生上溢）

分裂操作：中间关键字 80 上升到其父节点，78、80 作为其左子树，82、85 作为其右子树，如图 10-65 所示。

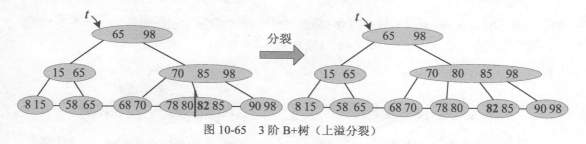

图 10-65　3 阶 B+树（上溢分裂）

此时又发生了上溢，继续执行分裂操作，中间关键字 80 上升到其父节点，70、80 作为其左子树，85、98 作为其右子树，如图 10-66 所示。

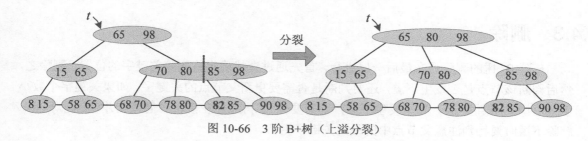

图 10-66　3 阶 B+树（上溢分裂）

此时未发生上溢，插入成功。

（3）发生上溢（树根分裂）

例如，在一棵 3 阶 B+树中插入 35 之后，发生上溢，执行分裂操作，如图 10-67 所示。

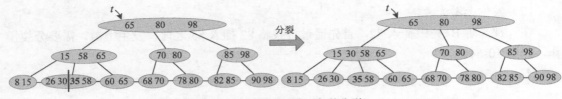

图 10-67　3 阶 B+树（上溢分裂）

又发生上溢，再次执行分裂操作，如图 10-68 所示。

又发生上溢，再次执行分裂操作。此时根节点发生上溢，不能只上升一个关键字，需要将分裂后的两个子节点的最大关键字 65、98 一起上升，生成一个新节点作为新的树根，树高增 1，如图 10-69 所示。

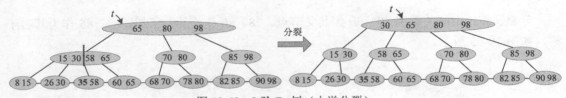

图 10-68　3 阶 B+树（上溢分裂）

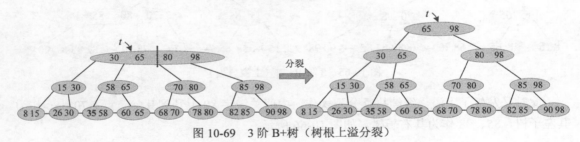

图 10-69　3 阶 B+树（树根上溢分裂）

10.4.3　删除

m 阶 B+树的删除只在最后一层进行，首先通过查找确定待删除关键字的位置，删除之，然后判断该节点是否发生下溢，还要判断是否需要更新父节点的关键字。如果关键字个数小于 $\lceil m/2 \rceil$，则发生下溢。如果发生下溢，则需要像 B-树那样左借、右借或合并以解除下溢。解除下溢时要特别注意父节点中的最大关键字更新。

完美图解

（1）未发生下溢

在一棵 3 阶 B+树中删除 85，首先查找到 85 的位置，将其删除，删除后未发生下溢，但是该子节点的最大关键字为 80，需要更新其父节点中该位置关键字为 80，如图 10-70 所示。

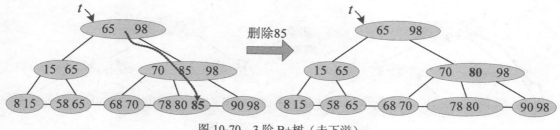

图 10-70　3 阶 B+树（未下溢）

（2）发生下溢（右借）

在一棵 3 阶 B+树中删除 68，首先查找到 68 的位置，删除之，删除后该节点发生下溢；左兄弟只有 2 个关键字不可以借，右兄弟有 3 个关键字，可以向右兄弟借一个，借后更新父节点，如图 10-71 所示。

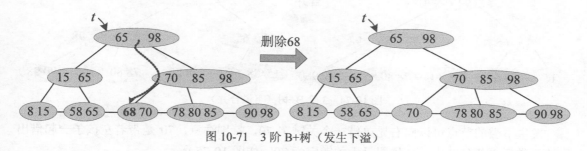

图 10-71　3 阶 B+树（发生下溢）

向右兄弟借一个关键字 78，借后更新父节点该位置最大关键字为 78，如图 10-72 所示。

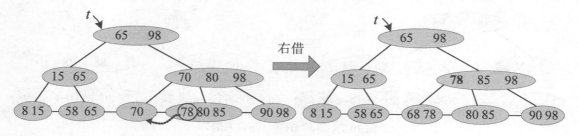

图 10-72　3 阶 B+树（下溢右借）

（3）发生下溢（合并）

在一棵 3 阶 B+树中删除 8，首先查找到 8 的位置，将其删除，删除后该节点发生下溢；其没有左兄弟，右兄弟只有 2 个关键字不可以借，可以和右兄弟合并，如图 10-73 所示。

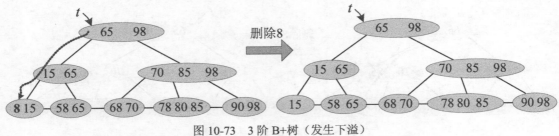

图 10-73　3 阶 B+树（发生下溢）

与右兄弟合并后，需删除父节点中该位置的关键字 15，删除后再次发生下溢，如图 10-74 所示。

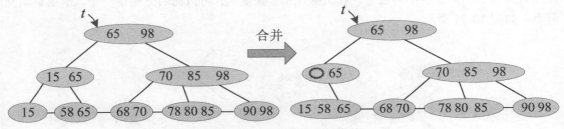

图 10-74　3 阶 B+树（下溢合并）

发生下溢的节点可以向右兄弟借一个关键字 70，特别注意，70 是带着左孩子一起借出去的，借后更新父节点，该位置最大关键字为 70，如图 10-75 所示。

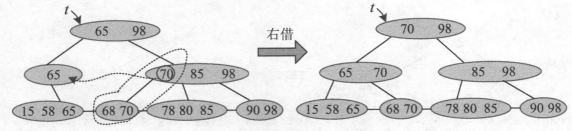

图 10-75　3 阶 B+树（下溢右借）

（4）发生下溢（树根）

如果发生下溢的节点的左右兄弟都不可以借，则和兄弟的执行合并操作，合并后删除其父节点所在位置的关键字，删除后，根节点发生下溢。此时，直接删除根节点即可，树高减 1，如图 10-76 所示。

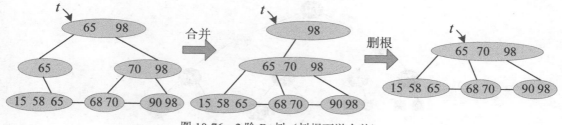

图 10-76 3 阶 B+树（树根下溢合并）

算法复杂度分析

含有 n 个关键字的 m 阶 B+树，查找、插入和删除操作的时间复杂度均为树的高度 $O(\log_m n)$。

10.5 红黑树

平衡二叉树（AVL 树）虽然可以保证在最坏的情况下，查找、插入和删除的时间复杂度均为 $O(\log n)$，但是插入和删除后重新调整平衡可能需要多达 $O(\log n)$ 次旋转，频繁地调整平衡导致全树整体拓扑结构的变化。AVL 树的左右子树高度差绝对值不超过 1，而红黑树在 AVL 树 "适度平衡" 的基础上，进一步放宽条件：**红黑树的左右子树高度差不超过两倍**。红黑树也是一种平衡二叉搜索树，虽然和 AVL 树一样，查找、插入和删除的时间复杂度均为 $O(\log n)$，但是其统计性能更好一些，不需要频繁调整平衡，任何不平衡都可以在 3 次旋转之内解决。因此红黑树被广泛应用，例如在 C++ STL 中的很多函数，包括 set、multiset、map、multimap 都应用了红黑树的变体。Java 中的集合类 TreeMap 就是红黑树的实现。

10.5.1 红黑树的定义

红黑树（red-black tree）是满足以下性质的二叉搜索树。

1）每个节点是红色或黑色的。

2）根节点是黑色的。

3）每个叶子节点是黑色的。

4）如果一个节点为红色，则其孩子节点必为黑色。

5）从任一节点到其后代叶子的路径上，均包含相同数目的黑节点。

例如，一棵红黑树，如图 10-77 所示。

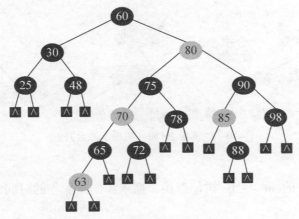

图 10-77　红黑树

从图 10-77 中可以看出，任何一个节点，其左右子树高度差不超过两倍，因为从任一节点到叶子的黑节点数目相等，一个子树可能全是黑节点，一个子树可能黑节点和红节点交替出现，这样就多了一倍的红节点，从而使高差达到一倍。例如，60 的左子树高度为 3，右子树高度为 6，右子树的高度是左子树的两倍。

黑高：从某节点 x（不包含该节点）到叶子的任意一条路径上黑色节点的个数称为该节点的黑高。

红黑树的黑高为根节点的黑高。例如，在图 10-77 中，该红黑树的黑高为 3。

红黑树的插入、删除等操作中，必须维护红黑树的 5 个性质，性质 1、3 很容易满足，需要特别维护性质 2、4、5，即**根为黑色，红节点必有黑孩子，左右子树黑高相同**。

10.5.2　树高与性能

红黑树没有 AVL 树那么"平衡"，为什么查找、插入和删除的速度也为 $O(\log n)$ 呢？

这是因为含有 n 个内部节点的红黑树的高度不超过 $O(\log n)$。

证明：

假设红黑树的高度为 h，根到叶子节点至少一半是黑色节点，根的黑高至少为 $h/2$，那么，高为 $h/2$ 的二叉树节点数为 $2^{h/2}-1$。而除了这些节点，后面的 $h/2$ 肯定还有节点存在，否则也不会树高为 h，如图 10-78 所示。

因此：

$$n \geqslant 2^{h/2}-1$$

即：

$$n+1 \geqslant 2^{h/2}$$

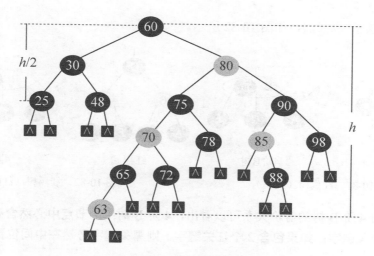

图 10-78 红黑树的树高

两边同时取对数，得到：$h \leq 2\log(n+1) = O(\log n)$。

查找、插入和删除的速度与树高成线性正比，因此红黑树查找、插入和删除的时间复杂度为 $O(\log n)$。

10.5.3 红黑树与 4 阶 B 树

红黑树和 4 阶 B 树之间存在等价关系。如果从红黑树的树根开始，自顶向下逐层检查，如果遇到红节点，则将该节点压缩到父节点一侧；如果遇到黑节点，则保留。因为红节点对黑高没有贡献，而黑节点对黑高有贡献。

红黑树与 4 阶 B 树的 4 种等价方式如下。

1）两个黑孩子（黑黑），如图 10-79 所示。

2）左黑右红（黑红），如图 10-80 所示。

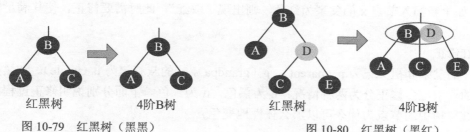

图 10-79 红黑树（黑黑）　　　　　图 10-80 红黑树（黑红）

3）左红右黑（红黑），如图 10-81 所示。

4）两个红孩子（红红），如图 10-82 所示。

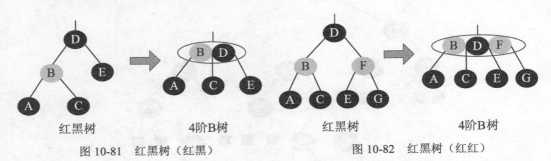

图 10-81　红黑树（红黑）　　　　图 10-82　红黑树（红红）

从红黑树与 4 阶 B 树的等价关系可以看出，**4 阶 B 树中的节点中必然含有一个黑节点，且最多包含 3 个关键字；如果包含 2 个红关键字，则黑关键字必然在中间位置。**

10.5.4　查找

红黑树本身就是"适度平衡"的二叉搜索树，其查找和二叉搜索树的查找一样，这里不再赘述。

10.5.5　插入

在红黑树中插入 x，首先通过查找，如果查找成功，什么也不做，直接返回。如果查找失败，则在查找失败的位置创建 x 节点，并置红色（如果为树根，则置黑色）。

为什么插入的新节点一定要置红色呢？

如果置黑色则有可能改变黑高，违反性质 5。如果置红色，不会改变黑高，但是有可能违反性质 4（红节点必然有黑孩子）。

插入分为两种情况。

1）如果新插入节点 x 的父亲为黑色，则仍然满足红黑树的条件，插入成功。

2）如果新插入节点 x 的父亲为红色，则出现"双红"，此时需要修正，使其满足红黑树的条件。

双红修正

将 x 的父亲和祖父记为 p（parent）、g（grandpa），x 的叔叔记为 u（uncle）。红黑树插入节点后的"双红"修正分为两种情况：u 为黑色，u 为红色。下面分别说明修正过程，让大家明白红黑树中的节点为什么可以那么任性地变色。

（1）u 为黑色

修正原理

当 u 为黑色，x 及其父亲 p 出现"双红"，可以根据红黑树与 4 阶 B 树的转换实现。首先将红黑树通过压缩转换为 4 阶 B 树，此时 4 阶 B 树的节点中出现了两个红节点，而根据红黑树和 4 阶 B 树的对应关系，如果 4 阶 B 树的节点中出现了两个红节点，则黑节点必然在中间。因此将中间节点 p 置为黑色，两则节点置为红色，然后将其转换为红黑树即可，如图 10-83 所示。

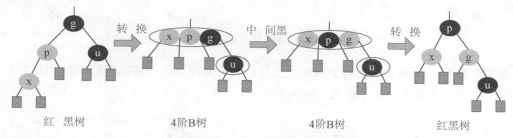

图 10-83　红黑树（修正原理）

修正方法

修正的原理清楚了，那么该修正方法也可以看作旋转和染色的过程。g 到 x 的路径为 LL，执行 LL 型旋转。将 g 右旋，然后将旋转后的根染黑，其两个孩子染红，如图 10-84 所示。

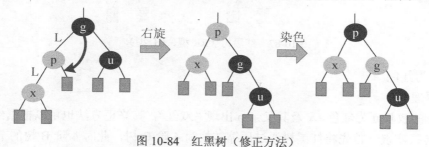

图 10-84　红黑树（修正方法）

同样的道理，如果 x 为 p 的右孩子，也可以采用该方法修正，如图 10-85 所示。

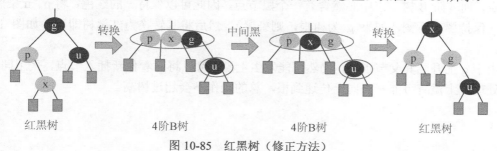

图 10-85　红黑树（修正方法）

如果从旋转的角度看，g 到 x 的路径为 LR，执行 LR 型旋转。先将 x 左旋，再将 g 右旋，然后将旋转后的根染黑，其两个孩子染红，如图 10-86 所示。

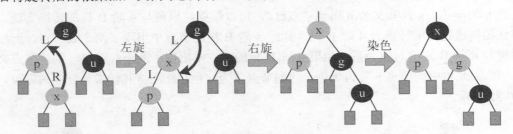

图 10-86　红黑树（修正方法）

根据对称性，如果 g 的左右子树互换位置，则又会出现两种情况（RR 型、RL 型），如图 10-87 所示。大家可以动手修正，试试看。

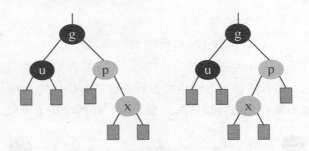

图 10-87　红黑树（RR 型、RL 型）

（2）u 为红色

修正原理

如果 x 的叔叔 u 为红色，x 及其父亲 p 出现"双红"，其修正方法也可以根据红黑树与 4 阶 B 树的转换实现。首先将红黑树通过压缩转换为 4 阶 B 树，此时 4 阶 B 树的节点中出现了 4 个节点，发生上溢，需要执行分裂操作，令 g 上升到 g 的父节点中；分裂后 x、p 均为红节点，而 4 阶 B 树节点中必然含有一个黑节点，因此可以保持 x 的红色，将 p、u 染黑，g 染红（保持黑高不变，如果 g 为树根，则染黑），然后将其转换为红黑树即可，如图 10-88 所示。

由于 g 上升到其父节点后，仍然可能发生上溢，可以将 g 看作新插入节点，采用同样的方法处理，上溢有可能一直向上传递到根，总的操作不会超过树高。

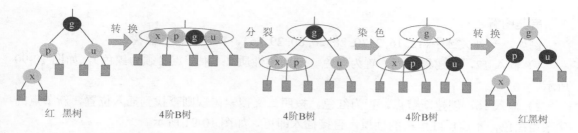

图 10-88　红黑树（修正原理）

修正方法

以上为红黑树修正的原理，理解原理之后，也可以简单、粗暴地直接变色，将父亲和叔叔染黑，祖父染红，即 p、u 染黑，g 染红（保持黑高不变，如果 g 为树根，则染黑）。因为 g 的父亲有可能有红色，因此将 g 看作新插入节点，采用同样的方法处理，每处理一次，上升两层，一直到树根，如图 10-89 所示。

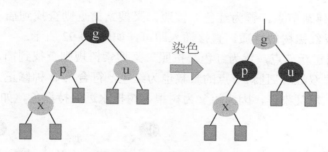

图 10-89　红黑树（修正方法）

根据对称性，其他 3 种情况，大家可以动手修正，试试看。

红黑树的插入修正秘籍

将 x 的父亲和祖父记为 p（parent）、g（grandpa），x 的叔叔记为 u（uncle）。如果 p 为黑色，则仍然满足红黑树的条件，无须修正。如果 p 为红色，插入节点后的"双红"修正分为两种情况：u 为黑色，u 为红色，如表 10-1 所示。

表 10-1　红黑树插入修正秘籍

情况		修正方法
p 为黑色		满足红黑树性质，无需修正
p 为红色	u 为黑色	判断 g 到 x 的路径为 LL、RR、LR、RL，执行旋转。旋转后的根染黑，其两个孩子染红
	u 为红色	p、u 染黑，g 染红， 将 g 看作新插入节点，采用同样的方法处理

完美图解

例如，一列关键字{12, 16, 2, 30, 28, 20, 60, 29, 85}，构建一棵红黑树。

1）输入 12，创建根节点，置为黑色（红黑树性质 2：根节点必须为黑色），如图 10-90 所示。

2）输入 16，创建新节点，置为红色。按照二叉搜索树规则查找到插入位置，新节点的父亲为黑色，不违反红黑树的性质，直接插入即可，如图 10-91 所示。

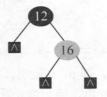

图 10-90　红黑树创建过程 1　　　　图 10-91　红黑树创建过程 2

3）输入 2，创建新节点，置为红色。按照二叉搜索树规则查找到插入位置，新节点的父亲为黑色，未违反红黑树的性质，直接插入即可，如图 10-92 所示。

4）输入 30，创建新节点，置为红色。按照二叉搜索树规则查找到插入位置，新节点的父亲为红色，出现"双红"，且新节点的叔叔也为红色，符合第 2 种修正方案。直接染色：将父亲和叔叔染黑，祖父染红，因为祖父为树根，树根永远保持黑色，如图 10-93 所示。

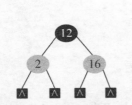
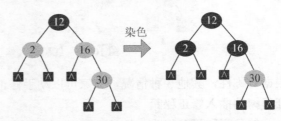

图 10-92　红黑树创建过程 3　　　　图 10-93　红黑树创建过程 4

5）输入 28，创建新节点，置为红色，按照二叉搜索树规则查找到插入位置，新节点的父亲为红色，出现"双红"，且新节点的叔叔为黑色，符合第 1 种修正方案。16 到 28 的路径为 RL，执行 RL 型旋转。执行右旋和左旋后，将旋转后的根 28 染黑，其两个孩子 16、30 染红，如图 10-94 所示。

6）输入 20，创建新节点，置为红色，按照二叉搜索树规则查找到插入位置，新节点的父亲为红色，出现"双红"，且新节点的叔叔也为红色，符合第 2 种修正方案。直接染色：将父亲和叔叔染黑，祖父染红。祖父染红后将该节点看作新节点，向上检查，看是否再次出现"双红"，未出现，插入完成，如图 10-95 所示。

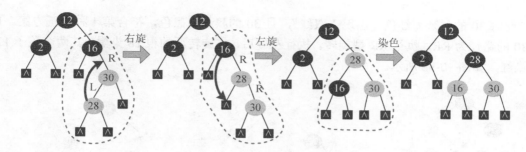

图 10-94　红黑树创建过程 5

7）输入 60、29，创建新节点，置为红色，按照二叉搜索树规则查找到插入位置，新节点的父亲为黑色，未违反红黑树的性质，插入完成，如图 10-96 所示。

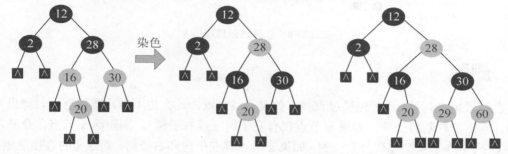

图 10-95　红黑树创建过程 6　　　　　　图 10-96　红黑树创建过程 7

8）输入 85，创建新节点，置为红色，按照二叉搜索树规则查找到插入位置，新节点的父亲为红色，出现"双红"，且新节点的叔叔也为红色，符合第 2 种修正方案。直接染色：将父亲和叔叔染黑，祖父染红。祖父 30 染红后将该节点看作新节点，向上检查，再次出现"双红"，继续进行修正，如图 10-97 所示。

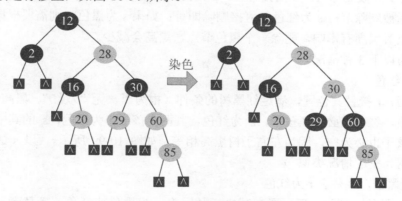

图 10-97　红黑树创建过程 8

此时 30 的父亲为红色，出现"双红"，且 30 的叔叔为黑色，符合第 1 种修正方案。12 到 30 的路径为 RR，执行 RR 型旋转。执行左旋后，将旋转后的根 28 染黑，其两个孩子 12、30 染红，如图 10-98 所示。

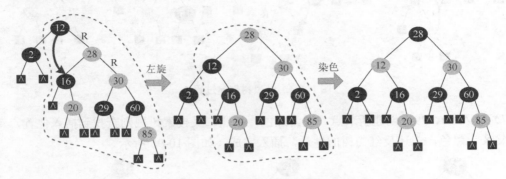

图 10-98　红黑树创建过程 9

10.5.6　删除

在红黑树中删除 x，首先通过查找，如果查找失败，什么也不做，直接返回。如果查找成功，则需要判断后处理：如果 x 节点仅有左子树（或右子树），则删除 x 节点，令其左子树（或右子树）子承父业代替其位置。如果 x 节点有左子树和右子树，则令 x 的直接前驱（或直接后继）代替其位置，然后删除其直接前驱（或直接后继）即可。在删除节点的过程中，有可能违反红黑树的性质 2、4、5，即根为黑色，红节点必有黑孩子，左右子树黑高相等。简而言之，根为黑、无"双红"、黑高相等。

注意：如果 x 节点有左子树和右子树，则实际被删除节点为其直接前驱（或直接后继）。

令 r 指向实际被删除节点 s 的接替者，p 指向 x 的父亲。s 必有一个孩子为空。

如果实际被删除节点 s 为红色，直接删除即可；如果 s 为黑色，则需要根据情况修正，因为黑色节点对黑高有影响，删除一个黑色节点，黑高会减少。

删除分为以下 3 种情况。

（1）s 为红色

删除 s 后，r 接替其位置，满足红黑树的条件（根为黑、无"双红"、黑高不变）。根据红黑树的性质，红节点必有黑孩子，s 为红色，其两个孩子必为黑色，s 的其中一个孩子为空，另一个孩子也必为空，因为左右子树黑高相等，如图 10-99 所示。（以 s 的右子树为空为例，左子树为空的情况类似。）

（2）s 为黑色，接替者 r 为红色

因为 s 为黑色，删除 s 后，黑高减少。又因为 p 为黑色或红色，接替者 r 为红色，有可能出现"双红"。可以直接将 r 置为黑色，既维护了黑高（删除一个黑色的 s，置 r 为黑色，黑高不变），又避免了"双红"，如图 10-100 所示。（图中菱形表示颜色为红色或黑色。）

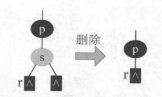

图 10-99　红黑树删除（情况 1）

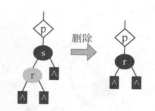

图 10-100　红黑树删除（情况 2）

（3）s 为黑色，接替者 r 为黑色

接替者 r 为黑色，根据左右子树黑高相同原则，r 必为空。因为 s 为黑色，删除 s 后，黑高减少，如图 10-101 所示。被删除节点及其两个孩子都为黑色，这种情况称为"双黑"。为维护红黑树特性，需要分情况处理。

因为被删除节点 s 为黑色，会产生黑高，因此 s 必然有兄弟，否则会违反左右子树黑高相同的特性。将 s 的兄弟记为 b（brother），s 的父亲仍然为 p，分以下 4 种情况处理。

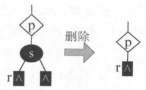

图 10-101　红黑树删除（情况 3）

1）b 为黑色，b 有红孩子（BB-1）。

修正原理

首先将红黑树通过压缩转换为 4 阶 B 树，删除 s 后，发生下溢（关键字个数不足），此时可以向左兄弟借一个关键字，即父亲下沉，左兄弟的最右关键字上移。而 4 阶 B 树的节点中必包含一个黑节点，因此节点 t 染为黑色，然后将其转换为红黑树即可。转换后满足红黑树的条件（根为黑、无"双红"、黑高相等），如图 10-102 所示。（长方块表示子树，黑高为 0。）

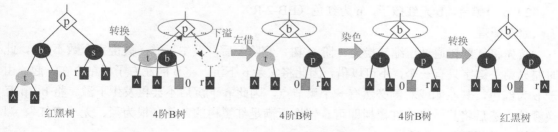

图 10-102　红黑树（修正原理）

修正方法

修正的原理清楚了，那么该修正方法也可以看作旋转和染色的过程。p 到 b 的红孩子之间路径为 LL，执行右旋。将 p 右旋，旋转后的根保留原树根的颜色，其两个孩子染黑，如图 10-103 所示。

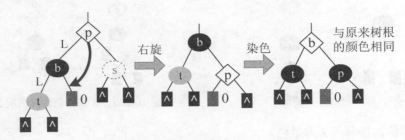

图 10-103　红黑树（修正方法）

同样的道理，如果 p 到 b 的红孩子之间路径为 LR，则先执行左旋，再执行右旋，最后染色即可，如图 10-104 所示。

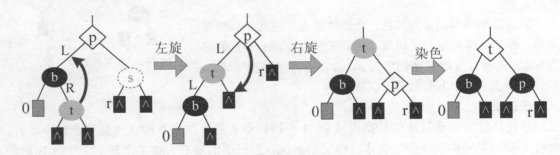

图 10-104　红黑树（修正方法）

根据对称性，如果 p 的左右子树互换位置，则又会出现两种情况（RR 型、RL 型），只是旋转不同而已，染色都是一样的。大家可以动手修正，试试看。

2）b 为黑色，b 无红孩子，p 为红色（BB-2-R）。

修正原理

首先将红黑树通过压缩转换为 4 阶 B 树，删除 s 后，发生下溢（关键字个数不足），此时左兄弟关键字只有一个，不可以借，因此将父亲 p 下沉，将 p 的左右子树粘合在一起。由于 p 为红色，其左侧或右侧必然有一个黑节点，因此 p 下沉后不会再发生下溢。将 b、p 互换颜色，然后将其转换为红黑树即可。转换后满足红黑树的条件（根为黑、无"双红"、黑高相等），如图 10-105 所示。

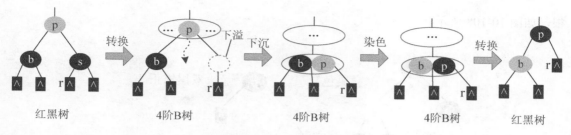

图 10-105 红黑树（修正原理）

思考：在图 10-106 中，为什么要将 b、p 互换颜色？不换色可以吗？（画图试试看，旋转不如染色速度快。）

修正方法

该情况修正方法简单粗暴，b、p 直接换色即可，如图 10-106 所示。

3）b 为黑色，b 无红孩子，p 为黑色（BB-2-B）。

修正原理

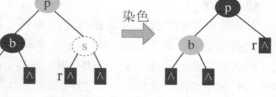

图 10-106 红黑树（修正方法）

首先将红黑树通过压缩转换为 4 阶 B 树，删除 s 后，发生下溢（关键字个数不足），此时左兄弟关键字只有一个，不可以借，因此将父亲 p 下沉，将 p 的左右子树粘合在一起。此时再次发生下溢。粘合后不符合 4 阶 B 树的要求（每个节点中有且只有一个黑色），可以将 b 染为红色，然后将其转换为红黑树。此时等效为 p 的父亲被删除，继续做双黑修正，有可能一直向上传递，修正到树根，如图 10-107 所示。

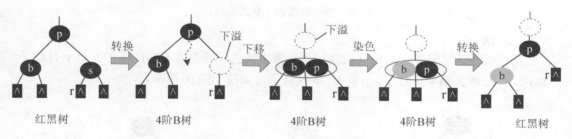

图 10-107 红黑树（修正原理）

思考：在图 10-108 中，为什么要将 b 染为红色？p 染为红色可以吗？（画图试试看。）

修正方法

该情况修正方法简单、直接，b 直接染为红色即可。但是一定要注意，不能就这么停止，根据 4 阶 B 树修正原理，此时等效为 p 的父节点被删除，继续双黑修正，有可能一直修正到根，如图 10-108 所示。

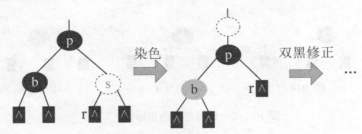

图 10-108　红黑树（修正方法）

4）b 为红色（BB-3）。

修正原理

首先将红黑树通过压缩转换为 4 阶 B 树，删除 s 后，发生下溢（关键字个数不足），此时左兄弟关键字个数不确定，若多于一个则可以向左借，属于 BB-1；若只有一个，不可以借，则需要父亲 p 下沉，属于 BB-2-R。先将 b、p 互换颜色，然后将其转换为红黑树即可。继续判断属于 BB-1 或 BB-2-R，继续修正，如图 10-109 所示。

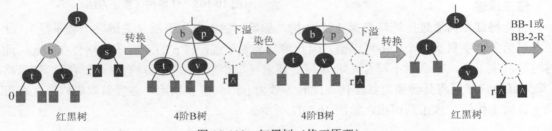

图 10-109　红黑树（修正原理）

修正方法

该情况修正方法首先做右旋（LL），b、p 直接换色，转换为 BB-1（s 的兄弟 v 有红子）或 BB-2-R（s 的兄弟 v 无红子，p 红），继续修正，如图 10-110 所示。

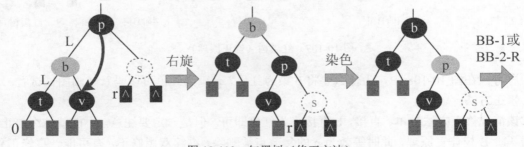

图 10-110　红黑树（修正方法）

根据对称性，如果 p 的左右子树互换，则执行左旋（RR），染色，转换为 BB-1（s 的兄弟 v 有红子）或 BB-2-R

红黑树删除修正秘籍

令 r 指向实际被删除节点 s 的接替者，p 为 s 的父亲，b 为 s 的兄弟，修正方法如表 10-2 所示。

表 10-2 红黑树删除修正秘籍

情况		修正方法
s 红		满足红黑树性质，无需修正
s 黑有红子 r		r 染为黑色
s 黑无红子	b 黑有红子 t（BB-1）	判断 p 到 t 之间的路径为 LL、RR、LR、RL，执行旋转，旋转后根保留原来 p 的颜色，其两个孩子染为黑色
	b 黑无红子 p 红（BB-2-R）	b、p 换色
	b 黑无红子 p 黑（BB-2-B）	b 染为红色，此时等效为 p 的父节点被删除，继续双黑修正
	b 红（BB-3）	右旋或左旋，b、p 换色，转换为 BB-1 或 BB-2-R，继续修正

完美图解

例如，一棵红黑树如图 10-111 所示，对其进行一系列的删除操作，展示红黑树删除的所有情况。

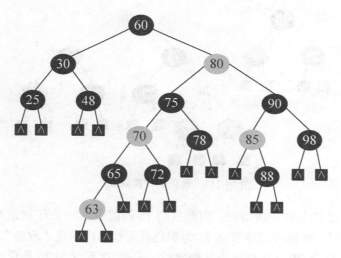

图 10-111 红黑树

1）删除 85，85 只有右子树，左子树为空，且为红色，直接删除令右子树接替即可。满足红黑树的条件（根为黑、无"双红"、黑高不变），如图 10-112 所示。

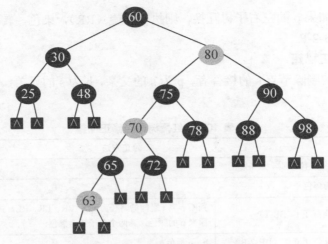

图 10-112 红黑树（删除 85）

2）删除 65，65 只有左子树，右子树为空，且为黑色，有红子，直接删除令左子树接替，红子 63 染黑。满足红黑树的条件（根为黑、无"双红"、黑高不变），如图 10-113 所示。

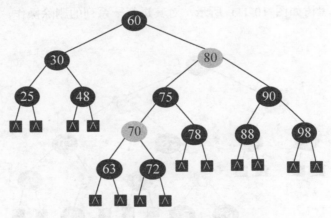

图 10-113 红黑树（删除 65）

3）删除 75，75 的左右子树均有，因此找到 75 的前驱 72（左子树最右节点），令 72 代替 75，删除 72 即可。实际被删除节点 72 为黑色且无红子，出现"双黑"。其兄弟也黑色无红子，父亲为红，符合 BB-2-R 型修正，删除后，兄弟 63 和父亲 70 换色即可。满足红黑树的条件（根为黑、无"双红"、黑高不变），如图 10-114 所示。

4）删除 78，78 为黑色且无红子，出现"双黑"。其兄弟也黑色有红子 63，符合 BB-1 型修正。判断 p 到 t 之间的路径为 LL，执行右旋，旋转后根保留原来 p 的颜色，其两个孩子染为黑色。满足红黑树的条件（根为黑、无"双红"、黑高不变），如图 10-115 所示。

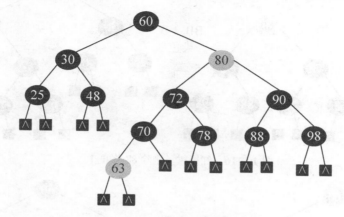

图 10-114 红黑树（删除 75）

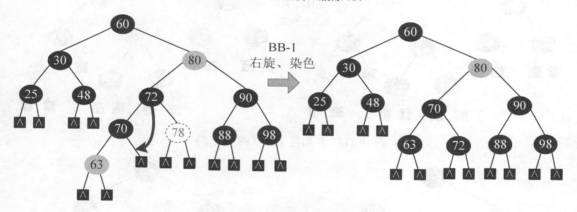

图 10-115 红黑树（删除 78）

5）删除 88，88 为黑色且无红子，出现"双黑"。其兄弟也黑色无红子，父亲为黑，符合 BB-2-B 型修正，删除 88 后，兄弟 98 染红，此时等价为 90 的父亲（空节点）被删除，再次修正，如图 10-116 所示。

该空节点黑色无红孩子，出现"双黑"。其兄弟也黑色无红子，父亲为红，符合 BB-2-R 型修正，删除后，兄弟 70 和父亲 80 换色即可。满足红黑树的条件（根为黑、无"双红"、黑高相等），如图 10-117 所示。

6）删除 90，90 为黑色且有红子，删除后红子染黑即可。满足红黑树的条件（根为黑、无"双红"、黑高相等），如图 10-118 所示。

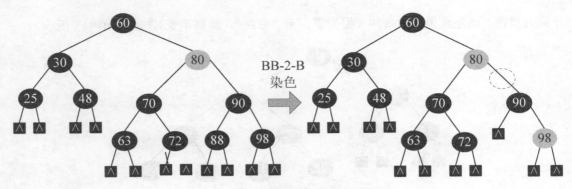

图 10-116 红黑树（删除 88 修正 1）

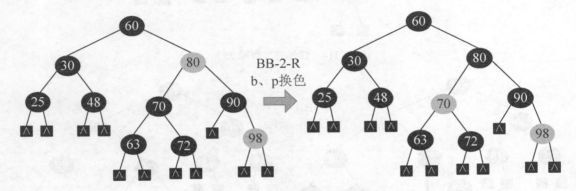

图 10-117 红黑树（删除 88 修正 2）

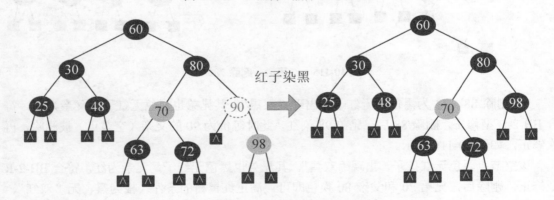

图 10-118 红黑树（删除 90）

7）删除 98，90 为黑色且无红子，出现"双黑"。其兄弟为红色，符合 BB-3 型修正。先右旋，然后兄弟 b、父亲 p 换色，如图 10-119 所示。此时转换为 BB-2-R（b 无红子，p 红）。

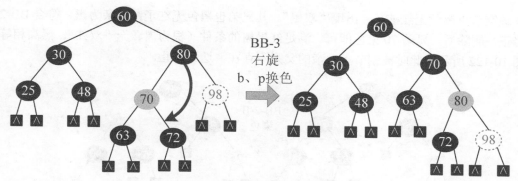

图 10-119　红黑树（删除 98 修正 1）

BB-2-R 型修正，兄弟 b、父亲 p 换色即可。满足红黑树的条件（根为黑、无"双红"、黑高相等），如图 10-120 所示。

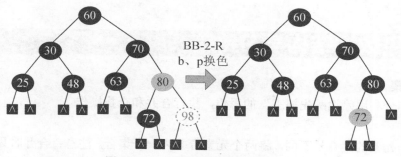

图 10-120　红黑树（删除 98 修正 2）

8）删除 60，60 左右子树都有，可以令其直接前驱 48（左子树最右节点）代替之，然后删除 48。48 为黑色且无红子，出现"双黑"。其兄弟也黑色无红子，父亲为黑，符合 BB-2-B 型修正，48 删除后，兄弟 25 染红，此时等价为 30 的父亲（空节点）被删除，再次修正，如图 10-121 所示。

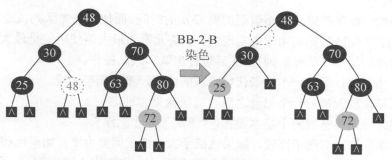

图 10-121　红黑树（删除 60 修正 1）

该空节点黑色无红孩子，出现"双黑"。其兄弟也黑色无红子，父亲为黑，符合BB-2-B型修正，删除后，兄弟70染色即可。满足红黑树的条件（根为黑、无"双红"、黑高相等），如图10-122所示。此时被删节点父亲的父亲不存在，迭代停止。

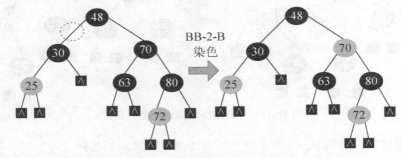

图 10-122　红黑树（删除 60 修正 2）

10.6　高级数据结构学习秘籍

1．并查集

并查集充分利用"擒贼先擒王"的思想，执行合并和查找操作。

（1）合并

如果两个元素的集合号不同，将两个元素合并为一个集合。注意：合并时只需要把一个元素的祖宗集合号，改为另一个元素的祖宗集合号。擒贼先擒王，只改祖宗即可！

（2）查找

查找两个元素所在的集合，即找祖宗。注意：查找时，采用递归的方法找其祖宗，祖宗集合号等于本身时即停止。在回归时，把当前节点到祖宗路径上的所有节点统一为祖宗的集合号。

2．优先队列

如果从序列中顺序搜索找最小值则需要$O(n)$的时间，而使用优先队列找最小值则只需要$O(\log n)$的时间。优先队列是利用堆来实现的，队头元素为最大值使用的是最大堆，反之为最小堆。首先构建初始堆（优先队列），然后进行出队和入队操作。

出队：堆顶出队，最后一个记录代替堆顶的位置，重新调整为堆。

入队：新记录放入最后一个记录之后，重新调整为堆。

重新调整为堆需要掌握两个基本操作："下沉"和"上浮"。

"下沉"：堆顶与左右孩子比较，如果比孩子大，则已调整为堆；如果比孩子小，则与较大的孩子交换，交换到新的位置后，继续向下比较，从根节点一直比较到叶子。

"上浮"：新记录与其双亲比较，如果小于等于双亲，则已调整为堆；如果比双亲大，则与双亲交换，交换到新的位置后，继续向上比较，从叶子一直比较到根。

3．B-树

B-树具有**平衡、有序、多路**的特点。B-树中，所有的叶子都在最后一层，因此左右子树的高差为 0，体现了平衡的特性。B-树具有中序有序的特性，即左子树<根<右子树。多路是指可以有多个分支，m 阶 B-树中的节点最多可以有 m 个分支，所以也可以称为 m 路平衡搜索树。一棵含有 n 个关键字的 m 阶 B-树最大高度为 $O(\log_m n)$，B-树的查找、插入、删除等基本操作与树高成正比关系。

（1）查找

B-树的查找和二叉搜索树的查找类似，不同的是需要从外存调入节点，然后在节点内查找（一个节点可能包含多个关键字）。

（2）插入

由于 B-树根节点至少有一个关键字和两棵子树，其它非终端节点关键字个数范围为 $[\lceil m/2 \rceil -1, m-1]$。插入一个新的关键字，有可能使节点的关键字个数超出上限 $m-1$，发生"上溢"。将该关键字**分裂**操作：取 V 节点中间的关键字 k_s（$s=m/2$），将 k_s 上升到其父节点 P，左右两部分作为 k_s 的左右孩子。分裂操作将上溢节点的中间关键字 k_s 上升到其父节点，如果其父节点这时也发生上溢，则继续分裂操作，一直向上传递，最远到达树根。特殊情况，上溢一直传递到树根，树根也发生上溢，那么将树根分裂，根节点的中间关键字分裂成为新的树根，修复完成，此时树的高度增 1。

（3）删除

删除一个关键字，有可能使节点的关键字个数低于下限 $\lceil m/2 \rceil -1$，发生"下溢"。考察下溢节点 V 的左右兄弟，下溢处理分为 3 种情况：左借、右借、合并。

4．B+树

B+树是 B-树的变种，更适用于文件索引系统。从严格定义上，B+树已经不属于树，因为叶子之间有连接，树是不允许同层节点有连接的。一棵 m 根节点阶 B+树，至少有两个关键字，其它非终端节点关键字个数范围为 $[\lceil m/2 \rceil, m]$，关键字个数等于子树个数，而 B-树关键字个数比子树个数少一个。

（1）查找

B+树支持两种方式的查找，可以利用 t 指针从树根向下索引查找，也可以利用 r 指针从最小关键字向后顺序查找。每次查找都要走一条从树根到叶子的路径，时间复杂度为树高 $O(\log_m n)$。

（2）插入

m 阶 B+树的插入，仅在最后一层节点插入，因为除了最后一层节点，其他非终端节点都表示索引。又因为 m 阶 B+树的关键字个数要求不超过 m，如果插入后节点的关键字个数超过 m，则发生上溢，需要分裂操作。只不过分裂时，和 B-树的分裂不同，上升到父节点的关键字，子节点中仍然保留。

（3）删除

如果关键字个数小于 $\lceil m/2 \rceil$ 时发生下溢。如果发生下溢则需要像 B-树那样左借、右借或合并操作解除下溢。解除下溢时要特别注意父节点中的最大关键字更新。

5. 红黑树

红黑树也是一种平衡二叉搜索树，在 AVL 树 "适度平衡" 的基础上，进一步放宽条件，红黑树的左右子树高度不超过两倍。红黑树在插入和删除等操作时，不需要频繁调整平衡，任何不平衡都可以在 3 次旋转之内解决，因此红黑树在很多地方广泛应用。

红黑树查找、插入和删除的速度与树高成线性正比，因此红黑树查找、插入和删除的时间复杂度为 $O(logn)$。红黑树的查找和二叉搜索树一样。红黑树的插入、删除操作中，必须维护红黑树的 5 个性质，性质 1、3 很容易满足，需要特别维护性质 2、4、5，即根为黑色，红节点必有黑孩子，左右子树黑高相同。

（1）插入

在红黑树中插入 x，首先通过查找，在查找失败的位置创建 x 节点，并置红色（如果为树根，则置黑色）。如果新插入节点 x 的父亲为红色，则出现 "双红"，此时需要修正，使其满足红黑树的条件。

（2）删除

在红黑树中删除 x，首先通过查找找到 x 的位置，然后判断处理：如果 x 节点仅有左子树（或右子树），则删除 x 节点，令其左子树（或右子树）子承父业代替其位置。如果 x 节点有左子树和右子树，则令 x 的直接前驱（或直接后继）代替其位置，然后删除其直接前驱（或直接后继）即可。在删除节点的过程中，有可能违反红黑树的性质 2、4、5，即根为黑色，红节点必有黑孩子，左右子树黑高相同。简而言之，根为黑、无 "双红"、左右子树黑高相等。